Estática das Estruturas

3ª edição revista e ampliada

Humberto Lima Soriano

Estática das Estruturas – 3ª edição revista e ampliada 2014

Copyright© Editora Ciência Moderna Ltda., 2013

Todos os direitos para a língua portuguesa reservados pela EDITORA CIÊNCIA MODERNA LTDA.
De acordo com a Lei 9.610, de 19/2/1998, nenhuma parte deste livro poderá ser reproduzida, transmitida e gravada, por qualquer meio eletrônico, mecânico, por fotocópia e outros, sem a prévia autorização, por escrito, da Editora.

Editor: Paulo André P. Marques
Produção Editorial: Aline Vieira Marques
Finalização e montagem: Daniel Jara
Digitalização de Imagens, digitação e diagramação: Humberto Lima Soriano
Copidesque: Regina Maura Villela Barboza

Várias **Marcas Registradas** aparecem no decorrer deste livro. Mais do que simplesmente listar esses nomes e informar quem possui seus direitos de exploração, ou ainda imprimir os logotipos das mesmas, o editor declara estar utilizando tais nomes apenas para fins editoriais, em benefício exclusivo do dono da Marca Registrada, sem intenção de infringir as regras de sua utilização. Qualquer semelhança em nomes próprios e acontecimentos será mera coincidência.

FICHA CATALOGRÁFICA

SORIANO, Humberto Lima.

Estática das Estruturas – 3ª edição revista e ampliada - 2014

Rio de Janeiro: Editora Ciência Moderna Ltda., 2014.

1. Engenharia estrutural; análise estrutural
I — Título

ISBN: 978-85-399-0458-7

CDD 624.1

Editora Ciência Moderna Ltda.
R. Alice Figueiredo, 46 – Riachuelo
Rio de Janeiro, RJ – Brasil   CEP: 20.950-150
Tel: (21) 2201-6662/ Fax: (21) 2201-6896
E-MAIL: LCM@LCM.COM.BR
WWW.LCM.COM.BR

09/14

"Aqueles que se enamoram somente da prática, sem cuidar da teoria, ou melhor dizendo, da ciência, são como o piloto que embarca sem timão nem bússola. A prática deve alicerçar-se sobre uma boa teoria, à qual serve de guia a perspectiva; e em não entrando por esta porta, nunca se poderá fazer coisa perfeita nem na pintura, nem em nenhuma outra profissão"

Leonardo da Vinci – Vida e Pensamentos, Editora Martin Claret, 1998.

Roda d'água para elevação de água concebida pelo artista, cientista e inventor Leonardo da Vinci.

*Dedico este trabalho à minha esposa Carminda e
aos meus filhos Humberto e Luciana.*

*A família é o esteio do homem e a
célula mater da sociedade.*

Apresentação

O Professor Humberto Lima Soriano está publicando a terceira edição revista, ampliada e aprimorada do livro *Estática das Estruturas*.

Trata-se de uma obra monumental, fruto da maturidade, capacidade didática, sólida base conceitual e erudição adquiridas pelo Professor Soriano em mais de 40 anos de atividade docente na Universidade Federal do Rio de Janeiro e na Universidade do Estado do Rio de Janeiro.

Com muita precisão, profundidade e grande abrangência, de forma muito didática o autor apresenta toda a Estática das Estruturas: após uma preciosa introdução dos conceitos fundamentais, analisa minuciosamente os principais sistemas reticulados – vigas, pórticos, grelhas, treliças –, cabos, e por fim considera a ação de carregamentos móveis.

Cada capítulo é didaticamente muito bem estruturado: uma apresentação conceitual do tema abordado, feita de forma clara e ilustrada por grande número de exemplos explicativos com grau de complexidade crescente, seguida de exercícios propostos e de interessantíssimas questões para reflexão, que levam o leitor a sedimentar e a interiorizar os conceitos expostos.

Esta terceira edição do livro *Estática das Estruturas* é uma obra de grande relevância para a literatura técnica, sobretudo em língua portuguesa, sendo referência muito valiosa para os estudantes e profissionais de engenharia – em especial das modalidades civil, mecânica, aeronáutica e naval – e de arquitetura.

Professor Doutor Henrique Lindenberg Neto
Departamento de Engenharia de Estruturas e Geotécnica
Escola Politécnica da Universidade de São Paulo

Prefácio da Terceira Edição

É com renovada satisfação que disponibilizo esta terceira edição, após diversas reimpressões da anterior, o que indica que esta *Estática das Estruturas* tem sido útil ao ensino de Engenharia no país. Agradeço aos leitores que fizeram uso desta obra.

Nesta edição acrescentei a resolução de diversos novos exemplos e propus um maior número de exercícios e de questões para reflexão, o que perfaz 116 detalhadas resoluções de problemas, 332 exercícios propostos e 131 questões para reflexão.

Também aprimorei as figuras, acrescentei novas fotos de estruturas e modifiquei grande parte do texto, intensificando ênfase no rigor dos conceitos e nos procedimentos de cálculo, sem descuidar da simplicidade de exposição motivadora ao leitor. Além disso, para não aumentar o número de páginas que levassem a um livro muito volumoso, optei por reduzir o tamanho da fonte de impressão, sem que isto viesse a dificultar a leitura.

Espero que esta edição tenha alcançado bom nível de precisão e de consolidação no tema da *Estática das Estruturas*. Contudo, como a perfeição é sempre um ideal a ser atingido e um livro didático não deve ficar imutável, agradeço antecipadamente aos leitores que me enviarem sugestões, comentários e críticas, ao endereço eletrônico sorianohls@gmail.com.

Renovo os agradecimentos à minha esposa *Carminda* e aos meus filhos *Humberto* e *Luciana*, pela compreensão e estímulo ao continuado trabalho de escrever uma série de livros-texto. Também registro agradecimento à Editora Ciência Moderna pela publicação desta edição, na pessoa de seu Diretor Comercial *George Meireles*.

Humberto Lima Soriano
Março de 2013

Prefácio da Segunda Edição

Expresso minha satisfação quanto à boa acolhida da primeira edição desta *Estática das Estruturas* e às manifestações de apreço e de sugestões de aprimoramento, o que motivou esta edição dois anos e meio após o lançamento da anterior. Esta tem a mesma estrutura e o mesmo conteúdo que a anterior, mas com a modificação de aprimoramento da maior parte dos parágrafos (de maneira a tornar o texto mais preciso, claro e agradável) e com a inclusão de novos exemplos numéricos, figuras e fotos, além de algumas correções. E como não existe obra perfeita, eu agradeço antecipadamente aos leitores que enviarem comentários, sugestões e críticas ao endereço eletrônico sorianohls@gmail.com, que possam contribuir para futuras edições mais aprimoradas.

Espero que tenha conseguido disponibilizar um livro adequado ao ensino da *Estática das Estruturas*, também chamada de *Isostática* e que é a parte inicial da área de conhecimento denominada *Análise de Estruturas*. Além dos tópicos mais essenciais, este livro apresenta minuciosa descrição da *Estática dos Corpos Rígidos*, detalhadas análises das estruturas isostáticas de barras curvas, aprofundado estudo de cabos suspensos pelas extremidades e procedimentos gráficos de importância histórica. Assim, é um livro abrangente e útil em diversos níveis de ensino da Estática, pois o professor que vier a utilizá-lo em sala de aula saberá escolher os itens necessários à apresentação de uma disciplina com a profundidade que convém à sua instituição de ensino. E os iniciantes autodidatas encontrarão, no início de cada capítulo, uma orientação quanto aos tópicos mais importantes em um primeiro estudo deste livro.

Sou grato à minha esposa *Carminda* e aos meus filhos *Humberto* e *Luciana*, pela compreensão e estímulo ao continuado trabalho de escrever uma série de livros-texto. E registro o apoio recebido da Editora Ciência Moderna à publicação desta edição, particularmente de seu Diretor Comercial *George Meireles*.

Humberto Lima Soriano
Novembro de 2009

Prefácio da Primeira Edição

Em *Análise de Estruturas* determina-se matematicamente o comportamento de sistemas físicos capazes de receber e transmitir esforços, para que se possa proceder à verificação do dimensionamento de seus diversos componentes.

Este livro apresenta conhecimentos desta análise, no que diz respeito à determinação dos esforços reativos e esforços solicitantes internos em estruturas constituídas de barras e em cujas análises sejam suficientes as equações de equilíbrio da estática. Esta área de conhecimento é chamada de *Estática das Estruturas* e fundamenta outros três livros em que participei como autor, a saber: *"Análise de Estruturas – Método das Forças e Método dos Deslocamentos"* (em coautoria com o professor Silvio de Souza Lima), *"Análise de Estruturas – Formulação Matricial e Implementação Computacional"* e *"Método de Elementos Finitos em Análise de Estruturas"*, cujos sumários estão apresentados em anexos.[1] Esses livros cobrem o conteúdo programático da análise de estruturas que usualmente faz parte dos currículos dos cursos de graduação de engenharia e abordam parte do que é apresentado em cursos de pós-graduação. E com o objetivo de facilitar a compreensão, procurei escrevê-los de forma simples, associando o sistema físico da estrutura ao modelo e ao método de análise em questão, e neles apresentei exemplos reais de estruturas, com o objetivo de estimular o leitor. Além disso, evidenciando a complementaridade dos diversos tópicos abordados, procurei uniformizar a nomenclatura e as notações.

A escrita desses livros foi para mim muito proveitosa por ter exigido coordenação de idéias e de conceitos, reflexão sobre os tópicos abordados e busca de precisão da escrita e de melhoria da apresentação gráfica, assim como por ter requerido a consulta a diversos outros autores, em pesquisa de aprimoramento de exposição. Em particular, espero que o presente livro seja também proveitoso a todos que dele fizerem uso. Nele, incluí diversos procedimentos gráficos que têm caído em desuso devido à utilização de computadores, mas que julgo úteis como auxiliares de fixação de conceitos e desenvolvimento da compreensão do comportamento das estruturas em barras. O professor que vier a fazer uso deste livro saberá avaliar, em seu contexto, a pertinência de abordá-los ou não em sala de aula, assim como a extensão dos tópicos a serem estudados.

---

[1] Estes sumários não foram incluídos na presente edição.

Diversos colegas me estimularam a escrever este livro e foram importantes realimentadores da perseverança e dedicação necessárias ao seu desenvolvimento. Agradeço a todos. Em especial, destaco os professores Maurício José Ferrari Rey, Francisco José da Cunha Pires Soeiro e Regina Helena F. de Souza, que apresentaram sugestões que vieram a ser incorporadas ao texto e ao Engº Calixto Melo Neto, por parte das fotos dos inícios de capítulo. E na expectativa de que este livro venha a ter novas edições aprimoradas, sou receptivo a novas sugestões e críticas que podem ser encaminhadas ao endereço eletrônico sorianohls@gmail.com .

Finalmente, registro e agradeço o apoio recebido da Editora Ciência Moderna, particularmente de seu Diretor Comercial George Meireles, que viabilizou esta publicação.

Humberto Lima Soriano
Abril de 2007

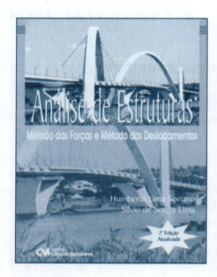

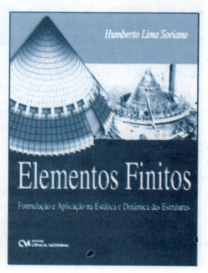

Algumas obras do autor.

Sumário

Capítulo 1 – Fundamentos

    1.1   Introdução   1
    1.2   Contexto da Estática das Estruturas em curriculum de Engenharia   4
    1.3   Sistema Internacional de Unidades   6
    1.4   Homogeneidade dimensional   9
    1.5   Algarismos significativos   11
    1.6   Noções de álgebra vetorial, força e momento   13
    1.7   Redução de um sistema de forças a um ponto   29
    1.8   Equações de equilíbrio   38
    1.9   Exercícios propostos   48
    1.10   Questões para reflexão   54

Capítulo 2 – Noções preliminares das estruturas em barras

    2.1   Introdução   57
    2.2   Ações atuantes nas estruturas   63
    2.3   Condições de apoio   65
    2.4   Esforços seccionais   70
    2.5   Classificação das estruturas em barras quanto à geometria e aos esforços seccionais   77
    2.6   Classificação das estruturas em barras quanto ao equilíbrio estático   88
    2.7   Exercícios propostos   102
    2.8   Questões para reflexão   107

Capítulo 3 – Vigas

    3.1   Introdução   109
    3.2   Classificação quanto ao equilíbrio estático   111
    3.3   Determinação e representação dos esforços seccionais   114
    3.4   Relações diferenciais entre M, V e forças externas distribuídas   129
    3.5   Processo de decomposição em vigas biapoiadas   147

3.6	Vigas Gerber	155
3.7	Exercícios propostos	160
3.8	Questões para reflexão	167

Capítulo 4 – Pórticos

4.1	Introdução	169
4.2	Classificação quanto ao equilíbrio estático	172
4.3	Determinação e representação dos esforços seccionais	177
4.4	Barras inclinadas	193
4.5	Pórticos isostáticos compostos	206
4.6	Barras curvas	210
4.7	Arcos trirotulados	219
4.8	Pórticos espaciais	229
4.9	Exercícios propostos	233
4.10	Questões para reflexão	243

Capítulo 5 – Grelhas

5.1	Introdução	245
5.2	Classificação quanto ao equilíbrio estático	246
5.3	Determinação e representação dos esforços seccionais	247
5.4	Barras curvas	261
5.5	Exercícios propostos	266
5.6	Questões para reflexão	269

Capítulo 6 – Treliças

6.1	Introdução	271
6.2	Classificação quanto à disposição das barras	273
6.3	Classificação quanto ao equilíbrio estático	277
6.4	Processo de equilíbrio dos nós	279
6.5	Processo das seções	286
6.6	Processo de substituição de barras	292
6.7	Processo de Cremona	297
6.8	Análise de treliças espaciais	301
6.9	Exercícios propostos	307
6.10	Questões para reflexão	313

Capítulo 7 – Cabos

7.1	Introdução	315
7.2	Cabo em forma poligonal	316
7.3	Cabo em catenária	323
7.4	Cabo em parábola	332
7.5	Deformação de cabos	344
7.6	Formulário	357
7.7	Exercícios propostos	362
7.8	Questões para reflexão	363

Capítulo 8 – Forças móveis

8.1	Introdução	365
8.2	Linhas de influência	366
8.3	Processo de Müller-Breslau	381
8.4	Trem-tipo	390
8.5	Formulário de linhas de influência de vigas isostáticas	401
8.6	Exercícios propostos	403
8.7	Questões para reflexão	406

Notações e Siglas   407

Glossário   409

Bibliografia   417

Índice Remissivo   419

Ponte do Saber – Ponte estaiada que liga a Ilha do Fundão ao continente, RJ
Fonte: H. L. Soriano

Obras de *John Robinson*:
Intuição Gênesis Criação

Fundamentos

1.1 – Introdução

Uma vez que matéria é tudo o que ocupa lugar no espaço, define-se *partícula* ou *ponto material* como uma quantidade de matéria cujas dimensões possam ser consideradas tão pequenas quanto se queira. E diz-se que, *corpo* é formado por um conjunto de inúmeros elementos infinitesimais de massa, em abstração de sua estrutura real em átomos e em partículas ainda menores.

O estudo do comportamento de partículas e de corpos sob o efeito de forças é denominado Mecânica.[1] E a *Mecânica Clássica* se fundamenta em quatro axiomas apresentados por *Sir Isaac Newton* (1642–1727), em 1687, na obra *Principia Mathematica*, ilustrada na próxima figura. Esses axiomas, em texto modernizado simples, são:

– *Toda partícula permanece em estado de repouso ou em movimento retilíneo uniforme, a menos que lhe seja aplicada uma força.* É a *primeira lei de Newton* ou *princípio da inércia*, que já era de conhecimento de *Galileo Galilei* (1564–1642).[2]

– *A derivada em relação ao tempo do produto da massa pela velocidade é proporcional à resultante das forças aplicadas à partícula e age na direção dessa resultante.* Esta é a *segunda lei de Newton*. Em caso de massa invariante no tempo e na forma apresentada por *Leonhard Euler* (1707–1783), *essa resultante é igual ao produto da massa pela aceleração*.

– *Para toda força corresponde uma reação igual e contrária.* É a chamada *terceira lei de Newton* ou *princípio da ação e reação*.

– *Matéria atrai matéria na razão direta de suas massas e na razão inversa do quadrado da distância entre elas*, o que é conhecido como *lei da gravitação universal*.

Anteriormente a Newton, acreditava-se que os "corpos pesados" caíssem mais rapidamente do que os "corpos leves" e as órbitas planetárias não eram compreensíveis, entre diversos outros fenômenos físicos. Newton expôs a realidade dos fatos. Nesse sentido, é famosa a história de que Newton, ao observar a queda de uma maçã aos 23 anos, em 1666, teria tido o lampejo para formular a lei da gravitação universal. Com essa lei, não só explicou como os corpos se atraem como também concluiu que a força da gravidade terrestre, como força centrípeta, mantém a lua "presa" em órbita

---

[1] Em sua origem, a palavra *mecânica* significa *a arte de construir máquinas*.

[2] Repouso em relação a um referencial imóvel dito *inercial*. Contudo, em resolução dos usuais problemas de engenharia, utiliza-se um referencial fixado à Terra, embora esta esteja em movimento.

da Terra, de maneira a impedir que ela continue em movimento de translação pelo espaço. Com raciocínio semelhante explicou o porquê dos movimentos dos seis planetas conhecidos, da lua e dos satélites aos outros planetas, assim como esclareceu a razão dos equinócios e das marés.[3]

 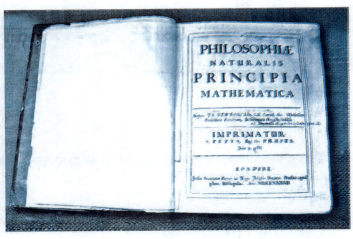

Figura 1.1 – Newton aos 46 anos, em pintura de *Godfrey Kneller* e sua obra.

Para facilitar o estudo da Mecânica, esta ciência é dividida em:

$$\begin{cases} \text{Mecânica dos Corpos Rígidos} \begin{cases} \text{estática} \\ \text{dinâmica} \end{cases} \\ \text{Mecânica dos Corpos Deformáveis} \begin{cases} \text{estática} \\ \text{dinâmica} \end{cases} \\ \text{Mecânica dos Fluídos} \begin{cases} \text{incompressíveis} \\ \text{compressíveis} \end{cases} \end{cases}$$

Corpo rígido é a idealização de um corpo em que os seus elementos infinitesimais de massa tenham posições relativas fixas entre si, de maneira que não haja alterações de dimensões e de forma, quando o mesmo é submetido a forças. Em caso das dimensões do corpo rígido não serem relevantes em caracterização de sua posição e/ou movimento, é prático associá-lo a uma partícula de igual massa.

A hipótese de *corpo deformável* é a concepção de que as posições relativas dos elementos infinitesimais se alteram em função das forças aplicadas ao mesmo, em dependência de propriedades da matéria que o constitui.[4] E em caso da configuração deformada de um corpo ser próxima à configuração original, de maneira a não alterar em termos práticos o efeito macroscópico das forças que lhe são aplicadas, justifica-se a concepção de corpo rígido.

A primeira e a terceira leis de Newton fundamentam a *Estática, que é a parte da Mecânica que estuda os corpos rígidos sob ação de forças equilibradas, isto é, corpos em repouso e em movimento uniforme*. De forma mais restritiva, essa denominação é utilizada no estudo dos corpos em repouso, em que se utiliza o termo *equilíbrio estático*.

---

[3] Antes de Newton, *Hohannes Kepler* (1572 – 1630) identificou a tendência de atração no universo e identificou que as órbitas dos planetas ao redor do Sol são elípticas.

[4] Nesta idealização, supõe-se a matéria como um meio contínuo sem vazios, diferentemente da sua constituição real em que existem espaços entre os átomos e entre as partículas subatômicas.

Capítulo 1 – Fundamentos

A segunda lei de Newton fundamenta a *Dinâmica, que é a parte da Mecânica que trata das relações entre as forças e os movimentos que elas produzem*. A *lei da gravitação universal* é necessária à definição do peso dos corpos no campo gravitacional terrestre.

A Mecânica baseada nos axiomas de Newton tem cunho aproximativo por admitir massa, tempo e espaço como grandezas absolutas, além de considerar a matéria como um contínuo. [5] Essa ciência conduz a resultados muito bons, comparativamente a resultados experimentais, em caso de corpos com velocidades muito menores do que a da luz e em distâncias percorridas pequenas em comparação com a dimensão da Terra. Assim, essa é a Mecânica que rege as atividades do dia-a-dia, como quando se caminha, levanta um objeto, empurra um carro etc. E embora seus axiomas tenham sido formulados no final do século XVII, constituem a base da moderna engenharia de estruturas.

Este capítulo é destinado a contextualizar a *Estática das Estruturas* no ensino da Engenharia e a apresentar os correspondentes fundamentos, a saber: *Sistema Internacional de Unidades* no que se refere aos fenômenos geométrico-mecânicos, homogeneidade dimensional, uso dos algarismos significativos, operação com as grandezas vetoriais força e momento, redução de um sistema de forças a um ponto, e desenvolvimento e aplicação das equações de equilíbrio a corpos rígidos. Além disso, ao final deste e dos demais capítulos, estão propostos *Exercícios* e *Questões para Reflexão*, com o objetivo de estimular o leitor a transformar as informações aqui apresentadas em conhecimento.

É no segundo capítulo que de fato se inicia a *Estática das Estruturas*, quando, então, estão apresentadas noções preliminares das estruturas constituídas de barras e estão descritas as ações externas, as condições de apoio e os esforços seccionais das estruturas, assim como estão detalhadas as condições de equilíbrio e esclarecido o conceito de equilíbrio estável. Essas estruturas são classificadas, quanto à geometria e aos esforços internos, em *vigas, pórticos, grelhas, treliças* e *mistas*. Quanto ao equilíbrio, são classificadas em *hipostáticas, isostáticas* e *hiperestáticas*. Em sequência, o terceiro capítulo detalha o estudo das vigas isostáticas; o quarto capítulo desenvolve o estudo dos pórticos isostáticos; o quinto capítulo aborda o estudo das grelhas isostáticas; o sexto capítulo trata as treliças isostáticas; o sétimo detalha os fios e cabos suspensos pelas extremidades e sob forças verticais; e finalmente, o oitavo examina os esforços máximos que ocorrem em estruturas isostáticas sob forças móveis.

A prática na resolução de problemas físicos é essencial na formação em Engenharia, o que requer que os princípios, hipóteses e métodos ou processos estejam bem entendidos. E para o sucesso de uma resolução, é importante ter uma atitude receptiva quanto ao tema e seguir os passos:

– Ler o problema quantas vezes forem necessárias à completa compreensão física do mesmo;

– Fazer uma representação gráfica clara e consistente do contexto do problema, isto é, elaborar um esquema, figura ou gráfico representativo da questão com indicações dos dados e das incógnitas;

– Identificar a lógica do melhor encaminhamento de resolução e o correspondente equacionamento;

– Resolver as equações, com os valores numéricos, se este for o caso;

– Fazer uma revisão da resolução do problema, com uma análise crítica de seus resultados em que são verificadas as unidades, ordem de grandeza e correspondência à compreensão física inicial. Erros e acertos fazem parte do aprendizado.

---

[5] A *Mecânica Newtoniana* falha na escala atômica e não é inteiramente adequada na escala cósmica. Para a primeira dessas escalas, foi desenvolvida a *Mecânica Quântica*. E com a consideração do efeito do campo gravitacional em escala cósmica, *Albert Einstein* (1879–1955) desenvolveu a *Teoria da Relatividade Generalizada*, em que tempo, distância e massa dependem da velocidade. Quanto mais próximo da velocidade da luz, mais devagar transcorre o tempo, mais dilatado é o espaço e maior é a massa. Este é um exemplo de que uma nova teoria é desenvolvida na medida em que se identifica que as anteriores não justificam certos fenômenos físicos.

Estática das Estruturas – **H. L. Soriano**

1.2 – Contexto da Estática das Estruturas em curriculum de engenharia

As Estruturas são sistemas físicos constituídos de componentes interligados e deformáveis, capazes de receber e transmitir esforços.[6] Em caso de estrutura a ser construída, esses componentes necessitam ser dimensionados para ter *capacidade resistente* ao próprio peso e às demais ações que lhe serão aplicadas, além de ter adequado *desempenho em serviço*, isto é, a estrutura não deve vir a apresentar deformações e vibrações excessivas que prejudiquem o uso e a estética da mesma. A laje de um edifício, por exemplo, além de resistir ao seu peso e às forças que lhe são transmitidas pelos elementos posicionados sobre a mesma, deve permanecer suficientemente plana a fim de não afetar a sua utilidade. Uma escada ou uma passarela, além de resistir ao próprio peso e ao de seus usuários, não deve vir a ter vibrações que causem desconforto aos mesmos.

Em descrição simples, um projeto tem as seguintes etapas:

– Concepção arquitetônica-estrutural, dependente da estética e da funcionalidade da futura estrutura;

– Determinação dos esforços reativos e internos, além de deslocamentos, a partir de um pré-dimensionamento, da especificação dos materiais, das condições de apoio e das ações externas à estrutura;

– Verificação do dimensionamento dos componentes estruturais e de suas ligações, com base nos resultados anteriores.

A segunda dessas etapas é denominada *análise*. A *Análise das Estruturas* constitui grande parte da formação do engenheiro e um dos conteúdos programáticos mais fascinantes e desafiadores ao intelecto do estudante. É simples em seus conceitos fundamentais e de grande utilidade prática. Contudo, devido à grande amplitude de seus métodos e aplicações, esse conteúdo é compartimentado em diversas disciplinas ao longo de praticamente todo o curso de graduação de engenharia, o que dificulta a percepção da integração de suas diversas partes. Assim, ao iniciar este estudo, é importante para se ter motivação, que se entenda a utilidade e a complementaridade dessas disciplinas, como descrito a seguir.

No que se refere à *Engenharia Civil*, que é a formação deste autor, essa análise costuma ser dividida em disciplinas de acordo com o esquema mostrado na próxima figura, cujos nomes não são únicos e costumam dizer respeito a mais de uma disciplina, com limites que em vários aspectos se interpenetram. Para a compreensão do contexto em que se insere essa análise, as disciplinas mais intimamente ligadas à mesma estão indicadas dentro de retângulos em tracejado.

Em descrição dessa figura, a *Análise das Estruturas* fundamenta-se em princípios da *Estática dos Corpos Rígidos* que é a parte do conteúdo programático da disciplina *Mecânica* em que o conceito tempo não é envolvido. Com esses princípios, na *Estática das Estruturas* determinam-se principalmente esforços reativos e esforços internos em estruturas compostas por barras e em cujas análises sejam suficientes as equações de equilíbrio da estática. São as denominadas *estruturas isostáticas*. Assim, enquanto a estática estudada naquela disciplina trata dos corpos rígidos em equilíbrio, a *Estática das Estruturas* trata das estruturas isostáticas. Em sequência, na disciplina *Resistência dos Materiais* estuda-se o comportamento das barras no que se refere à determinação de tensões e deformações nas mesmas, além da verificação do dimensionamento de estruturas simples. A seguir, a disciplina *Hiperestática* é a parte da *Análise das Estruturas* em que, através de procedimentos simplificados de reduzido volume de cálculo, determinam-se deslocamentos, esforços reativos e esforços internos em estrutura constituída de barras e em cuja análise seja necessário considerar deformação (pelo fato das equações de equilíbrio não serem suficientes). São as chamadas *estruturas hiperestáticas*. Assim, a diferença entre essa disciplina e a que lhe precede é que a primeira está focada no comportamento das barras, enquanto a segunda trata do comportamento das estruturas hiperestáticas.

---

[6] As estruturas aqui consideradas são estacionárias, diferentemente das estruturas de máquinas que têm componentes móveis projetados para alterar o efeito de forças.

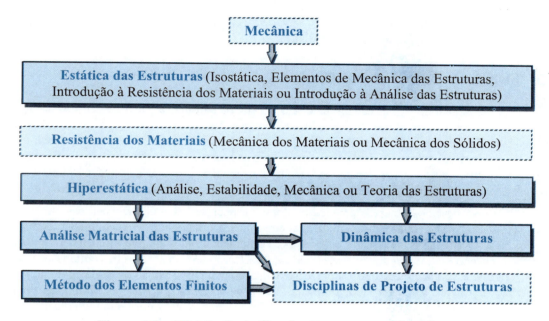

Figura 1.2 – Divisão da *Análise das Estruturas* em disciplinas.

Em continuidade à descrição da figura anterior, na *Análise Matricial das Estruturas* determinam-se, em formulação matricial, deslocamentos, esforços reativos e esforços seccionais das estruturas constituídas de barras. Pode parecer que as duas últimas disciplinas se superpõem. Contudo, elas têm abordagens diferentes que implicam em vantagens distintas e complementares. A *Hiperestática* tem as vantagens de: (1) poder ser utilizada com uma calculadora de bolso em análise de estruturas de pequeno número de barras; (2) propiciar ao estudante compreensão do comportamento das estruturas hiperestáticas; e (3) fornecer resultados para o desenvolvimento de disciplinas de projeto de estruturas. Esse é o caso das disciplinas de *Concreto Armado*, de *Concreto Protendido*, de *Estruturas de Aço e de Madeira* ou mais especificadamente, das disciplinas de *Edifícios*, *Pontes*, *Estruturas Offshore* etc. Já as vantagens da *Análise Matricial de Estruturas* são: (1) ter generalidade de abordagem para todos os tipos e complexidades de estruturas constituídas de barras; e (2) ser adequada à automatização em programas de computador.

Além disso, alguns currículos de graduação em Engenharia Civil contêm a disciplina *Dinâmica das Estruturas* e a disciplina *Método dos Elementos Finitos*. Na primeira determina-se o comportamento das estruturas submetidas a ações externas que sejam funções do tempo e que desenvolvam forças de inércia relevantes. Na segunda, apresenta-se um método numérico destinado principalmente à análise das estruturas em que não se caracterizam barras, que são as chamadas *estruturas contínuas*. Nas formulações analíticas clássicas dessas estruturas, como em *Teoria da Elasticidade*, *Teoria das Placas* e *Teoria das Cascas*, recai-se em equações diferenciais parciais de soluções conhecidas apenas em casos particulares muito restritivos, enquanto que, com o *Método dos Elementos Finitos*, se determina o comportamento das estruturas através da resolução de sistemas de equações algébricas lineares, facilmente resolvíveis com computador.

Do exposto depreende-se que a efetiva compreensão da *Estática das Estruturas* facilitará a aprendizagem das disciplinas que lhe são posteriores no contexto da *Análise das Estruturas*. E embora a maioria das estruturas seja projetada através de recursos computacionais, os conceitos tratados nessa estática são essenciais ao uso desses recursos e à interpretação e crítica de seus resultados. Além do que, essa estática insere-se na *Mecânica dos Sólidos*, do *núcleo dos conteúdos básicos* das *Diretrizes Curriculares Nacionais do Curso de Graduação em Engenharia*,

*Estática das Estruturas — **H. L. Soriano***

estabelecidas pelo *Conselho Nacional da Educação* em 2002, e como tal, parte dessa estática é obrigatória a todas as habilitações de engenharia.[7]

1.3 – Sistema Internacional de Unidades

Grandeza é todo atributo de um fenômeno, corpo ou substância que pode ser medido. E diversas unidades padrões de grandezas físicas são tão antigas quanto à origem das civilizações, dada a necessidade de mensurar produtos de escambo e de cobrança de impostos, terrenos, construções etc. Contudo, as unidades primitivas eram empíricas, como as baseadas no corpo humano. Utilizavam-se, por exemplo, palmo, polegada, pé, braça, légua, jarda e côvado – o que causava problemas devido à imprecisão de definição e porque distintos feudos adotavam diferentes sistemas de unidades.

Com o desenvolvimento tecnológico foram especificados melhores padrões de unidades e estabelecidas escalas adequadas, mas ainda com consequente dificuldade de entendimento entre usuários de sistemas diferentes. Na busca de superar essa dificuldade, após grande empenho da comunidade científica, chegou-se ao *Sistema Internacional de Unidades – SI*, que está em contínua evolução.[8] O Brasil adotou esse sistema a partir do Decreto Presidencial nº 81621, de 3 de maio de 1978. A Resolução nº12 do *Conselho Nacional de Metrologia, Normalização e Qualidade Industrial*, CONMETRO, ratificou a adoção do SI em 1988 e tornou seu uso obrigatório em todo o país.

Certamente o leitor já conhece o SI. Contudo, para propiciar oportunidade de revisão, segue descrição desse sistema no que diz respeito às unidades dos fenômenos geométrico-mecânicos, necessárias ao desenvolvimento desta *Estática das Estruturas*.

Como um sistema coerente de unidades, isto é, sistema de unidades inter-relacionadas pelas regras de multiplicação e divisão, o SI distingue as classes de *unidades de base* e de *unidades derivadas*. As primeiras são as das grandezas físicas escolhidas como de base, por serem independentes entre si e por permitirem, a partir delas, a definição das unidades das grandezas derivadas. Assim, as unidades derivadas provêm das unidades de base por multiplicações e/ou divisões destas, de acordo com equações de leis físicas.[9]

As grandezas de base do SI são em número de sete e estão relacionadas na próxima tabela, juntamente com as correspondentes unidades e símbolos. Essas unidades são estabelecidas através de protótipos ou por experimentos físicos denominados *padrões físicos*, sem a consideração da relatividade generalizada.[10] Os símbolos dessas unidades e das unidades derivadas permanecem invariantes no plural e devem ser grafados com minúsculas, exceto quando advindas de nomes de pessoas, quando então, se utiliza a primeira letra em maiúscula.[11] Já quando escritas por extenso, essas unidades admitem o plural e devem ser utilizadas com inicial minúscula, mesmo em caso de nomes de pessoas, excetuado o grau Celsius.

---

[7] Essas *Diretrizes* não especificam as ementas das disciplinas das habilitações em *Engenharia* e, portanto, o conteúdo deste livro é mais amplo do que o necessário a algumas dessas habilitações. Contudo, o professor saberá omitir as partes desnecessárias, como também identificará as partes em que é importante dar ênfase.

[8] Trata-se de ampliação modernizada do *Sistema Métrico Decimal*, que se tornou sistema oficial nos países desenvolvidos, com exceção dos Estados Unidos e das nações do Reino Unido em que também se utiliza o *Sistema Britânico de Unidades*.

[9] Há grandezas que não podem ser definidas em função das grandezas de base e grandezas cujos valores são determinados por contagem.

[10] Os valores dessas unidades não se alteram com o tempo, embora tenham definições aprimoradas em função do desenvolvimento científico-tecnológico, em área de pesquisa denominada *Metrologia*. Isto, diferentemente das unidades monetárias que inflacionam ou deflacionam, mesmo com a manutenção de seus padrões monetários.

[11] Este é o caso da unidade de frequência *ciclos por segundo*, de nome *hertz*, símbolo Hz, utilizada em *Dinâmica*.

Grandeza	Unidade	Símbolo
Comprimento	metro	m
Massa	kilograma	kg
Tempo	segundo	s
Corrente elétrica	ampere	A
Temperatura termodinâmica	kelvin	K
Quantidade de substância	mol	mol
Intensidade luminosa	candela	cd

Tabela 1.1 – Grandezas de base do SI.

Em fenômenos geométrico-mecânicos são utilizadas as grandezas de base *comprimento*, *massa* e *tempo*, como também a grandeza *temperatura*, em caso de acoplamento com efeitos térmicos.

A grandeza *comprimento* está associada à noção de distância entre dois pontos no espaço geométrico. A correspondente unidade *metro*, de símbolo m, foi originalmente estabelecida como $1/40\,000\,000$ do meridiano terrestre e materializada como a distância entre duas linhas em protótipo de platina iridiada depositado no *Bureau Internacional de Pesos e Medidas* – BIPM. Com mais acurácia, essa unidade é atualmente definida como "o comprimento do trajeto percorrido pela luz no vácuo, durante um intervalo de tempo de $1/299\,792\,458$ de segundo".

A grandeza *massa* está relacionada à compreensão da matéria contida em um corpo. A correspondente unidade *kilograma*, de símbolo kg, é "a massa de um decímetro cúbico de água na temperatura de maior massa específica, ou seja, a 4,44 $^{\circ}$C". Essa unidade foi materializada em protótipo de platina iridiada, que também foi depositado no BIPM.

A grandeza *tempo* está associada à percepção de sequências de eventos do dia-a-dia. A unidade dessa grandeza, denominada s*egundo* e de símbolo s, foi inicialmente definida como $1/86\,400$ do dia solar médio. Com mais acurácia, essa unidade é atualmente definida como "a duração de $9\,192\,631\,770$ períodos da radiação correspondente à transição entre os dois níveis hiperfinos do estado fundamental do átomo de césio 133". A partir dessa definição são aferidos os relógios dos principais observatórios de metrologia do tempo. Embora essa grandeza não seja utilizada na *Estática das Estruturas*, ela é necessária à definição da grandeza força, essencial nesta estática.

A *grandeza temperatura* está ligada à percepção sensorial de calor. A correspondente unidade *kelvin*, de símbolo K, é "a fração $1/273,16$ da temperatura termodinâmica do ponto triplo da água". Contudo, o SI admite também o uso da escala de temperatura Celsius (de unidade de símbolo $^{\circ}$C), de origem em 273,15 graus kelvins (temperatura de solidificação da água à pressão atmosférica normal) e de intervalo unitário igual a 1grau kelvin (1K).

Como informado anteriormente, as unidades derivadas são obtidas por multiplicações e/ou divisões de unidades de base. Esse é o caso, por exemplo, das unidades de superfície (metro quadrado $- m^2$), de volume (metro cúbico $- m^3$), de velocidade (metro por segundo $- m/s$), de

*Estática das Estruturas   –   **H. L. Soriano**

aceleração (metro por segundo ao quadrado $-m/s^2$) etc. Em *Análise das Estruturas* são muito utilizadas as grandezas derivadas *força*, *pressão* e *ângulo*, de unidades definidas a seguir.

A noção intuitiva de força é a de esforço muscular para modificar o estado de repouso ou de movimento uniforme de um corpo, assim como para deformar um corpo. De acordo com a segunda lei de Newton, uma força é igual à massa do corpo sobre o qual atua vezes a aceleração que impõe ao mesmo. A correspondente unidade em termos de unidades básicas do SI é $kg \cdot m/s^2$, denominada *newton* e de símbolo N. Assim, $1N$ é a força que imprime à massa de $1kg$ a aceleração de $1 m/s^2$.

No *Sistema Técnico* – MK*S, utilizado no país anteriormente ao Sistema Internacional, a força é uma grandeza fundamental e, consequentemente, a massa é uma grandeza derivada. Naquele Sistema, a unidade de força é o quilograma-força, de símbolo kgf, que é a força com que a Terra atrai a massa de um kilograma em condições normais de gravidade (valor ao nível do mar e na latitude de $45°$, de símbolo **g**). Com isso, a unidade de massa em termos de unidades básicas é $kgf \cdot s^2/m$, denominada *unidade técnica de massa* e de símbolo utm. Vale ressaltar que na *Mecânica Clássica*, massa é uma propriedade invariante de um corpo, enquanto que o peso depende do valor da aceleração da gravidade e, portanto, da posição do corpo em relação ao centro de massa da Terra.[12] Ao adotar essa aceleração como $9,806\,65m/s^2$, $1kgf$ é aproximadamente igual a $9,81N$ e 1utm é aproximadamente igual a $9,81kg$. Contudo, nos livros anteriores à adoção do SI no país, é usual encontrar o símbolo kg em representação de quilograma-força e o símbolo t (de tonelada, $10^3 kg$) em representação de tonelada-força que é igual a $10^3 kgf$, o que é atualmente inadequado.

Algumas unidades derivadas receberam nomes e símbolos próprios. É o caso, por exemplo, da *grandeza pressão* que se associa à concepção da força exercida por um meio fluido sobre um anteparo, ou seja, à força distribuída perpendicularmente a uma superfície. No SI, a unidade dessa grandeza é denominada *pascal* e tem o símbolo Pa. Assim, $1Pa$ é a pressão exercida por uma força de $1N$, perpendicular e uniformemente distribuída em uma superfície plana de $1 m^2$. Logo, a unidade de pressão é N/m^2, que em termos de unidades básicas é $kg/(m \cdot s^2)$.

O conceito da *grandeza ângulo* é o da região de um plano delimitada por duas semirretas de mesma origem. Contudo, define-se ângulo como igual ao comprimento de um arco de circunferência dividido pelo comprimento do respectivo raio. Assim, essa grandeza tem unidade igual a (comprimento/comprimento=1), o que expressa *grandeza adimensional*. No SI essa unidade subtende um arco de circunferência de comprimento igual ao do respectivo raio, com a denominação *radiano* e símbolo rad. Contudo, o SI admite também a unidade grau, de símbolo ° e que é igual a $1/360$ do ângulo central de um círculo completo. Logo, como o comprimento da circunferência é igual a 2π vezes o respectivo raio, $180°$ é igual a π radianos. Trata-se da unidade de *ângulo plano*, diferentemente da unidade e*sferorradiano* (denominada *esterradiano* até o SI de 2007) de símbolo sr, definida como o ângulo sólido que, de vértice no centro de uma esfera, subtende na superfície desta uma área igual ao quadrado do raio da esfera. Consequentemente, essa unidade é também adimensional.

Quando a magnitude de uma grandeza física é muito pequena ou muito grande, é usual especificá-la com o símbolo da correspondente unidade acompanhado de um prefixo que indica um fator de potências de 10. A tabela seguinte relaciona os prefixos estabelecidos no SI, múltiplos de 10^3 e situados de 10^{-12} a 10^{12}, com os correspondentes símbolos. Importa observar que o símbolo do prefixo *kilo* é k (em minúscula) e que K (em maiúscula) é o símbolo da unidade da temperatura termodinâmica denominada *grau kelvin*. Além disso, é relevante notar que os símbolos dos múltiplos *mega*, *giga* e *tera* são em maiúsculas, respectivamente, M, G e T. Assim, 1 kilonewton é representado por $1kN$ e 1 megapascal é representado por 1MPa. O *kilograma* é a única unidade de grandeza de base que, por motivos históricos, tem prefixo e é igual a 10^3 gramas, $10^3 g$.

---

[12] Para corpos próximos à superfície da Terra, o efeito gravitacional dos demais astros é irrelevante.

Submúltiplo			Múltiplo		
Prefixo	Fator	Símbolo	Prefixo	Fator	Símbolo
pico	10^{-12}	p	kilo	10^3	k
nano	10^{-9}	n	mega	10^6	M
micro	10^{-6}	μ	giga	10^9	G
mili	10^{-3}	m	tera	10^{12}	T

Tabela 1.2 – Principais submúltiplos e múltiplos adotados no SI.

Algumas unidades fora do SI, por estarem amplamente difundidas, são reconhecidas em combinações com unidades desse Sistema. Para a grandeza ângulo plano, têm-se o grau ($^{\circ}$) e seus submúltiplos: *minuto* ($1' = 1/60$ do grau) e *segundo* ($1'' = 1/60$ do minuto). Para a grandeza tempo, de unidade *segundo* (s), têm-se os múltiplos: *minuto* ($1\,min = 60$ s), *hora* ($1\,h = 3\,600\,s$) e *dia* ($1\,d = 86\,400\,s$).

Ao expressar o valor de uma grandeza, deve-se utilizar um espaço entre o valor numérico e a correspondente unidade, com exceção dos símbolos das unidades do grau, minuto e segundo, do ângulo plano. Em valor numérico, o uso corrente no país é separar a parte inteira da parte decimal com uma vírgula. E com o objetivo de facilitar a leitura é aconselhável que valor numérico com um grande número de algarismos seja escrito em grupos de três a partir da vírgula, separados por um espaço e não por um ponto. Assim, escreve-se $53\,457\,m$ e não, $53.457\,m$, como também se escreve $1,537\,43$ km e não, $1,53743\,km$.

Em escrita de qualquer unidade derivada em termos do produto de unidades de base, pode-se utilizar um ponto entre os símbolos dessas unidades e a meia altura desses símbolos, usar um espaço entre esses símbolos ou adotar o sinal de multiplicação x entre os mesmos. Evita-se, assim, eventual confusão com o uso de prefixos, como no caso da unidade *metro-segundo*, cuja abreviatura escrita sob as formas m·s, ms ou mxs não é confundida com o submúltiplo da unidade de tempo *milissegundo*, de símbolo ms. E para expressar divisão entre unidades de base, pode-se usar potência negativa, barra inclinada ou barra horizontal, desde que a barra não seja utilizada mais de uma vez; com a possibilidade do uso de parênteses. Assim, escreve-se $kg \cdot m \cdot s^{-2}$ ou $kg \cdot m/s^2$ e não, $kg \cdot m/s/s$. Em atendimento a essa orientação, por exemplo, escreve-se a constante universal da gravidade como $(G = 6,673 \cdot 10^{-11}\,m^3/(kg \cdot s^2))$ ou como $(G = 6,673 \cdot 10^{-11}\,m^3 \cdot kg^{-1} \cdot s^{-2})$.[13] Além disso, não se deve colocar um ponto ao final do símbolo de uma unidade de medida, a menos que seja no final de uma frase. Logo, em meio de uma frase, escreve-se $(6\,m)$, mas não, $(6\,m.)$.

1.4 – Homogeneidade dimensional

A *dimensão* de uma grandeza expressa a sua natureza sem valor numérico e a correspondente *unidade* é a base para a mensuração da dimensão da grandeza. No SI, os símbolos das dimensões *comprimento*, *massa* e *tempo* são, respectivamente, L, M e T. Assim, área tem a dimensão L^2, força tem a dimensão MLT^{-2} e pressão tem a dimensão $ML^{-1}T^{-2}$. O ângulo plano e o ângulo sólido, como todas as grandezas adimensionais, são considerados de dimensão um.

---

[13] A *lei da gravitação universal* tem a expressão matemática $(F = G\,m_1 m_2/d^2)$, onde m_1 e m_2 são as massas de cada um dos corpos e r é a distância entre esses corpos considerados como partículas.

Uma condição necessária, mas não suficiente, para que uma equação de lei física esteja correta é que tenha *homogeneidade dimensional*.[14] Isto é, cada termo aditivo da equação deve ter a mesma dimensão, o que permite que essa equação seja aplicável em diferentes sistemas de unidades.

Para exemplificar homogeneidade dimensional, considera-se uma barra de comprimento inicial ℓ e de área de seção transversal inicial A, submetida à aplicação gradual lenta de uma força axial de tração (ou de compressão), como ilustra a próxima figura. Tendo-se proporcionalidade entre a intensidade da força e a alteração do comprimento da barra, como representado no gráfico da parte direita da figura, o alongamento (ou encurtamento) é expresso por:

$$\delta = \frac{F\ell}{EA} \tag{1.1}$$

Nessa equação ocorre a propriedade do material de notação E, determinada experimentalmente e denominada *módulo de elasticidade* ou *módulo de Young*.[15]

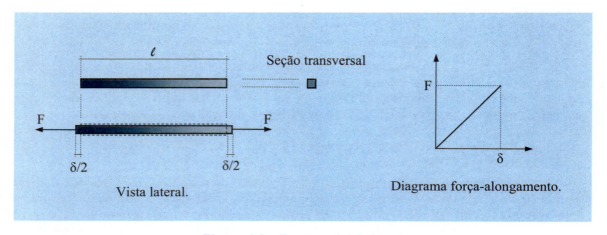

Figura 1.3 – Tração axial de barra.

Em análise da homogeneidade dimensional da equação anterior, identifica-se que, no primeiro membro, alongamento tem a dimensão L e que, no segundo membro, força tem a dimensão MLT^{-2}, comprimento tem a dimensão L e área tem a dimensão L^2. Logo, operando com os símbolos dessas dimensões de forma algébrica, identifica-se que o módulo de elasticidade tem a dimensão $ML^{-1}T^{-2}$.[16]

---

[14] A verificação dessa homogeneidade costuma indicar eventuais enganos ao escrever uma equação física.

[15] Essa equação será utilizada em análise de cabos, no sétimo capítulo.

[16] Trata-se de grandeza física de unidade igual a $kg/(m \cdot s^2)$, unidade esta também da grandeza *pressão*, denominada *Pascal*. Assim, cada grandeza física tem apenas uma unidade em um sistema coerente de unidades, mas uma unidade pode dizer respeito a mais de uma grandeza física. E naturalmente, todas as quantificações das grandezas físicas envolvidas em equação física devem estar em um mesmo sistema e com uniformidade quanto a múltiplos e submúltiplos das correspondentes unidades. Observa-se que no segundo membro da equação anterior se tem a unidade de força no numerador e a unidade de força dividida pela unidade de área no denominador. Logo, caso seja adotado fator multiplicador na unidade de força, o mesmo fator deve ser utilizado na unidade do módulo de elasticidade. Assim, com o prefixo *kilo*, adota-se kN para a força e kPa para esse módulo.

Capítulo 1 – Fundamentos

1.5 – Algarismos significativos

A medição de qualquer grandeza física guarda aproximações devido a eventuais irregularidades da entidade medida e por melhores que sejam o equipamento de medida e a habilidade da pessoa que o utiliza.[17] O número de *algarismos significativos* expressa a precisão do resultado de uma medição. *Estes são os algarismos utilizados na representação de quantificações de grandezas físicas, inclusive o zero, desde que não seja utilizado para localizar a casa decimal.* Com esse conceito, o valor 5 000, quando considerado com dois algarismos significativos, deve ser escrito sob a forma $50 \cdot 10^2$ ou $5,0 \cdot 10^3$.

Em avaliação das dimensões do tampo de mesa com uma régua, por exemplo, obtém-se precisão de, no máximo, até a ordem do milímetro, por limitação da régua utilizada e pelo fato do tampo ter irregularidades de dimensões. No caso de terem sido encontrados para o comprimento e para a largura desse tampo, respectivamente 1,701m e 1,041m, diz-se que essas quantificações são expressas por valores numéricos de quatro algarismos significativos.

O referido tampo tem a área de $(1,701 \cdot 1,041 = 1,770\,741m^2)$. Contudo, esse resultado não pode ter maior precisão do que as quantificações das dimensões do tampo. Logo, por coerência com a precisão dessas quantificações é adequado expressar essa área com 4 algarismos significativos, o que requer arredondar o resultado anterior para $1,771m^2$. Assim, *quando são multiplicados ou divididos valores de grandezas, o número de algarismos significativos do resultado é o mesmo que o número de algarismos significativos do valor da grandeza que tem o menor número desses algarismos.* Semelhantemente, *quando são somados ou subtraídos vários valores, o resultado deve ter no máximo o número de casas decimais que o de qualquer termo da operação.*

A norma ISO 31/0 estabelece o seguinte procedimento de arredondamento em representação de um resultado com n algarismos significativos:

a – Se o dígito de ordem (n+1), da esquerda para a direita, for menor do que 5, esse dígito e os que lhe são superiores em ordem devem ser eliminados. Com isso, em representação de 3 algarismos significativos, o número 1,770 741 é escrito sob a forma 1,77.

b – Se o dígito de ordem (n+1) for igual a 5 seguido de zeros, o dígito de ordem n deve ser arredondado para o número par superior mais próximo se esse dígito for ímpar e, caso contrário, o dígito de ordem n deve permanecer inalterado. Assim, em representação com 3 algarismos significativos, os números 1,775 e 1,765 são escritos, respectivamente, sob as formas 1,78 e 1,76.

c – Se o dígito de ordem (n+1) for igual ou superior a 5 seguido de qualquer quantidade de dígitos diferentes de zero, o dígito de ordem n deve ser aumentado de uma unidade e os dígitos de ordem superior a n, eliminados. Por exemplo, o número 1,765 004 em representação de 3 algarismos significativos é escrito como 1,77.

Caso haja necessidade de expressar o referido resultado de área em milímetros, é prático adotar a *notação científica* ou a *notação de engenharia*, que são notações exponenciais. Na primeira dessas notações, apenas um algarismo de 1 a 9 é utilizado à esquerda da vírgula e potências de 10 são adotadas para expressar a posição da vírgula da quantidade que se quer expressar, que se relaciona com a *ordem de grandeza*. Assim, em lugar de escrever $0,000\,017\,71mm^2$, escreve-se $1,771 \cdot 10^{-5}mm^2$. Já em notação de engenharia, a potência de 10 é sempre um múltiplo de três, para facilitar as transformações entre múltiplos e submúltiplos do SI. Assim, em lugar de escrever $0,000\,017\,71mm^2$, escreve-se $17,71 \cdot 10^{-6}mm^2$. E ao escrever um valor numérico sob a forma de notação científica

---

[17] De acordo com a *Mecânica Quântica* existe um limite para a precisão de qualquer medição.

Estática das Estruturas – **H. L. Soriano**

$a,b \cdot 10^n$, a parte *a,b* é denominada *mantissa* e diz-se que a ordem de grandeza é 10^n se $|a,b| \le 5,5$ e 10^{n+1} se $|a,b| > 5,5$. Assim, $1,771 \cdot 10^{-5}$ tem a ordem 10^{-5} e $5,771 \cdot 10^{-5}$ tem a ordem 10^{-4}.

Outra razão da não utilização de diversos algarismos nas representações dos valores numéricos de certas grandezas físicas é que as quantificações em engenharia são usualmente estabelecidas com base em normas de projeto que adotam procedimentos semiprobabilísticos. Este é o caso da velocidade básica do vento que se utiliza em projeto de edificações, que é prevista com determinada probabilidade de ocorrência em certo período de tempo, assim como é o caso dos valores das cargas de projeto das lajes de edificações, por exemplo. Também, os limites de resistência mecânica dos materiais guardam flutuações em torno de valores característicos, além do fato de que toda teoria de análise é aproximativa ao fenômeno físico a que diz respeito. Contudo, ao resolver um problema com uma sequência de resultados intermediários, esses resultados devem ser retidos com maior número de algarismos que o dos dados iniciais, para evitar propagação de aproximações que afetem a precisão do resultado final.

Para exemplificar essa propagação, considera-se o cálculo do alongamento de um fio de aço de módulo de elasticidade igual a 205 GPa, de comprimento inicial igual a 1,43 m e seção transversal de diâmetro igual a 1,49 mm, devido à força de tração de 155 N. Eq. 1.1, com auxílio de uma calculadora de bolso, fornece:

$$\delta = \frac{F \ell}{E A} = \frac{155 \cdot 1,43}{205 \cdot 10^9 \cdot \dfrac{\pi (1,49 \cdot 10^{-3})^2}{4}} \qquad \rightarrow \qquad \boxed{\delta \cong 6{,}200\,85 \cdot 10^{-4}\,\text{m}}$$

Esse resultado, com arredondamento para 3 algarismos significativos, que é o número de algarismos dos dados da questão, escreve-se como $6{,}20 \cdot 10^{-4}$ m.

A seguir, determina-se o alongamento do fio em etapas de resultados intermediários arredondados para 3 algarismos:

$$F \ell = 155 \cdot 1,43 = 221,65 \cong 222\,\text{N} \cdot \text{m}$$

$$A = \frac{\pi \cdot 0,001\,49^2}{4} \cong 1,743\,66 \cdot 10^{-6} \cong 1,74 \cdot 10^{-6}\,\text{m}^2$$

$$\frac{F \ell}{A} = \frac{222}{1,74 \cdot 10^{-6}} = 1,275\,86 \cdot 10^8 \cong 1,28 \cdot 10^8\,\text{N} / \text{m}$$

$$\delta = \frac{F \ell}{E A} = \frac{1,28 \cdot 10^8}{205 \cdot 10^9} \cong 6,243\,90 \cdot 10^{-4} \qquad \rightarrow \qquad \boxed{\delta \cong 6,24 \cdot 10^{-4}\,\text{m}}$$

A comparação deste resultado com o obtido anteriormente, sem reter resultados intermediários, mostra uma diferença de 0,627%. Diferenças maiores podem ser obtidas em sequências de cálculos mais longos, o que evidencia a necessidade de se reter resultados intermediários com mais algarismos que os significativos dos dados iniciais.[18]

Não é possível estabelecer de forma geral com quantos dígitos devem ser retidos os resultados intermediários ao resolver um problema de engenharia, muito embora três algarismos significativos sejam plenamente suficientes em resultados finais dos problemas usuais da

---

[18] Também em computador, ocorrem arredondamentos e truncamentos nas operações da denominada *aritmética em ponto-flutuante*, porque a representação computacional das variáreis tem número de dígitos em função do número de bytes alocados para a mesma.

Capítulo 1 – Fundamentos

engenharia. Contudo, *para uniformizar as comparações numéricas dos resultados obtidos pelo leitor com os das resoluções apresentadas neste livro, optou-se por apresentar todos os resultados intermediários e finais com cinco algarismos significativos*, independentemente do número de algarismos dos dados dos exemplos numéricos. Esse "excesso" de algarismos melhor evidenciará a checagem de condições de equilíbrio, como será mostrado amplamente no próximo capítulo.

1.6 – Noções de álgebra vetorial, força e momento

As grandezas físicas podem ser escalares ou *vetoriais*. Uma grandeza física escalar é caracterizada por um valor numérico em determinado sistema de unidades, como quando se quantifica massa, comprimento, tempo e temperatura, por exemplo. Para massa, comprimento e tempo, esse valor é sempre positivo. Para temperatura na escala Celsius, esse valor pode ser positivo ou negativo. Já a grandeza força, além de ser caracterizada por um valor numérico não negativo em determinado sistema de unidades, denominado *intensidade* ou *módulo*, tem uma *direção*, um *sentido* e, por vezes, uma linha de ação e também um ponto de aplicação.[19] Além disso, por obedecer à regra de adição de vetores, é uma *grandeza vetorial* cujos conceitos e operações fundamentais estão revistos na presente seção.[20] Deslocamento, velocidade, aceleração e quantidade de movimento são outras grandezas vetoriais de grande importância em Mecânica.

A força pode ser de *contato entre corpos*, como quando se empurra um objeto, ou de ação à distância (de *efeito de campo*), como nos campos gravitacional, magnético e eletromagnético. Assim, *força é o resultado da interação entre dois corpos e, portando, sempre ocorre em pares de ação e reação*, como é enunciado pela terceira lei de Newton. Essa grandeza tem natureza abstrata, uma vez que não pode ser visualizada e nem armazenada, apenas ter seu efeito identificado.

Força de contato é sempre distribuída na superfície de contato entre dois corpos e, portanto, chamada também de *força de superfície*, como a pressão de água sobre a parede de um reservatório, por exemplo. Contudo, em caso dessa superfície ser pequena e por simplicidade, essa força costuma ser considerada através de sua resultante aplicada "no ponto médio de sua distribuição". É a chamada redução de uma força de superfície a um ponto, com a obtenção de uma *força concentrada*. O mesmo ocorre em caso de *força de campo* que é distribuída no volume de um corpo, o que é denominado *força de volume*. Entretanto, é prático operar com a resultante dessa força, que em campo gravitacional denomina-se *peso*. E com a consideração desse campo como constante, o ponto de atuação dessa força, denominado *centro de gravidade*, coincide com o *centro de massa* do corpo, que em corpo de material homogêneo coincide com o *centróide* ou *centro geométrico do corpo*.

Pelo fato de força ser uma grandeza vetorial, é usual denotá-la em negrito, como **F**, por exemplo, quando então o correspondente *módulo* ou *intensidade* é representado por F ou por $|\mathbf{F}|$.[21] Assim, escreve-se a segunda lei de Newton com as notações

$$\mathbf{F} = m\mathbf{a} \quad \rightarrow \quad \boxed{F = ma} \tag{1.2}$$

onde m é a massa, **a** é o vetor aceleração e "a" é a intensidade da aceleração.

---

[19] Matematicamente, admite-se *vetor força nula*.

[20] Vetores foram concebidos no início do século dezenove em representação de números complexos.

[21] Como não é conveniente o uso de negrito em manuscrito, costuma-se utilizar uma pequena seta na parte superior de notação de grandeza vetorial, como $\vec{F}$, por exemplo, quanto então a correspondente intensidade é representada por F ou $|\vec{F}|$.

Ainda por ser uma grandeza vetorial, representa-se graficamente força através de um segmento de reta orientado ou seta, como ilustra a parte esquerda da próxima figura. Nessa representação, o comprimento exprime a intensidade em determinada escala, a inclinação define a direção e a extremidade indica o sentido, da força.

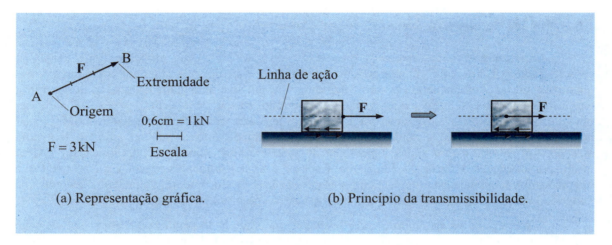

Figura 1.4 – Grandeza vetorial força.

Em caso de força concentrada há sempre um ponto de aplicação, quanto então se diz *vetor fixo* ou *vetor vinculado* (a um ponto). Contudo, em análise de corpo rígido sob esse tipo de força, como nada se altera ao deslocar a força segundo a sua *linha de ação* ou *reta de suporte*, diz-se *vetor deslizante*. Esse é o *princípio da transmissibilidade de força em corpo rígido,* que estabelece ser irrelevante a posição da força na correspondente linha de ação. Isso está ilustrado na parte direita da figura anterior que mostra um corpo apoiado em uma superfície horizontal e sob a ação de uma força horizontal **F**, sem representação do peso do corpo e da reação vertical dessa superfície, por simplicidade, mas com indicação da força de atrito entre corpo e superfície.

Quando um vetor está associado a uma direção, mas não a uma linha de ação, diz-se *vetor livre*. Esse é o caso do vetor que caracteriza a translação de um corpo rígido, quando então um único vetor define o deslocamento de todas as partículas do corpo.

Para esclarecer o *princípio da ação e reação* ou *terceira lei de Newton*, considera-se um corpo rígido suspenso por um cabo como mostra a parte esquerda da próxima figura. De acordo com a *lei da gravitação universal*, a Terra atrai o corpo com a força **P** denominada *peso*, suposta aplicada no centro de gravidade do corpo, que tem reação igual e contrária aplicada no centro de massa da Terra. Assim, ação e reação agem em corpos distintos. O referido peso traciona o cabo, que por sua vez exerce uma força igual e contrária sobre o corpo. Além disso, como o cabo está fixo em um anteparo superior, a referida força é transferida a esse anteparo que, com a suposição de cabo de peso desprezível, reage com força igual e contrária, como mostra a parte intermediária da mesma figura.

As representações de corpos isolados com indicações de todas as forças externas que atuam sobre os mesmos, como ilustra a parte direita da citada figura, são denominadas *diagramas de corpo livre*. Esse tipo de diagrama é muito utilizado para resolver problemas de equilíbrio de corpo rígido e de estruturas.

Capítulo 1 – Fundamentos

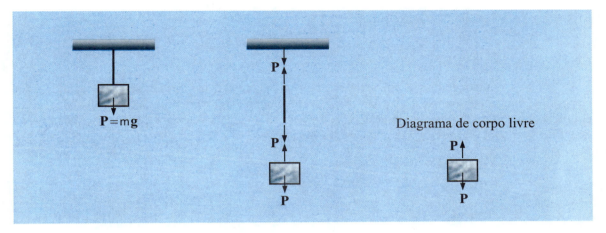

Figura 1.5 – Corpo suspenso por um cabo.

É útil operar com vetores através de seus componentes em um *sistema de referência de coordenadas triortogonais direto* ou *sistema cartesiano de coordenadas*, cujos eixos, perpendiculares entre si, são identificados pelo recurso mnemônico da mão direita mostrado na próxima foto. No caso, o polegar define o eixo X, o indicador o eixo Y e os demais dedos, o eixo Z, o que se diz *triedro direto*.

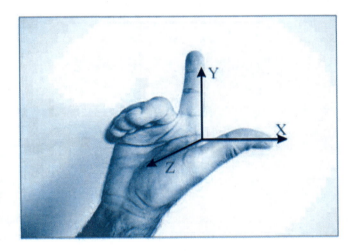

Foto 1.1 – Sistema cartesiano de coordenadas.

De acordo com a parte esquerda da próxima figura, a decomposição de uma força **F** (ou de qualquer outro vetor) em um referencial cartesiano, também denominada *resolução da força* (ou do vetor) *em seus componentes*, escreve-se:

$$\mathbf{F} = \mathbf{F}_X + \mathbf{F}_Y + \mathbf{F}_Z \tag{1.3}$$

em que os vetores $\mathbf{F}_X$, $\mathbf{F}_Y$ e $\mathbf{F}_Z$ são segundo os eixos X, Y e Z, respectivamente, e denominados *componentes vetoriais retangulares da força*. E com os ângulos θ e θ_Y indicados na mesma figura, escrevem-se os *componentes escalares retangulares* da força **F**:[22]

---

[22] Adota-se a notação *sin* para a função *seno*, em atendimento à norma ISO 31/XI.

Estática das Estruturas – H. L. Soriano

$$\begin{cases} F_X = F \sin\theta_Y \cos\theta \\ F_Y = F \cos\theta_Y \\ F_Z = F \sin\theta_Y \sin\theta \end{cases} \quad (1.4)$$

Esses componentes podem ser positivos ou negativos, o que depende dos sentidos dos correspondentes componentes vetoriais serem coincidentes ou não com os sentidos dos eixos coordenados. Diferem pois, das intensidades desses componentes vetoriais que são não negativas e denotadas por $|F_X|$, $|F_Y|$ e $|F_Z|$, para evitar confusão.

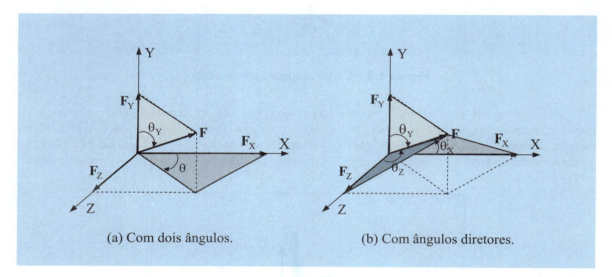

(a) Com dois ângulos. (b) Com ângulos diretores.

Figura 1.6 – Decomposição tridimensional de uma força.

Por observação da figura anterior e uso do *teorema de Pitágoras* por duas vezes, obtém-se a intensidade da força **F** em função de seus componentes escalares:

$$F = \sqrt{F_X^2 + F_Y^2 + F_Z^2} \quad (1.5)$$

Na determinação anterior dos componentes escalares, a direção e o sentido do vetor força foram especificados pelos ângulos θ e θ_Y. Alternativamente, essa especificação pode ser feita através dos ângulos θ_X, θ_Y e θ_Z, denominados *ângulos diretores* da força **F** e mostrados na parte direita da mesma figura. Com esses ângulos têm-se os referidos componentes sob as formas:

$$\begin{cases} F_X = F \cos\theta_X \\ F_Y = F \cos\theta_Y \\ F_Z = F \cos\theta_Z \end{cases} \quad (1.6)$$

Nessas expressões, $\cos\theta_X$, $\cos\theta_Y$ e $\cos\theta_Z$ são os *cossenos diretores* da força, iguais aos componentes escalares do vetor unitário **F**/F na direção da mesma e que costumam receber as notações ($l=\cos\theta_X$), ($m=\cos\theta_Y$) e ($n=\cos\theta_Z$). Esses cossenos são dependentes entre si, porque a direção e o sentido de um vetor podem ser definidos por apenas dois ângulos, como mostrado na figura anterior. Para expressar essa dependência, substitui-se a equação anterior em Eq.1.5, de maneira a obter:

$$\cos^2\theta_X + \cos^2\theta_Y + \cos^2\theta_Z = 1 \quad (1.7)$$

Capítulo 1 – Fundamentos

Logo, a partir das duas equações anteriores, escreve-se:

$$F_X \cos\theta_X + F_Y \cos\theta_Y + F_Z \cos\theta_Z = F \qquad (1.8)$$

Principalmente quando se trabalha no espaço tridimensional, é vantajoso utilizar vetores unitários adimensionais segundo os eixos coordenados, denominados *vetores cartesianos unitários*, *vetores unitários de base* ou simplesmente *vetores de base*, que são usualmente designados por **i**, **j** e **k**. Com esses vetores e de acordo com a próxima figura, escreve-se a decomposição da força **F** sob a forma cartesiana:

$$\mathbf{F} = F_X\,\mathbf{i} + F_Y\,\mathbf{j} + F_Z\,\mathbf{k} \qquad (1.9)$$

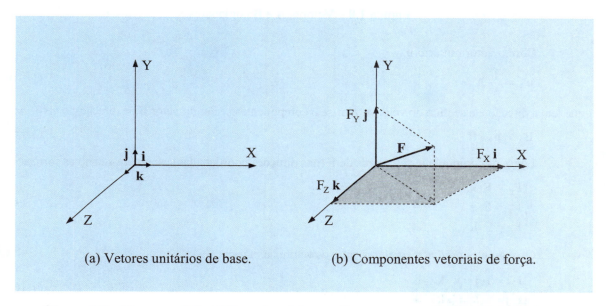

(a) Vetores unitários de base.   (b) Componentes vetoriais de força.

Figura 1.7 – Decomposição tridimensional de uma força com os vetores unitários de base.

Além disso, com a substituição de Eq.1.6 nessa última equação, obtém-se a decomposição da referida força em termos de sua intensidade, de seus cossenos diretores e dos vetores unitários de base:

$$\mathbf{F} = F\cos\theta_X\,\mathbf{i} + F\cos\theta_Y\,\mathbf{j} + F\cos\theta_Z\,\mathbf{k} \quad\rightarrow\quad \mathbf{F} = F(\ell\,\mathbf{i} + m\,\mathbf{j} + n\,\mathbf{k}) \qquad (1.10)$$

Multiplicar ou dividir uma força por um escalar é simplesmente multiplicar ou dividir a sua intensidade por esse escalar. Em caso desse escalar ser negativo, o sentido da força resultante é contrário ao da força original. Assim, a notação –**F** expressa uma força igual e contrária à força **F**.

É muito útil o *produto escalar* de dois vetores coplanares **A** e **B** definido sob a forma:

$$\mathbf{A}\cdot\mathbf{B} = \mathbf{B}\cdot\mathbf{A} = A\,B\cos\alpha \qquad (1.11)$$

em que α é o ângulo formado pelas linhas de ação desses vetores, como esclarece a próxima figura.

Com esse produto, escreve-se o ângulo entre dois vetores:

$$\theta = \cos^{-1}\!\left(\frac{\mathbf{A}\cdot\mathbf{B}}{A\,B}\right)\,, \qquad 0° \le \theta \le 180° \qquad (1.12)$$

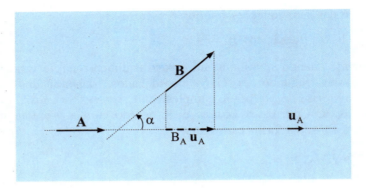

Figura 1.8 – Vetores **A** e **B** coplanares.

Com o vetor unitário $\mathbf{u}_A$

$$\mathbf{u}_A = \frac{1}{A}\mathbf{A} \tag{1.13}$$

que tem a direção e o sentido do vetor **A**, têm-se o componente escalar do vetor **B** na direção do vetor **A**:

$$B_A = \mathbf{u}_A \cdot \mathbf{B} \tag{1.14}$$

Logo, os componentes escalares de **F** (nas direções coordenadas) escrevem-se sob as formas:

$$\begin{cases} F_X = \mathbf{F} \cdot \mathbf{i} \\ F_Y = \mathbf{F} \cdot \mathbf{j} \\ F_Z = \mathbf{F} \cdot \mathbf{k} \end{cases} \tag{1.15}$$

Os seguintes produtos escalares entre os vetores unitários

$$\begin{cases} \mathbf{i} \cdot \mathbf{i} = \mathbf{j} \cdot \mathbf{j} = \mathbf{k} \cdot \mathbf{k} = 1 \\ \mathbf{i} \cdot \mathbf{j} = \mathbf{i} \cdot \mathbf{k} = \mathbf{j} \cdot \mathbf{k} = 0 \end{cases} \tag{1.16}$$

permitem escrever o produto escalar de dois vetores em forma cartesiana:

$$\mathbf{F}_1 \cdot \mathbf{F}_2 = (F_{1X}\mathbf{i} + F_{1Y}\mathbf{j} + F_{1Z}\mathbf{k}) \cdot (F_{2X}\mathbf{i} + F_{2Y}\mathbf{j} + F_{2Z}\mathbf{k})$$

$$\rightarrow \quad \mathbf{F}_1 \cdot \mathbf{F}_2 = F_{1X}F_{2X} + F_{1Y}F_{2Y} + F_{1Z}F_{2Z} \tag{1.17}$$

Em caso da força **F** pertencer ao plano coordenado XY, como representado na próxima figura e referido como *caso plano*, têm-se os ângulos ($\theta=0$) e ($\theta_Z=\pi/2$). Logo, Eq.1.4 e Eq.1.10 tomam, respectivamente, as formas:

$$\begin{cases} F_X = F\sin\theta_Y = F\cos\theta_X \\ F_Y = F\cos\theta_Y = F\sin\theta_X \\ F_Z = 0 \end{cases} \rightarrow \begin{cases} F_X = F\,\ell \\ F_Y = F\,m \\ F_Z = 0 \end{cases} \tag{1.18}$$

e

$$\mathbf{F} = F(\ell\mathbf{i} + m\mathbf{j}) \tag{1.19}$$

Tem-se, então, a intensidade de força sob forma mais simples do que em Eq.1.5:

$$F = \sqrt{F_X^2 + F_Y^2} \tag{1.20}$$

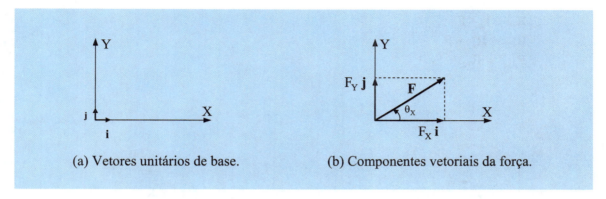

Figura 1.9 – Decomposição bidimensional de uma força.

Considera-se agora, um sistema de n forças $\mathbf{F}_1$, ··· $\mathbf{F}_i$, ··· $\mathbf{F}_n$ (ou de qualquer outra grandeza vetorial) de mesma origem. O vetor soma dessas forças é denominado *resultante* e se escreve:

$$\mathbf{R} = \sum_{i=1}^{n} \mathbf{F}_i \quad \rightarrow \quad \mathbf{R} = \sum_{i=1}^{n} \mathbf{F}_{Xi} + \sum_{i=1}^{n} \mathbf{F}_{Yi} + \sum_{i=1}^{n} \mathbf{F}_{Zi} \quad (1.21)$$

onde $\mathbf{F}_{Xi}$, $\mathbf{F}_{Yi}$ e $\mathbf{F}_{Zi}$ são os componentes vetoriais da i-ésima força. Logo, essa resultante pode também ser escrita sob a forma cartesiana:

$$\mathbf{R} = \sum_{i=1}^{n} F_{Xi}\,\mathbf{i} + \sum_{i=1}^{n} F_{Yi}\,\mathbf{j} + \sum_{i=1}^{n} F_{Zi}\,\mathbf{k} \quad (1.22)$$

onde F_{Xi}, F_{Yi} e F_{Zi} são os componentes escalares (retangulares) da i-ésima força. Vale observar que, em caso de vetores não paralelos, $\Sigma\mathbf{F}_i$ tem significado diferente que ΣF_i.

É imediato entender que, em caso de um sistema de forças de linhas de ação concorrentes em um mesmo ponto e aplicadas a um corpo rígido, o efeito mecânico desse sistema é o mesmo que o de sua resultante aplicada nesse ponto.

A resultante de duas forças coplanares pode ser obtida graficamente pela *lei do paralelogramo* ou *princípio de Stevinus*[23] que estabelece que duas forças $\mathbf{F}_1$ e $\mathbf{F}_2$ são equivalentes à força $\mathbf{R}_{12}$ obtida como diagonal do paralelogramo formado por $\mathbf{F}_1$ e $\mathbf{F}_2$, como ilustra a próxima figura.

Sendo α o ângulo formado por essas forças e com base na *lei dos cossenos*, escreve-se:

$$R_{12}^2 = F_1^2 + F_2^2 - 2F_1F_2\cos(\pi - \alpha) \quad \rightarrow \quad R_{12} = \sqrt{F_1^2 + F_2^2 + 2\,F_1F_2\cos\alpha} \quad (1.23)$$

A direção e o sentido da resultante $\mathbf{R}_{12}$, em relação à força $\mathbf{F}_1$, ficam definidos pelo ângulo:

$$\theta = \operatorname{arctg} \frac{F_2 \sin\alpha}{F_1 + F_2 \cos\alpha} \quad \text{(em rad)} \quad (1.24)$$

O procedimento gráfico de soma de duas forças pode ser estendido a sistemas de forças coplanares quaisquer. Para isto, como mostra a Figura 1.11 em caso de um sistema de quatro forças de linhas de ação concorrentes em um mesmo ponto, cada uma das forças é representada com origem coincidente com a extremidade da representação gráfica da força anterior, de maneira a se ter:

---

[23] *Simon Stevinus* ou *Stevin* (1548 – 1620), matemático e engenheiro flamengo. A combinação vetorial de duas forças deu origem à *Algebra Vetorial*.

$$\begin{cases} \mathbf{R}_{12} = \mathbf{F}_1 + \mathbf{F}_2 \\ \mathbf{R}_{123} = \mathbf{R}_{12} + \mathbf{F}_3 \\ \mathbf{R}_{1234} = \mathbf{R}_{123} + \mathbf{F}_4 \end{cases} \qquad (1.25)$$

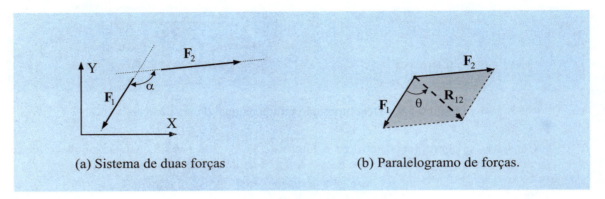

Figura 1.10 – Resultante de duas forças coplanares.

A representação gráfica de $\mathbf{R}_{1234}$ (cuja origem coincide com a da primeira força e cuja extremidade é a extremidade da última força) fornece a intensidade, a direção e o sentido da resultante das forças $\mathbf{F}_1$, $\mathbf{F}_2$, $\mathbf{F}_3$ e $\mathbf{F}_4$, cuja linha de ação passa pelo ponto de concorrência original. Além disso, é imediato observar que não é necessário o traçado das resultantes intermediárias $\mathbf{R}_{12}$ e $\mathbf{R}_{123}$, como também nota-se que a ordem do traçado das forças é irrelevante.

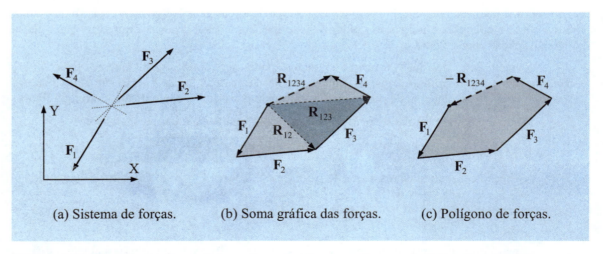

Figura 1.11 – Resultante de um sistema de quatro forças coplanares de linhas de ação concorrentes.

Com a inversão do sentido da resultante, obtém-se um sistema de forças auto-equilibradas. Logo, um sistema de forças coplanares em equilíbrio forma uma linha poligonal fechada com setas que indicam um mesmo sentido de giro, denominada *polígono de forças* e mostrada na parte direita da figura anterior. Como caso particular dessa linha, três forças em equilíbrio formam um *triângulo de forças*.

De forma inversa ao raciocínio de determinação da resultante de duas forças concorrentes através da diagonal de um paralelogramo, essas forças podem ser entendidas como componentes de uma força **F** em um referencial oblíquo X′Y′, como ilustra a próxima figura. E sendo α e β os ângulos que essa força faz com os eixos desse referencial, com base na *lei dos senos*, escreve-se:

$$\frac{|\mathbf{F}_{X'}|}{\sin\beta} = \frac{|\mathbf{F}_{Y'}|}{\sin\alpha} = \frac{|\mathbf{F}|}{\sin\gamma} \quad \rightarrow \quad \frac{|\mathbf{F}_{X'}|}{\sin\beta} = \frac{|\mathbf{F}_{Y'}|}{\sin\alpha} = \frac{|\mathbf{F}|}{\sin(\pi-\alpha-\beta)} \qquad (1.26)$$

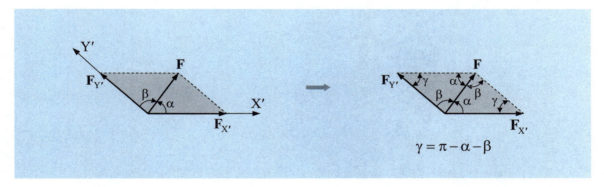

Figura 1.12 – Decomposição oblíqua da força **F** no referencial oblíquo X′Y′.

O processo gráfico da soma de forças em três dimensões é útil em casos muito particulares, como na parte esquerda da próxima figura. Isto porque não é simples a visualização nesse espaço. Em geral, utilizam-se os componentes escalares das diversas forças e Eq.1.22, como esclarece a parte direita da mesma figura em caso de duas forças, **F**₁ e **F**₂, situadas fora dos planos coordenados.

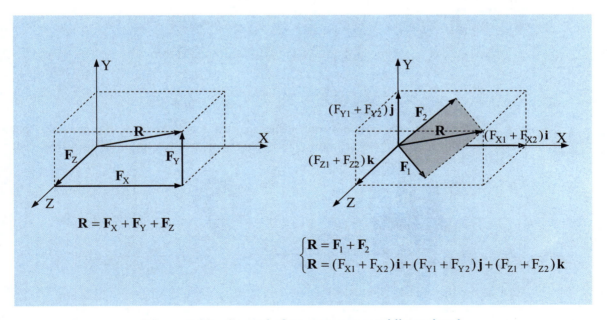

Figura 1.13 – Soma de forças no espaço tridimensional.

Exemplo 1.1 – A um gancho são aplicadas duas forças como mostra a próxima figura. Determinam-se: o ângulo α formado por essas forças para que a resultante seja igual a 10 kN, a linha de ação dessa resultante e os componentes escalares dessa resultante segundo os eixos X e Y indicados.

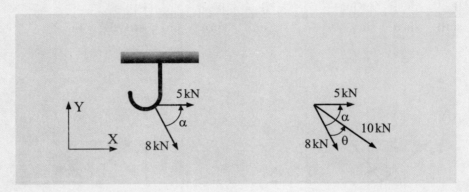

Figura E1.1 – Gancho sob a ação de duas forças.

De acordo com Eq.1.23, escreve-se a resultante das referidas forças:

$$10 = \sqrt{5^2 + 8^2 + 2 \cdot 5 \cdot 8 \cdot \cos\alpha} \quad \rightarrow \quad \cos\alpha = 0{,}137\,50 \quad \rightarrow \quad \boxed{\alpha \cong 82{,}097°}$$

Eq.1.24 fornece o ângulo θ indicado na parte direita da figura anterior e que define a linha de ação da resultante:

$$\theta = \operatorname{arctg} \frac{5\sin 82{,}097°}{8 + 5\cos 82{,}097°} \quad \rightarrow \quad \boxed{\theta \cong 29{,}686°}$$

Logo, obtêm-se os componentes escalares da resultante:

$$R_X = 10\cos(-82{,}097° + 29{,}686°) \quad \rightarrow \quad \boxed{R_X \cong 6{,}099\,9\,\text{kN}}$$

$$R_Y = 10\sin(-82{,}097° + 29{,}686°) \quad \rightarrow \quad \boxed{R_Y \cong -7{,}924\,1\,\text{kN}}$$

Exemplo 1.2 – Um poste está parcialmente suspenso pela força de 5 kN, por uma de suas extremidades, como mostra a figura seguinte. Decompõe-se essa força na direção vertical e na direção definida pelo eixo do poste.

Eq.1.26 fornece:

$$\begin{cases} \dfrac{F_1}{\sin 30°} = \dfrac{F}{\sin(\pi - 30° - 60° - 45°)} \\ \dfrac{F_2}{\sin(60° + 45°)} = \dfrac{F}{\sin(\pi - 30° - 60° - 45°)} \end{cases} \rightarrow \begin{cases} F_1 = \dfrac{5\sin 30°}{\sin 45°} \cong 3{,}535\,5\,\text{kN} \\ F_2 = \dfrac{5\sin 105°}{\sin 45°} \cong 6{,}830\,1\,\text{kN} \end{cases}$$

Eq.1.23 confirma esses resultados:

$$F = \sqrt{3{,}5355^2 + 6{,}8301^2 + 2 \cdot 3{,}5355 \cdot 6{,}8301 \cdot \cos(45° + 60° + 30°)} \quad \rightarrow \quad \boxed{F \cong 5\,\text{kN}}$$

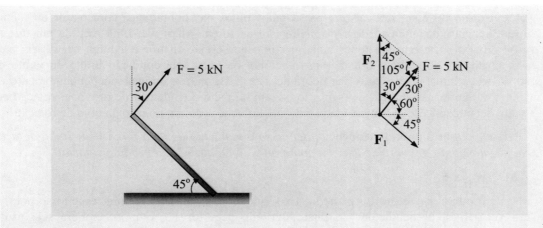

Figura E1.2 – Poste parcialmente suspenso.

Exemplo 1.3 – Faz-se a determinação da resultante das três forças de linhas de ação concorrentes representadas na parte esquerda da figura abaixo.

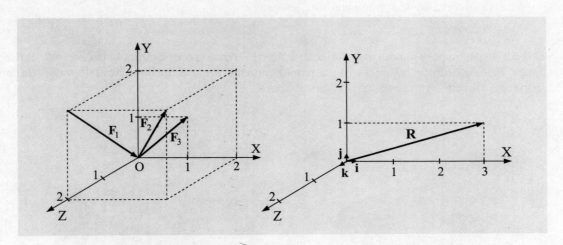

Figura E1.3 – Resultante de três forças concorrentes.

Dessa figura, escrevem-se as forças indicadas em termos dos vetores unitários de base:

$\mathbf{F}_1 = -2\mathbf{j} - 2\mathbf{k}$, $\mathbf{F}_2 = 2\mathbf{i} + 2\mathbf{j} + 2\mathbf{k}$, $\mathbf{F}_3 = \mathbf{i} + \mathbf{j}$

Logo, com Eq.1.22, tem-se a resultante:

$\mathbf{R} = (2+1)\mathbf{i} + (-2+2+1)\mathbf{j} + (-2+2)\mathbf{k}$ → $\boxed{\mathbf{R} = 3\mathbf{i} + \mathbf{j}}$

Essa resultante está representada na parte direita da mesma figura.

Anteriormente, foi relatada a tendência da grandeza força em provocar translação em corpo rígido, em sua direção e sentido. Contudo, dependendo do ponto de aplicação da força, esse não é o seu único efeito. Ao abrir uma porta com o ato de empurrar ou puxar a maçaneta, por exemplo, a porta gira em torno do eixo vertical que passa pelos pinos das dobradiças, com maior ou menor vigor, o que depende da intensidade e da inclinação da força. Além disso, na medida em que se empurra ou puxa a porta em um ponto mais próximo desse eixo, maior é a força necessária para "vencer" o atrito nas dobradiças e a inércia rotacional da porta. Na condição limite do ponto de aplicação da força situar-se no eixo das dobradiças, a porta não se move, independentemente da intensidade e da inclinação da força. Assim, força tem também a tendência de provocar rotação em corpo rígido, dependendo de sua intensidade e de sua linha de ação em relação ao eixo de rotação.

Para expressar a referida tendência, *define-se o momento de uma força* **F** *de linha de ação que passa por um ponto A, em relação a um ponto ou pólo O, através do produto vetorial*:[24]

$$\mathbf{M}_O = \mathbf{r}_{OA} \times \mathbf{F} \tag{1.27}$$

Neste produto, $\mathbf{r}_{OA}$ é o *vetor posição* (fixo) que localiza o ponto A com respeito ao pólo, e $\mathbf{M}_O$ é um vetor livre perpendicular ao plano definido pela força e o pólo, embora seja usual representar esse vetor no eixo que passa pelo pólo, como mostra a próxima figura.

Sendo α o ângulo entre as linhas de ação de $\mathbf{r}_{OA}$ e **F**, o referido vetor tem a intensidade:

$$M_O = r_{OA}\, F\, \sin\alpha \tag{1.28}$$

Logo, essa intensidade de momento tem unidade de força vezes unidade de comprimento (N·m, no SI) e escreve-se de forma mais simples como:

$$M_O = F\, d \tag{1.29}$$

onde d é a distância perpendicular da linha de ação da força ao pólo, denominada *braço de alavanca* da força. Em caso de $0 < \alpha < 180°$, M_O é numericamente igual à área do paralelogramo de lados consecutivos $\mathbf{r}_{OA}$ e **F**, representado na figura abaixo.

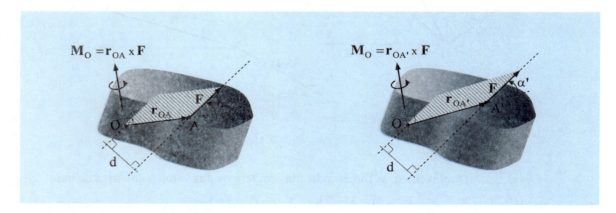

Figura 1.14 – Momento de uma força em relação a um ponto.

---

[24] A palavra *momento* tem origem nos relógios de sol utilizados na antiguidade, que por terem uma haste que projetava sombra em um plano horizontal, determinava o passar do tempo a partir da aparente posição do Sol em torno da Terra. Assim, essa palavra ficou relacionada com *rotação*. Através de produto vetorial, *momento* pode ser definido com base em outras grandezas vetoriais, sendo que costuma ser denominado *torque* ou *momento de torção* em caso do produto vetorial incluir a grandeza *força*. Em *Análise das Estruturas* também são utilizados os termos *momento de inércia de massa*, *momento de inércia de área* e *momento estático de área*. Em inglês, *momentum* significa *quantidade de movimento* (massa vezes velocidade) e *moment (of a force)* significa *momento (de uma força)*. Em linguagem cotidiana, *momento* tem o significado de instante, ocasião, oportunidade etc.

O momento M_O é um vetor porque pode ser decomposto em componentes que atendem a regra de soma de vetores. No espaço tridimensional, este vetor é representado por uma seta retilínea envolvida por outra semicircular ou representado por uma seta dupla. E é simples identificar esse vetor pela *regra da mão direita* ou *regra de Fleming*, como mostra as Fotos 1.2. Para isso, posicionando-se a palma da mão direita paralelamente ao vetor posição r_{OA} e os dedos mindinho ao indicador no sentido da força **F**, o polegar coincide com a direção do vetor momento e o ato de fechar a mão indica o sentido de rotação em torno do polegar. Esse é o sentido para abrir torneiras e para desatarraxar parafusos, que é anti-horário para quem olha de cima para baixo.

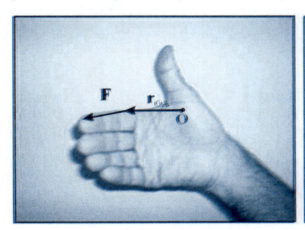 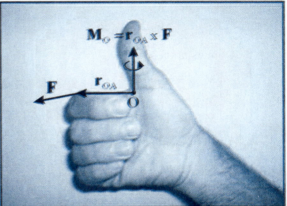

Fotos 1.2 – Regra da mão direita de identificação da direção do vetor momento.

Do produto vetorial expresso em Eq.1.27, tiram-se as seguintes conclusões:

a) O momento de uma força com respeito a um pólo independe da posição desta em sua linha de ação, pois com as notações da Figura 1.14 escreve-se: r_{OA} F sin α = $r_{OA'}$ F sin α′ = F d.

b) O momento é nulo em caso da linha de ação da força passar pelo pólo.

c) Vale o produto por escalar: c (**r** x **F**) = (c **r**) x **F** = **r** x (c **F**) = (**r** x **F**) c.

d) O produto vetorial não é comutativo, pois (**F** x r_{OA}) é um vetor com a mesma intensidade e a mesma direção que (r_{OA} x **F**), porém de sentido contrário. Isto é: F_1 x F_2 = – F_2 x F_1.

e) Vale a propriedade distributiva: M_{RO} = **r** x (ΣF_i) = Σ**r** x F_i. Essa propriedade, conhecida como *teorema de Varignon*[25], expressa que o momento da resultante de um sistema de forças de linhas de ação concorrentes, em relação a um mesmo pólo, é igual à soma vetorial dos momentos de cada uma dessas forças em relação a esse pólo. Logo, como caso particular, o momento de uma força em relação a um pólo é igual à soma dos momentos dos componentes vetoriais cartesianos dessa força, em relação a esse pólo.

Escolhido um referencial cartesiano de origem coincidente com a do vetor posição r_{OA}, em que (X_A, Y_A, Z_A) são as coordenadas da extremidade A, escreve-se:

$$r_{OA} = X_A \mathbf{i} + Y_A \mathbf{j} + Z_A \mathbf{k} \tag{1.30}$$

cuja intensidade é a distância entre os pontos A e O. Logo, a partir de Eq.1.27, tem-se o momento da força **F** em relação ao pólo O:

---

[25] O matemático francês *Pierre Varignon* (1654 – 1722) apresentou esse teorema à Academia Francesa de Ciências, em 1687.

$$M_O = (X_A\,\mathbf{i} + Y_A\,\mathbf{j} + Z_A\,\mathbf{k}) \times (F_X\,\mathbf{i} + F_Y\,\mathbf{j} + F_Z\,\mathbf{k})$$

Assim, como a regra da mão direita fornece $(\mathbf{i} \times \mathbf{j} = \mathbf{k})$, $(\mathbf{j} \times \mathbf{k} = \mathbf{i})$, $(\mathbf{k} \times \mathbf{i} = \mathbf{j})$, $(\mathbf{j} \times \mathbf{i} = -\mathbf{k})$, $(\mathbf{k} \times \mathbf{j} = -\mathbf{i})$, $(\mathbf{i} \times \mathbf{k} = -\mathbf{j})$, $(\mathbf{i} \times \mathbf{i} = 0)$, $(\mathbf{j} \times \mathbf{j} = 0)$ e $(\mathbf{k} \times \mathbf{k} = 0)$, com a propriedade distributiva obtém-se a expressão:

$$M_O = (Y_A F_Z - Z_A F_Y)\,\mathbf{i} + (Z_A F_X - X_A F_Z)\,\mathbf{j} + (X_A F_Y - Y_A F_X)\,\mathbf{k} \tag{1.31}$$

Esse resultado escreve-se também sob a forma de determinante:

$$M_O = \det\begin{bmatrix} \mathbf{i} & \mathbf{j} & \mathbf{k} \\ X_A & Y_A & Z_A \\ F_X & F_Y & F_Z \end{bmatrix} \tag{1.32}$$

Com as notações:

$$\begin{cases} M_{OX} = Y_A F_Z - Z_A F_Y \\ M_{OY} = Z_A F_X - X_A F_Z \\ M_{OZ} = X_A F_Y - Y_A F_X \end{cases} \tag{1.33}$$

têm-se os componentes vetoriais

$$\begin{cases} \mathbf{M}_{OX} = M_{OX}\,\mathbf{i} \\ \mathbf{M}_{OY} = M_{OY}\,\mathbf{j} \\ \mathbf{M}_{OZ} = M_{OZ}\,\mathbf{k} \end{cases} \tag{1.34}$$

o que permite escrever:

$$\mathbf{M}_O = \mathbf{M}_{OX} + \mathbf{M}_{OY} + \mathbf{M}_{OZ} \tag{1.35}$$

Esse momento está representado na próxima figura, em que o plano definido pela força e pelo pólo não coincide com nenhum dos planos coordenados.

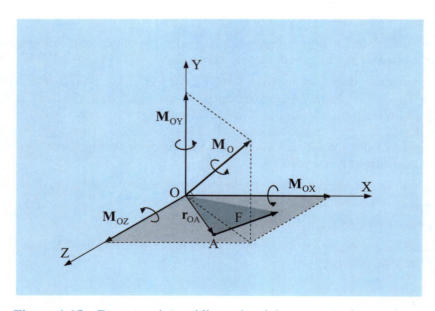

Figura 1.15 – Decomposição tridimensional do momento de uma força.

Capítulo 1 – Fundamentos

Naturalmente, os componentes escalares do momento de uma força podem ser determinados diretamente a partir dos componentes vetoriais dessa força, como ilustra a figura seguinte, de maneira a obter os resultados expressos por Eq.1.33.

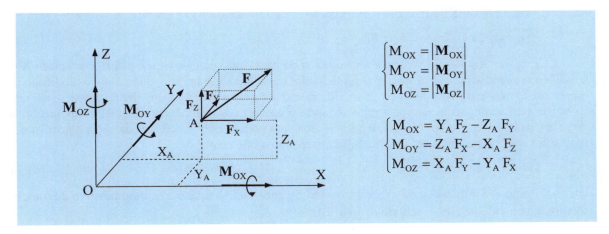

Figura 1.16 – Componentes escalares do momento de uma força.

Diferentemente da definição de momento em relação a um pólo, *o momento de uma força em relação a um eixo é o componente escalar nesse eixo do momento da força com respeito a um ponto qualquer do eixo*. Isto é ilustrado na próxima figura em que o eixo é denotado por o-o′. O sinal desse componente fica estabelecido uma vez que se arbitre um sentido de rotação como positivo. Observa-se que, ao alterar o pólo ao longo do eixo, o momento da força em relação ao pólo altera-se, mas não se altera o momento da força em relação ao eixo. E em obtenção desse momento, pode-se determinar a distância d perpendicular a esse eixo até a linha de ação da força, para escrever ($M_E = F\,d$) com sinal dependente do sentido positivo arbitrado.

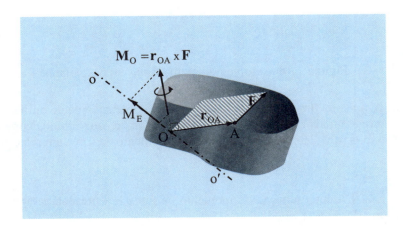

Figura 1.17 – Momento de uma força **F** em relação ao eixo o-o′.

Os componentes escalares M_{XO}, M_{YO} e M_{ZO} expressos em Eq.1.33 são os momentos da força **F** em relação aos eixos coordenados X, Y e Z, respectivamente. Já em caso de um eixo coplanar com uma força, é imediato concluir que o momento dessa força em relação a esse eixo é nulo e, consequentemente, é nula a tendência dessa força em provocar rotação em torno desse eixo. Isso é comprovado experimentalmente pela impossibilidade de abrir uma porta com o ato de empurrar ou puxar a maçaneta paralelamente à porta.

Em caso de momento de uma força em relação a um pólo, ambos situados no plano XY como mostra a próxima figura, tem-se, de acordo com o *teorema de Varignon*:

$$\mathbf{M}_O = \mathbf{r}_{OA} \times \mathbf{F} = \mathbf{r}_{OA} \times (\mathbf{F}_X + \mathbf{F}_Y) \tag{1.36}$$

Este momento é um vetor normal ao plano do papel que coincide com o plano coordenado XY, o que motiva representá-lo por uma seta semicircular no sentido anti-horário, dado à impossibilidade de representá-lo por uma seta retilínea envolvida por outra semicircular. Além disso, como o referido momento tem componente escalar apenas segundo o eixo Z, este componente é igual ao momento da força em relação a este eixo. Logo, este último momento pode ser obtido através da soma algébrica dos momentos dos componentes vetoriais da força em relação a esse eixo:

$$M_O = -F_X Y_A + F_Y X_A \tag{1.37}$$

em que o sinal + é utilizado para expressar o sentido anti-horário (que é o sentido positivo de rotação escolhido coincidente com o sentido do eixo Z).

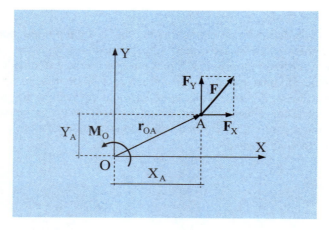

Figura 1.18 – Momento de uma força em caso plano.

Esse procedimento de cálculo de momento será intensivamente utilizado nos próximos capítulos, uma vez que é mais simples calcular os momentos de cada um dos componentes de força em relação a um eixo do que determinar diretamente o momento da força em relação ao mesmo eixo.

Exemplo 1.4 – Faz-se a determinação do momento da força **F** representada na parte esquerda da próxima figura em relação ao pólo O.

Na parte direita da mesma figura está mostrada a decomposição tridimensional da força, que se escreve: $\mathbf{F} = \mathbf{F}_X + \mathbf{F}_Y + \mathbf{F}_Z = 2{,}0\,\mathbf{i} + 4{,}0\,\mathbf{j} - 2{,}0\,\mathbf{k}$

Nessa decomposição, têm-se os componentes escalares ($F_X = 2{,}0$), ($F_Y = 4{,}0$) e ($F_Z = -2{,}0$), que são medidos a partir do ponto A de coordenadas (2, 0, 2).

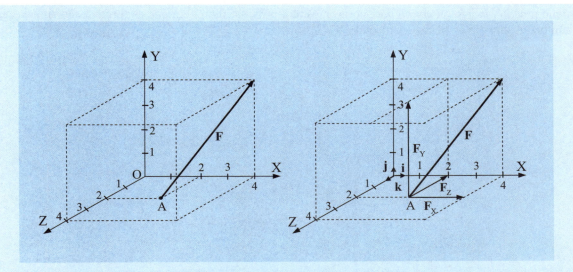

Figura E1.4 – Representações de força.

Com os componentes anteriores, calculam-se diretamente os momentos da força em relação a cada um dos eixos coordenados:

$$\begin{cases} M_X = -F_Y \cdot 2 = -4 \cdot 2 = -8,0 \\ M_Y = F_X \cdot 2 + |F_Z| \cdot 2 = 2 \cdot 2 + 2 \cdot 2 = 8,0 \\ M_Z = F_Y \cdot 2 = 4 \cdot 2 = 8,0 \end{cases}$$

Logo, escreve-se o momento da força **F** em relação ao pólo O:

$$\mathbf{M}_O = -8,0\mathbf{i} + 8,0\mathbf{j} + 8,0\mathbf{k}$$

Naturalmente, esse mesmo resultado pode ser obtido através de Eq.1.32:

$$\mathbf{M}_O = \det\begin{bmatrix} \mathbf{i} & \mathbf{j} & \mathbf{k} \\ 2 & 0 & 2 \\ 2 & 4 & -2 \end{bmatrix} \rightarrow \mathbf{M}_O = -2\cdot 0\mathbf{i} + 2\cdot 4\mathbf{k} + 2\cdot 2\mathbf{j} - 2\cdot 0\mathbf{k} - 4\cdot 2\,\mathbf{i} - 2\cdot(-2)\mathbf{j}$$

$$\rightarrow \mathbf{M}_O = -8,0\mathbf{i} + 8,0\mathbf{j} + 8,0\mathbf{k}$$

Na literatura, são encontradas definições do *produto misto de vetores* e do *duplo produto vetorial*. Contudo, as noções de *Álgebra Vetorial* apresentadas anteriormente são plenamente suficientes para o desenvolvimento da *Estática das Estruturas*.

1.7 – Redução de um sistema de forças a um ponto

Foi esclarecido na seção anterior que a grandeza força tem a tendência de provocar translação em corpos e que, em dependência de sua linha de ação, tem também a tendência de provocar rotação. Investiga-se, a seguir, a transferência estática de uma força de uma linha de ação para outra que lhe seja paralela, sem alterar essas tendências. Para isso, considera-se inicialmente um par de forças **F** (ou de vetores quaisquer) de mesma intensidade, de linhas de ação paralelas e de sentidos opostos entre si, denominado *binário* ou *conjugado*, como mostra a próxima figura em que as forças estão situadas em um plano paralelo ao plano coordenado XY.[26]

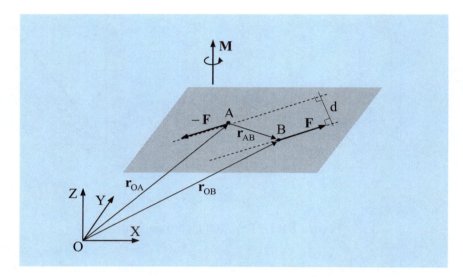

Figura 1.19 – Momento de um binário.

A resultante desse par de forças é nula e o seu momento, em relação a um pólo O qualquer, escreve-se:

$$\mathbf{M}_O = \mathbf{r}_{OA} \times (-\mathbf{F}) + \mathbf{r}_{OB} \times \mathbf{F} \quad \rightarrow \quad \boxed{\mathbf{M}_O = (\mathbf{r}_{OB} - \mathbf{r}_{OA}) \times \mathbf{F} = \mathbf{r}_{AB} \times \mathbf{F} = \mathbf{M}} \tag{1.38}$$

Logo, a intensidade desse momento é:

$$\boxed{M = F\,d} \tag{1.39}$$

onde d é a distância perpendicular entre as linhas de ação das forças do binário, denominada *braço do binário*. O binário tem resultante nula e o correspondente momento, chamado de *vetor conjugado*, é invariante com respeito ao pólo considerado, o que justifica a notação **M** sem a identificação de pólo. Além disso, este vetor momento tem intensidade igual ao produto da intensidade de uma das forças pelo braço do binário e tem sentido de rotação dessa força em relação a um ponto da linha de ação da outra força. Por ser um *vetor livre*, pode ser representado em qualquer linha reta ortogonal ao plano do binário e, uma vez que tenha sido determinado, não mais se faz necessário o binário.

Busca-se a seguir, transferir uma força **F** de linha de ação que passa por um ponto A de um corpo rígido para outra linha que passa por B, como ilustra a próxima figura, de maneira que não haja modificação do efeito mecânico, isto é, transferência sem alterar as tendências de translação e de rotação.

Em termos de equilíbrio, nada é modificado ao serem consideradas, em linha paralela que passa pelo ponto B, duas forças de intensidade F e de sentidos contrários uma da outra, como mostra a parte intermediária da mesma figura. No caso, as forças situadas dentro da região circundada em pontilhado constituem um binário de momento ($\mathbf{M}_B = \mathbf{r}_{BA} \times \mathbf{F}$), onde o índice B é utilizado para indicar que esse momento foi calculado em relação ao pólo B. Embora o momento seja um vetor livre (ortogonal ao plano que contém a força original e o pólo), escolhe-se representá-lo na reta que contém o ponto B, porque a

---

[26] Este é o caso do *binário de forças*, pois qualquer sistema de vetores de resultante nula e de momento resultante não-nulo em relação a um pólo arbitrário é também denominado *binário*.

linha de ação da força restante passa por este ponto. Assim, *esse momento e essa força provocam no corpo o mesmo efeito mecânico que a força de linha de ação que passa pelo ponto A, e diz-se redução dessa força ao ponto B.*

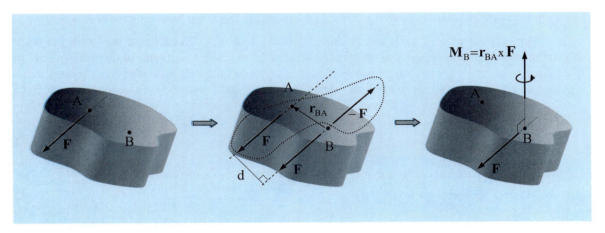

Figura 1.20 – Redução da força **F** do ponto A ao ponto B.

A seguir, a partir de uma força **F** de linha de ação que passa pelo ponto A de um corpo rígido, faz-se a redução a um ponto B e depois para outro ponto designado por C, como ilustra a próxima figura.

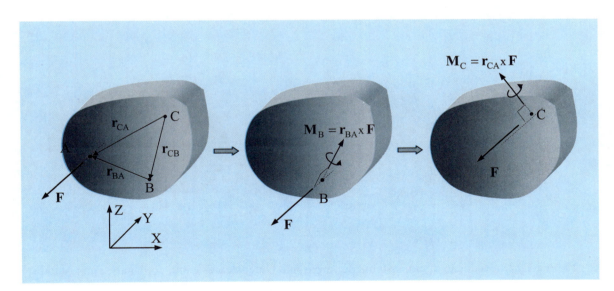

Figura 1.21 – Reduções sucessivas da força **F**, do ponto A ao ponto C.

No caso, escreve-se o momento da referida força em relação ao ponto C:

$\mathbf{M}_C = \mathbf{r}_{CA} \times \mathbf{F} = (\mathbf{r}_{BA} + \mathbf{r}_{CB}) \times \mathbf{F} \quad \rightarrow \quad \mathbf{M}_C = \mathbf{r}_{BA} \times \mathbf{F} + \mathbf{r}_{CB} \times \mathbf{F}$

$\rightarrow \quad \boxed{\mathbf{M}_C = \mathbf{M}_B + \mathbf{r}_{CB} \times \mathbf{F}}$ (1.40)

Dessa equação conclui-se que, *em reduções de uma força a pontos consecutivos, basta alterar a linha de ação da força para cada novo ponto (com a translação da força que continua sendo um vetor deslizante) e modificar o momento em função do vetor posição entre esse ponto e que lhe antecede, sendo que o momento final é um vetor livre perpendicular ao plano definido pela força original e o último dos pontos.* Consequentemente, em raciocínio inverso, *todo momento e força mutuamente ortogonais podem ser reduzidos a uma única força mecanicamente equivalente.*

Para efetuar a redução de um sistema de forças de linhas de ação concorrentes a um ponto, determina-se a resultante desse sistema e reduz-se essa resultante a esse ponto (o que resulta em uma força e um momento). E em caso de um sistema de forças de linhas de ação não concorrentes, faz-se separadamente a redução de cada uma das forças ao ponto escolhido e somam-se as forças transladadas, como também se somam os correspondentes momentos. Assim, essas forças têm a resultante

$$\mathbf{R} = \sum_i \mathbf{F}_i \tag{1.41}$$

e, com o ponto de redução designado por O, esses momentos têm a resultante

$$\mathbf{M}_O = \sum_i \mathbf{r}_{Oi} \times \mathbf{F}_i \tag{1.42}$$

Assim, *qualquer sistema de forças pode ser reduzido à sua resultante (como vetor deslizante) e a um momento resultante (como vetor livre)*. E importa observar que, em caso de forças não concorrentes e nem coplanares, essa resultante não é, em geral, contida em plano ortogonal ao vetor momento, como ilustra a figura abaixo.

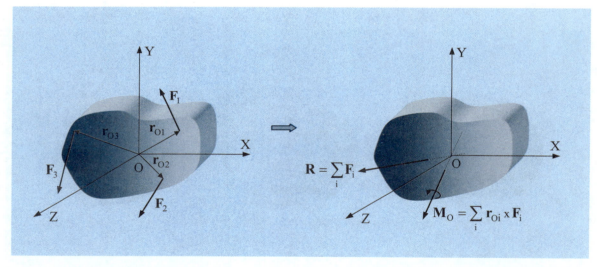

Figura 1.22 – Redução de um sistema de forças não concorrentes e não coplanares, ao ponto O.

O momento $\mathbf{M}_O$ anterior pode ser decomposto em um componente $\mathbf{M}_{par}$ paralelo à resultante $\mathbf{R}$ e em um componente $\mathbf{M}_{ort}$ ortogonal a essa resultante, como mostra a próxima figura. Por outro lado, essa resultante e esse último componente de momento podem ser reduzidos a uma única força $\mathbf{R}$ aplicada em um ponto A, tal que ($\mathbf{r}_{OA} \times \mathbf{R} = \mathbf{M}_{ort}$). Além disso, como $\mathbf{M}_{par}$ é um vetor livre, esse vetor pode ser representado em reta que passa pelo ponto A, de maneira que o sistema de forças original (não concorrentes e nem coplanares) fique reduzido à sua resultante (como vetor deslizante) e ao momento $\mathbf{M}_{par}$ (como vetor livre).

Capítulo 1 – Fundamentos

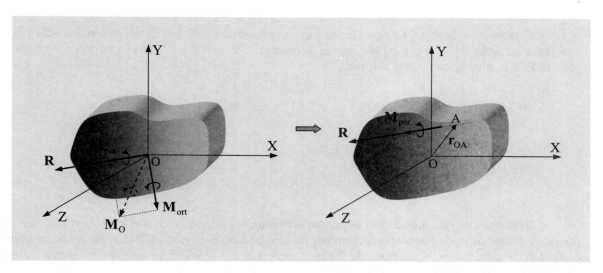

Figura 1.23 – Redução do sistema de forças anterior a uma força e a um momento colineares.

Exemplo 1.5 – Faz-se a redução do sistema das três forças mostradas na próxima figura, à origem do sistema de coordenadas representado.

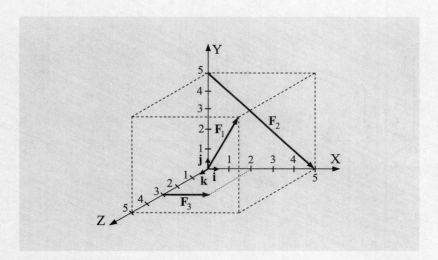

Figura E1.5 – Sistema de três forças não concorrentes e não paralelas.

A partir da figura anterior, têm-se as representações cartesianas das três forças:

$\mathbf{F}_1 = 5\mathbf{i} + 5\mathbf{j} + 5\mathbf{k}$, com origem em (0, 0, 0),

$\mathbf{F}_2 = 5\mathbf{i} - 5\mathbf{j}$, com origem em (0, 5, 0),

$\mathbf{F}_3 = 2\mathbf{i}$, com origem em (0, 0, 3).

Logo, escreve-se a resultante dessas forças considerada com origem em (0, 0, 0):

$\mathbf{R} = (5+5+2)\mathbf{i} + (5-5)\mathbf{j} + 5\mathbf{k}$ → $\boxed{\mathbf{R} = 12\mathbf{i} + 5\mathbf{k}}$

O momento da força $\mathbf{F}_1$ em relação à origem do sistema de coordenadas é nulo, pelo fato da linha de ação dessa força passar por essa origem; e com Eq.1.32 têm-se os momentos das forças $\mathbf{F}_2$ e $\mathbf{F}_3$ em relação a essa origem:

$$\mathbf{M}_2 = \det\begin{bmatrix} \mathbf{i} & \mathbf{j} & \mathbf{k} \\ 0 & 5 & 0 \\ 5 & -5 & 0 \end{bmatrix} = -25\mathbf{k} \quad \text{e} \quad \mathbf{M}_3 = \det\begin{bmatrix} \mathbf{i} & \mathbf{j} & \mathbf{k} \\ 0 & 0 & 3 \\ 2 & 0 & 0 \end{bmatrix} = 6\mathbf{j}$$

Logo, escreve-se o momento resultante:

$$\mathbf{M} = \mathbf{M}_2 + \mathbf{M}_3 = 6\mathbf{j} - 25\,\mathbf{k}$$

Três tipos de sistemas de forças podem ser reduzidos a uma única força, a saber: *sistemas de forças de linhas de ação concorrentes* (em um mesmo ponto), *de forças de linhas de ação paralelas* e *de forças coplanares*. Em caso de forças concorrentes, é imediato que essas forças sejam equivalentes à correspondente resultante. Quanto ao sistema de forças paralelas, como ilustra a figura seguinte, esse sistema pode ser reduzido à origem de um referencial, através da aplicação nessa origem da resultante ($\mathbf{R}=\Sigma\mathbf{F}_i$) e do momento resultante ($\mathbf{M}_O=\Sigma\mathbf{r}_{Oi}\times\mathbf{F}_i$), ortogonais entre si. A seguir, essa resultante pode ser transferida para um ponto A, tal que ($\mathbf{r}_{OA}\times\mathbf{R}=\mathbf{M}_O$). E em caso de sistema de forças coplanares, essas forças são equivalentes à correspondente resultante e a um momento, ortogonais entre si, que, semelhantemente ao caso anterior, podem ser reduzidos a uma única força, por translação adequada dessa resultante.

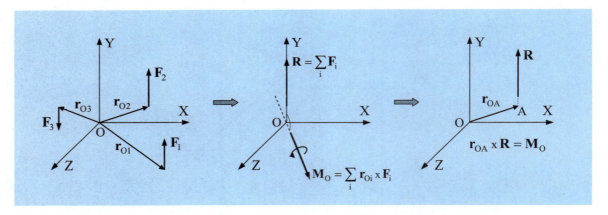

Figura 1.24 – Redução de um sistema de forças paralelas a uma força.

Já para determinar a posição da linha de ação da força equivalente, em caso particular de um sistema de forças paralelas coplanares com as notações da próxima figura, basta impor a condição de que esse sistema e a sua resultante $\mathbf{R}$ tenham o mesmo momento em relação a um ponto qualquer. Assim, com a escolha desse ponto sobre um eixo Y paralelo e coplanar com as referidas forças, escreve-se:

$$R\,X_R = \sum_i F_i X_i \quad \rightarrow \quad (\sum_i F_i)\,X_R = \sum_i F_i X_i$$

$$\rightarrow \quad X_R = \frac{\sum_i F_i X_i}{\sum_i F_i} \tag{1.43}$$

Capítulo 1 -- Fundamentos

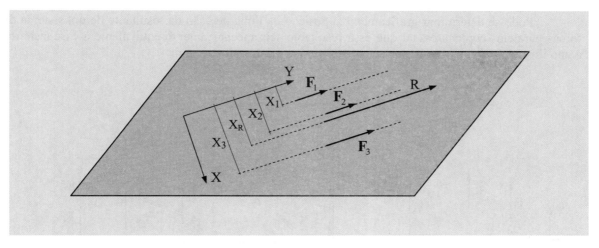

Figura 1.25 – Força equivalente a um sistema de forças paralelas e coplanares.

Exemplo 1.6 – Dado o sistema de três forças paralelas e coplanares aplicadas sobre uma viga em balanço como mostrado na parte esquerda da próxima figura, faz-se a redução desse sistema a uma única força e, posteriormente, efetua-se a redução ao ponto A indicado na seção de engaste da mesma viga.

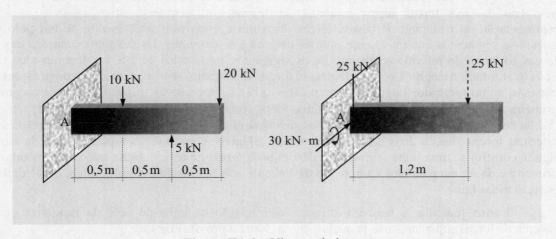

Figura E1.6 – Viga em balanço.

A resultante das três forças tem a intensidade de ($R = 10 + 20 - 5 = 25$ kN) e sentido de cima para baixo. Além disso, Eq.1.43 fornece a posição da linha de ação dessa resultante em relação ao engaste, para que a mesma seja mecanicamente equivalente ao sistema dado:

$$X_R = (10 \cdot 0,5 - 5 \cdot 1,0 + 20 \cdot 1,5)/25 \quad \rightarrow \quad X_R = 1,2 \text{ m}$$

Conhecida a posição dessa resultante (representada em tracejado na parte direita da figura anterior), para reduzi-la ao ponto A, basta aplicar, nesse ponto, essa resultante e o momento de intensidade ($R X_R = 25 \cdot 1,2 = 30$ kN·m), com a direção e o sentido indicados na figura.

35

Pode-se determinar graficamente a posição da linha de ação da resultante de um sistema de forças paralelas coplanares, tal que essa resultante seja mecanicamente equivalente a esse sistema, como ilustra a próxima figura em caso de três e que e é descrito a seguir.

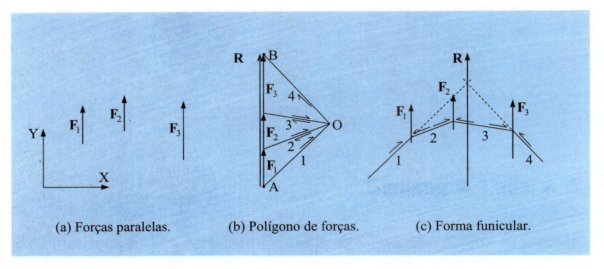

(a) Forças paralelas.   (b) Polígono de forças.   (c) Forma funicular.

Figura 1.26 – Linha de ação da resultante de um sistema de forças coplanares paralelas.

Na parte intermediária da figura anterior, tem-se o correspondente polígono de forças, que, pelo fato das três forças serem paralelas, se degenera no segmento orientado $\overline{AB}$, que é a representação da resultante **R** dessas forças. Próximo a essa resultante, escolhe-se um pólo O e traçam-se segmentos que unem esse pólo às origens e às extremidades das representações das três forças ao longo do referido segmento. Esses segmentos, numerados de 1 a 4 e denominados *raios polares*, formam triângulos com cada dessas forças e, portanto, representam as decomposições das mesmas, como indicado. Logo, os raios polares $\overline{AO}$ e $\overline{OB}$, relativos respectivamente à origem da primeira força e à extremidade da última força, representam uma decomposição da referida resultante. Com o traçado de paralelas aos diversos raios polares de maneira que interceptem as referidas forças, duas a duas e em suas posições originais, como mostra a parte direita da mesma figura, constrói-se uma linha segmentada denominada *forma funicular*. Neste traçado, o encontro da primeira e da última paralelas é um ponto da linha de ação da resultante em questão, o que define a posição dessa linha.[27]

Forma funicular é também útil em determinação da linha de ação da resultante de um sistema de forças coplanares não paralelas, como ilustra a próxima figura.

Além da idealização de força concentrada, tem-se a idealização de *força distribuída em linha* (por unidade de comprimento). Isto é ilustrado na próxima figura onde cada uma das representações de forças (que são paralelas) expressa uma distribuição contínua de força e não um conjunto de forças em pontos discretos. Essa idealização pode ser, por exemplo, o resultado do produto do peso específico do material de uma barra pela área de sua seção transversal ou o resultado do descarregamento de uma laje de edifício em uma viga da periferia da mesma.

---

[27] Como esclarecido no prefácio da primeira edição, os procedimentos gráficos têm caído em desuso, mas são úteis em fixação de conceitos e no desenvolvimento da compreensão do comportamento de estruturas em barras. A forma funicular será utilizada na Seção 7.2 que trata de cabo suspenso pelas extremidades e sob forças concentradas verticais.

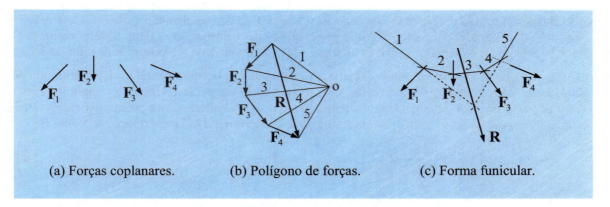

(a) Forças coplanares.   (b) Polígono de forças.   (c) Forma funicular.

Figura 1.27 – Linha de ação da resultante de um sistema de forças coplanares não paralelas.

Força distribuída em linha situada em um plano ou, simplesmente, *força por unidade de comprimento*, é uma generalização de um sistema de forças paralelas coplanares, que para a distribuição mostrada na parte esquerda da próxima figura tem como resultante:

$$R = \int_0^a p \, dx \tag{1.44}$$

Isto é, a resultante de uma força por unidade de comprimento tem intensidade numericamente igual à área da figura representativa da distribuição dessa força.

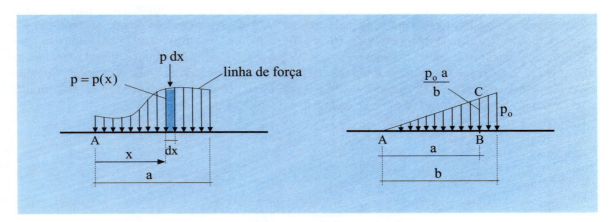

Figura 1.28 – Forças distribuídas por unidade de comprimento.

Para as forças representadas na figura anterior, obtém-se a partir de Eq.1.43 a posição da resultante de maneira que se tenha o mesmo efeito mecânico que a força distribuída:

$$x_R = \frac{\int_0^a p \, x \, dx}{\int_0^a p \, dx} \tag{1.45}$$

O numerador do segundo membro dessa equação é igual ao momento estático da figura plana representativa da distribuição de força, em relação ao eixo que passa pelo ponto A e que é paralelo a essa distribuição. O denominador é a área dessa distribuição, que é igual à resultante da mesma distribuição. Assim, a distância x_R que especifica a posição dessa resultante é a distância que define a posição do centróide da figura plana representativa da distribuição. Logo, aquele momento é numericamente igual à área dessa figura multiplicada pela distância de seu centróide ao referido eixo.

A conclusão anterior muito simplifica a determinação do momento de força distribuída por unidade de comprimento, em estruturas que serão tratadas a partir do próximo capítulo. Para a distribuição triangular mostrada na parte direita da figura anterior, por exemplo, escreve-se o momento da parcela da força distribuída ao longo do comprimento "a" e em relação ao ponto B:

$$M_B = \left(\frac{p_o a}{b} \frac{a}{2}\right) \frac{a}{3} = \frac{p_o a^3}{6b} \tag{1.46}$$

1.8 – Equações de equilíbrio

Equilíbrio é o conceito fundamental em Estática, baseado na primeira lei de Newton e cujas equações estão estabelecidas nesta seção em caso de corpo rígido. Na Seção 2.7, essas equações serão particularizadas aos diversos modelos de estruturas em barras.

Um sistema arbitrário de forças aplicado a um corpo rígido tem a tendência de modificar a posição deste, em combinação de uma translação com uma rotação. *Uma translação **d** é um vetor livre* e, portanto, pode ser decomposta nos componentes vetoriais $\mathbf{d}_X$, $\mathbf{d}_Y$ e $\mathbf{d}_Z$, em um referencial cartesiano. Já *uma rotação finita não é uma grandeza vetorial*, porque não atende à propriedade de soma de vetores, muito embora seja usualmente representada como vetor.[28] Como ilustração, considera-se um cubo com duas faces paralelas ao plano XY como mostra a próxima figura. Para esse cubo, imagina-se a rotação ($\theta = 180°$), segundo uma direção que faz 45° com os eixos coordenados, de maneira a se visualizar (após a rotação) a face oposta que continua paralela ao plano XY. Com a suposição de que essa rotação seja um vetor, têm-se os componentes escalares ($\theta_X \cong 180° \cdot 0{,}707$) e ($\theta_Y \cong 180° \cdot 0{,}707$) em torno dos eixos X e Y, respectivamente, que ao serem impostos ao cubo não fazem com que a referida face oposta fique paralela ao plano XY, e portanto rotação não atende à propriedade de soma de vetores. Contudo, é evidente que a imposição de rotações θ_X, θ_Y e θ_Z em torno dos eixos coordenados resultem em uma determinada rotação em torno de um eixo inclinado em relação a esses eixos.

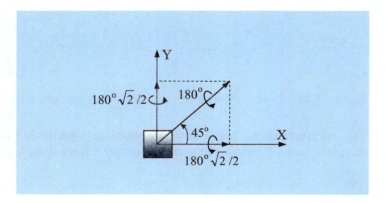

Figura 1.29 – Decomposição inconsistente de rotação de 180°.

---

[28] Como demonstrado por *Nivaldo A. Lemos*, 2007, *Mecânica Analítica*, Editora Livraria de Física, rotação muito pequena pode ser considerada como vetor.

Capítulo 1 – Fundamentos

Assim, como ilustra a próxima figura, componentes escalares translacionais d_X, d_Y e d_Z e rotações θ_X, θ_y e θ_Z são variáveis que caracterizam a modificação da posição de um corpo rígido no espaço tridimensional e são denominadas *graus de liberdade*. E em modificação de posição no espaço bidimensional XY, esses graus se reduzem a três, a saber: os componentes translacionais d_X e d_Y, e a rotação θ_Z em torno do eixo Z, como esclarece a Figura 1.31.

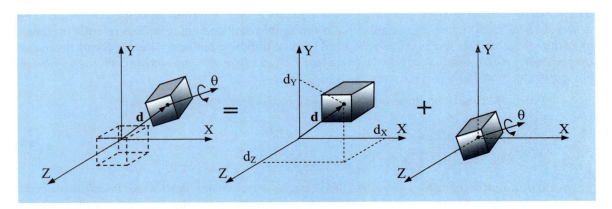

Figura 1.30 – Deslocamento de corpo rígido no espaço tridimensional.

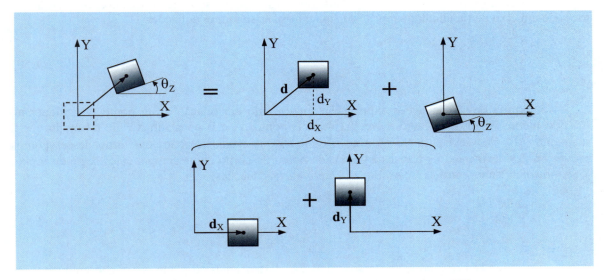

Figura 1.31 – Deslocamento de corpo rígido no plano XY.

Para que as translações d_X, d_Y e d_Z sejam nulas, é necessário e suficiente que a soma dos componentes escalares das forças aplicadas ao corpo rígido, em cada um dos eixos coordenados, seja nula. Ou seja, é estritamente necessário que:

$$\sum_{i=1}^{n} F_{Xi} = 0 \quad , \quad \sum_{i=1}^{n} F_{Yi} = 0 \quad , \quad \sum_{i=1}^{n} F_{Zi} = 0 \tag{1.47}$$

o que expressa que a resultante do sistema de forças é nula. De forma inversa, *se a resultante for nula, essas últimas equações se cumprem e o corpo não sofre translação*.

Estática das Estruturas – H. L. Soriano

Para que as rotações θ_X, θ_y e θ_Z sejam nulas, é necessário que a soma dos momentos das forças aplicadas ao corpo rígido, em relação a cada um dos eixos coordenados seja nula. Isto é,

$$\sum_{i=1}^{n} M_{Xi} = 0 \quad , \quad \sum_{i=1}^{n} M_{Yi} = 0 \quad , \quad \sum_{i=1}^{n} M_{Zi} = 0 \tag{1.48}$$

o que significa que o momento resultante do sistema de forças em relação à origem do referencial é nulo. Com a notação B para essa origem e a notação **F** para a resultante desse sistema, Eq.1.40 evidencia que, sendo nulos essa resultante e o momento resultante em relação à referida origem, o momento do sistema de forças em relação a um ponto arbitrário é também nulo. De forma inversa, *se esse momento e essa resultante forem nulos, o que é chamado de sistema equivalente a zero, Eq.1.48 se cumpre e a rotação do corpo é nula.*

Por simplicidade, omite-se o índice i nas equações anteriores para escrever:

$$\begin{cases} \sum F_X = 0 \quad , \quad \sum F_Y = 0 \quad , \quad \sum F_Z = 0 \\ \sum M_X = 0 \quad , \quad \sum M_Y = 0 \quad , \quad \sum M_Z = 0 \end{cases} \tag{1.49}$$

Estas são as equações escalares necessárias e suficientes para o equilíbrio dos corpos rígidos no espaço tridimensional. Ao utilizá-las, é indicado adotar um referencial cartesiano que facilite os cálculos e podem ser escolhidos sentidos positivos quaisquer para os momentos em relação aos eixos coordenados.

Em equilíbrio no plano XY (no entendimento de translação nesse plano e de rotação em torno de um eixo perpendicular ao mesmo), aplicam-se as seguintes equações:

$$\begin{cases} \sum F_X = 0 \\ \sum F_Y = 0 \\ \sum M_A = 0 \end{cases} \tag{1.50}$$

A última dessas equações expressa momento nulo em relação a um ponto A qualquer no referido plano. Além disso, com a escolha de dois pontos A e B no plano XY de tal modo que o segmento $\overline{AB}$ não seja paralelo ao eixo Y, tem-se que iguais rotações em torno desses pontos provocam deslocamentos de translação em cada ponto do corpo cujos componentes segundo o eixo Y são independentes entre si. Logo, Eq.1.50 equivale às equações:

$$\begin{cases} \sum F_X = 0 \\ \sum M_A = 0 \\ \sum M_B = 0 \end{cases} \tag{1.51}$$

De modo semelhante, para pontos A, B e C pertencentes ao plano XY e não colineares, as equações de equilíbrio anteriores equivalem às seguintes equações:

$$\begin{cases} \sum M_A = 0 \\ \sum M_B = 0 \\ \sum M_C = 0 \end{cases} \tag{1.52}$$

Pelo fato de cada um dos conjuntos de Eq.1.50, Eq.1.51 e Eq.1.52 ter três equações linearmente independentes entre si, podem ser determinadas três incógnitas (em termos de forças e/ou direções de forças) ao se estabelecer o equilíbrio de um corpo rígido em um plano.

Capítulo 1 – Fundamentos

Em determinação gráfica da força que equilibra um sistema de forças coplanares e concorrentes, obtém-se a resultante desse sistema através do correspondente *polígono de forças* e inverte-se o sentido dessa resultante, como ilustra a figura abaixo.[29]

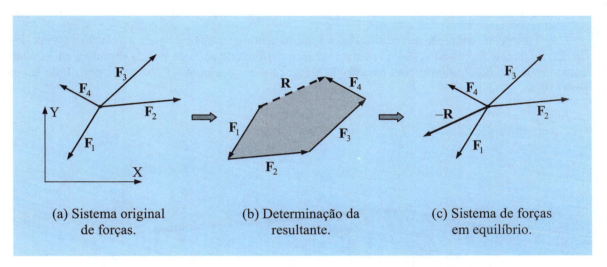

(a) Sistema original de forças. (b) Determinação da resultante. (c) Sistema de forças em equilíbrio.

Figura 1.32 – Força equilibradora de um sistema de quatro forças coplanares e correntes.

O equilíbrio de um sistema de forças explica o *princípio da alavanca* do matemático e inventor grego Arquimedes de Siracusa (287 a.C. – 212 a.C.), que motivou a frase: *"Dê-me um lugar para me firmar e um ponto de apoio para minha alavanca, que eu deslocarei a Terra"*. Essa frase está ilustrada na próxima figura juntamente com uma pintura representativa deste sábio.[30]

Figura 1.33 – Arquimedes e ilustração de sua famosa frase alusiva a alavanca.

---

[29] Esse processo gráfico será utilizado na Seção 6.7, em análise de treliças.

[30] Arquimedes em pintura de *Domenico Fetti*, de 1620, e a frase atribuída a Arquimedes pelo filósofo grego *Pappus de Alexandria* em 340 d.C.

Estática das Estruturas – H. L. Soriano

A próxima figura mostra uma barra rígida que pode pivotar em um apoio pontual, em constituição da denominada *alavanca interfixa*, pelo fato do ponto de apoio situar-se entre a força resistente **P** e a força de ação **F**. Na mesma figura estão indicadas as reduções dessas forças ao ponto de apoio, o que evidencia que o equilíbrio de rotação ocorre no caso da igualdade de momentos:

$$F\,b\,\cos\alpha = P\,a\,\cos\alpha \quad \to \quad F\,b = P\,a \quad \to \quad F/P = a/b \tag{1.53}$$

Isto é, na condição de equilíbrio, a relação entre as forças é igual à relação inversa das distâncias dessas forças ao apoio. E com o aumento da força de ação ou de sua distância em relação ao apoio ocorre desequilíbrio com rotação da alavanca e deslocamento do corpo de peso **P** de baixo para cima.

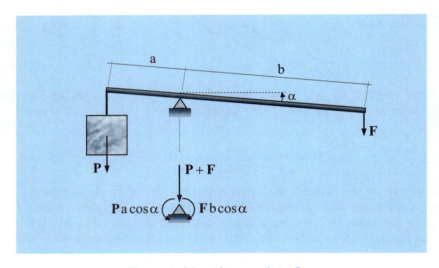

Figura 1.34 – Alavanca interfixa.

Alavancas podem também ser *inter-resistentes* ou *interpotentes*. No primeiro tipo, a força resistente está entre a força de ação e o ponto de apoio, com quando se utiliza um quebra-nozes. No segundo, essa força está entre a força resistente e o ponto de apoio, como quando se usa uma pinça.

Exemplo 1.7 – Um guindaste de 50 kN de peso está esquematizado na próxima figura. Determina-se a força **F** que pode ser aplicada à lança conforme indicado, sem que haja descolamento do guindaste do solo.

Na parte direita da mesma figura, tem-se a decomposição da força **F** nas direções horizontal e vertical. E da geometria do guindaste, obtêm-se os comprimentos:

$a = 3{,}2 + 9{,}4\cos 37^\circ - 4{,}8 \cong 5{,}9072\,\text{m}$

$b = 3{,}8 + 9{,}4\sin 37^\circ \cong 9{,}4571\,\text{m}$

Com a suposição de que o guindaste, juntamente com a sua esteira, comporte-se como um corpo rígido, a condição para que não haja descolamento do solo é que:

$$50 \cdot 4{,}8 > \frac{F}{2}\cdot b + \frac{F\sqrt{3}}{2}\cdot a \quad \to \quad 240 > \frac{F}{2}\cdot 9{,}4571 + \frac{F\sqrt{3}}{2}\cdot 5{,}9072 \quad \to \quad \boxed{F < 24{,}379\,\text{kN}}$$

Capítulo 1 – Fundamentos

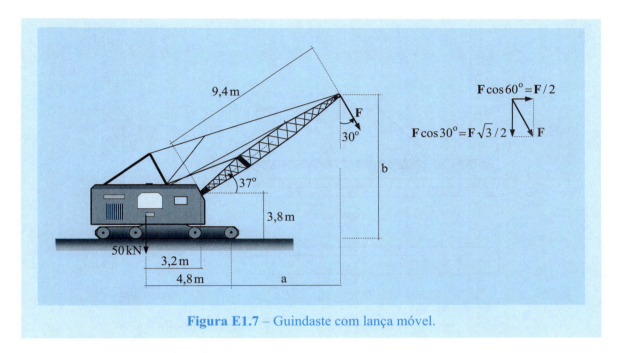

Figura E1.7 – Guindaste com lança móvel.

A equação de momento nulo de um sistema de forças esclarece a configuração de equilíbrio de um corpo rígido suspenso por dois cabos, como mostra a figura abaixo. No caso, as linhas de ação das três forças aplicadas ao corpo são concorrentes em um único ponto, para que o momento em relação a esse ponto seja nulo e, consequentemente, não haver rotação. Além disso, como no equilíbrio estático não há translação, essas forças (que são coplanares) levam à construção de um triângulo de forças como representado na parte direita da mesma figura.

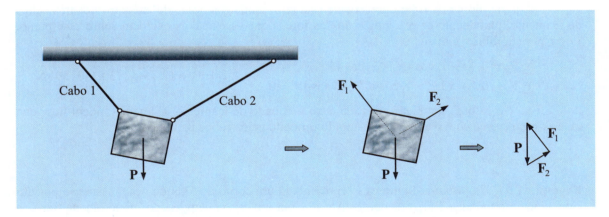

Figura 1.35 – Corpo rígido suspenso por dois cabos.

Exemplo 1.8 – A próxima figura mostra uma viga pré-fabricada em concreto armado em que foram fixadas duas alças para içamento através de cabos. Para o concreto de peso específico de $25,0\,kN/m^3$ e sem considerar o peso dos acessórios de içamento, determinam-se os esforços de tração nos cabos para a configuração indicada.

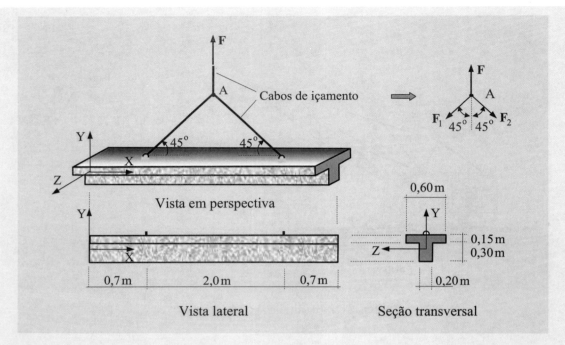

Figura E1.8 – Viga suspensa por cabos.

Essa viga tem o volume ($V = (0,2 \cdot 0,3 + 0,6 \cdot 0,15)(2 + 0,7 \cdot 2) = 0,51 m^3$) e tem o peso ($P = 0,51 \cdot 25 = 12,75 kN$).

Iniciado o içamento e em atendimento ao equilíbrio de forças na direção vertical, a força **F** de tração no cabo vertical é igual ao peso da viga e, portanto, F=12,75 kN.

Na parte direita da figura precedente está representado o ponto de encontro dos três cabos de içamento, juntamente com a indicação das forças que esses cabos exercem sobre esse ponto. Logo, por equilíbrio, tem-se:

$$\begin{cases} \sum F_X = 0 \rightarrow -F_1 \cos 45^\circ + F_2 \cos 45^\circ = 0 \\ \sum F_Y = 0 \rightarrow 12,75 - F_1 \cos 45^\circ - F_2 \cos 45^\circ = 0 \end{cases} \rightarrow \boxed{F_1 = F_2 = 12,75 \sqrt{2}/2 \cong 9,0156 kN}$$

Esse é o esforço de tração em cada cabo inclinado de içamento. É imediato identificar que esse esforço cresce com o aumento do ângulo formado pelos cabos inclinados.

Exemplo 1.9 – Na próxima figura está representado um corpo de 5 kN de peso, suspenso por um cabo com extremidades fixas nos pontos A e B, e por um cabo que passa por uma roldana fixa C e tem uma de suas extremidades fixada no ponto B do corpo. Com a suposição de que não haja atrito na roldana, determinam-se: (1) a força **F** aplicada ao cabo que passa pela roldana; (2) a força de tração no cabo AB; e (3) a força transmitida ao anteparo vertical de fixação da roldana.

Como a roldana fixa apenas muda o sentido da força aplicada ao cabo, mostra-se, na parte intermediária da mesma figura, o ponto B com as forças que atuam sobre o mesmo, onde F_{BA} é igual e de sentido contrário à força de tração no cabo AB e **F** é igual e de sentido contrário à força de tração no cabo BC. Logo, da condição de equilíbrio, tem-se:

Capítulo 1 – Fundamentos

$$\begin{cases} \sum F_X = 0 \\ \sum F_Y = 0 \end{cases} \rightarrow \begin{cases} F_{BA}\cos 45° = F_{BC} \\ F_{BA}\cos 45° = 5,0 \end{cases} \rightarrow \begin{cases} F_{BC} = 5,0\,kN \\ F_{BA} \cong 7,0711\,kN \end{cases}$$

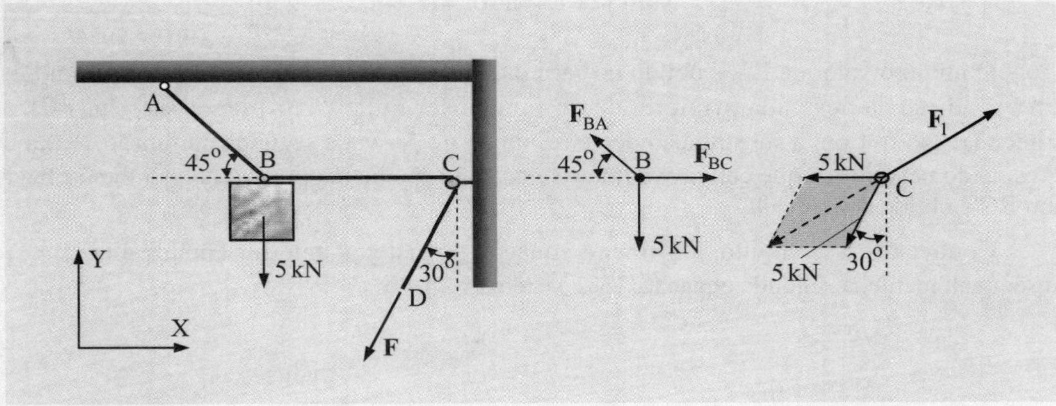

Figura E1.9 – Corpo suspenso por um cabo inclinado e outro horizontal.

Conhecida a força no cabo BCD, representou-se, na parte direita da figura anterior, o diagrama com as forças que são aplicadas à roldana. Logo, a força F_1 transmitida ao anteparo de fixação da roldana pode ser obtida com base na diagonal do paralelogramo mostrado em cinza, que de acordo com Eq.1.23 tem a intensidade:

$$F_1 = \sqrt{5^2 + 5^2 + 2\cdot 5\cdot 5\cos 60°} \rightarrow F_1 \cong 8,6603\,kN$$

A direção dessa força pode ser obtida com Eq.1.24 e tem sentido contrário ao indicado em traço contínuo na figura anterior.

Exemplo 1.10 – Um corpo de peso **P** está suspenso por dois cabos como mostra a parte esquerda da próxima figura. Com a condição de que o ângulo α indicado seja mínimo, determinam-se os esforços nos cabos.

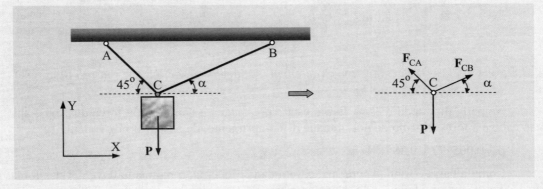

Figura E1.10 – Corpo suspenso por dois cabos inclinados.

45

Na parte direita da figura anterior está representado o ponto C com as forças que lhe são aplicadas. Logo, escrevem-se as equações de equilíbrio:

$$\begin{cases} \sum F_X = 0 \\ \sum F_Y = 0 \end{cases} \rightarrow \begin{cases} F_{CA} \cos 45° = F_{CB} \cos \alpha \\ F_{CA} \sin 45° + F_{CB} \sin \alpha = P \end{cases} \rightarrow \begin{cases} F_{CA} = \dfrac{F_{CB} \cos \alpha}{\cos 45°} \\ F_{CB} = \dfrac{P}{\sin \alpha + \cos \alpha} \end{cases}$$

O mínimo valor de F_{CB} é obtido no caso da função $(f(\alpha) = \sin \alpha + \cos \alpha)$ ser máximo. Isto é, com a condição da derivada primeira dessa função ser nula, $(df(\alpha)/d\alpha = \cos\alpha - \sin\alpha = 0)$, o que fornece $(\alpha = 45°)$. Com a substituição desse resultado na derivada segunda da função $f(\alpha)$, obtém-se resultado negativo, o que comprova tratar-se de condição de máximo. Assim, a menor tração no cabo BC é obtida com $(\alpha = 45°)$.

Conhecido esse ângulo, a primeira equação do sistema anterior conduz a $(F_{CA} = F_{CB})$ e, consequentemente, a segunda equação desse sistema fornece:

$$F_{CB} = P \sqrt{2}/2 .$$

Exemplo 1.11 – Na parte esquerda da próxima figura está esquematizada uma barra de 2,0 m de comprimento, de área da seção transversal igual a $5,0 \cdot 10^{-3}\,m^2$, de material de peso específico igual a $77,0\,kN/m^3$, cuja extremidade esquerda está apoiada em um anteparo vertical através de ligação rotulada sem atrito (semelhante a uma dobradiça) e cuja extremidade direita está sustentada por um cabo inclinado de 45°. Sem considerar o peso do cabo, por ser desprezível, determina-se a força de tração no cabo.

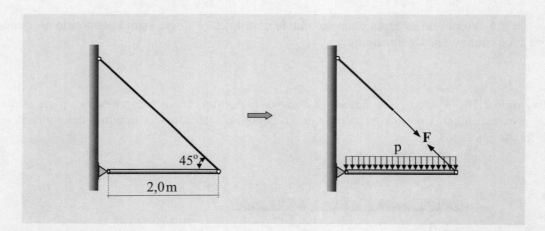

Figura E1.11 – Barra com uma extremidade rotulada e suspensa pela outra extremidade.

Na parte direita da mesma figura está representada a barra com a força que lhe é aplicada pelo cabo e a força distribuída por unidade de comprimento, de peso próprio. Calcula-se:

$p = 0,005 \cdot 77 = 0,385\,kN/m$

Como a barra é rotulada em sua extremidade esquerda, o momento das referidas forças em relação a essa extremidade é nulo, o que se escreve:

$$M = 0,385 \cdot 2 \cdot 1 - F\cos 45° \cdot 2 = 0 \quad \rightarrow \quad \boxed{F \cong 0,54447\,\text{kN}}$$

Utilizou-se apenas o componente vertical da força **F**, uma vez que o correspondente componente horizontal tem linha de ação que passa pelo pólo de cálculo do momento.

Exemplo 1.12 – *Muro de arrimo de gravidade* é uma estrutura que tem a função de conter corte em solo natural e, na disciplina *Geotecnia*, é projetado para resistir ao tombamento e ao deslizamento, sem provocar tensões incompatíveis com o terreno da fundação. No presente exemplo, ao muro em concreto de peso específico igual a $24\,\text{kN}/\text{m}^3$ e de seção transversal representada na próxima figura, com indicação do empuxo do solo por metro linear de comprimento do muro, aplicam-se apenas os conceitos de resultante e de momento de força.

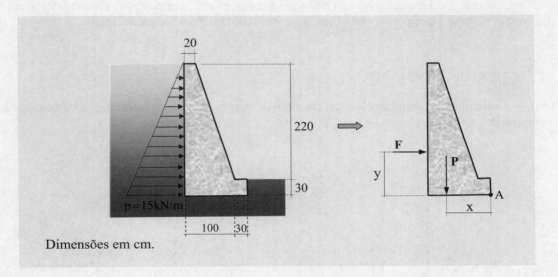

Figura E1.12 – Seção transversal de um muro de arrimo de gravidade.

Com a suposição de que o risco de deslizamento do muro seja irrelevante, são feitas as verificações de segurança quanto ao tombamento e que a resultante das forças atuantes no muro passe pelo terço central de sua base. Para isso, calculam-se:

– O peso do muro por metro linear de comprimento:

$$P = \left(1,3 \cdot 0,3 + \frac{1+0,2}{2} 2,2\right) 24 = 41,040\,\text{kN}$$

– A distância da linha de ação desse peso ao ponto A indicado na parte direita da figura anterior e denominado "pé do muro", é obtida com Eq.1.43:

$$x = \frac{1,3 \cdot 0,3 \cdot 0,65 + 0,2 \cdot 2,2\,(1,3-0,1) + \dfrac{0,8 \cdot 2,2}{2}\left(0,3 + 0,8 \cdot \dfrac{2}{3}\right)}{41,04} \cdot 24 \cong 0,88587\,\text{m}$$

– A resultante do empuxo por metro linear de comprimento do muro: $F = 15 \cdot 2,5/2 = 18,750\,\text{kN}$
– A distância da linha de ação dessa resultante ao pé do muro: $y = 2,5/3 \cong 0,83333\,\text{m}$

– A segurança quanto ao tombamento:

$$\frac{\text{Momento de P em relação ao ponto A}}{\text{Momento de F em relação ao ponto A}} = \frac{P x}{F y} = \frac{41,04 \cdot 0,885\,87}{18,75 \cdot 0,833\,33} \cong 2,3268$$

Por questão de segurança, é usual requerer que a razão anterior seja superior a 1,5.

– A excentricidade da resultante das forças atuantes no muro em relação ao centro geométrico da base:

$$e = \frac{\text{Momento das forças atuantes em relação ao centro geométrico da base}}{\text{Peso do muro}}$$

$$e = \frac{F y - P(x - 0,65)}{P} = \frac{18,75 \cdot 0,833\,33 - 41,04\,(0,885\,87 - 0,65)}{41,04} \cong 0,144\,85 < \frac{1}{3}$$

Esse resultado assegura que a resultante das forças atuantes no muro passa no terço central da base e, portanto, que o muro está bem dimensionado quanto à sua estabilidade.

1.9 – Exercícios propostos

1.9.1 – Determine as resultantes e os cossenos diretores das resultantes dos sistemas de forças representados na figura abaixo.

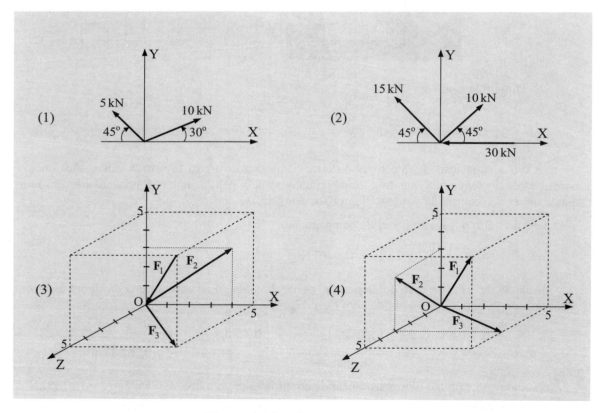

Figura 1.36 – Sistemas de forças.

1.9.2 – Determine os momentos das forças representadas na próxima figura, em relação às origens dos sistemas cartesianos indicados.

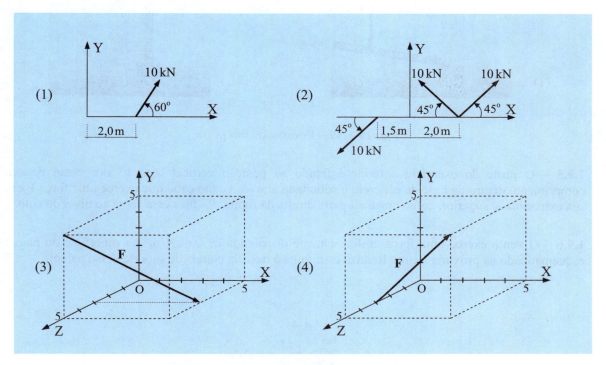

Figura 1.37 – Forças no espaço tridimensional.

1.9.3 – Reduza as forças representadas na figura anterior à origem dos sistemas cartesianos indicados. Idem para as forças distribuídas mostradas na figura que se segue:

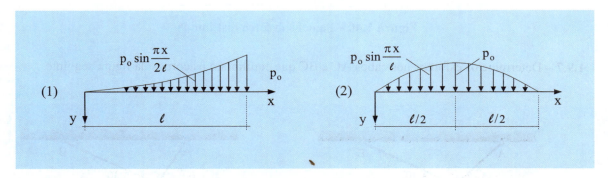

Figura 1.38 – Forças distribuídas.

1.9.4 – Um poste de comprimento ℓ, área de seção transversal constante A e material de peso específico ρ deve ser içado por um cabo colocado a 2/3 de sua extremidade inferior, para encaixe em uma base de concreto que faceia o nível do solo, como ilustra a parte esquerda da próxima figura. Determine o valor da força de içamento.

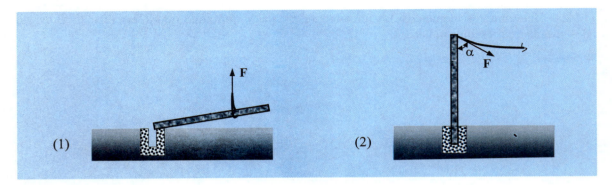

Figura 1.39 – Encaixe de um poste.

1.9.5 – O poste do exercício anterior é fixado na posição vertical com 15 por cento de seu comprimento dentro da base de concreto e solicitado através de um cabo que exerce uma força **F** em sua extremidade superior, como mostra a parte direita da figura. Reduza essa força ao nível do solo.

1.9.6 – O vento exerce uma força uniformemente distribuída de $0,6\,kN/m^2$ na superfície do painel esquematizado na próxima figura. Reduza essa força à base da coluna de suporte desse painel.

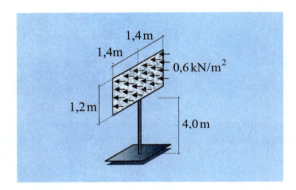

Figura 1.40 – Painel sob força distribuída.

1.9.7 – Determine os esforços nos cabos AC e BC que equilibram os corpos da figura seguinte:

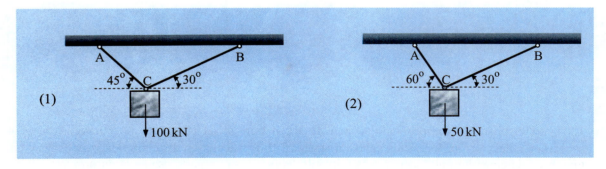

Figura 1.41 – Corpos suspensos por cabos.

1.9.8 – Uma esfera de aço de raio de 5,0 cm está em repouso sobre dois anteparos inclinados como mostra a parte esquerda da próxima figura. Com o conhecimento de que o peso específico do aço é 78,5 kN/m³, determine as forças que esses anteparos exercem sobre a esfera.

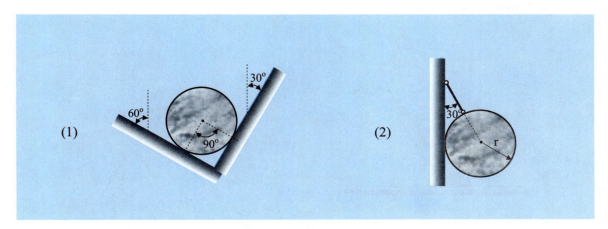

Figura 1.42 – Esferas em repouso.

1.9.9 – A esfera do exemplo anterior é considerada agora suspensa por um cabo e apoiada lateralmente em um anteparo vertical perfeitamente liso, como mostra a parte direita da figura anterior. Pede-se determinar o esforço nesse cabo e a força que esse anteparo exerce sobre a esfera.

1.9.10 – Três cilindros de raio r de seção transversal e peso específico ρ estão em repouso nas duas situações esquematizadas na próxima figura. Determine as forças de interação entre esses cilindros e as forças que os anteparos verticais exercem sobre os cilindros.

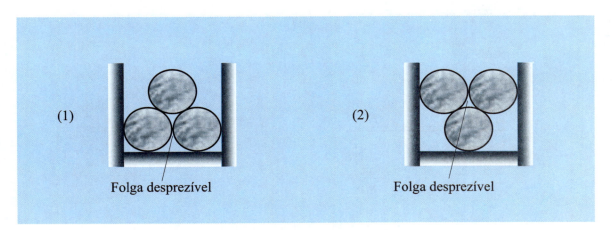

Figura 1.43 – Esferas em repouso.

1.9.11 – Três forças estão em equilíbrio e duas dessas forças são perpendiculares entre si, sendo uma um terço da outra. Sabendo-se que a terceira tem intensidade de 20 kN, determine a posição da linha de ação dessa força e as intensidades das demais.

Estática das Estruturas – **H. L. Soriano**

1.9.12 – A partir do próximo capítulo serão consideradas estruturas constituídas de barras. E a próxima figura representa duas ligações de extremidades de barras metálicas em cantoneira, cujos eixos geométricos estão indicados em traço-ponto (em um sistema estrutural idealizado como treliça plana que será estudada no sexto capítulo). Calcule as forças F_1 e F_2 indicadas para que essas ligações estejam em equilíbrio.

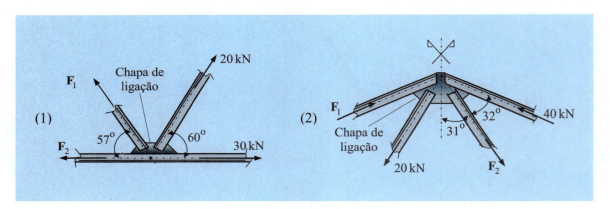

Figura 1.44 – Ligações de barras em equilíbrio.

1.9.13 – Com a condição de que as barras da figura abaixo estejam em equilíbrio, determine a intensidade das forças F_i.

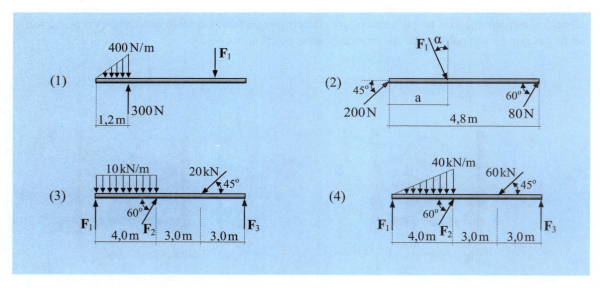

Figura 1.45 – Barras em equilíbrio.

1.9.14 – Um mastro que pode pivotar em sua base está em equilíbrio sob a ação de três cabos ancorados no plano XY dessa base, como esquematizado na próxima figura. Sabendo-se que cada um dos cabos está sob tração de 0,5 kN, determine o esforço de compressão no mastro, sem levar em consideração o peso deste.

Capítulo 1 – Fundamentos

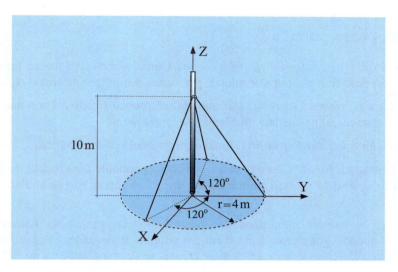

Figura 1.46 – Mastro estaiado.

1.9.15 – A próxima figura apresenta esquema de um guindaste com patolas quando do içamento da carga **P**. Neste esquema, (P_1=500kN) é a intensidade do peso do guindaste sem a lança e o contrapeso, (P_2=60kN) é a intensidade do contrapeso na estrutura de base da lança, (P_3=50kN) é a intensidade do peso da lança e (r=12m) é o raio de operação em projeção horizontal da lança. Com a suposição de que o solo tenha capacidade resistente e considerando o peso da lança uniformemente distribuído ao longo de seu comprimento, determine o ângulo α mais desfavorável e a carga máxima que pode ser içada, na condição limite de deslocamento de alguma sapata do solo.

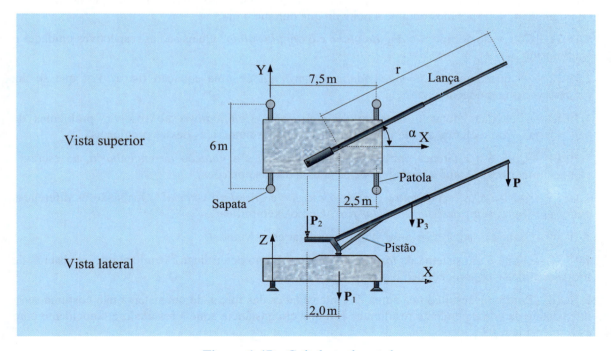

Figura 1.47 – Guindaste de patolas.

Estática das Estruturas – **H. L. Soriano**

1.10 – Questões para reflexão

1.10.1 – Qual é a diferença entre *partícula* e *corpo*? Como ambos têm massa finita e na realidade todos os corpos são deformáveis, por que adotar, por vezes, a hipótese de *corpo rígido*?

1.10.2 – O que é um *referencial inercial*? Por que um referencial fixado à Terra não é inercial? E por que se adota esse referencial nos usuais problemas de engenharia?

1.10.3 – O que é a *Estática das Estruturas*? Qual a importância dessa Estática?

1.10.4 – Como conceituar *força*? Como a uma força correspondente uma reação de igual intensidade, de mesma linha de ação e de sentido contrário, por que essas forças não se anulam em equilíbrio de um corpo?

1.10.5 – Por que os valores numéricos das magnitudes das grandezas físicas são meramente convencionais? O que são grandezas de base em um sistema de unidades? Por que distintos sistemas coerentes podem ter diferentes grandezas de base? Quais são essas grandezas no SI?

1.10.6 – Qual é a diferença entre *dimensão* de uma grandeza física e *unidade* dessa grandeza? Por que são estabelecidas *unidades de base* e *unidades derivadas*? E o que é uma *grandeza física adimensional*? Exemplifique no caso do SI?

1.10.7 – Quais são as dimensões (de base) das grandezas físicas *momento de uma força*, *velocidade*, *aceleração* e *frequência*?

1.10.8 – Como explicar a relação entre as unidades de força no *Sistema Internacional* e no *Sistema Técnico*? Idem quanto às unidades de massa nesses sistemas.

1.10.9 – Qual é diferença entre *peso* e *massa*? Por que não é correto dizer que um corpo tem determinado peso?

1.10.10 – Por que os objetos ficam ligeiramente mais pesados no Pólo Norte do que no Equador, como também mais pesados durante a noite do que durante o dia?

1.10.11 – Como são definidos o *ângulo plano* e o *ângulo sólido*? Quais são as respectivas unidades e símbolos no SI?

1.10.12 – O que significa *homogeneidade dimensional* de uma equação física? Por que se faz necessária essa homogeneidade?

1.10.13 – Por que adotar o conceito de *algarismos significativos* ao resolver problemas de engenharia? Como efetuar arredondamentos de resultados numéricos desses problemas?

1.10.14 – Qual é a diferença entre a *notação científica* e a *notação de engenharia*, ao escrever valores numéricos? Qual é a vantagem de cada uma dessas notações?

1.10.15 – Qual é a diferença entre *grandeza escalar* e *grandeza vetorial*? Quais são as diferenças entre *vetor livre*, *vetor deslizante* e *vetor fixo*? Como exemplificar?

1.10.16 – O que são *vetores de base*? Por que utilizar esses vetores?

1.10.17 – O que é um sistema de *forças coplanares*? Como determinar a resultante desse sistema de forma analítica e em procedimento gráfico?

1.10.18 – Por que o resultado da soma das intensidades das forças de um sistema não costuma ser a intensidade da correspondente resultante? Em que circunstância aquele resultado é coincidente com essa intensidade?

Capítulo 1 – Fundamentos

1.10.19 – Em que circunstâncias um sistema de forças aplicado a um corpo tem a tendência de provocar apenas translação? E, em provocar apenas rotação?

1.10.20 – O que é um *diagrama de corpo livre*? Qual é a utilidade deste tipo de diagrama?

1.10.21 – Qual é a diferença entre *produto escalar* e *produto vetorial*, de dois vetores?

1.10.22 – Qual é a diferença entre *momento de uma força em relação a um ponto* e *momento dessa força em relação a um eixo*? Como exemplificar?

1.10.23 – Em que circunstâncias o momento de uma força em relação a um eixo é nulo?

1.10.24 – O que é *binário*? Por que binários de mesmo *vetor conjugado* são equivalentes?

1.10.25 – O que é *grau de liberdade* de um corpo rígido?

1.10.26 – Por que a translação de um corpo rígido é uma grandeza vetorial e a rotação não o é? Então, por que em análise de estruturas é usual tratar rotação como grandeza vetorial?

1.10.27 – O que significa *reduzir um dado sistema de forças a um ponto*? E como reduzir sistema de forças concorrentes, sistema de forças não concorrentes e sistema de forças coplanares?

1.10.28 – Quais são as condições necessárias e suficientes, em termos de grandezas vetoriais, para o equilíbrio de um corpo rígido no espaço tridimensional?

1.10.29 – Por que as equações escalares de equilíbrio da estática no espaço bidimensional são em número de três? Quais são essas equações? Como e por que, entre essas equações, podem ser consideradas mais de uma equação de momento nulo?

1.10.30 – Por que as equações escalares de equilíbrio da estática no espaço tridimensional são em número de seis? Mais do que três equações de momento nulo podem ser consideradas nessas equações? Como e por quê?

1.10.31 – Pode-se adotar um sistema de eixos não ortogonais na escrita das equações de equilíbrio de um sistema de forças? Como justificar?

1.10.32 – Como explicar a condição de equilíbrio de um tripé?

1.10.33 – Qual é a distinção de comportamento mecânico entre um *quebra-nozes* e a *alavanca de Arquimedes*?

1.10.34 – Por que, ao caminhar, o pé humano se comporta como uma alavanca inter-resistente? E por que, em uma mordida, o maxilar se comporta como uma alavanca interpotente?

1.10.35 – Uma balança de braços iguais baseia-se no equilíbrio de pesos iguais, utiliza um conjunto de massas de diversos valores e funciona independentemente do valor da aceleração da gravidade. Como modificar essa balança para eliminar a necessidade de várias massas padrões?

Estática das Estruturas – **H. L. Soriano**

Torres de telecomunicação.
Fonte: Eng⁰ Ruy Pereira Paula, www.prosystem.com.br.

Noções preliminares das estruturas em barras

2.1 – Introdução

Conforme foi esclarecido na introdução do capítulo anterior, *estruturas são sistemas físicos deformáveis capazes de receber e transmitir esforços*, estruturas estas muitas das vezes ocultas por partes não estruturais e por revestimentos. São encontradas no reino animal (na forma de esqueletos) e no reino vegetal (na forma de galhos-troncos-raízes). São também projetadas e construídas pelo homem, com as mais variadas configurações, para o atendimento de suas necessidades. É o caso dos edifícios, pontes, torres, barragens, defensas portuárias e estruturas offshore, em Engenharia Civil; dos equipamentos, máquinas, ferramentas, vasos de pressão e veículos, em Engenharia Mecânica; dos satélites, aeronaves e espaçonaves, em Engenharia Aeronáutica; e dos navios e submarinos, em Engenharia Naval etc. Apesar dessa grande variedade de tipos e finalidades, as estruturas têm os mesmos princípios de comportamento, cujos fundamentos são os da *Mecânica Clássica*.

Foi também esclarecido que toda estrutura precisa ter *capacidade resistente* (no entendimento de suportar as ações externas que lhe são aplicadas, sem se danificar) e ter adequado *desempenho em serviço* (no sentido de não apresentar deformações e vibrações que possam prejudicar o uso da mesma e a sua estética). Para isso, em projeto de uma estrutura, a partir de pré-dimensionamento de seus componentes (arbitrado em função da experiência do engenheiro analista com estruturas anteriores e em atendimento a códigos de projeto) e da especificação dos materiais, condições de apoio e ações externas, determinam-se os esforços reativos e internos à estrutura, em análise de um modelo matemático que exprima o comportamento do sistema físico estrutural. Com base nesses esforços, fazem-se verificações do referido dimensionamento e eventuais modificações do mesmo.

Neste capítulo estão apresentadas noções preliminares das estruturas constituídas de barras. A próxima seção descreve as simplificações usualmente adotadas em análise dessas estruturas; a Seção 2.3 classifica as ações atuantes nas estruturas; a Seção 2.4 detalha as condições de apoio; a Seção 2.5 define os esforços internos em barras; a Seção 2.6 apresenta a classificação das estruturas em barras quanto à geometria e a seus esforços; e a Seção 2.7 classifica essas estruturas quanto ao equilíbrio. Tais noções são essenciais para o entendimento dos capítulos subsequentes em que serão estudadas, separadamente, as vigas, os pórticos, as grelhas e as treliças, modelos estes que estão definidos na Seção 2.6. Em complemento a este capítulo, as Seções 2.8 e 2.9 propõem, respectivamente, exercícios e questões para reflexão.

2.2 – Hipóteses simplificadoras

Com os atuais recursos computacionais é possível analisar os sistemas estruturais em comportamento integrado de todos os seus componentes. Contudo, essa não é a prática na maioria das vezes, porque esses sistemas são usualmente muito complexos, as teorias de análise são aproximadas e, ao iniciar um projeto, não se tem o dimensionamento geométrico definitivo de seus componentes, as ações a serem aplicadas à estrutura não têm determinação rigorosa, as propriedades mecânicas de seus materiais costumam apresentar variações em torno de valores característicos e o processo construtivo pode introduzir pequenas imperfeições na estrutura. Por isso, em construção do modelo matemático de análise de uma estrutura, adotam-se hipóteses simplificadoras em função da importância desta e dependente dos recursos de análise disponíveis. O modelo costuma ser mais simples em etapa de anteprojeto do que em fase de projeto final e, naturalmente, arranha-céus requerem análises muito mais elaboradas do que edificações de poucos pavimentos, e aeronaves necessitam análises mais sofisticadas do que máquinas agrícolas.

Assim, uma simplificação usualmente adotada é considerar a estrutura dividida em partes de comportamentos isolados, com a transmissão de esforços entre essas partes. Para um edifício de andares múltiplos como o esquematizado na próxima figura, por exemplo, a carga aplicada às lajes, juntamente com o peso destas, costuma ser considerada descarregando-se nas vigas de seus contornos, com a suposição de que o restante da estrutura não tenha influência. As forças recebidas pelas vigas, adicionadas ao peso destas e das paredes situadas sobre as mesmas, costumam ser consideradas distribuindo-se entre as colunas de cada andar do edifício, com a hipótese de que o restante da estrutura também não tenha influência nessa distribuição.

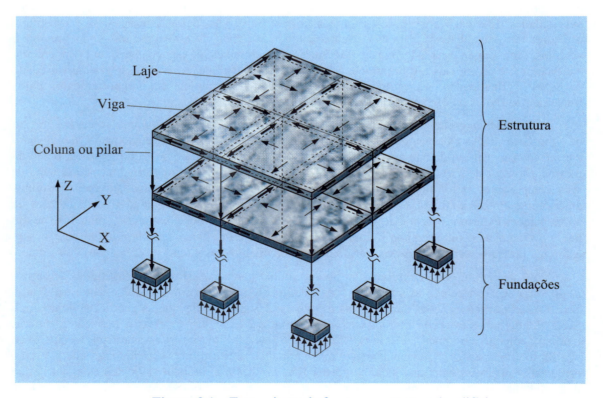

Figura 2.1 – Transmissão de forças em estrutura de edifício

Capítulo 2 – Noções preliminares de estruturas em barras

Por sua vez, a parcela de força recebida por cada coluna, juntamente com o seu peso, é acumulada de cima para baixo, em nível de cada laje até atingir as fundações, quando, então, o somatório das forças que cada elemento da fundação recebe deve ser equilibrado pela reação do solo.[1]

Ainda para facilitar a análise, os sistemas estruturais são classificados em *estruturas em barras* e *estruturas contínuas*, com hipóteses simplificadoras próprias. Diz-se *estrutura em barras* ou *estrutura reticulada* quando constituída de componentes estruturais com uma dimensão preponderante em relação às suas demais dimensões. Este é o caso do sistema estrutural do edifício esquematizado na figura anterior, após o descarregamento das lajes nas vigas. Diz-se *estrutura contínua* quando formada por um ou mais componentes em que não se caracteriza uma única dimensão preponderante. Esse último tipo de sistema estrutural pode ser *de superfície*, quando cada componente tem duas dimensões preponderantes, como as lajes ou placas, vigas-parede, cascas e chapas ou membranas, por exemplo; e pode ser *de volume*, quando não se distinguem dimensões preponderantes, como os blocos de fundação, por exemplo. Na *Estática das Estruturas* são estudadas apenas as estruturas constituídas de barras, qualificadas como *isostáticas* de acordo com esclarecimentos que estão apresentados na Seção 2.7.

A interseção de uma barra com um plano perpendicular ao seu *eixo geométrico*, como ilustra a próxima figura, é chamada de *seção transversal* ou *seção reta*. Assim, o eixo geométrico é o lugar geométrico dos centróides das seções transversais da barra. Nessa figura, xyz (em minúscula) é um *referencial local* à barra, em que o eixo x contém o eixo geométrico e os eixos y e z são nas direções dos eixos principais de inércia das seções transversais. XYZ é um referencial utilizado na descrição da estrutura, denominado *referencial global*. E em uma estrutura, os pontos extremos dos eixos das barras são chamados de *pontos nodais* ou, simplesmente, *nós*.

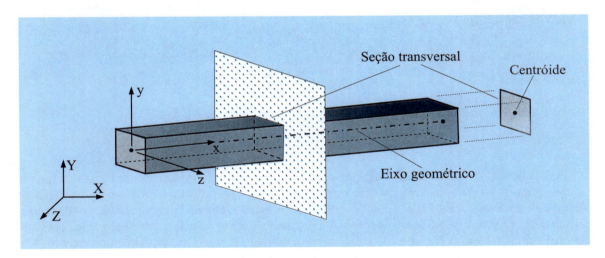

Figura 2.2 – Seção transversal e eixo geométrico de barra prismática.

A barra pode ser de eixo reto ou curvo, de seção transversal constante ou variável e, de acordo com a sua função na estrutura, é chamada de *viga*, *coluna*, *pilar*, *escora*, *haste*, *contraventamento*, *tirante*, *eixo*, *longarina*, *travessa*, *nervura* etc. Na *teoria clássica de viga* ou *teoria de Euler-Bernoulli*, barra de material homogêneo e isótropo é suposta deformar-se de maneira que suas seções transversais permaneçam planas, normais ao eixo geométrico e sem deformação,

---

[1] Nessa transmissão de forças até as fundações, desconsiderou-se, por simplicidade, a ação do vento.

como ilustra a parte esquerda da próxima figura em caso de barra reta de seção transversal constante.[2] Com essa suposição e em barra deformada por forças externas transversais, o deslocamento vertical δ e a rotação θ de cada seção transversal são medidos no centróide da correspondente seção, de maneira que as seções possam ser representadas por seus centróides e a barra idealizada em *forma unidimensional*, também chamada de *forma unifilar*. Assim, o comportamento de cada seção fica descrito por valores de δ e θ, e a deformação do eixo geométrico da barra expressa o comportamento da mesma, o que requer considerar nesse eixo as forças externas. Contudo, para que o desenho das barras fique mais parecido com o real, adota-se neste livro a representação bidimensional mostrada na parte inferior direita da figura abaixo.

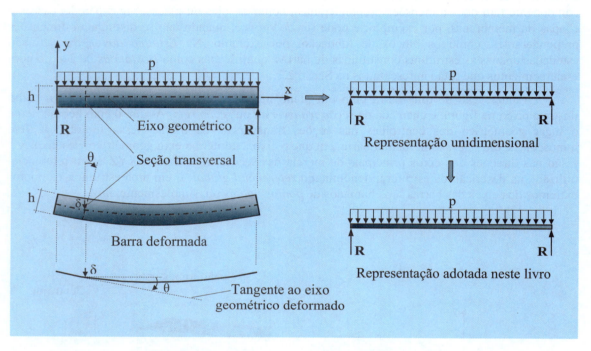

Figura 2.3 – Representações laterais de barra reta.

É oportuno esclarecer a consequência da idealização unidimensional de barra quanto aos apoios. Para isso, seja uma barra apoiada nas extremidades como mostra a próxima figura. Como a superfície de contato de cada apoio é pequena comparativamente ao comprimento da barra, substitui-se a força distribuída reativa pela sua resultante (de notação **R** no presente caso) aplicada ao eixo geométrico da barra, considerando ou não eventual alteração no referido comprimento.[3] Ou seja, aquela idealização implica em apoios pontuais nas extremidades do eixo da barra, que são os denominados *pontos nodais*.[4]

---

[2] A hipótese das seções permanecerem planas foi utilizada por *Edmé Mariotte* (1620 – 1684), em 1686, mas costuma ser atribuída a *Louis Marie Henri Navier* (1785 – 1836), que a adotou em teoria de viga em 1826.

[3] A barra deformada calca desigualmente cada um dos apoios, de maneira que a resultante da força reativa não passa exatamente pelo ponto central do apoio.

[4] Na citada figura, os apoios foram substituídos por roletes, sem entrar em questionamento quanto ao impedimento de deslocamento horizontal, que é questão a ser tratada na Seção 2.7.

Capítulo 2 – Noções preliminares de estruturas em barras

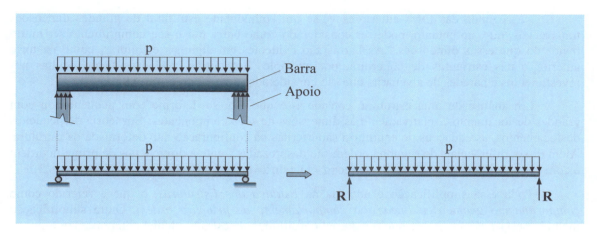

Figura 2.4 – Idealização pontual de apoio de pequena superfície de contato.

Os edifícios estruturados, as torres de transmissão de energia e de telecomunicações, assim como os sistemas suportes de coberturas, são exemplos de estruturas constituídas de barras. Um marco histórico desse tipo de estrutura é a *Torre Eiffel*, em Paris, mostrada nas fotos seguintes.[5]

Fotos 2.1 – Torre Eiffel.

---

[5] Fonte: Benh Lieu Song, Wikimedia Commons e Luciana M. C. Soriano. Essa torre foi construída por *Gustave Alexandre Eiffel*, para fazer parte da Exposição Mundial de 1889, quando do centenário da Revolução Francesa. Com 300 m de altura, sem contar com a atual antena de 24 m, foi durante quarenta anos a estrutura mais alta do mundo e é atualmente um dos pontos turísticos mais famosos da capital francesa.

Na segunda das fotos anteriores vê-se um componente estrutural de grandes dimensões transversais, que, no entanto, pode ser considerado como barra por o seu comprimento ser muito maior do que essas dimensões.[6] As barras são evidentes em algumas estruturas, como na torre anterior e nas estruturas de cobertura, por exemplo. Em outras, as barras ficam ocultas por revestimentos e paredes de alvenaria, que são considerados sem efeito estrutural.

Em análise de uma estrutura, considera-se que esta se deforme com pequenos ou com grandes deslocamentos, relativamente às dimensões de seus componentes. Em teoria de pequenos deslocamentos, as equações de equilíbrio são escritas na configuração não deformada da estrutura. Além disso, diferenciais de segunda ordem são desprezadas frente a diferenciais de primeira ordem e, com ângulos inferiores a 1°, adota-se $(\cos\alpha=1)$, $(\sin\alpha=\text{tg}\alpha=\alpha$ em radianos$)$ e $(1-\cos\alpha=\alpha^2/2)$.

Toda essa simplificação é adotada na *Estática das Estruturas*, o que é referido como *comportamento geométrico linear*, ou *comportamento de primeira ordem*. Outra simplificação incluída nesta *Estática* é a de que o material constituinte da estrutura tenha comportamento linear, como foi esclarecido com a Figura 1.3 e que é denominado *comportamento físico linear*.[7]

A vantagem de considerar esses comportamentos lineares é haver proporcionalidade entre as ações externas e os correspondentes efeitos, o que implica em que a estrutura se comporte igual à superposição de seu comportamento devido a cada dessas ações separadamente, como ilustra a próxima figura. É o chamado *princípio da superposição dos efeitos*.

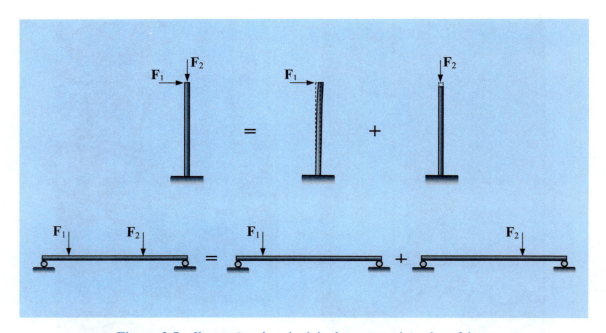

Figura 2.5 – Ilustrações do princípio da superposição dos efeitos.

---

[6] Verifica-se que, a partir da razão *comprimento/maior dimensão transversal* igual a 10, a idealização unidimensional conduz a bons resultados.

[7] Comportamentos não lineares não têm, em geral, determinações analíticas explícitas. As correspondentes determinações são através de procedimentos incrementais e/ou iterativos baseados em análise lineares, de maneira a se obter gradativamente as configurações deformadas de equilíbrio ou caracterizar configurações instáveis.

2.3 – Ações atuantes nas estruturas

As ações que atuam nas estruturas podem ser forças (também denominadas *esforços*), deformações impostas ou de comportamento do material no tempo, e variações de temperatura. Em descrição simples, essas ações classificam-se como:

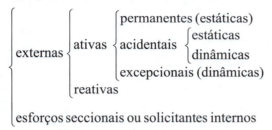

As *ações externas* são as que agem sobre a estrutura e se classificam em *ativas* e *reativas*. As primeiras são provocadas por agentes externos e dividem-se em *permanentes*, *acidentais* e *excepcionais*.

As *ações ativas permanentes* são as que ocorrem em toda a vida útil da estrutura, como o peso da mesma e das partes não estruturais que se apóiam permanentemente na mesma.

As *ações ativas acidentais* são as que têm ocorrência significativa na vida útil da estrutura, como o peso das pessoas e dos veículos que podem vir a se posicionarem sobre a mesma, assim como o efeito provocado pelo vento e por variação de temperatura, entre outras causas. Podem ser *estáticas* e *dinâmicas*. *Ações estáticas* são as que não desenvolvem forças de inércia relevantes e *ações dinâmicas* são as do caso contrário.

Como exemplo de ações estáticas, cita-se empuxo de terra. Como exemplos de ações dinâmicas, têm-se as provenientes do funcionamento de motores, assim como as frenagens e acelerações de veículos em estruturas de transposição. As ações dinâmicas, quando desenvolvem forças de inércia moderadas, costumam ser consideradas através de *forças estáticas equivalentes*, como é o caso do efeito do vento, de frenagem e aceleração de veículos e de sismos de pequena intensidade.

As ações excepcionais são de duração extremamente curta, grande intensidade e muito baixa probabilidade de ocorrência, como as decorrentes de explosões, choques de veículos, incêndios, sismos e impacto de projéteis. Essas ações são sempre dinâmicas.

Para efetuar a análise de uma estrutura, além do pré-dimensionamento geométrico de todos os seus componentes, das propriedades de material e das condições de apoio, é necessário estabelecer a priori as ações externas ativas.[8] Esse estabelecimento deve atender a códigos de projeto, que, no país, estão a cargo da ABNT – *Associação Brasileira de Normas Técnicas*. É o caso da NBR 6120 – *Cargas para o cálculo de estruturas de edificações*, por exemplo. Nessa norma, são encontrados os pesos específicos dos materiais utilizados mais frequentemente em edificações, que em parte estão relacionados na próxima tabela. Na mesma norma são também encontradas as forças acidentais devidas à gravidade e usualmente utilizadas nos edifícios. Parte dessas forças está reproduzida na Tabela 2.2.

---

[8] Para a análise das *estruturas isostáticas* tratadas neste livro (de definição a ser apresentada na Seção 2.7), com exceção dos cabos que serão tratados no sétimo capítulo, são necessárias apenas as geometrias, as condições de apoio e as ações externas ativas. Além disso, consideram-se apenas forças estáticas e, por simplicidade, não se faz distinção entre forças permanentes e forças acidentais, e não se argumenta quanto ao estabelecimento dos valores dessas ações.

Estática das Estruturas – **H. L. Soriano**

	Materiais	Valores em kN/m^3
Blocos artificiais	Blocos de argamassa	22
	Lajotas cerâmicas	18
	Tijolos furados	13
	Tijolos maciços	18
Revestimentos e concretos	Argamassa de cal, cimento e areia	19
	Argamassa de cimento e areia	21
	Concreto simples	24
	Concreto armado	25
Madeiras	Pinho, cedro	5
	Louro, imbuia, pau óleo	6,5
	Angico, cabriúva, ipê róseo	10
Metais	Aço	78,5
	Alumínio e ligas	28
	Bronze	85
	Cobre	89
	Ferro fundido	85

Tabela 2.1 – Pesos específicos dos materiais mais frequentes em edificações.

Local	Valores em kN/m^2
Arquibancadas	4
Pisos de edifícios residenciais	1,5
Escadas com acesso ao público	3
Escolas (corredor e sala de aula)	3
Pisos de escritórios	2
Lajes de forro sem acesso ao público	0,5
Garagens e estacionamentos de veículos até 25kN	3
Ginásios de esportes	5
Teatros	5
Terraços com acesso ao público	3

Tabela 2.2 – Forças acidentais mais usuais em edificações.

O vento costuma ser considerado através de forças estáticas, o que está a cargo da NBR 6123, *Forças devidas ao vento em edificações*. Essa norma define a velocidade característica ($V_k = V_0 S_1 S_2 S_3$), onde V_0 é a *velocidade básica do vento* dependente do local da edificação; S_1 é um fator dependente da topografia; S_2 é um fator função da altura (onde se determina a força do vento), da rugosidade do terreno local e das dimensões da edificação ou parte da mesma em consideração; e S_3 é um fator estatístico que considera o grau de segurança e a vida útil da edificação. Com aquela velocidade em m/s, calcula-se a *pressão dinâmica* ($q = 0{,}613\, V_k^2$) em N/m^2. E como a forma da edificação que se insere no fluxo do vento interfere no efeito deste, como ilustra a próxima figura, obtém-se a força exercida pelo vento com a expressão ($F = CqA$), onde C é um *coeficiente de forma* ou *de pressão*, em caso de componente da edificação, ou um *coeficiente de arrasto*, em caso de força global do vento sobre a edificação, e A é a área do componente ou da estrutura em projeção ortogonal sobre um plano perpendicular à direção do vento.[9]

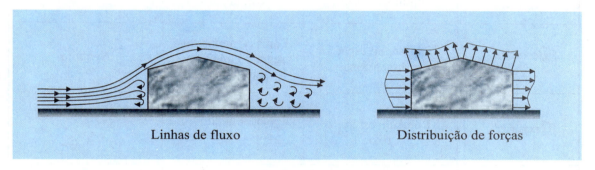

Figura 2.6 – Vento em edificação de telhado de duas águas.

Em continuidade à descrição das ações classificadas no início desta seção, as *reativas* são as que se desenvolvem nos vínculos externos ou apoios, como está descrito na próxima seção. Já os *esforços seccionais* resultam da ação mútua entre as partes de barra, como será descrito na Seção 2.5.

2.4 – Condições de apoio

Assim como um corpo rígido livre no espaço tem seis graus de liberdade, cada seção transversal de barra pode ter três componentes de deslocamento de translação e três rotações, referidos genericamente como *deslocamentos*. Esses deslocamentos, no todo ou em parte, podem ser restringidos por vínculos de *apoios*, quando então, segundo os deslocamentos restringidos ocorrem *esforços reativos* dos apoios sobre a estrutura, denominados *reações de apoio*.

Na literatura são encontradas múltiplas representações de apoios. A próxima tabela mostra as mais indicadas para as estruturas em barras, juntamente com as correspondentes denominações. Também estão indicadas as correspondentes reações e deslocamentos não restringidos ou livres, segundo os quais não se considera atrito nesta *Estática*.

---

[9] Entre outras normas da ABNT que tratam de ações externas em estruturas de Engenharia Civil, citam-se: NBR 8681 – *Ações e segurança nas estruturas*, NBR 7188 – *Carga móvel em ponte rodoviária e passarela de pedestre* e NBR 7189 – *Cargas móveis para projeto estrutural de obras ferroviárias*. As ações são também definidas em normas de projeto de estruturas de um material específico, como a NBR 6118 – *Projeto de estruturas de concreto armado*, a NBR 9062 – *Projeto e execução de estruturas de concreto pré-moldado*, a NBR 7187 – *Projeto e execução de pontes de concreto armado e protendido*, a NBR 8800 – *Projeto e execução de estruturas de aço de edificações* e a NBR 7190 – *Projeto de estruturas de madeira*.

Estática das Estruturas – **H. L. Soriano**

Representações	Denominações	Reações	Deslocamentos livres
	Rotulado móvel, apoio do primeiro gênero ou de rolete (no plano)	Vertical (em qualquer sentido)	Horizontal e rotação
	Rotulado fixo (no plano) ou apoio do segundo gênero	Horizontal e vertical (em quaisquer sentidos)	Rotação
	Engaste no espaço bidimensional	Horizontal, vertical e momento	Nenhum
	Engaste no espaço tridimensional	Forças e momentos segundo três eixos ortogonais	Nenhum
	Rotulado esférico fixo	Forças segundo três eixos ortogonais	Rotações
	Rotulado esférico móvel	Vertical (em qualquer sentido)	Horizontais e rotações
	Luva ou com guia de deslizamento (no plano)	Vertical (em qualquer sentido) e momento	Horizontal
	Engaste deslizante no plano, patim ou apoio de simples translação	Horizontal (em qualquer sentido) e momento	Vertical

Tabela 2.3 – Apoios mais usuais.

Assim, diz-se *apoio rotulado móvel no plano* quando apenas um componente de translação está restringido; chama-se *apoio rotulado fixo no plano* quando somente dois componentes de translação estão restringidos; denomina-se *engaste* em caso de restrição total; e diz-se *apoio de simples translação* quando apenas um componente de translação não está restringido. Na Engenharia Mecânica, têm-se diversos outros tipos de apoio, como o *mancal radial* (que permite a rotação de um eixo e impede os deslocamentos e rotações em torno de direções transversais a esse eixo), o *cursor* (que permite apenas um componente de translação) e o *apoio tipo dobradiça* (auto-explicativo). Em caso do *mancal* impedir também a translação na direção do eixo, este é dito *mancal de escora* ou *de encosto*.

Os apoios apresentados na tabela anterior estão representados na tabela seguinte, juntamente com as correspondentes reações.

Denominações	Representações das reações
Rotulado móvel ou apoio de rolete no plano XY	
Rotulado fixo no plano XY	
Engaste no plano XY	
Engaste no espaço tridimensional	
Rotulado esférico fixo	
Rotulado esférico móvel	
Luva no plano XY	
Apoio de simples translação	

Tabela 2.4 – Reações dos apoios mais usuais.

Os apoios podem ser inclinados e os *rotulado móvel*, *rotulado esférico móvel* e *de simples translação* têm capacidade de restringir translação nos dois sentidos transversais ao plano do apoio, como esclarece a figura que se segue. No caso, observa-se que as reações $1,5P_1$ e P_2 (de procedimento de cálculo apresentado na Seção 2.7) são na realidade componentes de uma reação inclinada no apoio da esquerda.

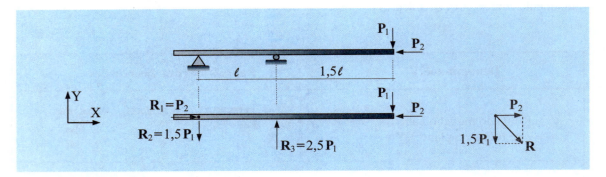

Figura 2.7 – Deslocamento vertical impedido através de apoios rotulados.

As Fotos 2.2, 2.3 e 2.4 ilustram, respectivamente, os apoios rotulado móvel, rotulado fixo e engaste, com os respectivos detalhes de projeto.

 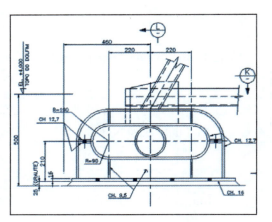

Foto 2.2 – Apoio rotulado móvel (Tecton Engenharia, www.tectonengenharia.com.br).

 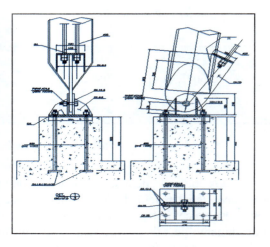

Foto 2.3 – Apoio rotulado fixo (Engº Calixto Melo, www.rcmproj.com.br).

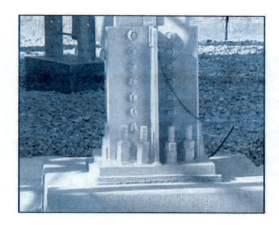 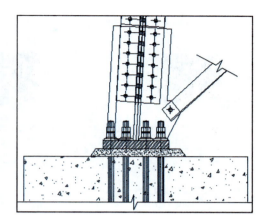

Foto 2.4 – Engaste (Eng° Ruy Pereira Paula, www.prosystem.com.br).

Em estruturas de grande porte, como pontes e viadutos, são utilizados aparelhos de apoio industrializados, que podem ser *de rolamento*, *de escorregamento* ou *de deformação de material resiliente*. Os dois primeiros tipos são de aço, como os produzidos pela empresa Sneha Bearings Pvt. Ltd. e mostrados abaixo.

Fotos 2.5 – Aparelhos de apoios (www.snehabearings.com/products.htm).

Os aparelhos de apoio de material resiliente mais comuns são compostos de camadas de neoprene confinadas entre chapas de aço, como uma "almofada", de maneira a permitir pequena translação e pequena rotação, como ilustra a próxima figura. Trata-se da idealização de um apoio rotulado móvel, em que a "almofada" sob a extremidade de uma viga foi ampliada relativamente à altura da viga, com a finalidade de permitir a visualização de sua deformação. Em apoio de material resiliente costuma-se também adotar a idealização de rotulado fixo.

Conforme foi esclarecido anteriormente, com a idealização unidimensional de barra, reação de apoio é considerada em extremidade do eixo geométrico desta e não em superfície da mesma. Em estrutura real, além dos apoios terem certa extensão, estes podem também ser deformáveis em determinadas direções, o que motiva a idealização de *apoios contínuos* e de *apoios elásticos*. Contudo, a consideração de apoios pontuais rígidos é adequada na grande maioria dos casos, sendo assim considerados nesta *Estática*. Além do que, a idealização pontual dos apoios de uma estrutura não costuma afetar o comportamento global da mesma e o efeito local em partes próximas aos apoios pode ser analisado posteriormente com o *Método dos Elementos Finitos*. Em apoio pode também ser imposto deslocamento, o que recebe a denominação de *recalque de apoio* e o que afeta apenas as estruturas hiperestáticas (definidas na Seção 2.7).

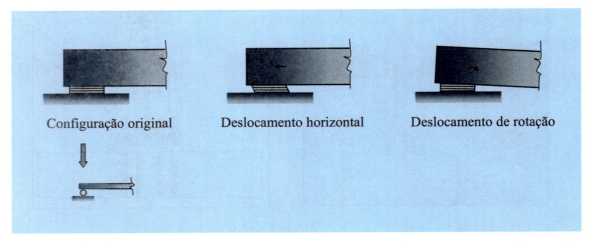

Figura 2.8 – Idealização de aparelho de apoio de material resiliente como apoio rotulado móvel.

2.5 – Esforços seccionais

Em caso de corpo rígido, a redução de um sistema de forças a um ponto foi apresentada na Seção 1.7. A seguir, essa redução é estendida a barras deformáveis, com o objetivo de definir *esforços seccionais*. Para isto, considera-se uma barra reta em equilíbrio sob forças externas, como mostra a parte superior da próxima figura em representação bidimensional e onde está indicada uma seção reta que divide a barra em duas partes. Com a idealização dessa barra em seu eixo geométrico, essas forças são supostas aplicadas nesse eixo, como ilustra a parte intermediária da mesma figura. Considera-se, agora, que o efeito estático da parte esquerda da barra sobre a outra parte se faça através da redução do sistema das forças atuantes sobre a primeira parte ao ponto representativo da seção imaginária de corte situado na segunda parte. Esse efeito é expresso pela resultante dessas forças, **R**, e pelo momento resultante dessas forças em relação a esse ponto, **M**$_R$, que é representado no referido ponto para bem caracterizar a seção de cálculo.[10] Pelo princípio da ação e reação, esse é um efeito mútuo entre as referidas partes, como mostra a parte inferior da mesma figura.

Além disso, para facilitar o estudo do efeito de uma parte da barra sobre a sua outra parte, decompõem-se a resultante **R** e o momento resultante **M**$_R$ em um referencial cartesiano xyz de origem no centróide da seção de corte imaginário, de eixo x perpendicular a essa seção e de eixos y e z coincidentes com os eixos principais de inércia dessa seção, como mostra a Figura 2.10 em caso de barra reta de seção transversal retangular, com **R** pertencente ao plano xy e **M**$_R$ situado no plano xz.[11] Os componentes dessas resultantes nesse referencial são denominados *esforços seccionais*, *esforços solicitantes internos* ou, simplesmente, *esforços internos*.[12]

No caso, têm-se as decomposições (**R**=**N**+**V**) e (**M**$_R$=**M**+**T**), em que os componentes recebem as seguintes denominações:

---

[10] Momento foi definido como um vetor livre. Contudo, em caso de deformação de uma barra, a ação do momento depende do ponto representativo da seção transversal em relação ao qual o momento é determinado.

[11] Em caso de seção reta com eixo de simetria, este é um eixo principal de inércia e o que lhe é perpendicular e passa pelo centróide é o outro eixo principal de inércia.

[12] Assim, os esforços seccionais são estaticamente equivalentes aos esforços aplicados à esquerda da seção reta em questão, como também são equivalentes aos esforços aplicados à direita da seção.

Capítulo 2 – Noções preliminares de estruturas em barras

$$\begin{cases} \text{esforço (ou força) normal } \mathbf{N} \\ \text{esforço (ou força) cortante (ou transverso) } \mathbf{V} \\ \text{(esforço) momento fletor } \mathbf{M} \\ \text{(esforço) momento de torção (ou momento torsor) } \mathbf{T} \end{cases}$$

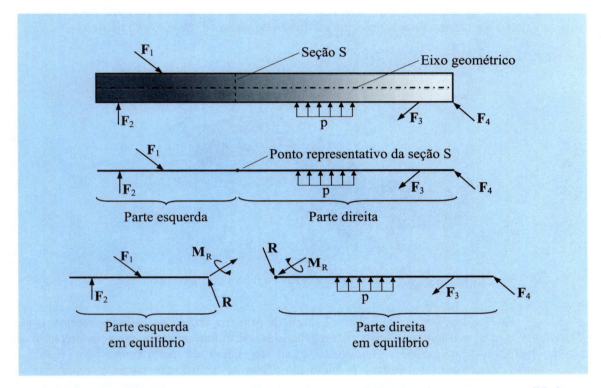

Figura 2.9 – Barra reta em equilíbrio e correspondente divisão em duas partes em equilíbrio.

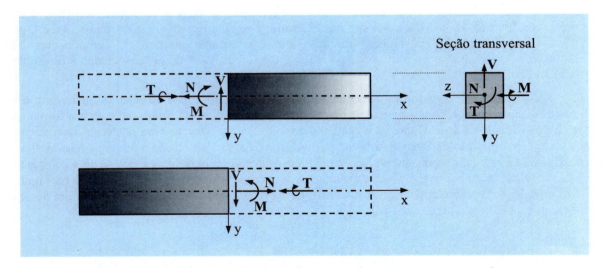

Figura 2.10 – Esforços seccionais em barra reta de comportamento no plano xy.

Observa-se que o esforço normal e o momento de torção têm vetores representativos no eixo x, que é a direção longitudinal de barra reta; o esforço cortante tem vetor representativo no eixo y e o esforço momento fletor tem vetor representativo no eixo z. Observa-se, também, que esses esforços ocorrem em pares, um em cada lado da seção imaginária de corte, com sentido contrário um do outro.

Em caso de barra curva, o eixo x adotado na definição dos esforços seccionais é tangente ao eixo geométrico no ponto representativo da seção transversal em questão, como ilustra a próxima figura que mostra uma barra curva em flexão no plano de seu eixo geométrico.

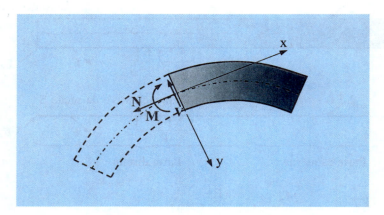

Figura 2.11 – Esforços seccionais em barra curva no plano xy.

Nesta *Estática*, por se tratar de uma teoria de primeira ordem, os esforços seccionais são determinados nas configurações não deformadas das estruturas, embora esses esforços só se desenvolvam nas configurações deformadas (que dependem de propriedades dos materiais constituintes da estrutura). Assim, o momento fletor e o esforço cortante representados anteriormente são associados à flexão da barra no plano xy, o que é denominado *caso plano de flexão*. Já em comportamento de barra no espaço tridimensional, pode ocorrer flexão em cada um dos planos xy e xz. E como mostra a próxima figura, além do esforço normal **N** e do momento de torção **T**, têm-se os esforços cortantes V_y e V_z segundo os eixos y e z, respectivamente, e os momentos fletores M_y e M_z de vetores representativos segundo esses mesmos eixos. Assim, os esforços seccionais são em número de seis, que é o mesmo número de componentes de deslocamento que uma seção transversal pode ter. Os esforços V_y e M_z são associados à flexão da barra no plano xy, e os esforços V_z e M_y, à flexão no plano xz.

Naturalmente, os esforços seccionais constituem uma abstração de cálculo, uma vez que a ação através de uma seção transversal de barra (suposta como meio contínuo) deve ser em forma de força por unidade de área. Contudo, é prático determinar esses esforços para posterior distribuição na seção, em obtenção de força distribuída por unidade de área, que recebe o nome de *tensão*. Essa distribuição é estudada na disciplina *Resistência dos Materiais* com base na hipótese da seção plana e na deformação da barra associada a cada um dos esforços seccionais. Isso é ilustrado na Figura 2.13 onde estão representados pequenos trechos de barra reta sob a ação isolada de cada um desses esforços e as correspondentes tensões.[13]

---

[13] Valores máximos de tensão em barra são comparados com valores limites do(s) material(ais) constituinte(s) da barra e que são determinados experimentalmente, em verificação do dimensionamento da barra.

Capítulo 2 – Noções preliminares de estruturas em barras

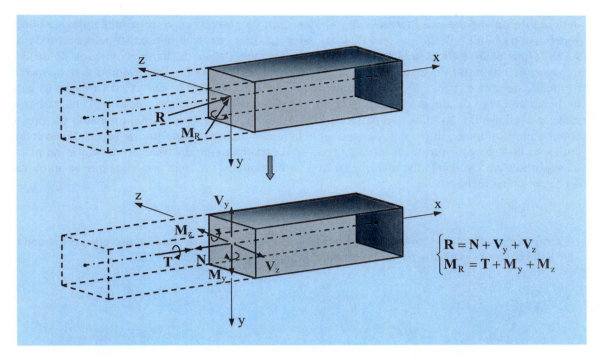

Figura 2.12 – Esforços seccionais de barra reta no espaço tridimensional.

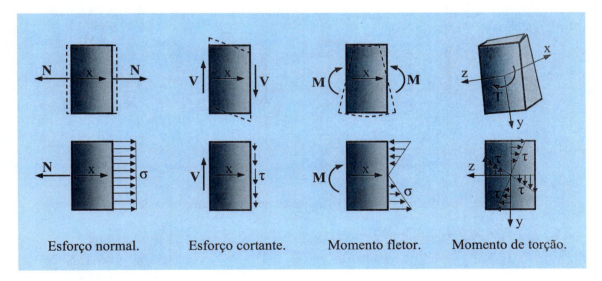

Figura 2.13 – Deformações e tensões associadas aos esforços seccionais.

O esforço normal está associado ao afastamento ou à aproximação de duas seções transversais adjacentes, conforme o correspondente vetor representativo esteja, respectivamente, "saindo" (em tração) ou "entrando" (em compressão) na seção transversal. Assim, esse esforço é a resultante de tensão uniforme e perpendicular à seção (*tensão normal*, de notação σ). O esforço cortante está associado à concepção (simplista) de deslocamento de uma seção transversal, em seu próprio plano e em relação à seção que lhe é adjacente. Esse esforço é a resultante de distribuição de tensão no plano da seção (*tensão de cisalhamento*, de notação τ), com valores nulos na borda superior e na borda inferior da seção e com valor máximo em linha que passa pelo centróide da seção. Quanto ao esforço momento fletor, este provoca flexão da barra, com giro de seções transversais em torno de eixos perpendiculares ao plano de flexão. Este esforço é o momento resultante de uma distribuição de tensão perpendicular à seção (tensão normal, de notação σ) e de lei linear ao longo da altura, com compressão máxima na borda superior, tração máxima na borda inferior e valor nulo em linha que passa pelo centróide da seção. Já o esforço momento de torção, como o próprio nome indica, é o responsável pela torção da barra, com giro de seções transversais em torno do eixo geométrico da mesma. Trata-se da resultante de distribuição de tensão no plano da seção (tensão cisalhante, de notação τ), com valores que se reduzem à medida que se aproxima do centróide da seção.

Exemplo 2.1 – Determinam-se as reações de apoio e os esforços na seção transversal S indicada na estrutura esquematizada na parte esquerda da figura seguinte.

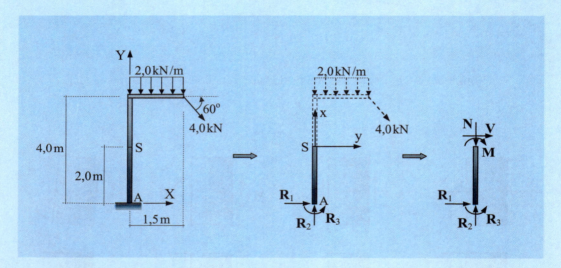

Figura E2.1 – Pórtico plano engastado na base.

Em determinação das reações de apoio indicadas na parte intermediária da figura, escreve-se:

$$\begin{cases} \sum F_X = R_1 + 4\cos 60° = 0 \\ \sum F_Y = R_2 - 2 \cdot 1,5 - 4\cos 30° = 0 \\ \sum M_A = R_3 - 4\cos 30° \cdot 1,5 - 4\cos 60° \cdot 4 - 2 \cdot \frac{1,5^2}{2} = 0 \end{cases} \rightarrow \begin{cases} R_1 = -2,0\,\text{kN} \\ R_2 \cong -6,4641\,\text{kN} \\ R_3 \cong 15,446\,\text{kN}\cdot\text{m} \end{cases}$$

O sinal negativo de R_1 expressa que a reação horizontal tem sentido contrário ao indicado.

Na mesma figura está representado em tracejado o trecho da estrutura cujas forças podem ser reduzidas a uma força resultante e a um momento resultante, aplicados no centróide da seção S, para então, decompor essas resultantes no referencial xy indicado. Contudo, neste caso, é mais simples calcular diretamente esses componentes, como a seguir:

$$N = 2 \cdot 1{,}5 + 4\cos 30° \quad \rightarrow \quad \boxed{N = (3 + 2\sqrt{3}) \cong 6{,}4641\,\text{kN}}$$

$$V = 4\cos 60° \quad \rightarrow \quad \boxed{V = 2{,}0\,\text{kN}}$$

$$M = (2 \cdot 1{,}5)\frac{1{,}5}{2} + 4\cos 30° \cdot 1{,}5 + 4\cos 60° \cdot 2 \quad \rightarrow \quad \boxed{M = (6{,}25 + 3\sqrt{3}) \cong 11{,}446\,\text{kN}\cdot\text{m}}$$

Estes esforços estão indicados na parte direita da figura anterior.

Exemplo 2.2 – Obtêm-se os esforços seccionais na seção S indicada no arco de raio r representado na parte superior da próxima figura.

No caso, é mais prático iniciar com a redução da força **P** ao centróide da seção S:

$$\begin{cases} R = P \\ M_R = P\,r\cos 60° = P\,r/2 \end{cases}$$

Faz-se, agora, a decomposição desses esforços segundo os eixos x e y indicados:

$$\begin{cases} N = R\cos 60° = P\cos 60° \\ V = R\cos 30° = P\cos 30° \\ M = M_R \end{cases} \quad \rightarrow \quad \boxed{\begin{cases} N = P/2 = 0{,}5P \\ V = P\sqrt{3}/2 \cong 0{,}866\,03\,P \\ M = P\,r/2 = 0{,}5\,P\,r \end{cases}}$$

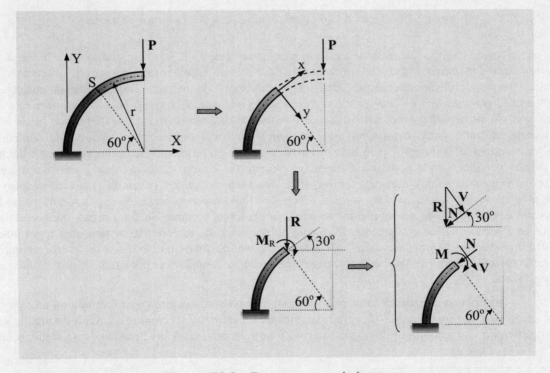

Figura E2.2 – Barra curva em balanço.

Os dois exemplos anteriores foram apresentados como ilustração inicial da determinação de reações de apoio e de esforços seccionais. Posteriormente essa determinação será intensivamente exercitada.

Pelo fato dos esforços seccionais serem grandezas vetoriais, têm intensidade, direção e sentido. A intensidade é expressa por um número positivo, a direção é caracterizada pelo tipo do esforço (normal **N**, cortante V_y ou V_z, momento fletor M_y ou M_z, ou momento de torção **T**), e o sentido atende a uma convenção de sinais. Para isso, têm-se a *convenção clássica* apresentada na figura que se segue e a *convenção dependente de um referencial* descrita na Seção 4.8.

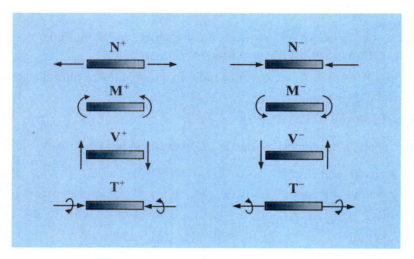

Figura 2.14 – Convenção clássica dos sinais dos esforços seccionais.

Na convenção clássica, *o esforço normal de tração é positivo e o esforço normal de compressão é negativo*. Quanto ao momento fletor, é preciso escolher uma posição de observação da barra, para a definição dos lados "superior" e "inferior" da mesma. Escolhida essa posição, *o momento fletor positivo é o que provoca flexão com concavidade voltada para o lado superior e o momento fletor negativo é o contrário*. Isto é, *o momento fletor positivo é o que "entrando" pelo lado esquerdo de uma seção transversal gira no sentido horário e é negativo, em sentido contrário*. Alternativamente, "entrando" pelo lado direito dessa seção, o momento fletor no sentido anti-horário é positivo, e em sentido contrário é negativo. *Quanto ao esforço cortante, este é positivo quando "provoca giro no sentido horário", ou o que dá no mesmo, quando "entrando" pelo lado esquerdo de uma seção, for de baixo para cima, e é negativo, em caso contrário*. As aspas foram utilizadas porque o giro refere-se ao momento associado ao esforço cortante de uma seção transversal em relação à seção que lhe é adjacente. Já quanto ao momento de torção, não se tem uma regra única. *Neste livro, optou-se por considerar esse momento como positivo quando o seu vetor representativo tiver o sentido "de entrar" na seção transversal e negativo quando tiver o sentido "de sair" da seção transversal*.

Observa-se que, nesta convenção, o sinal independe do esforço agir à direita ou à esquerda da seção de corte imaginário.[14] E vale ressaltar que os esforços seccionais resultam de idealização simplificadora de resultantes de forças internas intermoleculares. A justificativa dessa idealização é

---

[14] Em casos de descontinuidade de esforço seccional, por haver valores diferentes à esquerda e à direita da seção, o esforço pode ter sinais distintos como será exemplificado posteriormente.

Capítulo 2 – Noções preliminares de estruturas em barras

que com esses esforços é possível descrever de forma simples o comportamento macroscópico das barras, de maneira a obter resultados de análise que podem ser comprovados experimentalmente com boa acurácia. Outra grande vantagem é que, com essa idealização, qualquer barra (ou parte de uma barra) pode ser isolada das demais de uma estrutura, desde que em suas seções transversais extremas sejam aplicados os correspondentes esforços seccionais e ao longo da barra (ou parte da barra) sejam mantidas as ações externas. De forma inversa, o comportamento de uma estrutura em barras pode ser determinado através da combinação dos comportamentos de suas diversas barras.

Nas Figuras 2.10 e 2.11, os esforços seccionais foram representados nos sentidos positivos da convenção clássica. Já na Figura E2.2 do último exemplo, o esforço normal é negativo e o esforço cortante é positivo, além do que, com o lado da concavidade do arco considerado como o lado inferior, o momento fletor é negativo. O mesmo ocorre com os esforços seccionais calculados no Exemplo E2.1, com a consideração do lado direito da barra vertical como o lado inferior.

O objetivo desta seção foi apresentar os esforços seccionais juntamente com a correspondente convenção clássica. A prática na determinação desses esforços será desenvolvida nos capítulos subsequentes, dedicados separadamente a um determinado modelo de estrutura constituída de barras, de acordo com a classificação apresentada na próxima seção.

2.6 – Classificação das estruturas em barras quanto à geometria e aos esforços seccionais

As estruturas constituídas de barras podem ser classificadas sob diversos aspectos, como quanto: à geometria e aos esforços seccionais desenvolvidos, ao equilíbrio, ao material utilizado, à finalidade e ao processo de fabricação. A seguir, apresenta-se classificação quanto à geometria e aos esforços seccionais (por ser conveniente ao estudo das estruturas em barras) e, na próxima seção, será apresentada classificação quanto ao equilíbrio (fundamental para delimitar a *Estática das Estruturas*).

Quanto à geometria e aos esforços seccionais, as estruturas em barras são classificadas em:[15]

$$\begin{cases} \text{viga} \\ \text{pórtico} \begin{cases} \text{plano} \\ \text{espacial} \end{cases} \\ \text{grelha} \\ \text{treliça} \begin{cases} \text{plana} \\ \text{espacial} \end{cases} \\ \text{mista com arcos, escoras, membranas, cabos e/ou tirantes} \end{cases}$$

A viga é constituída de barra(s) disposta(s) em uma linha reta horizontal, sob ações que a solicita usualmente em plano vertical, de maneira que esta desenvolva momento fletor de vetor representativo normal a esse plano, esforço cortante vertical e, eventualmente, esforço normal. Embora não seja usual, alternativamente uma viga pode ter comportamento em plano horizontal. Vigas serão estudadas no próximo capítulo e a próxima figura mostra as denominadas *viga biapoiada* e *viga em balanço*.

---

[15] É oportuno realçar que se trata de modelos de estruturas, por serem idealizações que guardam aproximações em relação às estruturas reais. Contudo, de forma coloquial, diz-se que são "estruturas".

Estática das Estruturas – H. L. Soriano

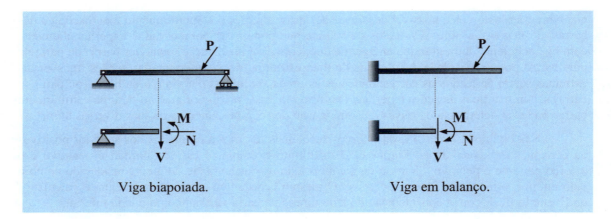

Figura 2.15 – Vigas e seus esforços seccionais.

A primeira investigação analítica da força que fratura uma viga em balanço foi apresentada por *Galileo Galilei*, em 1638, na obra *Duas Novas Ciências*, com a ilustração mostrada na parte esquerda da próxima figura. No caso, o momento fletor máximo ocorre na extremidade engastada, com tração na parte superior e compressão na parte inferior, da seção transversal. Contudo, *Galileo* admitiu inadvertidamente que houvesse distribuição uniforme de tensão de tração na seção e não uma distribuição linear de tensão normal que tivesse como resultante o momento fletor, como esquematizado na parte direita da mesma figura.[16]

 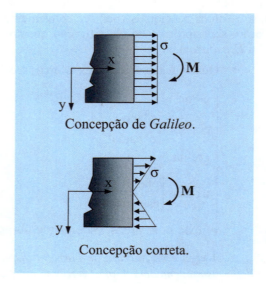

Figura 2.16 – Ilustração de *Galileo* de flexão de viga e concepções de distribuições de tensão.

O pórtico plano é constituído de barras retas ou curvas situadas em um plano usualmente vertical, sob ações que o solicita nesse plano, de maneira que tenha apenas esforço normal, esforço

---

[16] Na disciplina *Resistência dos Materiais* mostra-se que, com a hipótese da seção plana, ocorre distribuição linear entre a máxima tração e a mínima tração, o que foi identificado por *Antoine Parent* (1666–1716), em 1713.

cortante de vetor representativo nesse plano e momento fletor de vetor representativo normal a esse plano, como ilustra a parte esquerda da próxima figura. *Em pórtico espacial, as barras podem ter posições arbitrárias e ser submetidas a quaisquer dos seis esforços seccionais*, como mostra a parte direita da mesma figura. Os pórticos serão estudados no quarto capítulo e a próxima foto mostra um pórtico espacial metálico em construção.

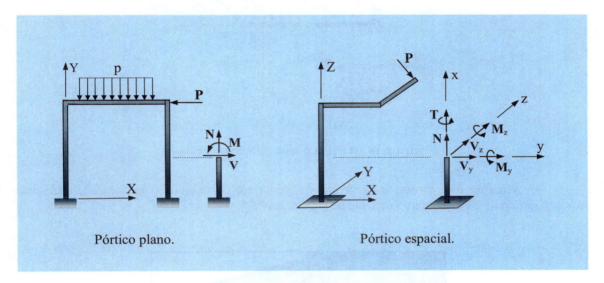

Figura 2.17 – Pórticos e seus esforços seccionais.

Foto 2.6 – Pórtico espacial metálico.

A grelha é constituída de barras retas ou curvas situadas em um plano usualmente horizontal, sob ações externas que as solicitam de maneira que tenham apenas momento de torção, momento fletor de vetor representativo nesse plano e esforço cortante normal a esse plano, como ilustra a próxima figura. No caso, as forças **P** e p são transversais ao plano XY da grelha e M_1 é um momento externo de vetor representativo nesse plano. As grelhas serão estudadas no quinto capítulo.

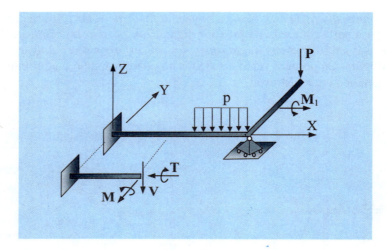

Figura 2.18 – Grelha e seus esforços seccionais.

A próxima foto mostra uma grelha em concreto, da cobertura do acesso ao *Hospital Metropolitano de Emergências* da cidade de Belém, no Pará.[17]

Foto 2.7 – Grelha em concreto.

A treliça é formada por barras retas rotuladas nas extremidades e com forças externas aplicadas apenas nas rótulas, de maneira a se ter apenas esforço normal, de tração ou de compressão. Pode ser plana ou espacial, conforme as barras e forças externas estejam em um mesmo plano ou não, como ilustra a próxima figura em que as rótulas estão representadas por pequenos círculos.[18] As treliças serão estudadas no sexto capítulo.

---

[17] Fonte: SF Engenharia Ltda, www.sfengenharia.com.br.

[18] Forças externas em barras birotuladas são transformadas em forças nodais, e os resultados da análise da treliça como um todo podem então ser adicionados aos resultados individuais das barras sob forças externas, como está ilustrado na Figura 6.2 do sexto capítulo.

Capítulo 2 – Noções preliminares de estruturas em barras

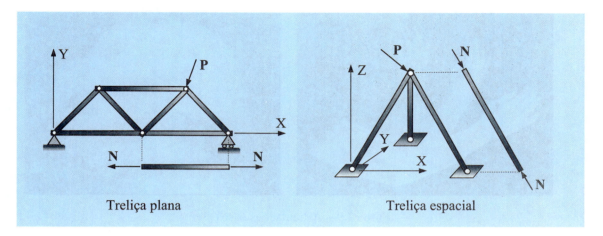

Figura 2.19 – Treliças e o esforço normal em uma de suas barras.

As próximas fotos mostram duas torres metálicas em construção, que foram idealizadas como treliças espaciais.[19]

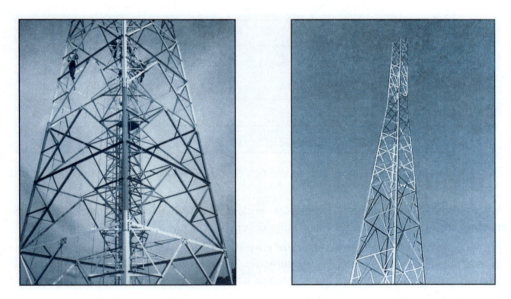

Fotos 2.8 – Torres metálicas.

Em caso de treliça plana, as rótulas permitem rotações apenas no plano da treliça, de modo semelhante à articulação óssea de um cotovelo, como ilustra a primeira das Fotos 2.9. Já em treliça espacial, as rótulas são idealizadas esféricas, de maneira a permitir rotações em torno de três eixos perpendiculares entre si, semelhantemente à estrutura óssea do pescoço humano mostrada na segunda das Fotos 2.9.[20]

---

[19] Fonte: Eng° Ruy Pereira Paula, www.prosystem.com.br.
[20] Fonte: Drechsler Werner.

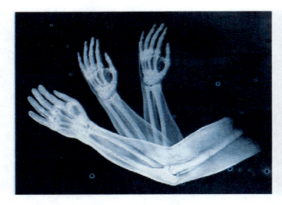 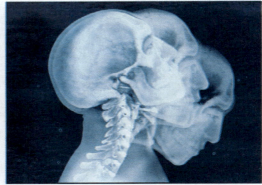

Fotos 2.9 – Articulações ósseas.

A próxima tabela discrimina os esforços seccionais que ocorrem em cada um dos modelos de estruturas definidos anteriormente. As treliças costumam ser referidas como *estruturas reticuladas de nós rotulados* e os pórticos e as grelhas, *estruturas reticuladas de nós rígidos*.

Modelos	Esforços seccionais
Viga	M, V e N
Pórtico plano	M, V e N
Pórtico espacial	N, V_y, V_z, M_y, M_z e T
Grelha	V, M e T
Treliças plana e espacial	N

Tabela 2.5 – Esforços seccionais dos diversos modelos de estruturas em barras.

Arcos, escoras, cabos e tirantes podem ser utilizados isoladamente ou inseridos em estruturas qualificadas como mistas e estão descritos a seguir.

O arco é um componente estrutural curvo, com concavidade voltada para baixo, em que se tem preponderância do esforço normal de compressão frente ao momento fletor. É utilizado com o objetivo de favorecer o uso de materiais de pouca resistência à tração e/ou de buscar formas arquitetônicas estéticas.[21] Arcos têm sido usados desde tempos idos, como pelos antigos romanos que construíram pontes e aquedutos com blocos de pedra. Isto porque não se dispunham de materiais construtivos resistentes à tração, se buscava a durabilidade da obra e havia ampla disponibilidade de trabalho escravo. Esse é o caso da *Ponte de Alcântara* sobre o *Rio Tagus*, Espanha, construído no ano de 118 d.C, cujo *Arco do Triunfo* existente sobre a mesma é mostrado na próxima foto.[22] Importa observar que as pedras que compõem o arco foram colocadas de maneira a exercer compressão entre si, com obtenção de estabilidade quando da colocação da *pedra de fecho*, em efeito de cunha, como ilustra a Figura 2.20.

---

[21] As barras curvas isostáticas serão estudadas na Seção 4.6 e os arcos trirotulados, na Seção 4.7.

[22] Fonte: Dr. Bernd Nedel, www.bernd-nedel.de/bruecken/index.html.

Capítulo 2 – Noções preliminares de estruturas em barras

Foto 2.10 – Arco do Triunfo da *Ponte de Alcântara*, Espanha.

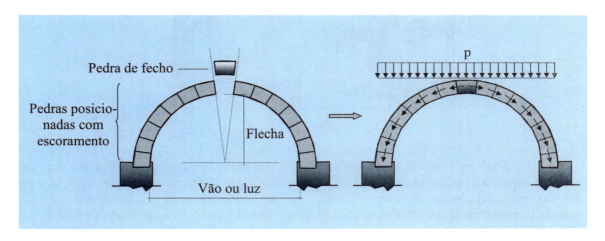

Figura 2.20 – Arco semicircular.

Arcos costumam ser utilizados em monumentos (devido ao belo efeito estético que proporcionam), como segmentos transversais de túneis e galerias, em estruturas de cobertura e em pontes, como ilustram os esquemas mostrados na próxima figura. Em pontes, o peso do tabuleiro, dos veículos e das pessoas é transmitido ao arco como forças concentradas através de *montantes* (em caso de arco inferior) ou através de *pendurais* (em caso de arco superior). Um exemplo de destaque é a *Ponte de Gladesvile*, Sydney, Austrália, mostrada na próxima foto e que tem 488 m de comprimento e 305 m de vão (o maior em concreto armado), inaugurada em 1964.[23]

A escora é uma barra sob compressão simples, muito utilizada principalmente em construção de estrutura até que esta seja capaz de transmitir esforços por conta própria.

---

[23] Fonte: Robert Cortright, www.bridgeink.com.

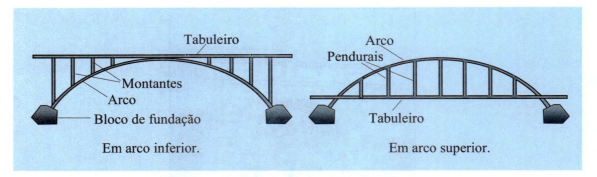

Figura 2.21 – Esquemas de pontes com arco.

Foto 2.11 – *Ponte de Gladesvile*, Austrália.

O cabo é um componente unidimensional de rigidez a flexão desprezível frente à rigidez axial, de maneira a resistir apenas a esforço de tração e a assumir forma em função das forças que lhe são aplicadas. Assim, de acordo com o que será apresentado no sétimo capítulo, o cabo, quando suspenso pelas extremidades e sob forças concentradas, apresenta forma poligonal; sob peso próprio toma a forma de *catenária*; e sob força vertical uniformemente distribuída na horizontal assume *forma parabólica*, como ilustra a próxima figura. Quando o cabo é tracionado em forma retilínea, o cabo recebe o nome de *tirante* ou *estai*.

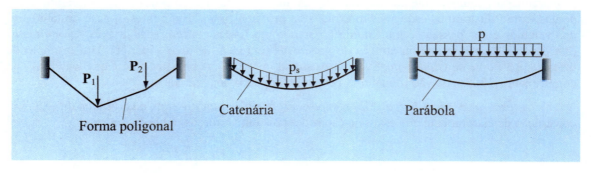

Figura 2.22 – Cabos suspensos pelas extremidades.

Capítulo 2 – Noções preliminares de estruturas em barras

Os cabos costumam ser parte de estruturas de peso próprio reduzido, com o objetivo de se obter um conjunto que suporte ações elevadas. Na função de tirantes, são utilizados em *torres estaiadas*, como mostrado nas próximas fotos, para que esta possa alcançar grandes alturas, devido ao contraventamento introduzido pelos tirantes.[24]

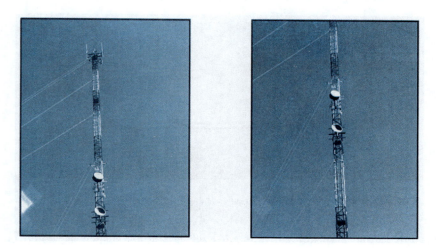

Fotos 2.12 – Torre estaiada.

Tirantes são também utilizados em *pontes estaiadas* que, usualmente, têm torres altas que se equilibram ao sustentarem parte do tabuleiro em cada um de seus lados, como ilustra a próxima figura. E dado ao pequeno afastamento dos pontos de fixação dos estais no tabuleiro, o efeito de flexão deste é pequeno, o que permite que este tenha pequena altura em relação ao vão, embora sob grande compressão devido à inclinação dos estais. Essa concepção de ponte costuma ser adotada para vencer vãos de 150 a 600 m.[25]

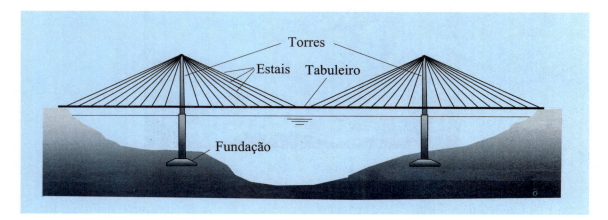

Figura 2.23 – Esquema de ponte estaiada com estais dispostos em leque.

---

[24] Fonte: Engº Ruy Pereira Paula, www.prosystem.com.br.
[25] A ponte estaiada de maior vão livre, 1 104 m, está situada sobre o Bósforo Oriental, ligando a Ilha de Russky ao continente, na Rússia.

A próxima foto mostra a ponte estaiada situada sobre o *Rio Paranaíba*, na divisa MG-MS, que tem 662,7 m de comprimento e 350 m de vão central suspenso por estais a partir de duas torres de 100 m de altura.[26] Este é o maior vão livre em concreto protendido da América do Sul.

Foto 2.13 – Ponte estaiada sobre o *Rio Paranaíba*, na divisa MG-MS.

Cabos em forma abaulada são utilizados em estruturas suspensas, como em teleféricos, passarelas, pontes pênseis e estruturas tensotracionadas do tipo tendas, que estão exemplificadas a seguir. A foto seguinte ilustra o caso do teleférico que é um sistema de transporte de pessoas ou carga em cabines suspensas em cabos. Trata-se do *Bondinho do Pão de Açúcar*, que funciona em rota de 1 400 m entre os picos Babilônia e Urca, no Rio de Janeiro.[27]

Foto 2.14 – *Bondinho do Pão de Açúcar*, Rio de Janeiro.

A foto seguinte ilustra caso de passarela suspensa. Trata-se de construção indígena, feita de cordas de fibras naturais, situada sobre o *Rio Apurimac*, Peru.[28]

---

[26] Fonte: Prof. Bernardo Golebiowski, noronha@noronha.com.
[27] Fonte: Custódio Coimbra.
[28] Fonte: Robert Cortright, www.bridgeink.com.

Capítulo 2 – Noções preliminares de estruturas em barras

Foto 2.15 – Passarela suspensa, Peru.

As pontes pênseis costumam ter duas torres que sustentam cabos principais, nos quais são fixados pendurais que suportam verticalmente o deque ou tabuleiro com suave curvatura voltada para baixo. Cada torre é equilibrada em um dos lados pelos esforços dos cabos principais em forma parabólica e no outro lado pelos esforços dos cabos que costumam passar por um desviador e ser ancorados em blocos de fundação, como ilustra a próxima figura. Essa concepção de ponte é adotada para vencer vãos excepcionais (de 600 m a 2 100 m), embora seja muito suscetível às vibrações causadas por ventos fortes.[29]

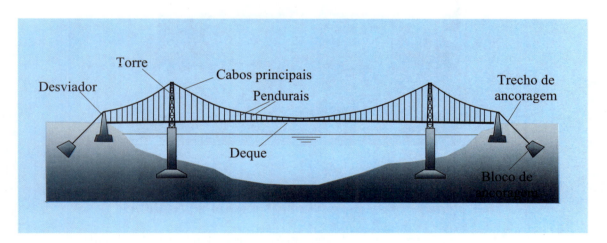

Figura 2.24 – Esquema de ponte pênsil.

A próxima foto mostra a *Ponte Akashi Kaikyo*, entre as ilhas de Honshu e Awaji, no Japão. Tem 3 909 m de comprimento, 1 991 m de vão principal (o maior do mundo até a sua inauguração em 1998), 71 m de altura de deque e 282,8 m de altura de torres, situada sobre mar extremamente movimentado, em região sujeita a tufões.

---

[29] O Exemplo 7.10 trata de análise em comportamento estático dos cabos principais de uma ponte pênsil e o Exemplo 7.15, de análise e dimensionamento desses cabos.

Foto 2.16 – *Ponte Akashi Kaikyo*, Japão.

A foto seguinte mostra uma vista do estádio do *Parque Olímpico de Munique*, Alemanha, de 75 000 m² de área coberta em estruturas tensotracionadas constituídas de membranas sustentadas por mastros e redes de cabos, inaugurado por ocasião das Olimpíadas de 1972.[30]

Foto 2.17 – Estádio do *Parque Olímpico de Munique*, Alemanha.

2.7 – Classificação das estruturas em barras quanto ao equilíbrio

Equilíbrio associado à condição de repouso é o conceito fundamental da Estática.[31] Contudo, esse conceito admite as quatro condições ilustradas na próxima figura. Trata-se de uma esfera em equilíbrio sob a ação da gravidade, que é afastada da posição inicial representada em linha tracejada. Na primeira dessas condições, a esfera retorna a essa posição, em caracterização de *equilíbrio estável*. Na segunda, a esfera repousa na posição para a qual seja deslocada, em *equilíbrio indiferente*. Quanto à terceira dessas condições, qualquer pequena perturbação lateral imposta à esfera a faz se afastar cada vez mais de sua posição inicial, o que significa que o equilíbrio é *instável*. Já quanto a ultima dessas condições, a esfera tem equilíbrio instável na posição inicial, mas adquire equilíbrio

---

[30] Fonte: www.muenchen.citysam.de/olympiapark-muenchen-bilder.htm.

[31] Em latim, a palavra *aequilibrium* ou *equilibrium* tem o significado de pesos iguais.

estável em posição próxima à inicial, em caracterização de *configuração inicial crítica*. Esses conceitos de equilíbrio estendem-se a estruturas.

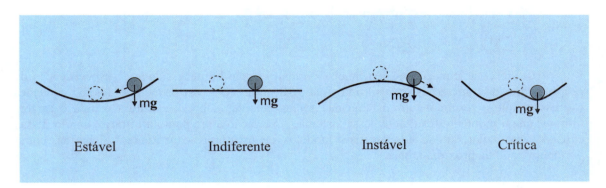

Figura 2.25 – Condições de equilíbrio de uma esfera.

Na forma clássica, a *Estática das Estruturas* trata apenas estruturas (constituídas de barras) estáveis em suas configurações iniciais e em cujas análises sejam suficientes as equações de equilíbrio da estática.[32]

Nesse contexto, as estruturas constituídas de barras são classificadas em:

$\begin{cases} \text{hipostáticas} \\ \text{isostáticas} \\ \text{hiperestáticas} \end{cases}$

Uma estrutura em barras é *hipostática* quando os vínculos internos (continuidades físicas que permitem a transmissão de esforços de ligação entre os seus componentes) e/ou os vínculos externos (continuidades físicas que motivam forças reativas do meio exterior) são insuficientes para o equilíbrio estático da mesma ou de suas partes, na configuração inicial, sob ações externas arbitrárias. Consequentemente podem ocorrer deslocamentos de corpo rígido da estrutura e/ou deslocamentos relativos entre suas partes. Assim, uma estrutura hipostática sob forças auto-equilibradas fica em equilíbrio indiferente e essa mesma estrutura sob forças quaisquer é instável, como um mecanismo, ou atinge equilíbrio em uma configuração deformada, em caracterização de configuração inicial crítica. Já uma estrutura é *isostática* quando os referidos vínculos são estritamente os necessários para manter equilíbrio estável. É *hiperestática* quando esses vínculos são superabundantes a esse equilíbrio.

As estruturas isostáticas são ditas *estaticamente determinadas* e as estruturas hiperestáticas são chamadas de *estaticamente indeterminadas*, porque as equações da *Estática* não são suficientes à determinação de seus esforços reativos e/ou seccionais.[33]

---

[32] Essa condição pode não ser suficiente para a estabilidade. Um exemplo simples ocorre quando se comprime longitudinalmente uma régua flexível. Com uma pequena força compressiva, a régua permanece retilínea, mas com o aumentar dessa força, ao se atingir determinado valor crítico, a régua se encurva subitamente em fenômeno de instabilidade denominado *flambagem*. O estudo da estabilidade de equilíbrio é muito amplo, sendo iniciado na disciplina *Resistência dos Materiais*.

[33] Em análise de estrutura hiperestática, é necessário levar em conta a deformação da mesma, embora se considere o equilíbrio na configuração inicial, em teoria de pequenos deslocamentos.

Estática das Estruturas – **H. L. Soriano**

Importa, pois, a identificação das estruturas quanto ao equilíbrio, para o prosseguimento dessa *Estática*. Nessa identificação, faz-se uso das equações de equilíbrio que foram apresentadas na Seção 1.8 e que se escrevem:

$$\begin{cases} \sum F_X = 0 \quad , \quad \sum F_Y = 0 \quad , \quad \sum F_Z = 0 \\ \sum M_X = 0 \quad , \quad \sum M_Y = 0 \quad , \quad \sum M_Z = 0 \end{cases} \tag{2.1}$$

Como essas equações são suficientes à análise, não há necessidade de especificação de propriedades dos materiais constituintes da estrutura. As três primeiras dessas equações expressam que a resultante do sistema das forças atuantes sobre a estrutura é nula e as três últimas, que o momento resultante desse sistema, em relação a um ponto arbitrário, é nulo. Essas equações particularizam-se aos diversos modelos de estruturas constituídas de barras, como pormenorizado na próxima tabela.

Modelo	Equações básicas	Equações alternativas
Viga sem esforço normal, no plano XY	$\Sigma F_Y=0$, $\Sigma M_A=0$, onde A é um ponto do plano XY.	$\Sigma M_A=0$, $\Sigma M_B=0$, com $\overline{AB}$ não paralelo ao eixo Y.
Viga com esforço normal, treliça plana e pórtico plano, no plano XY	$\Sigma F_X=0$, $\Sigma F_Y=0$, $\Sigma M_A=0$, onde A é um ponto do plano XY	$\Sigma F_X=0$, $\Sigma M_A=0$, $\Sigma M_B=0$, com $\overline{AB}$ não paralelo ao eixo Y. $\Sigma M_A=0$, $\Sigma M_B=0$, $\Sigma M_C=0$, onde A, B e C são pontos do plano XY e não colineares.
Grelha no plano XY	$\Sigma F_Z=0$, $\Sigma M_X=0$, $\Sigma M_Y=0$	$\Sigma M_X=0$, $\Sigma M_Y=0$, $\Sigma M_W=0$, onde W é um eixo no plano XY mas não coincidente com X e Y.
Treliça e pórtico espaciais	$\Sigma F_X=0$, $\Sigma F_Y=0$, $\Sigma F_Z=0$, $\Sigma M_X=0$, $\Sigma M_Y=0$, $\Sigma M_Z=0$	$\Sigma M_X=0$, $\Sigma M_Y=0$, $\Sigma M_Z=0$, mais 3 equações de momento nulo em relação a eixos não coincidentes com X, Y e Z, e não coplanares.

Tabela 2.6 – Equações de equilíbrio estático das estruturas.

As equações de equilíbrio são utilizadas em determinação das reações de apoio, que é a primeira etapa de análise de uma estrutura por procedimento manual e que tem a seguinte marcha:

– Substituição dos apoios pelas correspondentes reações com sentidos arbitrados, em construção de um diagrama de corpo livre da estrutura;

Capítulo 2 – Noções preliminares de estruturas em barras

– Escrita das equações de equilíbrio;

– Resolução do sistema de equações resultante;

– Inversão dos sentidos das reações obtidas com sinais negativos.

A escolha do pólo para a equação de somatório nulo de momento, a ordem de aplicação das equações de equilíbrio e o sistema cartesiano adotado para essas equações é uma questão de conveniência. Em grande parte das vezes é possível escolher o pólo e uma ordem de equações de maneira a se obter, direta e sequencialmente, uma reação por equação, evitando-se a resolução simultânea de um sistema de equações.

Em caso de não haver solução única, a estrutura é hipostática. Isso sempre ocorre em caso do número de incógnitas ser menor do que o número de equações de equilíbrio linearmente independentes, sendo possível equilíbrio apenas em condições particulares de ações externas. Quando o número de equações do sistema é igual ao de reações de apoio e há solução única para qualquer que seja o conjunto de ações externas, trata-se de estrutura isostática (externamente). Já quando o número de reações de apoio é superior ao das equações de equilíbrio linearmente independentes, trata-se de estrutura hiperestática (externamente).[34]

Após a determinação das reações de apoio, faz-se a determinação dos esforços seccionais como será intensivamente detalhado nos próximos capítulos.

As ligações entre barras podem ser concebidas como:

– *Rígidas*, de maneira que transmitam todos os esforços seccionais do modelo de estrutura em questão;

– *Articuladas*, de forma a liberar deslocamentos relativos entre as extremidades dessas barras e anular os esforços seccionais associados a esses deslocamentos; e

– *Semirrígidas*, de maneira a permitir deslocamentos relativos entre essas extremidades com transmissão parcial dos correspondentes esforços seccionais.

Neste livro serão considerados apenas os dois primeiros tipos de ligações, que são os mais usuais, denominadas *nós rígidos* e *nós articulados*, respectivamente, e que conduzem a determinações das reações e dos esforços seccionais em uma única etapa de análise.

A articulação pode ser *externa* ou *interna* à estrutura. Diz-se *articulação externa* quando ocorre entre a estrutura e o meio exterior, em caracterização de condição de apoio como foi apresentado na Seção 2.4. Fala-se em *articulação interna quando ocorre entre barras,* de maneira a permitir deslocamento(s) entre as extremidades das barras incidentes na articulação.

Um caso particular de ligação articulada é a *rótula*, que é um mecanismo que libera a rotação de seção transversal de barra, de maneira que seja nulo o momento fletor no ponto representativo dessa seção. Este é o caso das ligações das barras de treliça (que são sempre supostas *birotuladas*) e das extremidades das barras inclinadas mostradas na próxima foto.[35]

Vale ressaltar, contudo, que na grande maioria das estruturas, a rótula não é constituída por um pino ou um parafuso (em que é que suposto não desenvolver atrito) como mostrado na referida foto. Em estrutura, a rótula é sempre a idealização de uma ligação projetada de maneira a ter reduzida capacidade de transmissão de momento. E faz-se essa idealização por simplicidade de cálculo, quando se antecipa que uma idealização mais realística conduziria a resultados pouco diferentes.

---

[34] Nesse caso, as reações podem ser determinadas com a consideração da deformação dos componentes da estrutura, o que é desenvolvido em disciplinas posteriores à *Estática das Estruturas*. Nos próximos três capítulos será exercitada a identificação das estruturas quanto ao equilíbrio estático.

[35] Fonte: Eng° Calixto Melo, www.rcmproj.com.br.

Foto 2.18 – Ligação rotulada.

A próxima figura ilustra a deformação de um pórtico plano com ligação rígida na extremidade esquerda da barra horizontal e ligação rotulada na extremidade direita dessa barra. Esse pórtico se deforma de maneira a manter o ângulo original de 90° entre os eixos das barras da ligação rígida identificada pela letra C, com transmissão total do momento fletor entre as extremidades dessas barras. E deforma-se com rotação relativa entre as extremidades das barras da ligação rotulada identificada pela letra D, com momento fletor nulo nessas extremidades.

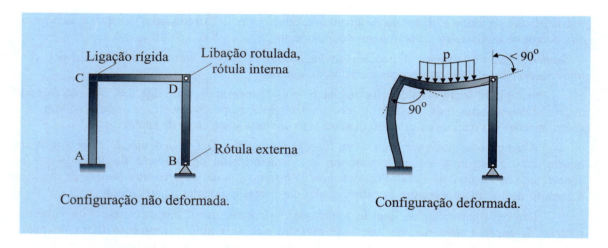

Figura 2.26 – Pórtico plano com ligação rígida e ligação rotulada.

Como o momento fletor em rótula é nulo, as rótulas internas implicam em equações de equilíbrio adicionais às equações de equilíbrio da estrutura como um todo. Este é o caso do primeiro dos pórticos da próxima figura, por exemplo, que tem as rótulas internas B, D e E.[36] A primeira dessas rótulas permite rotação da parte AFB da estrutura em relação à outra sua parte BGC. A rótula D permite rotação da barra AD em relação ao restante do pórtico e a rótula E permite rotação da barra EC em relação ao restante do pórtico. Assim, além das três equações que expressam o equilíbrio de todo o pórtico, têm-se mais três equações de equilíbrio independentes entre si, a saber:

---

[36] Nas rótulas D e E fez-se uso de "chapas de ligação" para evidenciar que essas rótulas são externas às barras inclinadas e nas extremidades das barras horizontais.

Capítulo 2 – Noções preliminares de estruturas em barras

$$\sum M_B^{AFB} = 0 \quad , \quad \sum M_D^{AD} = 0 \quad e \quad \sum M_E^{CE} = 0 \qquad (2.2)$$

onde o índice inferior indica o pólo em relação ao qual se calcula o momento e o índice superior refere-se ao trecho do pórtico para o qual se considera o equilíbrio de rotação.[37] Qualquer uma dessas três últimas equações pode ser substituída pela que considera o equilíbrio de rotação da parte complementar do pórtico. Assim, pode-se utilizar ($\Sigma M_B^{BGC}=0$) em lugar de ($\Sigma M_B^{AFB}=0$), mas não usar simultaneamente essas duas equações, a menos que se desconsidere a equação que expressa o equilíbrio de rotação de todo o pórtico em torno de um eixo arbitrário perpendicular ao plano XY. Logo, o pórtico em questão tem seis equações de equilíbrio independentes entre si, suficientes para determinação de suas seis reações de apoio, o que caracteriza estrutura isostática.[38]

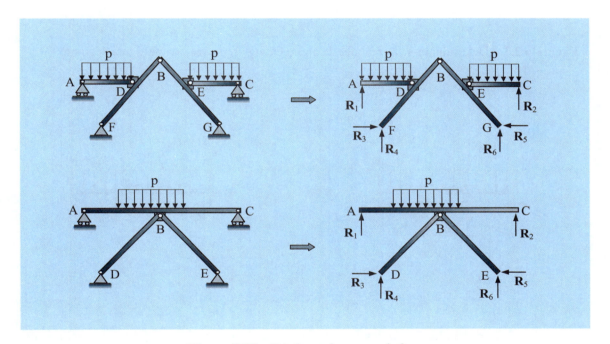

Figura 2.27 – Pórticos planos rotulados.

Já o segundo dos pórticos da figura anterior tem apenas uma rótula interna que se situa entre as extremidades superiores das barras inclinadas e externa às barras horizontais. Assim, além das 3 equações de equilíbrio do pórtico como um todo, têm-se mais duas equações de equilíbrio independentes, que se escrevem:

$$\sum M_B^{BD} = 0 \quad e \quad \sum M_B^{BE} = 0 \qquad (2.3)$$

ou $\quad \sum M_B^{BD} = 0 \quad e \quad \sum M_B^{AC} = 0 \qquad (2.4)$

ou $\quad \sum M_B^{BE} = 0 \quad e \quad \sum M_B^{AC} = 0 \qquad (2.5)$

---

[37] Omite-se o índice superior quando se tratar do equilíbrio de toda a estrutura.
[38] No quarto capítulo, essa identificação de equações de equilíbrio linearmente independentes será estendida ao caso de pórticos com regiões fechadas.

Logo, esse pórtico tem cinco equações de equilíbrio independentes entre si, o que é insuficiente em determinação de suas seis reações, o que caracteriza estrutura hiperestática.

Diz-se que os esforços superabundantes ao equilíbrio de uma estrutura em barras são *hiperestáticos* ou *redundantes estáticas* e que o número dessas redundantes é o *grau de indeterminação estática* ou *grau de hiperestaticidade*. Assim, o segundo dos pórticos da figura anterior tem o grau de indeterminação estática igual a 1.

Em resumo, uma estrutura é isostática quando com a retirada de um único de seus vínculos, externo ou interno, esta perde a condição de equilíbrio estável (na configuração não deformada) sob ações externas arbitrárias, isto é, se transforma em mecanismo. Já com a introdução de um ou mais vínculos, a estrutura continua estável, mas passa a ser hiperestática.

Exemplo 2.3 – Determinam-se as reações de apoio da viga representada na figura seguinte:[39]

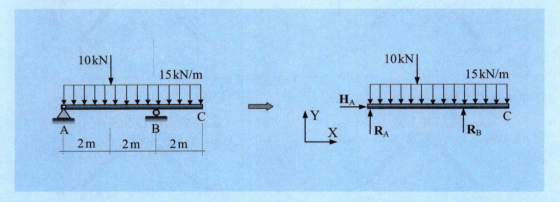

Figura E2.3 – Viga biapoiada com um balanço.

Na parte direita da figura anterior, estão indicadas as reações de apoio em diagrama de corpo livre. Os valores das reações são calculados sob a forma:

$$\begin{cases} \sum F_X = 0 \\ \sum M_A = 0 \\ \sum F_Y = 0 \end{cases} \rightarrow \begin{cases} H_A = 0 \\ R_B \cdot 4 - 10 \cdot 2 - (15 \cdot 6)3 = 0 \\ R_A + R_B - 10 - 15 \cdot 6 = 0 \end{cases} \rightarrow \boxed{\begin{cases} H_A = 0 \\ R_B = 72,5 \text{kN} \\ R_A = 27,5 \text{kN} \end{cases}}$$

Nos exemplos posteriores, faz-se abstração quanto à determinação de reação horizontal nula, por simplicidade. Após a obtenção dos valores das reações, é conveniente checá-los em pelo menos uma equação de equilíbrio adicional, como por exemplo:

$$\sum M_C = R_A \cdot 6 + R_B \cdot 2 - 10 \cdot 4 - 15 \cdot 6 \cdot 3 = 27,5 \cdot 6 + 72,5 \cdot 2 - 40 - 270 = 0$$

Este resultado nulo não confirma inequivocamente que os referidos valores estejam corretos, mas indica que provavelmente o estejam. Em verificações de equilíbrio, existe a possibilidade de que um erro compense outro erro e dê falsa ideia de resultado correto.

---

[39] Neste e em grande parte dos exemplos posteriores adota-se a notação **H** para designar reação horizontal.

Exemplo 2.4 – Idem para as reações de apoio da viga esquematizada na próxima figura.

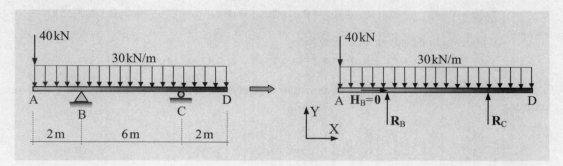

Figura E2.4 – Viga biapoiada com dois balanços.

Para as reações não nulas indicadas no diagrama de corpo livre mostrado na parte direita da figura anterior, escrevem-se as seguintes equações de equilíbrio e respectivas soluções:

$$\begin{cases} \sum M_C = 0 \\ \sum F_Y = 0 \end{cases} \rightarrow \begin{cases} R_B \cdot 6 - 40 \cdot 8 - (30 \cdot 8)4 + (30 \cdot 2)1 = 0 \\ R_B + R_C - 40 - 30 \cdot 10 = 0 \end{cases} \rightarrow \begin{cases} R_B \cong 203{,}33\,\text{kN} \\ R_C \cong 136{,}67\,\text{kN} \end{cases}$$

Em verificação dos resultados anteriores, faz-se:

$$\sum M_A = R_B \cdot 2 + R_C \cdot 8 - (30 \cdot 10)5 = 203{,}33 \cdot 2 + 136{,}67 \cdot 8 - 1500 = 0{,}02 \cong 0$$

Este resultado dá confiança de que as reações calculadas estejam corretas, uma vez que a pequena diferença em relação a zero se deve a aproximações numéricas.

Exemplo 2.5 – Idem para as reações de apoio da viga mostrada na figura abaixo.

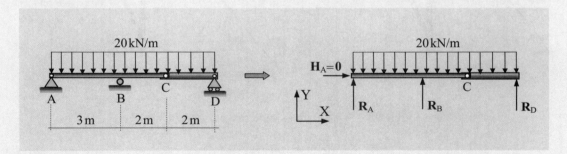

Figura E2.5 – Viga com rótula interna.

Esta viga tem uma rótula interna e consequentemente, uma equação de equilíbrio adicional de momento nulo. E como foi informado anteriormente, é útil identificar uma ordem de escrita das equações de equilíbrio que forneça direta e sequencialmente uma reação por equação. Assim, com as reações não nulas representadas no diagrama de corpo livre da figura anterior, escreve-se:

Estática das Estruturas – H. L. Soriano

$$\begin{cases} \sum M_C^{CD} = 0 \\ \sum M_A = 0 \\ \sum F_Y = 0 \end{cases} \rightarrow \begin{cases} R_D \cdot 2 - (20 \cdot 2)1 = 0 \\ R_B \cdot 3 + R_D \cdot 7 - (20 \cdot 7)\,3{,}5 = 0 \\ R_A + R_B + R_D - 20 \cdot 7 = 0 \end{cases} \rightarrow \begin{cases} R_D = 20{,}0\,\text{kN} \\ R_B \cong 116{,}67\,\text{kN} \\ R_A \cong 3{,}33\,\text{kN} \end{cases}$$

Em checagem dessas reações, faz-se:

$$\sum M_D = R_A \cdot 7 + R_B \cdot 4 - (20 \cdot 7)\,3{,}5 = 3{,}33 \cdot 7 + 116{,}67 \cdot 4 - 490 = -0{,}01 \cong 0 \quad \text{OK!}$$

As equações de equilíbrio podem ser escritas de diversas outras formas, como por exemplo:

$$\begin{cases} \sum M_C^{ABC} = 0 \\ \sum M_A = 0 \\ \sum F_Y = 0 \end{cases} \rightarrow \begin{cases} R_A \cdot 5 + R_B \cdot 2 - (20 \cdot 5) \cdot 2{,}5 = 0 \\ R_B \cdot 3 + R_D \cdot 7 - (20 \cdot 7)\,3{,}5 = 0 \\ R_A + R_B + R_D - 20 \cdot 7 = 0 \end{cases}$$

que é um sistema de resolução mais trabalhosa do que no caso anterior.

Exemplo 2.6 – Na próxima figura está esquematizado, de forma simplista, um guindaste que suporta uma carga bruta de 100kN com auxílio do tirante AC. A seguir, calculam-se as reações de apoio e o esforço no tirante. (Exemplo baseado em questão apresentada por Chamecki, 1956)

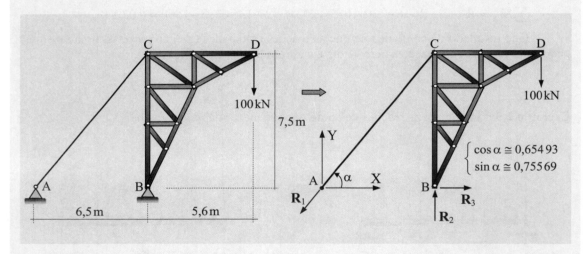

Figura E2.6 – Esquema simplificado de guindaste.

No apoio A, optou-se por representar a reação na direção do tirante, com a notação R_1, por se saber que o tirante trabalha sob tração. Logo, a partir do diagrama de corpo livre mostrado na parte direita da figura, escrevem-se as seguintes equações de equilíbrio e respectivas soluções:

$$\begin{cases} \sum M_B = 0 \\ \sum F_Y = 0 \\ \sum F_X = 0 \end{cases} \rightarrow \begin{cases} R_1 \sin\alpha \cdot 6{,}5 - 100 \cdot 5{,}6 = 0 \\ R_2 - R_1 \sin\alpha - 100 = 0 \\ R_3 - R_1 \cos\alpha = 0 \end{cases} \rightarrow \begin{cases} R_1 \cong 114{,}01\,\text{kN} \\ R_2 \cong 186{,}16\,\text{kN} \\ R_3 \cong 74{,}669\,\text{kN} \end{cases}$$

Capítulo 2 – Noções preliminares de estruturas em barras

Em verificação desses resultados, faz-se:

$$\sum M_D = R_1 \sin\alpha \cdot (6,5+5,6) - R_1 \cos\alpha \cdot 7,5 - R_2 \cdot 5,6 + R_3 \cdot 7,5 \cong -0,002\,5 \cong 0 \quad OK!$$

Também no presente caso, as equações de equilíbrio podem ser utilizadas de diversas outras formas, como, por exemplo:

$$\begin{cases} \sum M_A = 0 \\ \sum M_C = 0 \\ \sum F_X = 0 \end{cases} \rightarrow \begin{cases} R_2 \cdot 6,5 - 100(6,5+5,6) = 0 \\ R_3 \cdot 7,5 - 100 \cdot 5,6 = 0 \\ R_3 - R_1 \cos\alpha = 0 \end{cases} \rightarrow \begin{cases} R_2 \cong 186,15 \text{ kN} \\ R_3 \cong 74,667 \text{ kN} \\ R_1 \cong 114,01 \text{ kN} \end{cases}$$

As diferenças no quinto algarismo significativo devem-se a aproximações de cálculo.

Exemplo 2.7 – Na próxima figura, está esquematizada a estrutura de suporte de um reservatório cilíndrico de 150 kN de peso, apoiada nos pilares P_1, P_2 e P_3. Com a idealização em grelha de apoios rotulados e a consideração do citado peso no centróide da base do reservatório, como mostrado em perspectiva no diagrama de corpo livre na mesma figura, calculam-se as reações de apoio. (Exemplo baseado em questão apresentada por Chamecki, 1956).

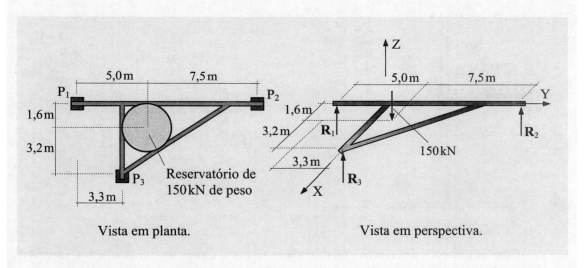

Figura E2.7 – Suporte de reservatório cilíndrico.

Para essa grelha, escrevem-se as seguintes equações de equilíbrio (escolhidas de forma a fornecer sequencialmente uma reação por equação) e respectivas soluções:

$$\begin{cases} \sum M_{Y|X=0} = 0 \\ \sum M_{X|Y=-3,3} = 0 \\ \sum F_Z = 0 \end{cases} \rightarrow \begin{cases} 150 \cdot 1,6 - R_3(3,2+1,6) = 0 \\ R_2(5+7,5) + R_3 \cdot 3,3 - 150 \cdot 5 = 0 \\ R_1 + R_2 + R_3 - 150 = 0 \end{cases} \rightarrow \begin{cases} R_3 = 50,0 \text{ kN} \\ R_2 = 46,8 \text{ kN} \\ R_1 = 53,2 \text{ kN} \end{cases}$$

A equação ($\sum F_Z = 0$) pode ser substituída por outra de somatório de momento nulo em relação a um eixo não coincidente com os anteriormente adotados, como por exemplo:

$$\sum M_{X|Y=0} = 0 \rightarrow 46,8(5+7,5-3,3) - 150(5-3,3) - R_1 \cdot 3,3 = 0 \rightarrow R_1 = 53,2 \text{ kN}$$

Este resultado confere o anteriormente obtido para a reação R_1.

Em verificação das reações calculadas, faz-se:

$$\sum M_{X|Y=5+7,5-3,3} = 150 \cdot 7,5 - R_3(5+7,5-3,3) - R_1(5+7,5)$$

$$\sum M_{X|Y=5+7,5-3,3} = 150 \cdot 7,5 - 50(5+7,5-3,3) - 53,2(5+7,5) = 0 \quad \text{OK!}$$

Este resultado indica resultados R_1 e R_3 corretos. Para confrontar simultaneamente as 3 reações de apoio, escreve-se:

$$\sum M_{Y|X=1,6} = R_1 \cdot 1,6 + R_2 \cdot 1,6 - R_3 \cdot 3,2 = 53,2 \cdot 1,6 + 46,8 \cdot 1,6 - 50 \cdot 3,2 = 0 \quad \text{OK!}$$

Exemplo 2.8 – Obtêm-se as reações de apoio da estrutura esquematizada na parte esquerda da figura abaixo.

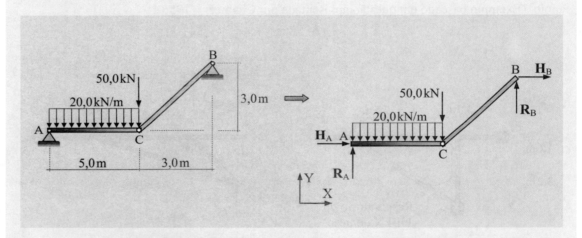

Figura E2.8 – Estrutura plana com rótula interna.

Com as notações das reações representadas na parte direita da figura anterior, escrevem-se as equações de equilíbrio (em ordem que fornece uma reação por equação) e as respectivas soluções:

$$\begin{cases} \sum M_A^{AC} = 0 \\ \sum M_B^{ACB} = 0 \\ \sum F_X = 0 \\ \sum F_Y = 0 \end{cases} \rightarrow \begin{cases} R_A \cdot 5 - 20 \cdot 5 \cdot 2,5 = 0 \\ R_A \cdot 8 - H_A \cdot 3 - 20 \cdot 5 \cdot 5,5 - 50 \cdot 3 = 0 \\ H_A - H_B = 0 \\ R_A + R_B - 20 \cdot 5 - 50 = 0 \end{cases} \rightarrow \begin{cases} R_A = 50,0 \, \text{kN} \\ H_A = -100,0 \, \text{kN} \\ H_B = 100,0 \, \text{kN} \\ R_B = 100,0 \, \text{kN} \end{cases}$$

Em checagem desses resultados, calcula-se:

$$\sum M_A^{ACB} = R_B \cdot 8 - H_B \cdot 3 - 20 \cdot 5 \cdot 2,5 - 50 \cdot 5$$

$$\sum M_A^{ACB} = 100 \cdot 8 - 100 \cdot 3 - 20 \cdot 5 \cdot 2,5 - 50 \cdot 5 = 0 \quad \text{OK!}$$

Exemplo 2.9 – Considera-se, agora, o pórtico trirotulado ACB esquematizado na parte esquerda da próxima figura, que suporta a ponte rolante DE, cujo impedimento a deslocamento horizontal não é representado, por simplicidade. Calculam-se as reações de apoio com a suposição de que essa ponte se descarregue como viga biapoiada em consolos curtos desse pórtico.

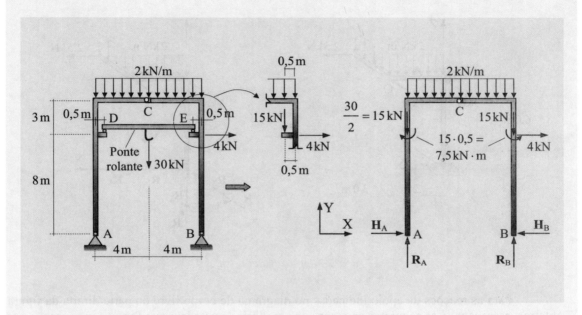

Figura E2. – Pórtico trirotulado.

A força de intensidade de 30 kN atuante no meio da ponte rolante pode ser transferida para o pórtico, como indicado no diagrama de corpo livre da parte direita da figura anterior. Logo, para esse pórtico, escrevem-se as seguintes equações de equilíbrio (em ordem que fornece uma reação por equação) e respectivas soluções:

$$\begin{cases} \sum M_A^{ACB} = 0 \\ \sum M_C^{CB} = 0 \\ \sum F_X = 0 \\ \sum F_Y = 0 \end{cases} \rightarrow \begin{cases} R_B \cdot 8 - 4 \cdot 8 - 15 \cdot 8 + 7,5 - 7,5 - (2 \cdot 8)4 = 0 \\ R_B \cdot 4 - H_B \cdot 11 + 4 \cdot 3 - 15 \cdot 4 + 7,5 - (2 \cdot 4)2 = 0 \\ H_A - H_B + 4 = 0 \\ R_A + R_B - 15 - 15 - 2 \cdot 8 = 0 \end{cases}$$

$$\rightarrow \begin{cases} R_B = 27,0 \text{ kN} \\ H_B \cong 4,6818 \text{ kN} \\ H_A \cong 0,6818 \text{ kN} \\ R_A = 19,0 \text{ kN} \end{cases}$$

Em verificação desses resultados, faz-se:

$$\sum M_C^{ACB} = R_B \cdot 4 - H_B \cdot 11 - R_A \cdot 4 + H_A \cdot 11 + 4 \cdot 3$$

$$\sum M_C^{ACB} = 27 \cdot 4 - 4,6818 \cdot 11 - 19 \cdot 4 + 0,6818 \cdot 11 + 12 = 0 \quad \text{OK!}$$

Exemplo 2.10 – Obtêm-se as reações de apoio do pórtico espacial representado na próxima figura. Observa-se que as barras BC e CD são perpendiculares entre si e paralelas ao plano XY. As barras AB e BC são mutuamente perpendiculares e contidas no plano XZ.

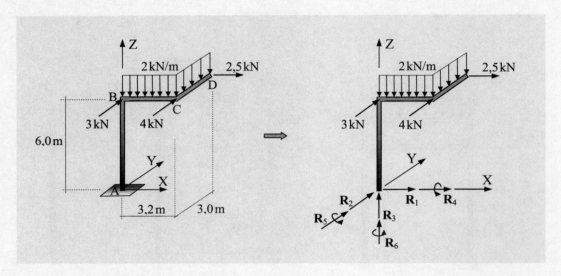

Figura E2.10 – Pórtico espacial.

Para as reações de apoio indicadas no diagrama de corpo livre da parte direita da figura anterior, escrevem-se as seguintes equações de equilíbrio (em ordem que fornece uma reação por equação) e respectivas soluções:

$$\begin{cases} \sum F_X = 0 \\ \sum F_Y = 0 \\ \sum F_Z = 0 \\ \sum M_{X|Y=0;\, Z=0} = 0 \\ \sum M_{Y|X=0;\, Z=0} = 0 \\ \sum M_{Z|X=0;\, Y=0} = 0 \end{cases} \rightarrow \begin{cases} R_1 + 2,5 = 0 \\ R_2 + 3 + 4 = 0 \\ R_3 - 2 \cdot 3,2 - 2 \cdot 3 = 0 \\ R_4 - 3 \cdot 6 - 4 \cdot 6 - 2 \cdot 3 \cdot 3/2 = 0 \\ R_5 + 2 \cdot 3,2 \cdot 3,2/2 + 2 \cdot 3 \cdot 3,2 + 2,5 \cdot 6 = 0 \\ R_6 + 4 \cdot 3,2 - 2,5 \cdot 3 = 0 \end{cases}$$

$$\rightarrow \begin{cases} R_1 = -2,5\,\text{kN} \\ R_2 = -7,0\,\text{kN} \\ R_3 = 12,4\,\text{kN} \\ R_4 = 51,0\,\text{kN} \cdot \text{m} \\ R_5 = -44,44\,\text{kN} \cdot \text{m} \\ R_6 = -5,3\,\text{kN} \cdot \text{m} \end{cases}$$

Em verificação dos resultados anteriores, calcula-se:

$$\begin{cases} \sum M_{Y|X=3,2;\, Z=6} = -R_1 \cdot 6 + R_3 \cdot 3,2 + R_5 - 2 \cdot 3,2 \cdot 3,2/2 = 0 \\ \sum M_{Z|X=3,2;\, Y=3} = R_1 \cdot 3 - R_2 \cdot 3,2 + R_6 - 3 \cdot 3,2 = 0 \qquad \text{OK!} \\ \sum M_{X|Y=3;\, Z=6} = R_2 \cdot 6 - R_3 \cdot 3 + R_4 + 2 \cdot 3,2 \cdot 3 + 2 \cdot 3 \cdot 3/2 = 0 \end{cases}$$

Exemplo 2.11 – Na parte esquerda da próxima figura, está esquematizada uma viga com apoios rotulados móveis inclinados quanto ao referencial global, cujas reações são calculadas a seguir:

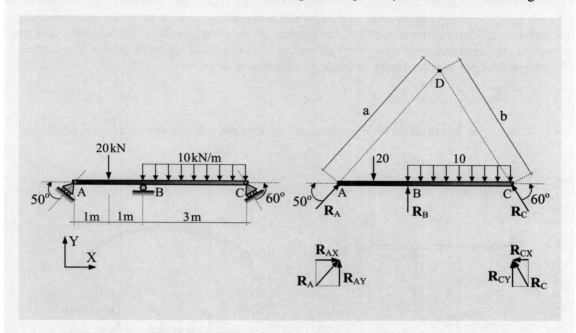

Figura E2.11 – Viga com apoios inclinados.

Com as notações da parte direita da figura anterior, há as seguintes relações geométricas:

$$\begin{cases} a\sin 50° = b\sin 60° \\ a\cos 50° + b\cos 60° = 1+1+3 \end{cases} \rightarrow \begin{cases} a \cong 4{,}6081\,\text{m} \\ b \cong 4{,}0760\,\text{m} \end{cases}$$

Ainda com as notações da referida figura, escrevem-se as equações de equilíbrio e respectivas soluções:

$$\begin{cases} \sum M_D = 0 \\ \sum M_C = 0 \\ \sum M_A = 0 \end{cases} \rightarrow \begin{cases} R_B(a\cos 50° - 2) - 20(a\cos 50° - 1) + 10\cdot 3(2+1{,}5 - a\cos 50°) = 0 \\ R_{AY}\cdot 5 + R_B\cdot 3 - 20\cdot 4 - 10\cdot 3\cdot 1{,}5 = 0 \\ R_{CY}\cdot 5 + R_B\cdot 2 - 20\cdot 1 - 10\cdot 3\cdot 3{,}5 = 0 \end{cases}$$

$$\rightarrow \begin{cases} R_B \cong 24{,}013\text{ kN} \\ R_{AY} \cong 10{,}592 \\ R_{CY} \cong 15{,}395 \end{cases} \begin{array}{l} \\ \rightarrow \quad R_A = R_{AY}/\sin 50° \cong 13{,}827\text{ kN} \\ \rightarrow \quad R_C = R_{CY}/\sin 60° \cong 17{,}777\text{ kN} \end{array}$$

Em checagem desses resultados, faz-se:

$$\sum F_Y = 13{,}827\sin 50° + 24{,}013 + 17{,}777\sin 60° - 20 - 10\cdot 3 \cong 4{,}3011\cdot 10^{-4} \cong 0{,}0 \quad \text{OK!}$$

É simples verificar que a viga seria hipostática, caso a linha de ação de R_B fosse concorrente com as linhas de ação de R_A e R_C.

Estática das Estruturas – **H. L. Soriano**

As estruturas isostáticas têm a vantagem de não desenvolver esforços internos quando submetidas a variações de temperatura e a recalques de apoio. Isto é, essas estruturas se ajustam livremente a deformações térmicas e a deslocamentos em apoio. São muito adequadas quando se utilizam componentes pré-fabricados. Têm, contudo, a desvantagem de se tornarem instáveis em caso de rompimento de um vínculo interno ou externo. Já as estruturas hiperestáticas não costumam apresentar essa desvantagem e usualmente têm esforços seccionais de menores valores. Entretanto, são sensíveis a variações de temperatura e a recalques diferenciais de apoio.

2.8 – Exercícios propostos

2.8.1 – Classifique as estruturas da figura seguinte quanto aos esforços seccionais e ao equilíbrio.

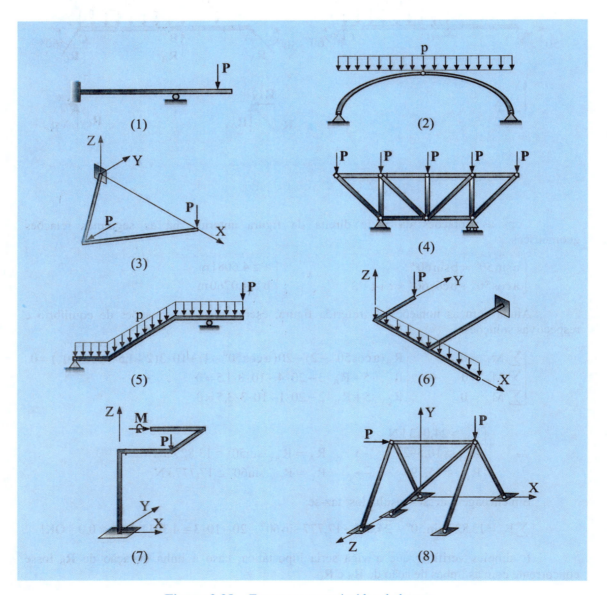

Figura 2.28 – Estruturas constituídas de barras.

Capítulo 2 – Noções preliminares de estruturas em barras

2.8.2 – Determine as reações de apoio das vigas representadas na próxima figura.

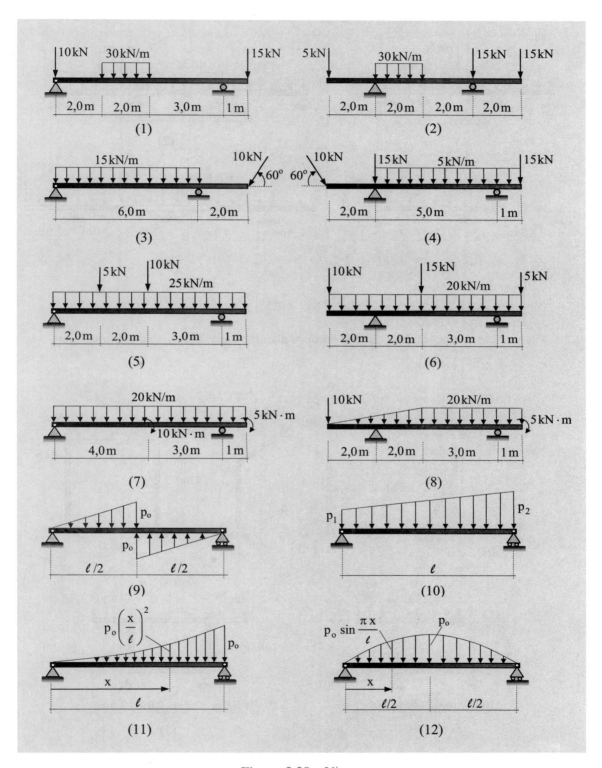

Figura 2.29 – Vigas.

2.8.3 – Idem para as vigas com rótulas internas representadas na figura seguinte:

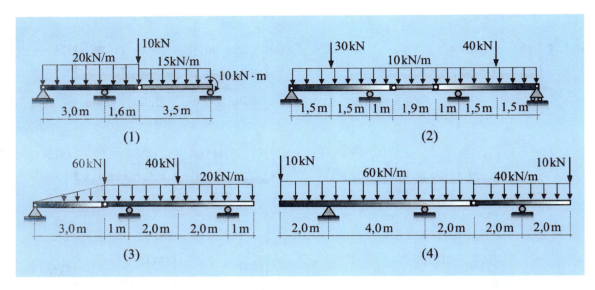

Figura 2.30 – Vigas com rótulas.

2.8.4 – Determine as reações de apoio dos pórticos planos esquematizados na próxima figura.

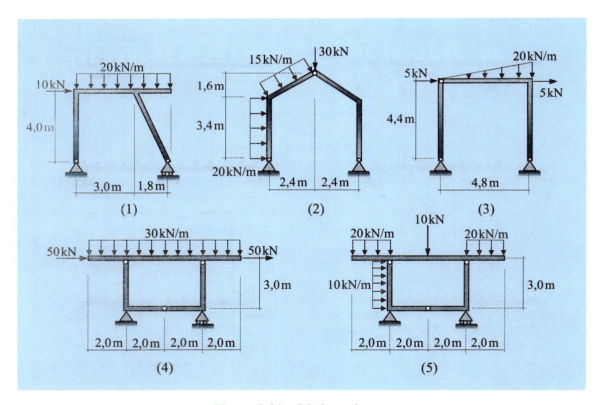

Figura 2.31 – Pórticos planos.

2.8.5 – Idem para os arcos representados na figura que se segue:

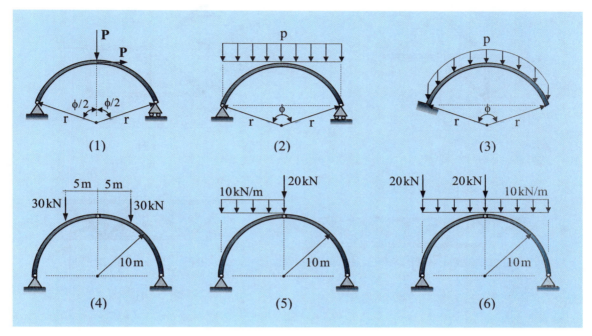

Figura 2.32 – Arcos.

2.8.6 – Idem para as treliças planas esquematizadas nas duas próximas figuras.

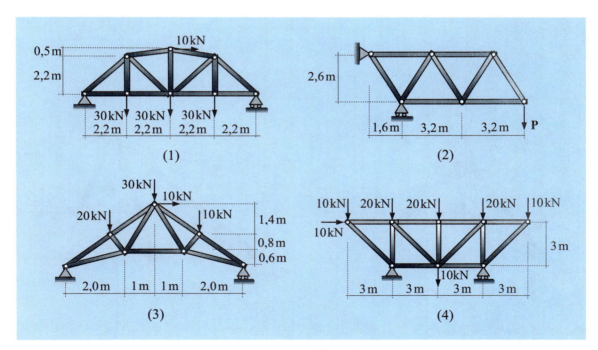

Figura 2.33 – Treliças planas.

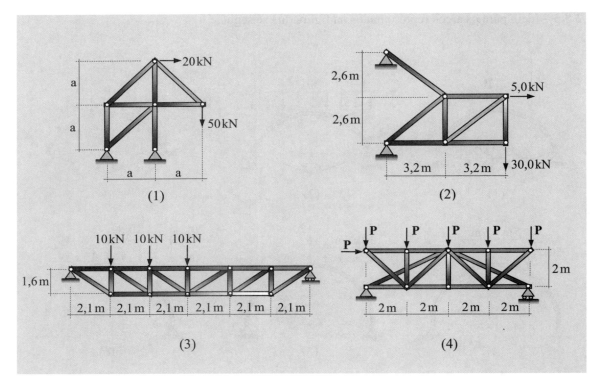

Figura 2.34 – Treliças planas.

2.8.7 – Escreva nove equações de equilíbrio linearmente independentes para cada uma das treliças espaciais esquematizadas na figura seguinte:

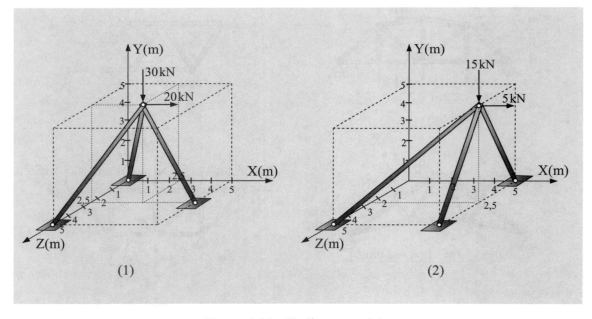

Figura 2.35 – Treliças espaciais.

Capítulo 2 – Noções preliminares de estruturas em barras

2.8.8 – Determine as reações de apoio das grelhas esquematizadas na próxima figura:

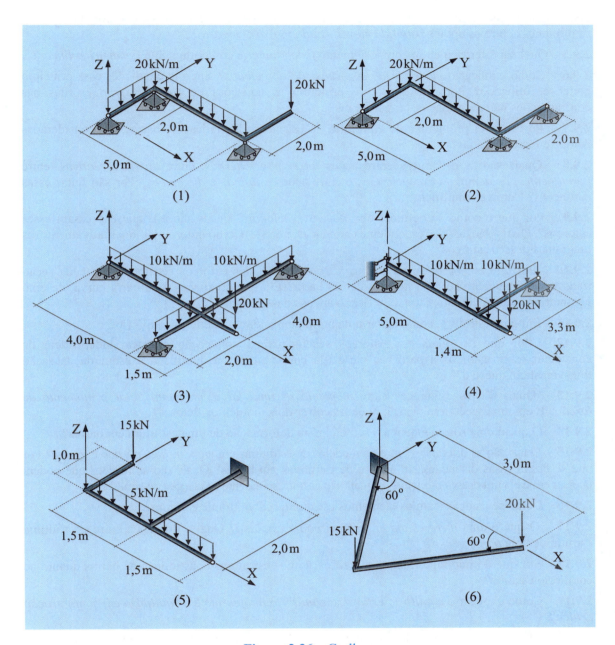

Figura 2.36 – Grelhas.

2.9 – Questões para reflexão

2.9.1 – Por que são adotadas hipóteses simplificadoras quando da análise de estruturas? Quais são as hipóteses utilizadas nesta *Estática das Estruturas*?

2.9.2 – Como se caracteriza uma *barra*? Qual é a diferença fundamental entre *estruturas em barras* e *estruturas contínuas*? Por que se faz essa distinção? Como exemplificar?

Estática das Estruturas – **H. L. Soriano**

2.9.3 – Como explicar a *hipótese da seção plana*? Por que essa hipótese permite a idealização de uma barra em seu eixo geométrico?

2.9.4 – Por que em estrutura constituídas de barras os apoios são idealizados como pontuais? Quais as diferenças entre os apoios *rotulado móvel, rotulado fixo* e *engaste*?

2.9.5 – Qual é a diferença entre comportamento *físico linear* e comportamento *geométrico linear*?

2.9.6 – Como explicar o *princípio da superposição dos efeitos*? Em que condições esse princípio pode ser utilizado? Por que com esse princípio as equações de equilíbrio são escritas nas configurações não deformadas das estruturas?

2.9.7 – Por que em problemas de equilíbrio de estruturas isostáticas as barras são consideradas como se fossem rígidas?

2.9.8 – Quais são as diferenças entre ações *internas* e *externas*, entre *ativas* e *reativas*, entre *permanentes, acidentais* e *excepcionais*, e entre ações *estáticas* e *dinâmicas*? Por são feitas essas distinções? Como exemplificar?

2.9.9 – Por que e como se definem os *esforços seccionais*? Quais são e o que expressam esses esforços? Quais são as correspondentes unidades no SI? Como interpretar qualitativamente os diagramas desses esforços?

2.9.10 – Por que em barra curva o eixo x de definição dos esforços seccionais em cada seção transversal é tangente ao eixo geométrico da barra? Em que condições uma barra curva, de eixo geométrico situado em um plano, tem flexão apenas nesse plano?

2.9.11 – Em uma estrutura, como isolar uma barra de maneira a manter o equilíbrio?

2.9.12 – Por que os sinais dos esforços seccionais, na convenção clássica, independem de considerar esses esforços a partir da parte (da barra) situada à direita ou à esquerda da seção transversal em questão?

2.9.13 – Quais são as diferenças entre *momento de uma força, momento fletor* e *momento de torção*? E em uma seção transversal, podem ocorrer dois momentos fletores?

2.9.14 – O que é uma *rótula* e qual é o seu efeito na deformação de uma estrutura em barras?

2.9.15 – Quais são as diferenças entre os modelos de estruturas em *viga, treliça, pórtico* e *grelha*? Por que se fazem essas distinções em análise de estruturas em barras? Quais são as reações que podem ocorrer em cada um desses modelos? E quais são as correspondentes equações de equilíbrio?

2.9.16 – Como se caracterizam os elementos estruturais cabo, tirante e escora?

2.9.17 – O que é uma *torre estaiada*? E uma *ponte estaiada*? Qual a diferença entre essa última estrutura e uma *ponte pênsil*?

2.9.18 – Por que é importante fazer a classificação das estruturas constituídas de barras quanto ao equilíbrio estático?

2.9.19 – Como explicar o *equilíbrio estável*, o *equilíbrio indiferente* e o *equilíbrio em configuração crítica*?

2.9.20 – Por que a análise de estruturas isostáticas independe de propriedades das seções transversais das barras e de propriedades do material? Por que essas estruturas são insensíveis a variações de temperatura e a recalques diferenciais de apoio? Em que condições essas estruturas são desvantajosas?

2.9.21 – Por que as linhas de ação das reações de estrutura estável e constituída de barras não podem se interceptar um ponto comum e nem ser paralelas?

2.9.22 – Por que, em viga biapoiada sob ação de momento, as reações de apoio independem da posição em que se considera essa ação?

108

3

Vigas

3.1 – Introdução

De acordo com definição apresentada no capítulo anterior, *o modelo viga é constituído de barras dispostas em uma mesma linha reta horizontal, sob ações que o solicita no plano vertical, de maneira que desenvolva momento fletor de vetor representativo normal a esse plano, esforço cortante vertical e, eventualmente, esforço normal*. Esse último esforço ocorre quando há força externa não vertical. A distância entre dois apoios consecutivos é chamada de *vão* e o trecho compreendido entre esses apoios recebe o nome de *tramo*.

Vigas são muito importantes e utilizadas em pontes, viadutos e passarelas, assim como são, muitas das vezes, destinadas à sustentação de outros elementos estruturais, em distribuição de esforços verticais. Esse é o caso do edifício que foi esquematizado na Figura 2.1, em que as vigas, além de seus pesos, recebem forças das lajes e as transmitem às colunas.

As vigas mais usuais estão mostradas na próxima figura. A primeira, a *biapoiada*, é também denominada *viga simplesmente apoiada* e a segunda, a *em balanço*, recebe também o nome de *viga engastada e livre*. A terceira dessas vigas, a *biengastada*, costuma ser chamada de *viga engastada*. A *viga biapoiada com dois balanços* é muito usada em pequenas pontes e as *vigas contínuas* são muito utilizadas em edifícios.

Viga biapoiada e viga em balanço ocorrem também em forma composta, apoiando-se uma sobre as outras e em apoios externos, de maneira a constituir um conjunto estável denominado *viga Gerber*. Essa é a idealização da superestrutura da ponte de três vãos esquematizada na Figura 3.2 em que os aparelhos de apoio (situados nos topos dos pilares e nos encontros da ponte) são projetados de maneira a permitir deslocamentos horizontais e rotações, como foi esclarecido com a Figura 2.8 do capítulo anterior. No caso, a viga intermediária está apoiada nas extremidades dos balanços das vigas extremas que se apóiam nos pilares e nos encontros da ponte. Assim, a viga Gerber é isostática, como são isostáticas as suas partes constituintes.

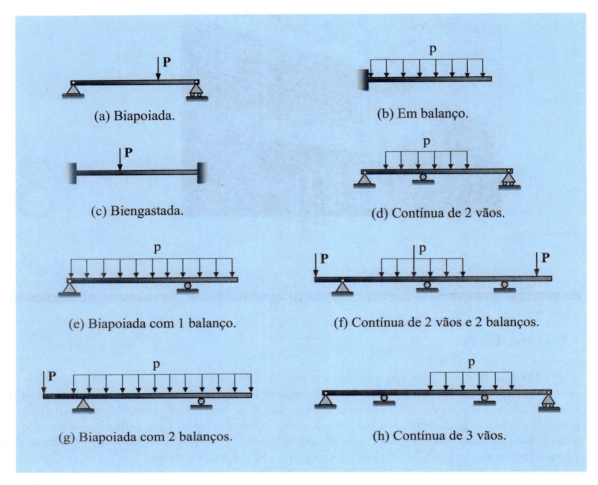

Figura 3.1 – Vigas mais usuais.

A próxima seção detalha a classificação das vigas quanto ao equilíbrio estático, de acordo com o que foi apresentado na Seção 2.7. Posteriormente, a Seção 3.3 trata da determinação e representação dos esforços seccionais em vigas. Em sequência, a Seção 3.4 desenvolve as relações diferenciais entre momento fletor, esforço cortante e forças distribuídas externas em barra reta, que além de facilitar a obtenção da equação desse esforço a partir da equação de momento fletor, evidencia correlações entre o diagrama desse momento, o diagrama de esforço cortante e força transversal distribuída. Em seguida, a Seção 3.5 mostra que viga com trechos de diferentes equações de momento fletor pode ter o diagrama desse esforço (em cada um desses trechos) obtido a partir de viga biapoiada de vão igual ao correspondente trecho. Isso simplifica o traçado desse diagrama e é muito útil ao *Método das Forças* de análise de estruturas hiperestáticas, que é tema posterior à *Estática das Estruturas*. Em sequência, a Seção 3.6 detalha a análise das *vigas Gerber*, que têm particularidades próprias e grande importância em projeto de pontes isostáticas. Em complemento a este capítulo, as duas últimas seções propõem exercícios e questões para reflexão.[1]

---

[1] O entendimento de todo este capítulo é essencial ao prosseguimento do estudo das estruturas isostáticas desenvolvido neste livro.

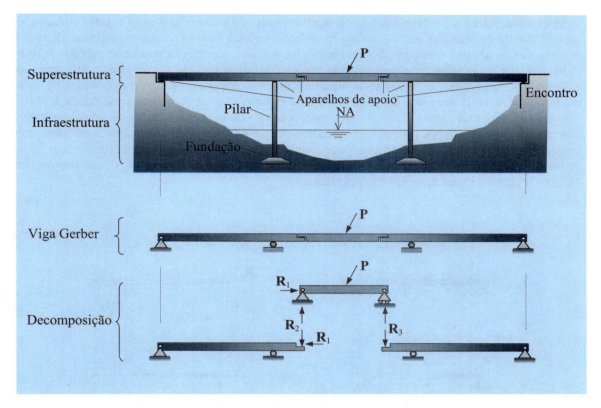

Figura 3.2 – Ponte de superestrutura concebida como viga Gerber.

3.2 – Classificação quanto ao equilíbrio estático

Como todas as estruturas constituídas de barras, uma viga pode ser *hipostática*, *isostática* ou *hiperestática*, conforme os vínculos internos e externos sejam, respectivamente, insuficientes, estritamente suficientes e superabundantes ao equilíbrio na configuração não deformada.

Para identificar o tipo de equilíbrio de viga no plano XY, têm-se as três equações da estática ($\Sigma F_X=0$), ($\Sigma F_Y=0$) e ($\Sigma M_A=0$), onde A é um ponto qualquer desse plano, e mais uma equação de momento nulo para cada rótula interna que ocorra na viga. Nessa identificação, ($\Sigma F_Y=0$) pode ser substituída por ($\Sigma M_B=0$), em que B é um ponto do plano XY com a condição do segmento $\overline{AB}$ não ser paralelo ao eixo Y. Alternativamente, as equações ($\Sigma F_X=0$) e ($\Sigma F_Y=0$) podem ser substituídas por ($\Sigma M_B=0$) e ($\Sigma M_C=0$), com os pontos A, B e C pertencentes ao plano XY, mas não colineares. *A viga é hipostática quando essas equações não permitem determinação única das reações de apoio, é isostática em caso dessas equações levar à essa determinação única dessas reações e é hiperestática em caso dessas equações serem insuficientes para essa determinação.*

Entre as vigas esquematizadas na Figura 3.1, a biapoiada, a em balanço e a biapoiada com um ou com dois balanços são vigas isostáticas. Já, a viga biengastada e as vigas contínuas de dois ou três vãos, com ou sem balanços, são hiperestáticas.

A próxima figura apresenta três exemplos de vigas hipostáticas. A primeira dessas vigas é hipostática porque tem três reações de apoio e quatro equações de equilíbrio linearmente independentes entre si: três equações de equilíbrio da viga como um todo e uma equação de momento nulo de uma das partes da viga em relação à rótula interna. A segunda dessas vigas tem três reações de apoio e três equações de equilíbrio, porém é hipostática porque as reações R_1 e R_3 indicadas são colineares, não restringindo rotação infinitesimal de corpo rígido em torno da extremidade esquerda. É uma viga hipostática em *configuração crítica* porque há uma configuração estável em caso de se considerar a deformação da viga (em semelhança à última condição ilustrada na Figura 2.25). A terceira dessas vigas tem quatro reações de apoio verticais e três equações de equilíbrio, contudo é hipostática porque não tem restrição quanto a deslocamento horizontal. Esses exemplos evidenciam que nem toda viga com reações em número igual ao de equações de equilíbrio da estática é isostática, como também nem toda viga com reações em número superior a essas equações é hiperestática.

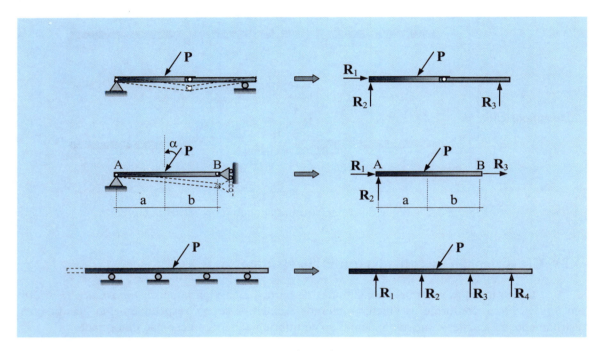

Figura 3.3 – Vigas hipostáticas.

Quando essa identificação de equilíbrio não é evidente em uma simples observação da estrutura, a alternativa é procurar resolver o sistema de equações de equilíbrio correspondente. No caso da segunda viga da figura anterior, por exemplo, escreve-se:

$$\begin{cases} \sum M_B = 0 \\ \sum F_Y = 0 \\ \sum F_X = 0 \end{cases} \to \begin{cases} R_2(a+b) - P\cos\alpha \cdot b = 0 \\ R_2 - P\cos\alpha = 0 \\ R_1 + R_3 - P\sin\alpha = 0 \end{cases} \to \begin{matrix} R_2 = Pb\cos\alpha/(a+b) \\ R_2 = P\cos\alpha \\ R_1 = ?\ ,\ R_3 = ? \end{matrix}$$

Constata-se que a primeira e a segunda dessas equações fornecem resultados distintos para R_2 e que as três equações de equilíbrio não conduzem à determinação de R_1 e R_3. Além disso, com a equação ($\sum M_A = 0$), obtém-se ($P\cos\alpha \cdot a = 0$), que, com a condição de $a \neq 0$ e em caso da força **P** ser não horizontal, fornece ($P=0$) o que contradiz um dado da questão. Isso evidencia tratar-se de viga hipostática. Contudo, caso se considere a deformação da barra AB, a viga adquire configuração de equilíbrio próxima à posição inicial, como indicado em tracejado.

Capítulo 3 – Vigas

Exemplo 3.1 – Verifica-se numericamente que a viga com dois apoios rotulados móveis inclinados representada na figura abaixo é hipostática.

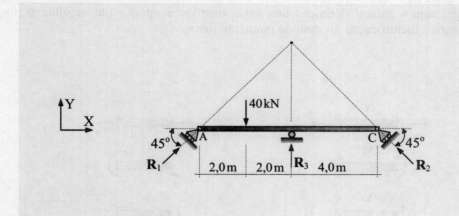

Figura E3.1 – Viga com reações de apoio colineares.

Para essa viga têm-se as equações de equilíbrio:

$$\begin{cases} \sum F_X = 0 \\ \sum F_Y = 0 \\ \sum M_A = 0 \end{cases} \rightarrow \begin{cases} R_1\sqrt{2}/2 - R_2\sqrt{2}/2 = 0 \\ R_1\sqrt{2}/2 + R_2\sqrt{2}/2 + R_3 - 40 = 0 \\ R_2(\sqrt{2}/2)8 + R_3 \cdot 4 - 40 \cdot 2 = 0 \end{cases}$$

Este sistema de equações pode também ser escrito sob a forma matricial:[2]

$$\begin{bmatrix} \sqrt{2}/2 & -\sqrt{2}/2 & 0 \\ \sqrt{2}/2 & \sqrt{2}/2 & 1 \\ 0 & 4\sqrt{2} & 4 \end{bmatrix} \begin{Bmatrix} R_1 \\ R_2 \\ R_3 \end{Bmatrix} = \begin{Bmatrix} 0 \\ 40 \\ 80 \end{Bmatrix}$$

O determinante da matriz dos coeficientes deste sistema fornece:

$$\det\begin{bmatrix} \sqrt{2}/2 & -\sqrt{2}/2 & 0 \\ \sqrt{2}/2 & \sqrt{2}/2 & 1 \\ 0 & 4\sqrt{2} & 4 \end{bmatrix} = \frac{\sqrt{2}}{2} \cdot \det\begin{bmatrix} \sqrt{2}/2 & 1 \\ 4\sqrt{2} & 4 \end{bmatrix} + \frac{\sqrt{2}}{2} \cdot \det\begin{bmatrix} \sqrt{2}/2 & 1 \\ 0 & 4 \end{bmatrix} + 0 \cdot \det\begin{bmatrix} \sqrt{2}/2 & \sqrt{2}/2 \\ 0 & 4\sqrt{2} \end{bmatrix}$$

$$= \sqrt{2}/2\left(4\sqrt{2}/2 - 4\sqrt{2}\right) + \sqrt{2}/2\left(4\sqrt{2}/2\right) = 0$$

Como esse determinante é nulo, as equações do sistema anterior são linearmente dependentes e não há solução única, o que significa que a presente viga é hipostática. Isso ocorre porque as linhas de ação das três reações de apoio são concorrentes em um mesmo ponto, de maneira a não restringir rotação infinitesimal em torno desse ponto.

---

[2] Como a formulação matricial é adequada apenas à programação automática e as resoluções da *Estática das Estruturas*, por razão didática, são manuais, o presente uso de matriz é apenas ilustrativo.

3.3 – Determinação e representação dos esforços seccionais

Na Figura 2.14 do capítulo anterior, foi apresentada a convenção clássica dos sinais dos esforços seccionais, que no tocante às vigas é reproduzida na próxima figura. No caso, essa convenção se aplica de forma imediata, pelo fato das barras constituintes das vigas serem dispostas horizontalmente, com a natural definição dos lados superior e inferior (ao se olhar o plano do papel), necessários à identificação do sinal do momento fletor.

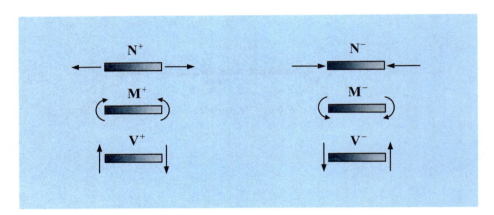

Figura 3.4 – Convenção dos sinais dos esforços seccionais em viga.

Os esforços seccionais são funções de coordenada na direção do eixo da barra e têm representações gráficas denominadas *diagramas de esforços seccionais* ou *linhas de estado*. Esses diagramas são traçados (em escala que represente os valores dos esforços) transversalmente e em lado bem definido de *linhas de referência* que geralmente são escolhidas paralelas às barras.[3]

O momento fletor positivo encurva a barra com concavidade voltada para cima, provocando tração das fibras (hipotéticas) longitudinais inferiores e compressão das fibras (hipotéticas) superiores. De forma oposta, o momento fletor negativo produz concavidade voltada para baixo, provocando tração das fibras longitudinais (fictícias) superiores e compressão das fibras longitudinais (fictícias) inferiores. No país, a tradição de construção em concreto determinou o lado de traçado do diagrama de momento fletor. Como o material concreto tem reduzida resistência à tração e grande resistência à compressão, vergalhões de aço são utilizados para absorver a tração, enquanto que a compressão é deixada para ser resistida predominantemente pelo concreto, em constituição do chamado *concreto armado*. Assim, *para indicar o lado em que devem ser colocados vergalhões, convencionou-se traçar o diagrama de momento fletor, de notação* **DM***, no lado da linha de referência correspondente ao lado tracionado da barra*. Logo, momento fletor positivo é traçado no lado inferior da linha de referência e momento fletor negativo, no lado superior dessa linha.[4]

---

[3] Alguns autores preferem traçar esses diagramas na própria esquematização do modelo estrutural e utilizam hachuras transversais às barras, para indicar que os valores dos esforços estão representados na direção transversal. Neste livro, optou-se simplesmente por escurecer as regiões delimitadas por esses diagramas e colocar os sinais dos esforços nessas regiões. E na prática, não há necessidade de traçados perfeitos, ponto a ponto. Basta esboçar os diagramas com a representação e indicação de seus valores mais característicos.

[4] Com essa convenção de traçado não é essencial colocar sinal no diagrama de momento fletor. Contudo, optou-se neste livro por incluir esse sinal para maior clareza e porque isto é útil ao *Método das Forças* de análise de estruturas hiperestáticas (tema de outro livro deste autor).

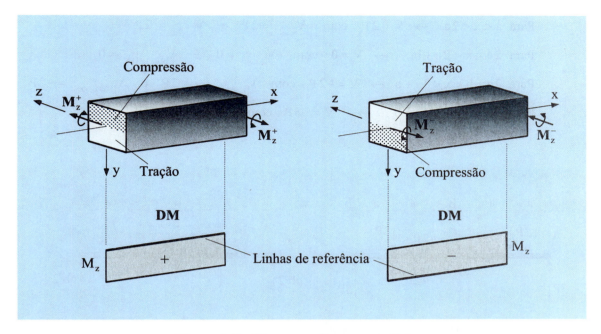

Figura 3.5 – Diagramas de momento fletor.

Essa convenção de traçado é adotada na maior parte dos países europeus. Já nos Estados Unidos, a tradição de construção em aço determinou o traçado do diagrama de momento fletor no lado comprimido. Isso porque, tendo o material aço idêntica resistência à tração e à compressão, e pelo fato da compressão ter grande relevância em verificação da estabilidade de equilíbrio de barras de esbeltas, o lado comprimido das barras é o que carece de maior atenção.

O momento fletor em cada seção transversal é a soma algébrica dos momentos (em relação a um eixo que passa pelo ponto representativo da seção) de todas as forças aplicadas à esquerda (ou à direita) da seção. Em caso de existir momento concentrado à esquerda (ou à direita) da seção, esse momento é simplesmente somado aos momentos das forças externas, pelo fato de momento ser um vetor livre.[5]

*Quanto ao diagrama de esforço cortante, de notação **DV**, convencionou-se representar esse esforço, quando positivo, no lado superior da linha de referência e, quando negativo, no lado inferior dessa linha.* Assim, em determinação desse esforço ao "percorrer" a barra a partir de sua extremidade esquerda, o correspondente diagrama indica o sentido de atuação das forças externas transversais à barra, como ilustra a próxima figura.

O esforço cortante é a soma das forças transversais à barra e situadas do lado esquerdo (ou direito) da correspondente seção. Assim, em um ponto (representativo de seção transversal) com força concentrada transversal, há descontinuidade, em valor igual a essa força, no diagrama desse esforço, com esforços distintos à esquerda e à direita do referido ponto. No caso da viga da parte esquerda da figura seguinte, por exemplo, têm-se os esforços cortantes:

Para $0 \leq x < a$ → $V = 5P$ com $V|_{x=a^-} = 5P$

---

[5] Quando em um trecho de barra ocorre apenas momento fletor, diz-se *flexão pura*. Quando esse momento ocorre acompanhado de esforço cortante, diz-se *flexão simples* e quando acompanhado de esforço normal, diz-se *flexão composta*.

Para $a < x < 2a$ → $V = 2P$ com $V_{|x=a^+} = 2P$ e $V_{|x=2a^-} = 2P$

Para $2a < x < 2a+b$ → $V = 0$ com $V_{|x=2a^+} = 0$ e $V_{|x=(2a+b)^-} = 0$

Para $2a+b < x < 3a+b$ → $V = -2P$ com $V_{|x=(2a+b)^+} = -2P$ e $V_{|x=(3a+b)^-} = -2P$

Para $3a+b < x \leq 4a+b$ → $V = -5P$ com $V_{|x=(3a+b)^+} = -5P$

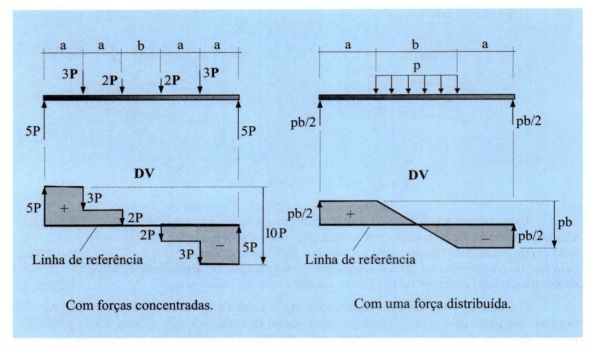

Figura 3.6 – Diagramas de esforço cortante.

Como força concentrada é a idealização de uma força distribuída em pequena superfície de contato ou em pequeno volume, através de sua resultante, a descontinuidade de esforço cortante é uma simplificação. Já em caso de força transversal distribuída por unidade de comprimento (que também é uma idealização de força), como ilustra a parte direita da figura anterior, a resultante dessa força entre duas seções transversais é igual à alteração do esforço cortante entre essas seções.[6]

De forma análoga ao esforço cortante, o esforço normal em cada seção transversal é a soma das forças na direção do eixo da barra, situadas do lado esquerdo (ou direito) da seção. Não há, contudo, uma convenção única quanto ao lado de traçado do correspondente diagrama, de notação **DN**, pelo fato da escolha do lado não expressar significado físico. Neste livro, por uniformidade com o esforço cortante, optou-se por traçar o esforço normal positivo do lado superior da linha de referência e traçar o esforço normal negativo do lado contrário.

---

[6] As setas nos diagramas de esforço cortante mostrados na Figura 3.6 têm finalidade ilustrativa, mas não serão utilizadas nos demais diagramas apresentados neste livro. Nessa figura, observa-se que, pelo fato das forças externas serem simétricas, o diagrama de momento fletor é simétrico e o diagrama de esforço cortante é antissimétrico.

Capítulo 3 – Vigas

Os diagramas dos esforços seccionais são úteis em projeto de estrutura, pois permitem a inspeção desses esforços ao longo das barras, com a identificação das seções em que ocorrem os valores extremos dos mesmos. Esses valores são necessários à verificação do dimensionamento das barras e ao detalhamento das ligações entre barras, que são assuntos de disciplinas de projeto. Além disso, esses diagramas são necessários à análise das estruturas hiperestática pelo *Método das Forças* que é tema de disciplina específica.

Exemplo 3.2 – Obtêm-se os diagramas dos esforços seccionais da viga biapoiada representada na próxima figura sob força transversal uniformemente distribuída, em que S designa uma seção transversal genérica e sabe-se que a reação horizontal é nula.

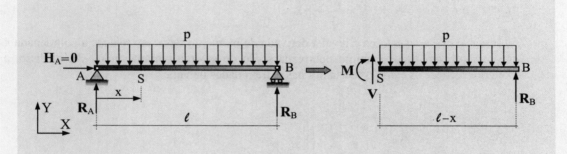

Figura E3.2a – Viga biapoiada sob força transversal uniformemente distribuída.

Em determinação da reação R_A, escreve-se:

$$\sum M_B = 0 \quad \rightarrow \quad R_A \ell - p\ell\frac{\ell}{2} = 0 \quad \rightarrow \quad R_A = \frac{p\ell}{2}$$

Importa observar que essa equação foi escrita para a configuração não deformada da viga, o que implica em desconsiderar pequeno deslocamento do apoio B para a esquerda, devido à flexão da viga.

A reação R_B pode ser obtida com ($\Sigma F_Y=0$) ou com ($\Sigma M_A=0$). Contudo, como as forças atuantes são simétricas em relação à seção média da viga, escreve-se diretamente ($R_B=R_A=p\ell/2$).

Há vários procedimentos de obtenção dos diagramas dos esforços seccionais. O mais clássico é a partir das equações desses esforços. Para isso, considera-se a coordenada x com origem na extremidade esquerda da viga, de maneira a definir a posição da seção transversal genérica S em que atuam o esforço cortante **V** e o momento fletor **M**, indicados na parte direita da figura anterior em sentidos positivos. Logo, com a consideração do efeito do trecho AS sobre a parte restante da viga, o que se diz "entrar" pelo lado esquerdo da seção, escreve-se a equação do momento fletor:

$$M = R_A x - p \times \frac{x}{2} = \frac{p\ell}{2}x - p\frac{x^2}{2} \quad \rightarrow \quad M = \frac{p}{2}(\ell x - x^2)$$

Essa é uma equação de parábola do segundo grau, cujo valor máximo ocorre no ponto de derivada primeira nula. Isto é:

$$\frac{dM}{dx} = \frac{p}{2}(\ell - 2x) = 0 \quad \rightarrow \quad x = \frac{\ell}{2}$$

Nesse ponto, tem-se o momento fletor:

$$M_{máx.} = M_{|x=\frac{\ell}{2}} = \frac{p}{2}\left(\ell\frac{\ell}{2} - \left(\frac{\ell}{2}\right)^2\right) \rightarrow \boxed{M_{máx.} = \frac{p\ell^2}{8}}$$

Além disso, na seção que dista "a" da extremidade esquerda da viga e com (b=ℓ–a), tem-se o momento fletor:

$$M_{|x=a} = \frac{p}{2}\left(\ell a - a^2\right) = \frac{pa}{2}(\ell - a) \rightarrow \boxed{M_{|x=a} = \frac{pab}{2}}$$

Também com a consideração do efeito do trecho AS sobre o restante da viga, escreve-se a equação do esforço cortante:

$$V = R_A - px \rightarrow \boxed{V = \frac{p\ell}{2} - px}$$

Observa-se que esse esforço é igual à derivada do momento fletor em relação à coordenada x e, portanto, o momento fletor máximo ocorre na seção de esforço cortante nulo.[7] Além disso, a equação anterior fornece os esforços cortantes nas extremidades da viga:

$$\begin{cases} V_{|x=0} = \dfrac{p\ell}{2} \equiv R_A \\ V_{|x=\ell} = -\dfrac{p\ell}{2} \equiv -R_B \end{cases}$$

Com os resultados anteriores, traçam-se os diagramas mostrados na próxima figura. Observa-se que o diagrama de momento fletor é simétrico, que o diagrama de esforço cortante é antissimétrico e onde se observa que a área compreendida pelo trecho do esforço cortante positivo é numericamente igual à área correspondente ao trecho do esforço cortante negativo (o que será demonstrado posteriormente).

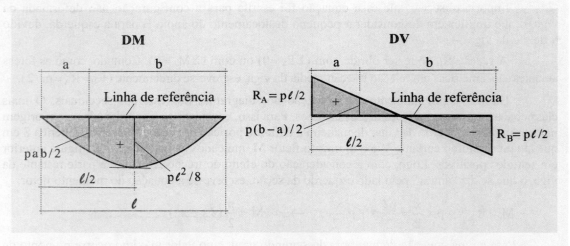

Figura E3.2b – Diagramas dos esforços seccionais da viga da Figura E3.2a.

---

[7] Essa relação diferencial entre o esforço cortante e o momento fletor será demonstrada na próxima seção.

> As equações dos esforços seccionais anteriores poderiam também ser obtidas com a aplicação das equações de equilíbrio ($\Sigma F_Y=0$) e ($\Sigma M=0$) ao trecho de viga representado na parte direita da Figura E3.2a. Contudo, neste livro, dá-se preferência ao raciocínio de considerar o efeito da parte da barra à esquerda (ou à direita, se isto se mostrar mais simples) de uma seção transversal genérica sobre a outra parte da barra. Este foi o raciocínio utilizado quando da definição dos esforços seccionais na Seção 2.5.

Usualmente é suficiente esboçar os diagramas dos esforços seccionais com a indicação dos valores máximos e mínimos. Em caso de se desejar um traçado mais aprimorado da parábola de segundo grau anterior, pode-se fazer a construção gráfica mostrada na próxima figura e que se descreve:

a – A partir do ponto médio da linha de referência $\overline{AB}$, marca-se transversalmente um segmento representativo de $p\ell^2/4$ (dobro do momento fletor máximo $p\ell^2/8$), de maneira a obter o ponto C.

b – Traçam-se os segmentos $\overline{AC}$ e $\overline{BC}$.

c – Divide-se cada um desses dois segmentos em igual número de partes de mesmo comprimento, como em 4 partes, por exemplo.

d – Traçam-se segmentos, por união alternada dos pontos obtidos com as divisões anteriores.

e – Esboça-se a parábola que passa pelos pontos A e B, de forma a tangenciar os referidos segmentos. A precisão do esboço melhora na medida em que se aumenta o número de divisões dos segmentos $\overline{AC}$ e $\overline{BC}$.

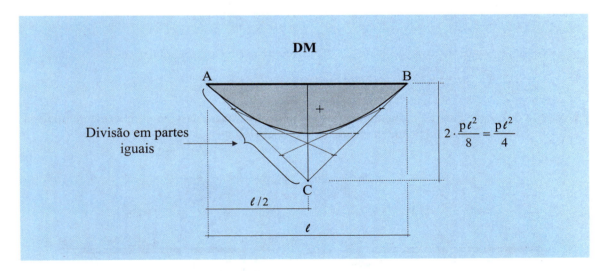

Figura 3.8 – Construção gráfica da parábola do segundo grau.

O traçado descrito anteriormente pode também ser efetuado a partir de uma corda inclinada $\overline{AB}$, como ilustra a parte inferior da próxima figura, em que M_A e M_B designam momentos aplicados às extremidades de uma viga biapoiada sob força transversal uniformemente distribuída. No caso, a partir do ponto médio da referida corda, marca-se $p\ell^2/4$ perpendicularmente à linha de referência e faz-se o traçado da parábola. Aquela corda é chamada de *linha de fechamento do diagrama de momento fletor* e diz-se "pendurar" a parábola nessa linha. E como resultado desse traçado, o diagrama final é delimitado pela parábola e pela linha de referência.

Estática das Estruturas – **H. L. Soriano**

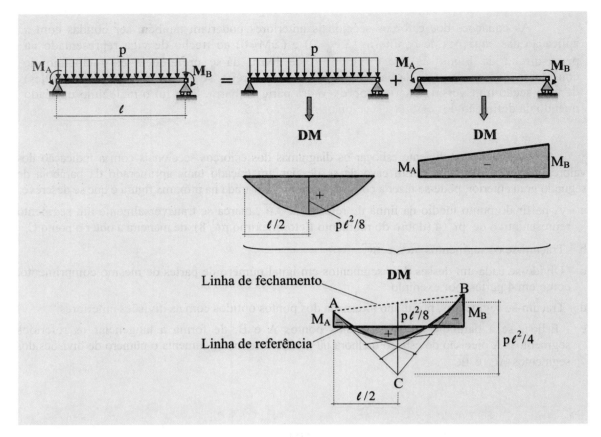

Figura 3.9 – Construção da parábola do segundo grau a partir de uma corda inclinada.

Exemplo 3.3 – Obtêm-se os diagramas dos esforços seccionais da viga simplesmente apoiada sob a força concentrada inclinada mostrada na figura abaixo.

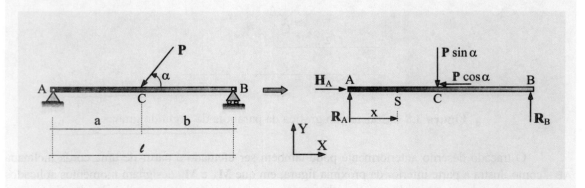

Figura E3.3a – Viga simplesmente apoiada sob força concentrada inclinada.

Para facilitar os cálculos, decompõe-se a força concentrada nas direções horizontal e vertical, como representado na figura anterior. Logo, calculam-se as reações de apoio:

120

$$\begin{cases} \sum F_X = 0 \\ \sum M_B = 0 \\ \sum F_Y = 0 \end{cases} \rightarrow \begin{cases} H_A - P\cos\alpha = 0 \\ R_A \ell - P\sin\alpha \cdot b = 0 \\ R_A + R_B - P\sin\alpha = 0 \end{cases} \rightarrow \boxed{\begin{cases} H_A = P\cos\alpha \\ R_A = P\sin\alpha \cdot b/\ell \\ R_B = P\sin\alpha \cdot a/\ell \end{cases}}$$

Com a consideração da coordenada x indicada na figura anterior, tem-se a força concentrada **P**, no ponto especificado por (x=a). Logo, ao "percorrer" a viga de (x=0) até (x=ℓ), tem-se dois trechos de barra com diferentes conjuntos de forças externas e portanto, de distintas equações de esforços seccionais, a saber:

Trecho de $0 \leq x \leq a$:

$M = R_A x \rightarrow \boxed{M = \dfrac{P\sin\alpha \cdot b}{\ell} x} \rightarrow M_{|x=0} = 0 \quad , \quad M_{|x=a} = \dfrac{P\sin\alpha \cdot ab}{\ell}$

$V = R_A \rightarrow \boxed{V = \dfrac{P\sin\alpha \cdot b}{\ell}}$

$N = -H_A \rightarrow \boxed{N = -P\cos\alpha}$

Trecho de $a \leq x \leq \ell$:

$M = R_A x - P\sin\alpha \cdot (x-a) \rightarrow \boxed{M = \dfrac{P\sin\alpha \cdot b}{\ell} x - P\sin\alpha \cdot (x-a)}$

$\rightarrow M_{|x=a} = \dfrac{P\sin\alpha \cdot ab}{\ell} \quad , \quad M_{|x=\ell} = 0$

$V = R_A - P\sin\alpha = \dfrac{P\sin\alpha \cdot b}{\ell} - P\sin\alpha \rightarrow \boxed{V = -\dfrac{P\sin\alpha \cdot a}{\ell} \equiv -R_B}$

$\boxed{N = 0}$

Com os resultados anteriores constroem-se os diagramas mostrados na próxima figura. Identifica-se que a área compreendida pelo trecho do esforço cortante positivo é numericamente igual à área correspondente ao trecho do esforço cortante negativo.

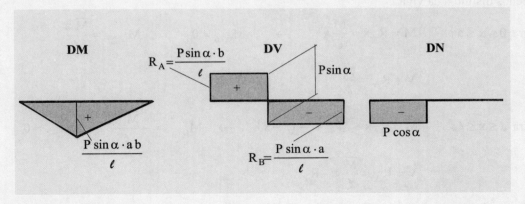

Figura E3.3b – Diagramas dos esforços seccionais da viga da figura anterior.

Observa-se que na seção de aplicação da força concentrada inclinada, o diagrama de momento fletor apresenta um ponto anguloso e o diagrama de esforço cortante tem descontinuidade igual à projeção dessa força na direção transversal à barra. Com isso, a intensidade do esforço cortante à esquerda da referida seção é igual a $P\sin\alpha \cdot b/\ell$ e a do esforço cortante à direita dessa seção é igual a $-P\sin\alpha \cdot a/\ell$. Além disso, nota-se que em caso de transformação do apoio do primeiro gênero em apoio do segundo gênero, a viga passa a ser indeterminada quanto ao esforço normal, mas não quanto ao momento fletor e ao esforço cortante.

Exemplo 3.4 – Determinam-se os esforços seccionais da viga simplesmente apoiada sob o momento concentrado $\overline{M}$, como representado na parte esquerda da figura abaixo.

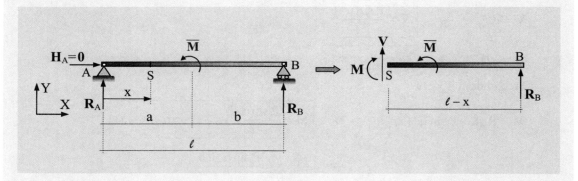

Figura E3.4a – Viga biapoiada sob momento concentrado.

Em redução de forças e momentos de um ponto para outro, calculam-se os momentos das forças em relação a esse ponto e transferem-se os momentos (por serem vetores livres). Logo, faz-se a determinação das reações de apoio não nulas da forma seguinte:

$$\begin{cases} \sum M_B = 0 \\ \sum F_Y = 0 \end{cases} \rightarrow \begin{cases} R_A \ell - \overline{M} = 0 \\ R_A + R_B = 0 \end{cases} \rightarrow \begin{cases} R_A = \overline{M}/\ell \\ R_B = -\overline{M}/\ell \end{cases}$$

Com base nessas reações, escrevem-se as equações dos esforços seccionais em dois trechos distintos da viga:

Para $0 \le x \le a$: $\qquad M = R_A x = \dfrac{\overline{M}}{\ell} x \quad \rightarrow \quad M_{|x=0} = 0 \quad , \quad M_{|x=a^-} = \dfrac{\overline{M} a}{\ell}$

$\qquad\qquad\qquad\quad V = R_A = \dfrac{\overline{M}}{\ell}$

Para $a \le x \le \ell$: $\qquad M = R_A x - \overline{M} = -\dfrac{\overline{M}}{\ell}(\ell - x) \quad \rightarrow \quad M_{|x=a^+} = -\dfrac{\overline{M} b}{\ell} \quad , \quad M_{|x=\ell} = 0$

$\qquad\qquad\qquad\quad V = R_A = \dfrac{\overline{M}}{\ell} \equiv -R_B$

Assim, obtêm-se os diagramas mostrados na figura que se segue:

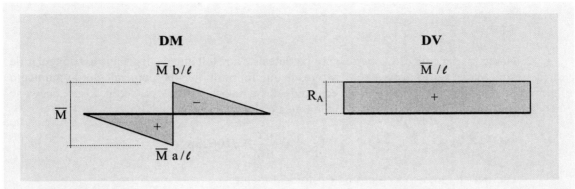

Figura E3.4b – Diagramas dos esforços seccionais da viga da figura precedente.

Observa-se que, na seção do momento concentrado, o diagrama de momento fletor tem descontinuidade igual ao valor desse momento e o diagrama de esforço cortante apresenta continuidade. Além disso, vale notar que os dois segmentos de reta do diagrama de momento fletor são paralelos.

Exemplo 3.5 – Obtêm-se os esforços seccionais da viga biapoiada sob a força de distribuição triangular representada na próxima figura em que p_o é o máximo valor assumido por essa força.

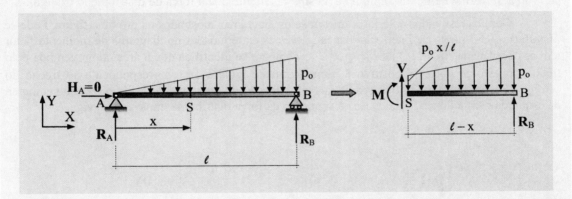

Figura E3.5a – Viga biapoiada sob distribuição transversal triangular de força.

As reações de apoio são calculadas a seguir:

$$\begin{cases} \sum M_B = 0 \\ \sum F_Y = 0 \end{cases} \rightarrow \begin{cases} R_A \ell - p_o \dfrac{\ell}{2}\dfrac{\ell}{3} = 0 \\ R_A + R_B - p_o \dfrac{\ell}{2} = 0 \end{cases} \rightarrow \begin{cases} R_A = \dfrac{p_o \ell}{6} \\ R_B = \dfrac{p_o \ell}{3} \end{cases}$$

A partir do máximo valor assumido pela força distribuída, p_o, obtém-se o valor da força na coordenada x indicada na figura anterior, $p_o x/\ell$. Logo, escreve-se a equação de momento fletor válida para toda a viga:

$$M = R_A x - \left(\frac{p_o x}{\ell} \frac{x}{2}\right) \frac{x}{3}$$

Nessa última equação, a parte entre parêntesis é a resultante da distribuição triangular de força à esquerda da seção genérica S. Essa resultante foi multiplicada (para cálculo do momento fletor) pela distância horizontal entre o centróide dessa distribuição e essa seção. Logo, chega-se à equação parabólica do terceiro grau e ao momento fletor na seção média:

$$M = \frac{p_o \ell}{6} x - \frac{p_o x^3}{6\ell} \quad \rightarrow \quad M_{|x=\ell/2} = \frac{p_o \ell^2}{16} = 0{,}0625 \, p_o \ell^2$$

Escreve-se também a equação de esforço cortante:

$$V = R_A - \frac{p_o x}{\ell} \frac{x}{2} \quad \rightarrow \quad V = \frac{p_o \ell}{6} - \frac{p_o x^2}{2\ell}$$

que é uma parábola do segundo grau, cujos valores nas extremidades da viga são:

$$V_{|x=0} = \frac{p_o \ell}{6} \equiv R_A \quad e \quad V_{|x=\ell} = -\frac{p_o \ell}{3} \equiv -R_B$$

Identifica-se que a equação do esforço cortante é igual à derivada da equação do momento fletor e, portanto, o momento máximo ocorre na seção do esforço cortante nulo:

$$\frac{p_o \ell}{6} - \frac{p_o x^2}{2\ell} = 0 \quad \rightarrow \quad x = \frac{\ell \sqrt{3}}{3} \quad \rightarrow \quad M_{máx.} = M_{|x=\ell\sqrt{3}/3} = \frac{p_o \ell^2}{9\sqrt{3}} \cong 0{,}064150 \, p_o \ell^2$$

Este resultado é apenas 2,64% maior do que o máximo momento fletor em igual viga sob força uniformemente distribuída de mesma resultante que a força de distribuição triangular.

Com os resultados anteriores traçam-se os diagramas mostrados na próxima figura. Pode-se identificar que o ponto de interseção das tangentes às extremidades do diagrama de momento fletor tem as coordenadas ($x=2\ell/3$) e ($y=p_o\ell^2/9$). Também se identifica que a área compreendida pelo trecho do esforço cortante positivo é numericamente igual à área correspondente ao trecho do esforço cortante negativo. E observa-se que a inclinação do diagrama do esforço cortante aumenta da esquerda para a direita, sentido do crescimento da força distribuída transversal à viga.

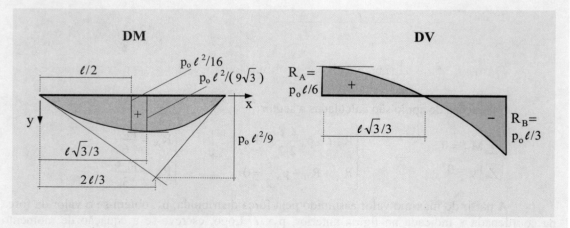

Figura E3.5b – Diagramas dos esforços seccionais da viga da figura anterior.

O traçado da parábola do segundo grau apresentado na Figura 3.9 adapta-se à obtenção do diagrama de esforço cortante da viga biapoiada sob força distribuída triangular, como mostra a próxima figura. Para isso, os pontos A e B são estabelecidos pelos esforços cortantes nas extremidades da viga, que são iguais, em módulo, às correspondentes reações de apoio, e o ponto C é a interseção da horizontal que passa pelo ponto A com a perpendicular ao ponto médio da linha de referência. Os seguimentos $\overline{AC}$ e $\overline{BC}$ são então divididos em partes iguais, para posterior ligação, de forma alternada, dos pontos obtidos com essas divisões. A parábola é traçada a partir dos pontos A e B, de forma a tangenciar esses segmentos, como mostrado na figura.

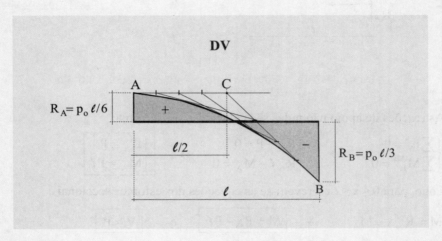

Figura E3.5c – Construção da parábola em diagrama de esforço cortante.

De forma análoga à construção da Figura 3.9, o traçado da parábola do terceiro grau pode ser feito a partir de uma corda inclinada, como ilustra a figura seguinte, como resultado da superposição de um diagrama trapezoidal negativo com um diagrama parabólico positivo.

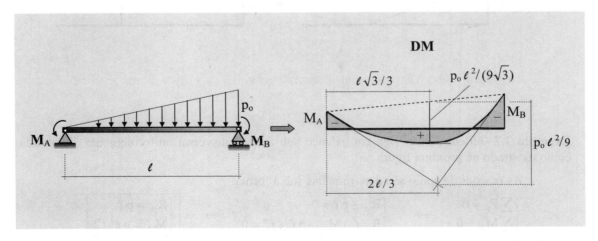

Figura E3.10 – Construção da parábola do terceiro grau a partir de uma corda inclinada.

Exemplo 3.6 – Determinam-se os diagramas dos esforços seccionais da viga em balanço sob a força concentrada mostrada na figura que se segue:

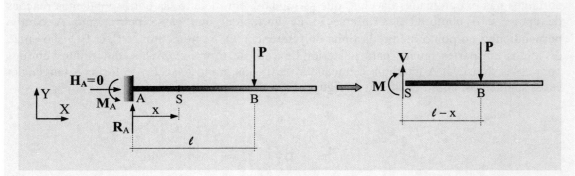

Figura E3.6a – Viga em balanço sob força concentrada.

As reações de apoio não nulas são calculadas sob a forma:

$$\begin{cases} \sum F_Y = 0 \\ \sum M_B^{AB} = 0 \end{cases} \rightarrow \begin{cases} R_A - P = 0 \\ R_A \ell - M_A = 0 \end{cases} \rightarrow \boxed{\begin{cases} R_A = P \\ M_A = P\ell \end{cases}}$$

Logo, para $0 \leq x \leq \ell$ escrevem-se as equações dos esforços seccionais:

$$M = R_A x - M_A \rightarrow \boxed{M = Px - P\ell} \quad \text{e} \quad \boxed{V = P}$$

Essas equações conduzem aos diagramas mostrados na figura seguinte. Vê-se que os esforços seccionais no engaste são numericamente iguais às reações de apoio.

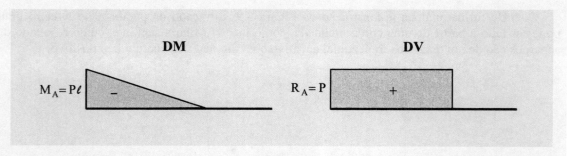

Figura E3.6b – Diagramas dos esforços seccionais da viga da figura anterior.

Exemplo 3.7 – Idem para a viga em balanço sob força transversal uniformemente distribuída, como mostrado na próxima figura.

As reações de apoio são determinadas sob a forma:

$$\begin{cases} \sum F_Y = 0 \\ \sum M_B = 0 \end{cases} \rightarrow \begin{cases} R_A - p\ell = 0 \\ R_A \ell - M_A - p\ell \, \ell/2 = 0 \end{cases} \rightarrow \boxed{\begin{cases} R_A = p\ell \\ M_A = p\ell^2/2 \end{cases}}$$

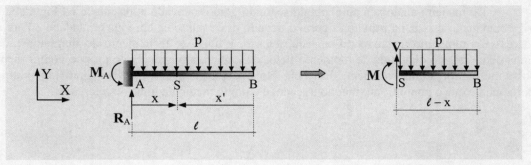

Figura E3.7a – Viga em balanço sob força transversal uniformemente distribuída.

Logo, escrevem-se as equações dos esforços seccionais:

$$M = R_A x - M_A - \frac{px^2}{2} \quad \rightarrow \quad M = p\ell x - \frac{p\ell^2}{2} - \frac{px^2}{2}$$

$$\rightarrow \quad M_{|x=0} = -\frac{p\ell^2}{2} \equiv -M_A \quad , \quad M_{|x=\ell} = 0$$

$$V = R_A - px \quad \rightarrow \quad V = p\ell - px$$

$$\rightarrow \quad V_{|x=0} = p\ell \equiv R_A \quad , \quad V_{|x=\ell} = 0$$

Com esses resultados constroem-se os diagramas mostrados na próxima figura.

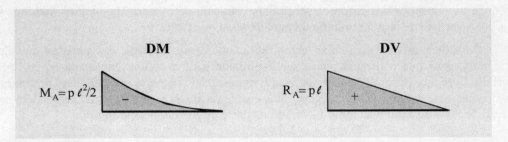

Figura E3.7b – Diagramas dos esforços seccionais da viga da figura precedente.

Quando há uma extremidade livre, como no presente exemplo, é mais cômodo utilizar uma coordenada x′ a partir dessa extremidade, como indicado na parte esquerda da Figura E3.7a. Desse modo, "entrando" na viga em balanço por essa extremidade, escrevem-se as equações dos esforços seccionais:

$$M = -px'\frac{x'}{2} \quad \rightarrow \quad M = -\frac{px'^2}{2} \quad \rightarrow \quad M_{|x'=\ell} = -\frac{p\ell^2}{2} \equiv -M_A$$

$$V = px' \quad \rightarrow \quad V_{|x'=\ell} = p\ell \equiv R_A$$

Vê-se que, diferentemente de quando se toma a coordenada x da esquerda para a direita, a última equação do esforço cortante é igual à derivada do momento fletor, com sinal contrário.

De maneira análoga à parábola do segundo grau de traçado apresentado na Figura 3.9 em viga biapoiada, faz-se, na próxima figura, o traçado dessa parábola em viga em balanço. Para isto, marca-se o momento negativo do engaste, traça-se a linha de fechamento do diagrama e nessa linha pendura-se o diagrama de momento fletor de uma viga biapoiada de mesmo comprimento e sob a mesma força uniformemente distribuía. Nota-se que a tangente a esse diagrama no ponto B é horizontal e que o ponto C, auxiliar ao traçado, é o ponto médio da linha de referência.

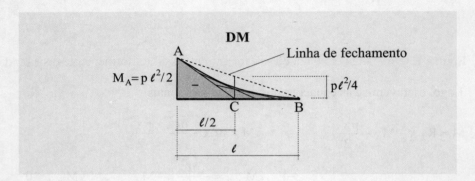

Figura E3.7c – Traçado da parábola do segundo grau em viga em balanço.

Exemplo 3.8 – Na parte esquerda da próxima figura está representado corte transversal de um reservatório paralelepipédico preenchido de líquido de peso específico γ, até a altura H. A seguir, obtêm-se as equações dos esforços seccionais e traçam-se os correspondentes diagramas para uma faixa vertical de largura unitária da parede desse reservatório.

Considera-se que essa faixa esteja suficientemente afastada das paredes que lhe são ortogonais, para que a mesma possa ser assimilada a uma coluna engastada na extremidade inferior e livre na extremidade superior, como representado na parte intermediária da figura. Para transformar essa coluna em uma viga, que é o tema do presente capítulo, considera-se uma rotação de 90° nessa coluna, como mostrado na parte direita da mesma figura.

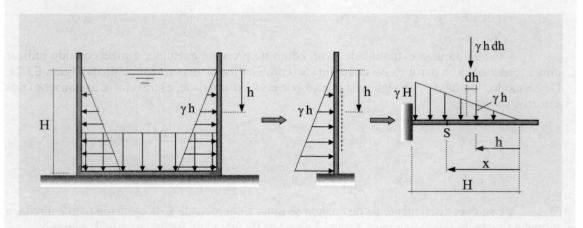

Figura E3.8a – Reservatório paralelepipédico com líquido de peso específico γ.

Na profundidade h da parede lateral do reservatório tem-se a pressão γh que define, na referida faixa, uma distribuição triangular de força de valor genérico γh·1. Para escrever as equações dos esforços seccionais, considera-se a coordenada x dirigida da direita para a esquerda, a partir do final da distribuição de força, como indicado na parte direita da figura anterior. Logo, com o uso de integração, obtém-se o esforço cortante:

$$V = \int_0^x \gamma h \, dh = \gamma \frac{h^2}{2} \bigg|_0^x \quad \rightarrow \quad V = \frac{\gamma x^2}{2} \quad \rightarrow \quad V_{|x=H} = \frac{\gamma H^2}{2}$$

Este último resultado é numericamente igual à resultante da distribuição de força.

De modo análogo, obtém-se a equação de momento fletor:

$$M = -\int_0^x \gamma h (x-h) \, dh = -\gamma \left(\frac{x h^2}{2} - \frac{h^3}{3} \right) \bigg|_0^x \quad \rightarrow \quad M = -\frac{\gamma x^3}{6} \quad \rightarrow \quad M_{|x=H} = -\frac{\gamma H^3}{6}$$

Este resultado é numericamente igual ao momento estático da distribuição triangular de força em relação ao eixo vertical que passa pelo ponto representativo da seção de engaste.

Com os resultados anteriores, traçam-se os diagramas seguintes:

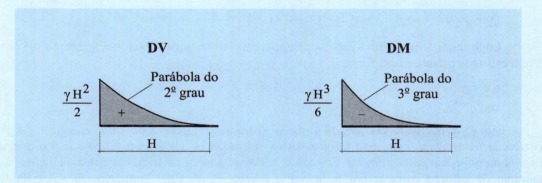

Figura E3.8b – Diagramas dos esforços seccionais da viga da figura anterior.

Observa-se que a tangente na extremidade direita em ambos os diagramas é horizontal, e que os valores máximos dos esforços seccionais são numericamente iguais às reações no engaste.

3.4 – Relações diferenciais entre M, V e forças externas distribuídas

Em uma barra reta, o momento fletor e o esforço cortante independem do esforço normal e guardam relações diferenciais entre si e com a força distribuída transversal. Para determinar essas relações, considera-se um segmento infinitesimal de barra sob a ação da força distribuída transversal p, como mostra a parte esquerda da próxima figura em que o momento fletor e o esforço cortante estão representados em seus sentidos positivos e com acréscimos infinitesimais da esquerda para a direita. Desconsiderando os infinitésimos de ordem superior aos de primeira ordem, a resultante da distribuição da força transversal no referido segmento é igual a p dx, resultante essa que dista εdx da seção da extremidade direita desse segmento, com 0 < ε < 1.

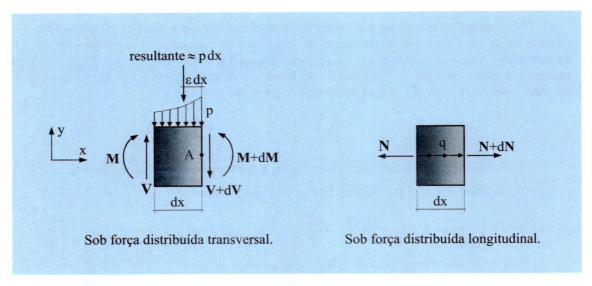

Figura 3.11 – Elemento infinitesimal de barra reta sob forças distribuídas.

Para o equilíbrio do referido segmento na direção vertical, deve-se ter:

$$\sum F_y = 0 \quad \rightarrow \quad V - p\,dx - (V + dV) = 0 \quad \rightarrow \quad p\,dx + dV = 0$$

Logo, com a explicitação da força transversal distribuída, obtém-se a relação diferencial entre o esforço cortante e essa força:

$$\frac{dV}{dx} = -p \tag{3.1}$$

Isto é, *a derivada da função esforço cortante é igual, com sinal contrário, à força distribuída transversal, com essa força positiva orientada de cima para baixo e a coordenada x dirigida da esquerda para a direita.* Em outras palavras, a tangente trigonométrica da inclinação do diagrama de esforço cortante em cada ponto é igual, com sinal contrário, ao valor da força distribuída transversal à barra na seção correspondente ao ponto em questão.

Para o equilíbrio de rotação do referido segmento, o somatório dos momentos das ações aplicadas nesse segmento em relação a um ponto no plano xy deve ser nulo. Tomando esse ponto na extremidade direita desse segmento, escreve-se:

$$\sum M_A = 0 \quad \rightarrow \quad M + V\,dx - p\,dx\,\varepsilon\,dx - (M + dM) = 0 \quad \rightarrow \quad V\,dx - p\,\varepsilon\,dx^2 - dM = 0$$

Dessa equação, com o cancelamento do termo com o infinitésimo de segunda ordem, obtém-se:

$$V\,dx - dM = 0$$

que fornece a relação diferencial entre o momento fletor e o esforço cortante:

$$\frac{dM}{dx} = V \tag{3.2}$$

Assim, *a derivada da função momento fletor é igual à função esforço cortante, considerada a coordenada x dirigida da esquerda para a direita.* Em outras palavras, a tangente trigonométrica da inclinação do diagrama de momento fletor em cada ponto é igual ao

Capítulo 3 – Vigas

valor do esforço cortante na seção correspondente ao ponto em questão. Consequentemente, um valor extremo (máximo ou mínimo) local de momento fletor ocorre em seção de esforço cortante nulo.

Quando se adota coordenada dirigida da direita para a esquerda, a derivada da equação de esforço cortante é igual à equação de distribuição da força transversal, e a derivada da equação de momento fletor é igual, com sinal contrário, à equação do esforço cortante.

As equações diferenciais em Eq.3.1 e Eq.3.2 são válidas para trechos de barra reta sem força concentrada. Dessas equações tiram-se as seguintes conclusões:

(1) Em trecho sem força transversal, o esforço cortante é constante e o momento fletor é uma função linear.

(2) Em trecho sob força transversal uniformemente distribuída, o esforço cortante é uma função linear e o momento fletor é uma função polinomial do segundo grau.

(3) Em trecho sob distribuição linear de força transversal, o esforço cortante é uma função polinomial do segundo grau e o momento fletor é uma função polinomial do terceiro grau.

(4) Em trecho sob força transversal de equação polinomial do grau n, o esforço cortante é uma função polinomial do grau $(n+1)$ e o momento fletor é uma função polinomial do grau $(n+2)$.

(5) Em trecho de momento fletor crescente, o esforço cortante é positivo, e é negativo, em caso contrário.

f – Em seção de esforço cortante nulo, a tangente ao diagrama de momento fletor é horizontal.

A partir das duas equações anteriores, obtém-se a equação diferencial que relaciona o momento fletor com a força distribuída transversal:

$$\frac{d^2M}{dx^2} = -p \tag{3.3}$$

Com essa equação identifica-se que, em caso de força distribuída transversal de cima para baixo, o diagrama de momento fletor tem concavidade voltada para cima, como indica a derivada segunda negativa dessa função no presente caso em que as ordenadas positivas são marcadas embaixo da linha de referência. Assim, a concavidade desse diagrama é sempre em sentido contrário ao da força distribuída transversal.

Para um segmento infinitesimal de barra sob uma força distribuída longitudinal q, como mostra a parte direita da figura anterior, escreve-se a equação de equilíbrio:

$$\sum F_x = 0 \quad \rightarrow \quad -N + N + dN + q\,dx = 0$$

$$\rightarrow \quad \frac{dN}{dx} = -q \tag{3.4}$$

Isto é, *a derivada da função esforço normal é igual à força distribuída longitudinal, com sinal contrário, em caso dessa força ser positiva no sentido do eixo x.*[8]

As conclusões anteriores podem ser identificadas nos diagramas das vigas biapoiadas representadas nas Figuras 3.12a, 3.12b e 3.12c, e nos diagramas das vigas em balanço mostradas

---

[8] Essa última equação não apresenta vantagem no estudo de vigas isostáticas.

nas Figuras 3.13a, 3.13b e 3.13c. Por simplicidade, em todas essas vigas estão indicadas apenas as reações verticais não nulas.[9]

Importa observar que, em seção correspondente a uma força transversal concentrada, há descontinuidade no diagrama de esforço cortante em módulo igual a essa força e, consequentemente, descontinuidade na inclinação do diagrama de momento fletor de maneira a formar um ponto anguloso nesse diagrama. Isto é, as tangentes à esquerda e à direita nesse ponto do diagrama são distintas. Já em seção de momento concentrado, o diagrama de esforço cortante é contínuo e o diagrama de momento fletor tem descontinuidade igual, em módulo, àquele momento, com tangentes paralelas à esquerda e à direita do correspondente ponto do diagrama. Além disso, observa-se que as reações de apoio de cada uma das vigas representadas na Figura 3.12c formam um binário de vetor conjugado igual ao momento aplicado.

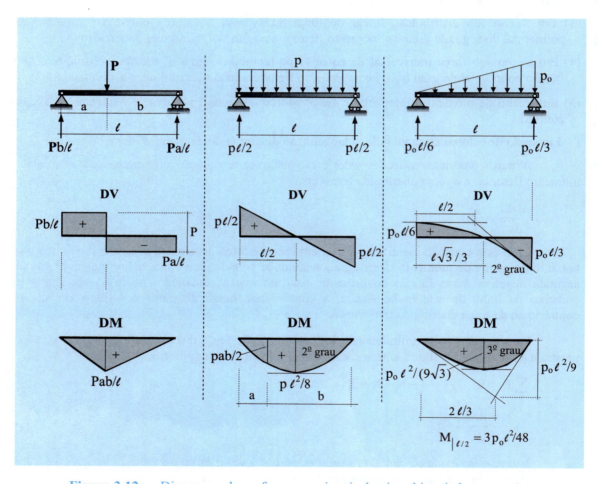

Figura 3.12a – Diagramas dos esforços seccionais de vigas biapoiadas, parte A.

---

[9] Sugere-se ao leitor verificar a coerência de cada um desses diagramas que são os diagramas básicos. Isto porque, a melhor maneira de superar um problema difícil é resolvê-lo em casos particulares mais simples. E com a prática nesses casos, desenvolve-se intuição e conhecimento para resoluções mais elaboradas.

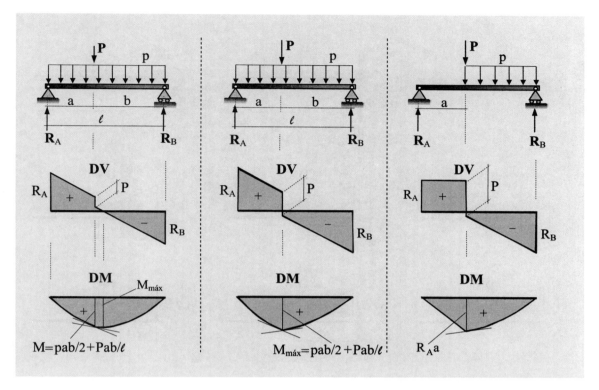

Figura 3.12b – Diagramas dos esforços seccionais de vigas biapoiadas, parte B.

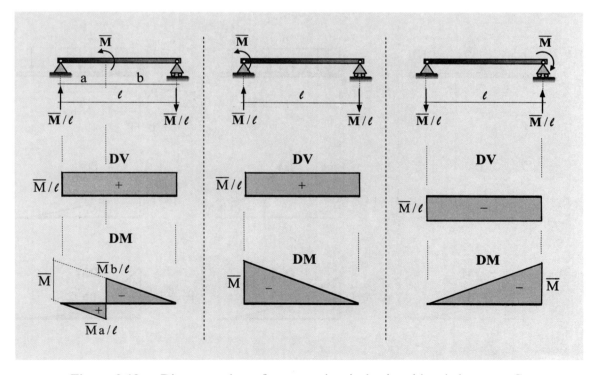

Figura 3.12c – Diagramas dos esforços seccionais de vigas biapoiadas, parte C.

Estática das Estruturas — H. L. Soriano

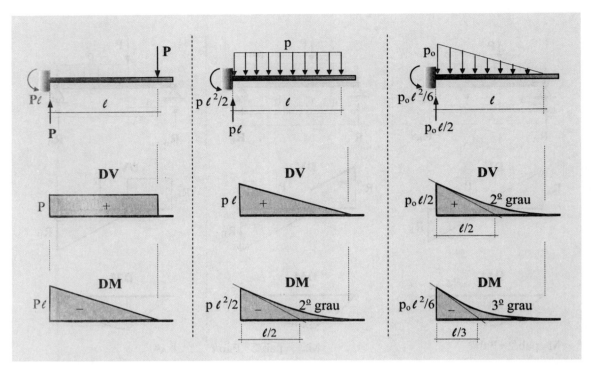

Figura 3.13a – Diagramas dos esforços seccionais de vigas em balanço, parte A.

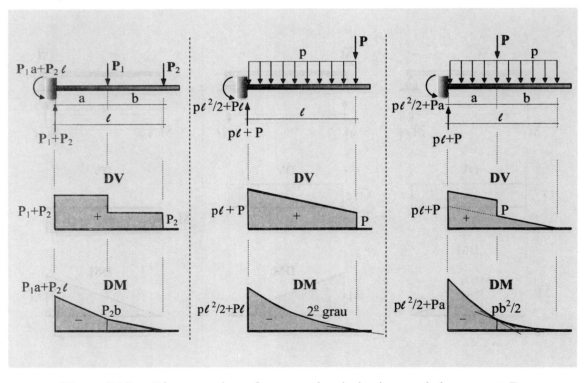

Figura 3.13b – Diagramas dos esforços seccionais de vigas em balanço, parte B.

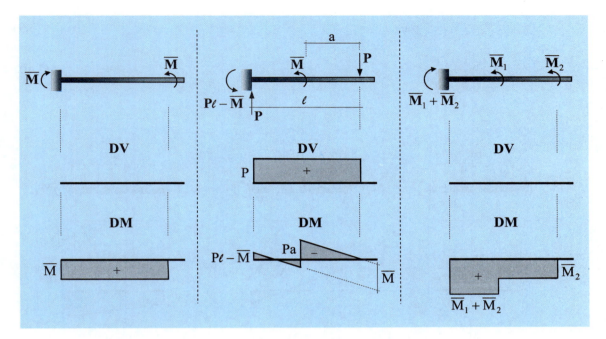

Figura 3.13c – Diagramas dos esforços seccionais de vigas em balanço, parte C.

A partir de Eq.3.1, escreve-se o esforço cortante:

$$V = -\int_x p\, dx \tag{3.5}$$

Logo, entre as seções de coordenadas x_1 e x_2 em uma barra reta sob a força distribuída transversal p, tem-se o incremento de esforço cortante:

$$\Delta V = V_{x_2} - V_{x_1} = -\int_{x_1}^{x_2} p\, dx \tag{3.6}$$

Isto é, *a alteração do valor do esforço cortante entre duas seções transversais é igual, com sinal contrário, à resultante da força transversal distribuída entre essas seções*, resultante essa que é numericamente igual à área da representação dessa força entre essas seções.

Além disso, a partir de Eq.3.2, escreve-se o momento fletor:

$$M = \int_x V\, dx \tag{3.7}$$

Logo, entre as seções de coordenadas x_1 e x_2, tem-se o incremento de momento fletor:

$$\Delta M = M_{x_2} - M_{x_1} = \int_{x_1}^{x_2} V\, dx \tag{3.8}$$

Ou seja, *a alteração do valor do momento fletor entre duas seções transversais de uma barra é numericamente igual à área do diagrama de esforço cortante entre essas seções* (considerados os sinais desses esforços). E o momento fletor em uma dada seção é numericamente igual à área do diagrama de esforço cortante à esquerda dessa seção, desde que não haja momento concentrado neste lado da seção. Logo, em uma viga sem momento externo aplicado, a área de **DV** acima da linha de referência é numericamente igual à área desse diagrama abaixo dessa linha.

Essas conclusões estão ilustradas na próxima figura, em caso de força transversal uniformemente distribuída, quando então se têm os incrementos:

$$\Delta V = V_{x_2} - V_{x_1} = -pa \tag{3.9}$$

$$\Delta M = \frac{V_{x_1} + V_{x_2}}{2} \cdot a \tag{3.10}$$

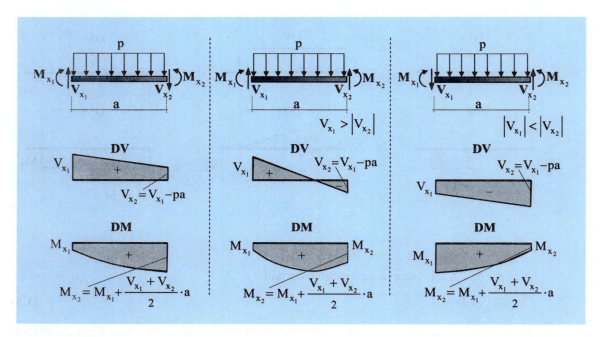

Figura 3.14 – Correspondência entre força transversal uniformemente distribuída, **DV** e **DM**.

Exemplo 3.9 – Na próxima figura está representada uma viga biapoiada com um balanço e sob força transversal uniformemente distribuída. Determinam-se as equações dos esforços seccionais dessa viga e traçam-se os correspondentes diagramas.

As reações de apoio não nulas são calculadas sob a forma:

$$\begin{cases} \sum M_A = 0 \\ \sum F_Y = 0 \end{cases} \rightarrow \begin{cases} R_B \ell - p(\ell + \ell/2)(\ell + \ell/2)/2 = 0 \\ R_A + R_B - p(\ell + \ell/2) = 0 \end{cases} \rightarrow \begin{cases} R_B = 9p\ell/8 = 1{,}125\,p\ell \\ R_A = 3p\ell/8 = 0{,}375\,p\ell \end{cases}$$

Logo, "entrando" na viga pela esquerda e para $0 \le x \le \ell$, escrevem-se as equações dos esforços seccionais:

$$M = R_A x - \frac{px^2}{2} \quad \rightarrow \quad M = 0{,}375\,p\ell\,x - \frac{px^2}{2} \quad \rightarrow \quad M_{|x=\ell} = M_B = -0{,}125\,p\ell^2$$

$$V = \frac{dM}{dx} = 0{,}375\,p\ell - px \quad \rightarrow \quad V_{|x=0} = V_A = 0{,}375\,p\ell \quad e \quad V_{|x=\ell} = V_{B^-} = -0{,}625\,p\ell$$

Na seção de esforço cortante nulo, definida por ($x = 0{,}375\,\ell$), tem-se o máximo momento:

$$M_{máx.} = M_{|x=0{,}375\ell} = 0{,}375\,p\ell \cdot 0{,}375\,\ell - \frac{p(0{,}375\,\ell)^2}{2} = 0{,}070\,312\,p\ell^2$$

Ainda "entrando" na viga pela esquerda, mas para $\ell \leq x \leq (\ell + \ell/2)$, escrevem-se as equações dos esforços seccionais:

$$M = R_A x - \frac{px^2}{2} + R_B(x-\ell) \rightarrow M = -1,125p\ell^2 + 1,5p\ell x - \frac{px^2}{2} \rightarrow M_{|x=1,5\ell} = 0 \equiv M_C$$

$$V = \frac{dM}{dx} = 1,5p\ell - px \rightarrow V_{|x=\ell} = V_{B^+} = 0,5p\ell \quad e \quad V_{|x=1,5\ell} = 0 \equiv V_C$$

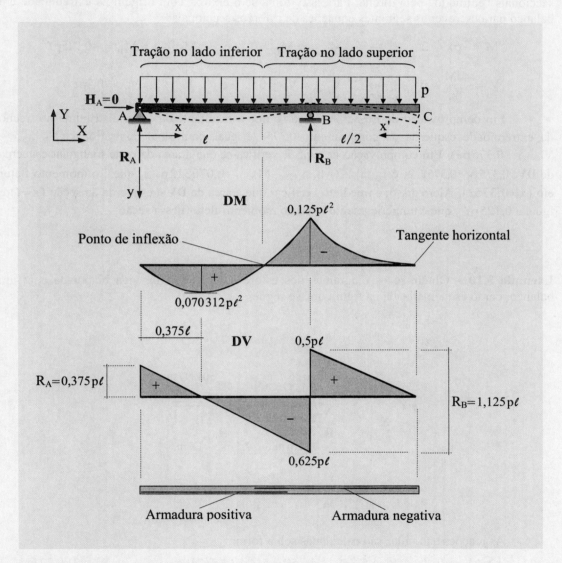

Figura E3.9 – Viga biapoiada com balanço.

Com esses resultados foram traçados os diagramas mostrados na parte intermediária da figura anterior. No diagrama de esforço cortante, os segmentos inclinados são paralelos porque dizem respeito a trechos de barra com forças distribuídas transversais de mesmo valor.

Na mesma figura estão indicados os trechos da viga com tração nas fibras inferiores e com tração nas fibras superiores, trechos esses que são identificados a partir do diagrama de momento fletor. A seção em que o momento fletor troca de sinal é um *ponto de inflexão* ou *de contraflecha*, que é o ponto em que ocorre mudança de concavidade da barra deformada. Em caso de essa viga ser de concreto armado, a parte inferior da referida figura mostra a posição das armaduras de aço utilizadas para resistir à tração provocada pelo momento fletor. Para resistir ao esforço cortante utilizam-se estribos verticais, não indicados na figura.

Para o trecho em balanço da viga anterior, é mais simples determinar os esforços seccionais "entrando" pela direita. Para isso, toma-se o eixo x' com origem na extremidade em balanço para escrever as seguintes equações de esforços seccionais:

$$M = -px'^2/2 \quad \to \quad M_{|x'=0} = M_C = 0 \quad e \quad M_{|x'=\ell/2} = M_B = -0{,}125p\ell^2$$

$$V = -\frac{dM}{dx'} = px' \quad \to \quad V_{|x'=0} = V_C = 0 \quad e \quad V_{|x'=\ell/2} = V_{B^+} = 0{,}5p\ell$$

Em comprovação de Eq.3.5, verifica-se que a resultante da força distribuída no trecho da extremidade esquerda de comprimento $0{,}375\ell$ é igual, com sinal contrário, a ($V_{|x=0{,}375\ell} - V_{|x=0} = -0{,}375p\ell$). Em comprovação de Eq.3.7, verifica-se que a área da parte triangular esquerda de **DV**, $0{,}375p\ell \cdot 0{,}375\ell/2$, é igual a ($M_{|x=0{,}375\ell} - M_{|x=0} = 0{,}070312p\ell^2$), que é o momento fletor em ($x = 0{,}375\ell$). Além disso, é imediato verificar que a área de **DV** à esquerda da seção ($x = \ell$) é igual a $0{,}125p\ell^2$, que é numericamente igual ao momento fletor nessa seção.

Exemplo 3.10 – Obtêm-se os diagramas dos esforços seccionais da viga biapoiada com um balanço, como esquematizada na figura que se segue:

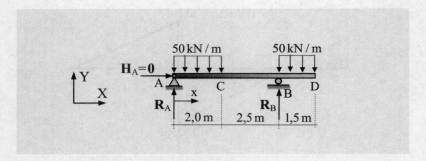

Figura E3.10a – Viga biapoiada com balanço.

As reações não nulas são calculadas sob a forma:

$$\begin{cases} \sum M_A = 0 \quad \to \quad R_B 4{,}5 - 50 \cdot 2 \cdot 1 - 50 \cdot 1{,}5(4{,}5 + 1{,}5/2) = 0 \\ \sum F_Y = 0 \quad \to \quad R_A + R_B - 50 \cdot 2 - 50 \cdot 1{,}5 = 0 \end{cases} \to \begin{cases} R_B \cong 109{,}72 \text{ kN} \\ R_A \cong 65{,}280 \text{ kN} \end{cases}$$

Em verificação de equilíbrio, faz-se:

$$\sum M_D = 65{,}28 \cdot 6 + 109{,}72 \cdot 1{,}5 - 50 \cdot 2 \cdot 5 - 50 \cdot 1{,}5 \cdot 0{,}75 = 0{,}01 \cong 0 \qquad \text{OK!}$$

"Entrando" pelo lado esquerdo da viga, obtêm-se os esforços seccionais:

Para $0 \leq x \leq 2m$:

$$M = 65,28x - 50 \cdot \frac{x^2}{2} \quad \rightarrow \quad \boxed{M = 65,28x - 25x^2} \quad \rightarrow \quad M_{|x=2} = 30,560\,kN \cdot m$$

$$\boxed{V = \frac{dM}{dx} = 65,28 - 50x} \quad \rightarrow \quad V_{|x=0} = 65,28\,kN \equiv R_A \quad , \quad V_{|x=2} = V_C = -34,720\,kN$$

Como o esforço cortante troca de sinal neste trecho, o diagrama de momento fletor passa por um valor máximo na coordenada de esforço cortante nulo:

$$65,28 - 50x = 0 \quad \rightarrow \quad x = 1,3056\,m$$

$$\rightarrow \quad M_{|x=1,3056} = M_{máx.} \cong 42,615\,kN \cdot m$$

Para $2m \leq x \leq 4,5m$:

$$M = 65,28x - 50 \cdot 2(x-1) \quad \rightarrow \quad \boxed{M = -34,72x + 100} \quad \rightarrow \quad M_{|x=4,5} = -56,240\,kN \cdot m$$

$$\boxed{V = \frac{dM}{dx} = -34,72} \quad \rightarrow \quad V_{|x=4,5} = V_{B^-} = -34,720\,kN$$

Como há definição única de momento fletor em $(x=2)$, têm-se tangentes iguais à esquerda e à direita do correspondente ponto desse esforço.

Para $4,5m \leq x \leq 6,0m$:

$$M = -34,72x + 100 + 109,72(x - 4,5) - 50(x - 4,5)^2 / 2$$

$$\boxed{M = -25x^2 + 300x - 899,99} \quad \rightarrow \quad M_{|x=6} = 0,01 \cong 0 \quad OK!$$

$$\boxed{V = \frac{dM}{dx} = -50x + 300} \quad \rightarrow \quad V_{|x=4,5} = V_{B^+} = 75,0\,kN \quad , \quad V_{|x=6} = 0 \quad OK!$$

Finalmente, com os resultados anteriores traçam-se os diagramas mostrados na próxima figura. No diagrama de esforço cortante, os segmentos inclinados são paralelos porque dizem respeito a trechos de barra com forças distribuídas transversais de mesmo valor.

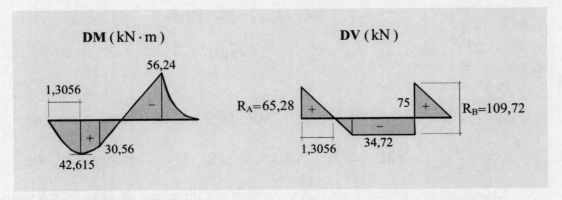

Figura E3.10b – Diagramas dos esforços seccionais da viga da figura anterior.

Exemplo 3.11 – Obtêm-se os diagramas dos esforços seccionais da viga representada na figura abaixo.

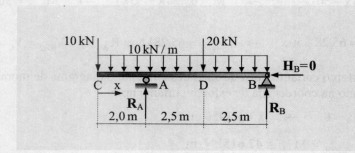

Figura E3.11a – Viga biapoiada com um balanço.

As reações não nulas são calculadas como a seguir:

$$\begin{cases} \sum M_B = 0 \\ \sum F_Y = 0 \end{cases} \rightarrow \begin{array}{l} R_A \cdot 5 - 10 \cdot 7 - 10 \cdot 7 \cdot 3,5 - 20 \cdot 2,5 = 0 \\ R_A + R_B - 10 - 20 - 10 \cdot 7 = 0 \end{array} \rightarrow \begin{cases} R_A = 73,0\,kN \\ R_B = 27,0\,kN \end{cases}$$

Em verificação do equilíbrio, calcula-se:

$$\sum M_C = 73 \cdot 2 + 27 \cdot 7 - 10 \cdot 7 \cdot 3,5 - 20 \cdot 4,5 = 0 \quad OK!$$

"Entrando" pelo lado esquerdo da viga, obtêm-se os esforços seccionais:

Para $0 \le x \le 2\,m$:

$$M = -10 \cdot \frac{x^2}{2} - 10x \quad \rightarrow \quad M = -5x^2 - 10x \quad \rightarrow \quad M_{|x=2} = -40,0\,kN \cdot m$$

$$V = \frac{dM}{dx} = -10x - 10 \quad \rightarrow \quad V_{|x=0} = V_C = -10,0\,kN \quad , \quad V_{|x=2} = V_{A^-} = -30,0\,kN$$

Para $2m \le x \le 4,5m$:

$$M = -5x^2 - 10x + 73(x-2) \quad \rightarrow \quad M = -5x^2 + 63x - 146$$

$$\rightarrow \quad M_{|x=4,5} = 36,25\,kN \cdot m$$

$$V = \frac{dM}{dx} = -10x + 63 \quad \rightarrow \quad V_{|x=2} = V_{A^+} = 43,0\,kN \quad , \quad V_{|x=4,5} = V_{D^-} = 18,0\,kN$$

Para $4,5m \le x \le 7,0m$:

$$M = -5x^2 + 63x - 146 - 20(x - 4,5) \quad \rightarrow \quad M = -5x^2 + 43x - 56 \quad \rightarrow \quad M_{|x=7} = 0 \quad OK!$$

$$V = \frac{dM}{dx} = -10x + 43 \quad \rightarrow \quad V_{|x=4,5} = V_{D^+} = -2,0\,kN \quad , \quad V_{|x=7} = -27,0\,kN \equiv -R_B \quad OK!$$

Logo, com os resultados anteriores, chega-se aos diagramas de esforços seccionais apresentados na figura que se segue:

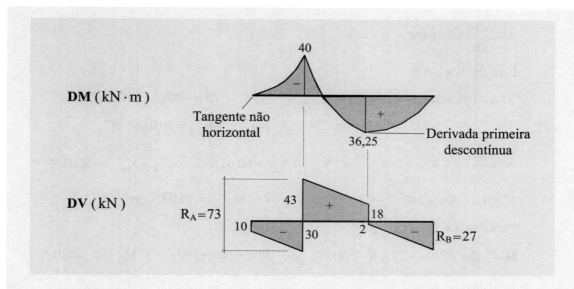

Figura E3.11b – Diagramas dos esforços seccionais da viga da figura precedente.

Exemplo 3.12 – Determinam-se os diagramas dos esforços seccionais da viga biapoiada representada na próxima figura.

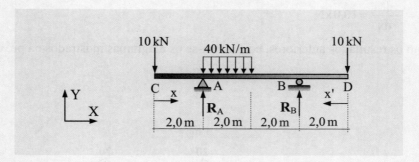

Figura E3.12a – Viga biapoiada com balanços.

As reações não nulas são calculadas como a seguir:

$$\begin{cases} \sum M_A = 0 \\ \sum F_Y = 0 \end{cases} \rightarrow \begin{array}{l} R_B \cdot 4 + 10 \cdot 2 - 40 \cdot 2 \cdot 1 - 10 \cdot 6 = 0 \\ R_A + R_B - 10 - 40 \cdot 2 - 10 = 0 \end{array} \rightarrow \begin{cases} R_B = 30{,}0\,kN \\ R_A = 70{,}0\,kN \end{cases}$$

Em verificação do equilíbrio, calcula-se:

$$\sum M_D = 70 \cdot 6 + 30 \cdot 2 - 10 \cdot 8 - 40 \cdot 2 \cdot 5 = 0 \quad OK!$$

"Entrando" pelo lado esquerdo da viga, obtêm-se os esforços seccionais:

Para $0 \le x \le 2\,m$:

$$M = -10\,x \quad \rightarrow \quad M_{|x=2} = -20{,}0\,kN \cdot m$$

$$V = \frac{dM}{dx} = -10\,\text{kN}$$

Para $2\text{m} \leq x \leq 4\text{m}$:

$$M = -10x + 70(x-2) - 40(x-2)^2/2 \quad \rightarrow \quad \boxed{M = -20x^2 + 140x - 220}$$
$$\rightarrow \quad M_{|x=4} = 20{,}0\,\text{kN}\cdot\text{m}$$

$$\boxed{V = \frac{dM}{dx} = -40x + 140} \quad \rightarrow \quad V_{|x=2} = V_{A^+} = 60{,}0\,\text{kN} \quad,\quad V_{|x=4} = V_{D^-} = -20{,}0\,\text{kN}$$

$$V = 0 = -40x + 140 \quad \rightarrow \quad x = 3{,}5\,\text{m} \quad \rightarrow \quad M_{|x=3{,}5} = 25{,}0\,\text{kN}\cdot\text{m}$$

Para $4\text{m} \leq x \leq 6\text{m}$:

$$M = -10x + 70(x-2) - 40\cdot 2(x-3) \quad \rightarrow \quad \boxed{M = -20x + 100} \quad \rightarrow \quad M_{|x=6} = -20{,}0\,\text{kN}\cdot\text{m}$$

$$\boxed{V = \frac{dM}{dx} = -20{,}0\,\text{kN}}$$

"Entrando" pelo lado direito da viga, escreve-se:

Para $0 \leq x' \leq 2\text{m}$:

$$\boxed{M = -10\cdot x'} \quad \rightarrow \quad M_{|x'=2} = -20{,}0\,\text{kN}\cdot\text{m}$$

$$\boxed{V = -\frac{dM}{dx'} = 10{,}0\,\text{kN}}$$

Com os resultados anteriores, constroem-se os diagramas mostrados na próxima figura.

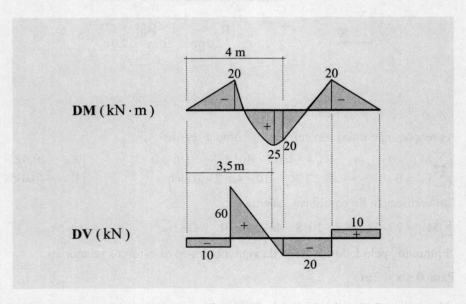

Figura E3.12b – Diagramas dos esforços seccionais da viga da figura anterior.

Exemplo 3.13 – Obtêm-se os diagramas dos esforços seccionais da viga triapoiada e com uma rótula interna, como representada na próxima figura. Essa rótula faz com que a viga seja isostática.

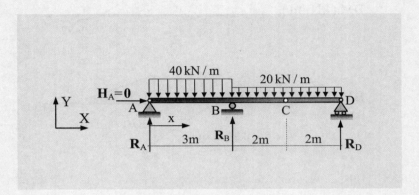

Figura E3.13a – Viga triapoiada e com uma rótula interna.

A seguir, são determinadas as reações de apoio não nulas:

$$\begin{cases} \sum M_C^{CD} = 0 & \to \quad R_D \cdot 2 - 20 \cdot 2 \cdot 1 = 0 \\ \sum M_A^{ABCD} = 0 & \to \quad R_D \cdot 7 + R_B \cdot 3 - 20 \cdot 4 \cdot 5 - 40 \cdot 3 \cdot 1{,}5 = 0 \\ \sum F_Y = 0 & \to \quad R_A + R_B + R_D - 40 \cdot 3 - 20 \cdot 4 = 0 \end{cases} \to \begin{cases} R_D = 20{,}0\,\text{kN} \\ R_B \cong 146{,}67\,\text{kN} \\ R_A \cong 33{,}330\,\text{kN} \end{cases}$$

Em checagem dos resultados anteriores, faz-se:

$$\sum M_D = 33{,}33 \cdot 7 + 146{,}67 \cdot 4 - 40 \cdot 3 \cdot 5{,}5 - 20 \cdot 4 \cdot 2 = -0{,}01 \cong 0 \quad \text{OK!}$$

Logo, para $0 \leq x \leq 3\,\text{m}$, escrevem-se as equações dos esforços seccionais:

$$M = 33{,}33x - 40x^2/2 = 33{,}33x - 20x^2 \quad \to \quad M_{|x=3} = -80{,}01\,\text{kN} \cdot \text{m}$$

$$V = 33{,}33 - 40x \quad \to \quad V_{|x=0} = 33{,}330\,\text{kN} \quad , \quad V_{|x=3} = V_{B^-} = -86{,}670\,\text{kN}$$

$$V = 0 = 33{,}33 - 40x \quad \to \quad x = 0{,}833\,25\,\text{m} \quad \to \quad M_{x=0{,}83325} = M_{\text{máx.}} = 13{,}886\,\text{kN} \cdot \text{m}$$

Para $3\,\text{m} < x \leq 7\,\text{m}$, escrevem-se as equações dos esforços seccionais:

$$M = 33{,}33x + 146{,}67(x-3) - 40 \cdot 3(x-1{,}5) - 20(x-3)^2/2$$

$$\to \quad M = -350{,}01 + 120x - 10x^2 \quad \to \quad M_{|x=7} = -0{,}01 \cong 0 \quad \text{OK!}$$

$$V = \frac{dM}{dx} = 120 - 20x \quad \to \quad V_{|x=3} = V_{B^+} = 60{,}0\,\text{kN} \quad , \quad V_{|x=7} = -20{,}0\,\text{kN} \equiv -R_D$$

$$V = 0 = 120 - 20x \quad \to \quad x = 6\,\text{m} \quad \to \quad M_{|x=6} = M_{\text{máx.}} = 9{,}990\,\text{kN} \cdot \text{m}$$

Finalmente, com esses resultados traçam-se os diagramas mostrados a seguir:

Estática das Estruturas – **H. L. Soriano**

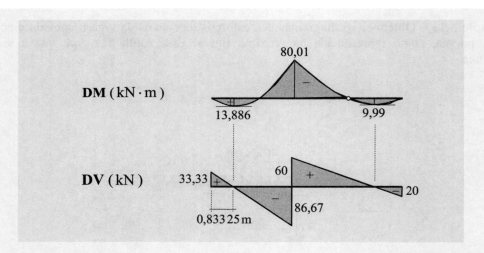

Figura E3.13b – Diagramas dos esforços seccionais da viga da figura anterior.

Exemplo 3.14 – Determinam-se as equações dos esforços seccionais da viga biapoiada, sob a força transversal de lei cossenoidal representada na próxima figura.

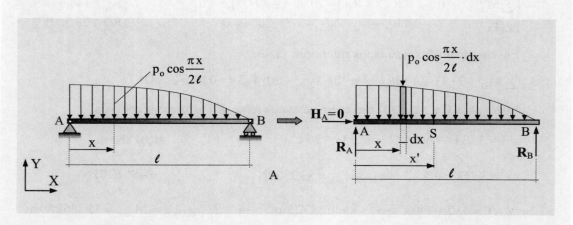

Figura E3.14 – Viga biapoiada sob força distribuída cossenoidal.

Para o cálculo das reações de apoio não nulas, faz-se:

$$\sum M_A = 0 \quad \rightarrow \quad R_B \ell - \int_0^\ell \left(p_o \cos\frac{\pi x}{2\ell} \cdot x \right) dx = 0$$

$$\rightarrow \quad R_B = \frac{p_o}{\ell} \int_0^\ell \left(x \cos\frac{\pi x}{2\ell} \right) dx \quad \rightarrow \quad \boxed{R_B = \frac{2 p_o \ell}{\pi}\left(1 - \frac{2}{\pi}\right)}$$

$$\sum F_Y = 0 \quad \rightarrow \quad R_A + R_B - \int_0^\ell \left(p_o \cos\frac{\pi x}{2\ell} \right) dx = 0$$

$$\rightarrow \quad R_A = -\frac{2p_o\ell}{\pi}\left(1-\frac{2}{\pi}\right) + p_o \int_0^\ell \cos\frac{\pi x}{2\ell}\cdot dx \quad \rightarrow \quad \boxed{R_A = \frac{4\ell p_o}{\pi^2}}$$

Logo, tendo em vista a parte direita da figura anterior, escrevem-se as equações dos esforços seccionais:

$$M = R_A x' - \int_0^{x'}\left(p_o \cos\frac{\pi x}{2\ell}\cdot(x'-x)\right)dx \quad \rightarrow \quad M = \frac{4\ell p_o x'}{\pi^2} - p_o \int_0^{x'}\left(\cos\frac{\pi x}{2\ell}\cdot(x'-x)\right)dx$$

$$\rightarrow \quad \boxed{M = \frac{4\ell p_o x'}{\pi^2} + \frac{4\ell^2 p_o}{\pi^2}\left(\cos\frac{\pi x'}{2\ell}-1\right)}$$

$$V = \frac{dM}{dx'} \quad \rightarrow \quad \boxed{V = \frac{4\ell p_o}{\pi^2} - \frac{2\ell p_o}{\pi}\sin\frac{\pi x'}{2\ell}}$$

Exemplo 3.15 – As equações dos esforços seccionais nos exemplos anteriores foram obtidas com a consideração do efeito de uma parte da barra sobre a sua outra parte. Alternativamente, essas equações podem ser obtidas com base nas relações diferenciais entre M, V e p, como exemplificado a seguir com as vigas biapoiadas da próxima figura.

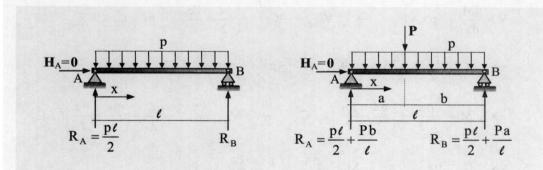

Figura E3.15 – Vigas biapoiadas.

a – Para a primeira das vigas da figura anterior e a partir de Eq.3.1, escreve-se:

$$\frac{dV}{dx} = -p \quad \rightarrow \quad V = -px + C_1$$

Logo, com a condição de contorno $V_{|x=0} = R_A = \frac{p\ell}{2}$ obtém-se:

$$C_1 = \frac{p\ell}{2} \quad \text{e} \quad V = -px + \frac{p\ell}{2}$$

Com base em Eq.3.2, tem-se:

Estática das Estruturas – H. L. Soriano

$$\frac{dM}{dx} = V = -px + \frac{p\ell}{2} \quad \rightarrow \quad M = -\frac{px^2}{2} + \frac{p\ell x}{2} + C_2$$

Logo, com a condição de contorno $M_{|x=0} = 0$ obtém-se:

$$C_2 = 0 \quad e \quad M = -\frac{px^2}{2} + \frac{p\ell x}{2}$$

Os correspondentes diagramas foram traçados no Exemplo 3.2.

b – Quanto à segunda viga da figura anterior, escreve-se:

Para $0 \leq x \leq a$ tem-se:

$$\frac{dV}{dx} = -p \quad \rightarrow \quad V = -px + C_1 = \frac{dM}{dx} \quad \rightarrow \quad V_{|x=0} = R_A = \frac{p\ell}{2} + \frac{Pb}{\ell} = C_1$$

$$\rightarrow \quad V = -px + \frac{p\ell}{2} + \frac{Pb}{\ell}$$

$$\rightarrow \quad M = -\frac{px^2}{2} + \left(\frac{p\ell}{2} + \frac{Pb}{\ell}\right)x + C_2 \quad \rightarrow \quad M_{|x=0} = 0 = C_2$$

$$\rightarrow \quad M = -\frac{px^2}{2} + \left(\frac{p\ell}{2} + \frac{Pb}{\ell}\right)x$$

Para $a \leq x \leq \ell$ tem-se:

$$V = \frac{dM}{dx} = -px + C_1 \quad \rightarrow \quad V_{|x=\ell} = -R_B = -\left(\frac{p\ell}{2} + \frac{Pa}{\ell}\right) = -p\ell + C_1$$

$$\rightarrow \quad C_1 = \frac{p\ell}{2} - \frac{Pa}{\ell} \quad \rightarrow \quad V = -px + \frac{p\ell}{2} - \frac{Pa}{\ell}$$

$$\rightarrow \quad M = -\frac{px^2}{2} + \left(\frac{p\ell}{2} - \frac{Pa}{\ell}\right)x + C_2 \quad \rightarrow \quad M_{|x=\ell} = 0 = -\frac{p\ell^2}{2} + \left(\frac{p\ell}{2} - \frac{Pa}{\ell}\right)\ell + C_2$$

$$\rightarrow \quad C_2 = Pa \quad \rightarrow \quad M = -\frac{px^2}{2} + \left(\frac{p\ell}{2} - \frac{Pa}{\ell}\right)x + Pa$$

Os diagramas dos esforços seccionais dessa última viga estão representados entre os diagramas mostrados na Figura 3.12b.

A determinação de equações dos esforços seccionais com base nas equações diferenciais de equilíbrio é, em geral, mais elaborada do que diretamente a partir das forças externas aplicadas à estrutura.

A partir do diagrama de momento fletor de uma barra, pode-se obter graficamente o esforço cortante em uma seção transversal qualquer. Para elucidar essa questão, considera-se o diagrama de momento fletor esquematizado na próxima figura e que se deseje determinar o esforço cortante na seção transversal do momento fletor de valor representado pelo segmento $\overline{am}$ indicado.

146

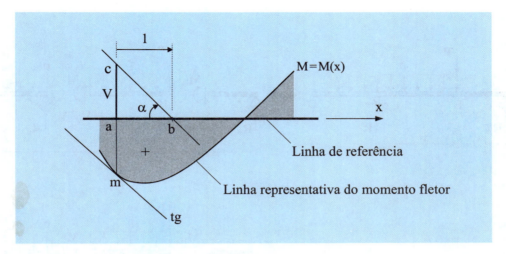

Figura 3.15 – Obtenção do esforço cortante a partir de diagrama de momento fletor.

Na construção da figura anterior, a partir do ponto "a" (representativo da seção em que se deseja determinar o esforço cortante) marca-se para a direita um segmento $\overline{ab}$ de comprimento unitário. A seguir, passando pelo ponto "b", traça-se a paralela à tangente ao diagrama de momento fletor no ponto "m", de maneira a obter o ângulo α indicado. Logo, como a função esforço cortante é igual à derivada da função momento fletor (no caso da coordenada x dirigida da esquerda para a direita), o esforço cortante correspondente ao ponto "a" da linha de referência é a tangente desse ângulo, o que se escreve:

$$V = \operatorname{tg}\alpha = \overline{ac}/\overline{ab} = \overline{ac}$$

Isto é, o esforço cortante procurado é numericamente igual ao comprimento do segmento $\overline{ac}$, cortante este que é positivo por estar marcado no lado superior da linha de referência. Esse sinal de esforço é confirmado também por dizer respeito a uma seção de um trecho de momento fletor crescente no sentido da esquerda para a direita.[10]

3.5 – Procedimento de decomposição em vigas biapoiadas

Nas duas seções anteriores, os diagramas dos esforços seccionais foram obtidos a partir de equações que foram determinadas com a consideração do efeito de todas as forças atuantes à esquerda (ou à direita) da seção de corte imaginário, sobre o restante da viga, ou esses diagramas foram obtidos a partir das relações diferenciais entre M, V e p. Esses procedimentos são bastante elaborados quando a viga tem diversos trechos com diferentes equações de momento fletor. Nesse caso, é mais simples determinar os valores desse momento nas seções de transição de suas equações e traçar o correspondente diagrama através do procedimento de assimilação de cada um os referidos trechos a uma viga biapoiada. Para desenvolver esse procedimento, considera-se a viga representada na parte superior esquerda da próxima figura, que tem três trechos de diferentes equações de momento fletor e em que estão indicadas apenas as reações não nulas.

---

[10] Esse procedimento de obtenção de esforço cortante é útil quando se utiliza um método de análise de estrutura hiperestática que forneça diretamente os momentos fletores, como é o caso do *Método dos Deslocamentos* na formulação clássica e em sua versão iterativa denominada *Processo de Cross*. Além disso, o conhecimento desse procedimento amplia a compreensão de diagrama de momento fletor.

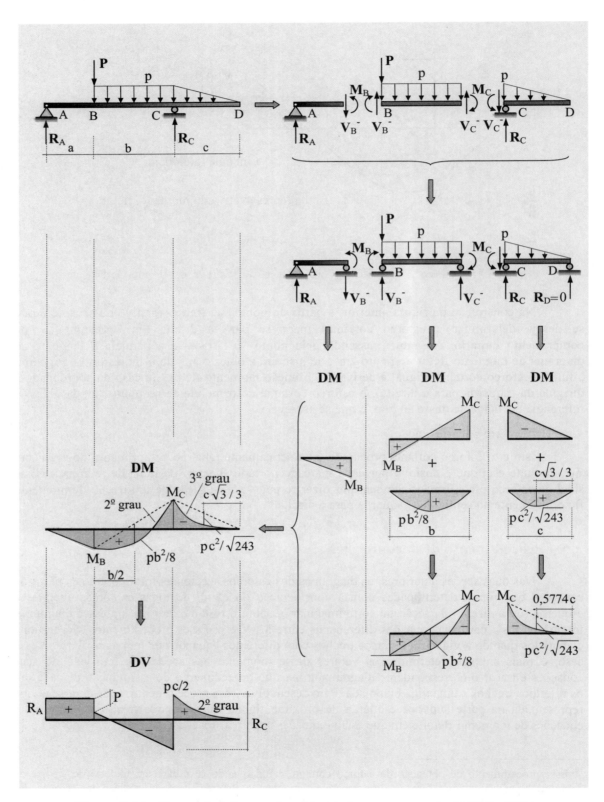

Figura 3.16 – Decomposição em vigas biapoiadas para o traçado de **DM** e **DV**.

Capítulo 3 – Vigas

Na viga anterior, as transições das equações dos esforços seccionais ocorrem nas seções B e C, que têm os seguintes esforços:

$$\begin{cases} M_B = M_B^{AB} = R_A\,a \\ V_{B^-} = R_A \\ V_{B^+} = R_A - P \\ M_C = M_C^{CD} = -(pc/2)\,c/3 = -pc^2/6 \\ V_{C^-} = R_A - P - pb \\ V_{C^+} = pc/2 \end{cases}$$

Como esses esforços representam o efeito de uma parte da viga sobre a sua outra parte, podem ser considerados os três trechos de barra mostrados na parte superior direita da figura anterior, em que os esforços seccionais estão representados em seus sentidos reais de atuação. E naturalmente, por ação e reação, os esforços de um lado de cada corte são iguais e de sentidos contrários aos do outro lado do corte.

Em continuidade de raciocínio, esses trechos de barra podem ser assimilados a vigas biapoiadas como mostrado na parte intermediária da mesma figura. Nessas vigas não houve necessidade de restringir o deslocamento horizontal, por não se ter força aplicada horizontalmente. Observa-se que nessas vigas, os esforços cortantes V_B^- e V_C^- passam a ser as reações nos apoios rotulados considerados nas extremidades da direita dos trechos AB e BC, respectivamente, e que a reação no apoio considerado na extremidade D é nula, por se tratar da extremidade livre de um balanço da viga original.

Na parte inferior direita da mesma figura estão representados os diagramas de momento fletor das três referidas vigas biapoiadas, sendo que os diagramas das vigas biapoiadas BC e CD foram obtidos por superposição dos diagramas correspondentes às forças distribuídas transversais e aos momentos aplicados nas extremidades de cada uma dessas vigas. Logo, compondo esses diagramas lado a lado, obtém-se o diagrama de momento fletor da viga original como representado na parte esquerda da figura.

De forma direta, esse procedimento de traçado do diagrama de momento fletor tem as seguintes etapas:

a – A partir de uma linha de referência paralela à viga, marcam-se as ordenadas representativas dos momentos fletores nas seções de transição das equações desse esforço.

b – Com a união dos pontos definidos por essas ordenadas obtém-se uma linha poligonal chamada de *linha de fechamento do diagrama de momento fletor*.

a – Para cada trecho de barra com força distribuída transversal associada a um segmento linear dessa linha e a partir desse segmento (que costuma ser uma corda inclinada), pendura-se o diagrama de momento fletor de uma viga biapoiada sob a referida força distribuída.

Com o procedimento descrito anteriormente, o diagrama de momento fletor da viga tratada na Figura 3.16 pode ser obtido como mostra a próxima figura. Nesta, foi utilizado o máximo momento fletor em uma viga biapoiada sob força transversal uniformemente distribuía, de intensidade $p\ell^2/8$. Foi também utilizado o máximo momento fletor em uma viga biapoiada sob força distribuída transversal triangular, que é $p\ell^2/\sqrt{243}$ e que ocorre em $\ell\sqrt{3}/3$ a partir da extremidade da viga em que essa distribuição de força tem valor nulo, como se pode observar na

149

Estática das Estruturas — **H. L. Soriano**

Figura 3.12a. Naturalmente, em caso de força transversal uniformemente distribuída, tem-se o recurso da construção gráfica da parábola do segundo grau, que foi apresentado na Figura 3.9.

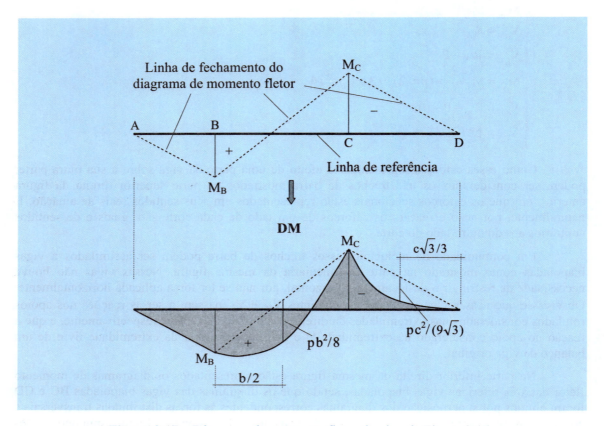

Figura 3.17 – Diagrama de momento fletor da viga da Figura 3.16.

Quanto ao balanço da referida viga, é mais simples traçar diretamente a parábola (do terceiro grau) do diagrama de momento fletor de viga em balanço sob força distribuída triangular do que pendurar, na linha de fechamento, a parábola do diagrama de momento fletor de uma viga biapoiada sob essa força distribuída. Contudo, optou-se por pendurar essa parábola, para evidenciar a generalidade do presente procedimento de traçado e porque esse procedimento se faz necessário quando há força concentrada na extremidade do balanço.[11]

O diagrama de esforço cortante da viga anterior pode ser obtido com procedimento semelhante ao do traçado do diagrama de momento fletor. Contudo, é mais prático obtê-lo diretamente a partir das forças atuantes na viga, percorrendo essa viga da esquerda para a direita e por observação do diagrama de momento fletor. Como exemplificação, na parte inferior esquerda da Figura 3.16 traçou-se o diagrama de esforço cortante com o seguinte raciocínio. No trecho AB da viga, esse esforço é constante e igual à reação R_A, porque à esquerda da seção B existe apenas essa reação (esse valor constante está

---

[11] O presente procedimento não costuma fornecer os valores extremos do momento fletor. Contudo, isso não é desvantagem quando esse procedimento é utilizado no *Método das Forças* de análise de estruturas hiperestáticas, que requer os diagramas de momento fletor das vigas biapoiadas elementares que compõem a estrutura original e não os valores extremos desse esforço.

em consonância com o diagrama de momento fletor que é linear nesse trecho). Na seção B, há descontinuidade no diagrama desse esforço igual à força concentrada **P**. No trecho BC da viga, o diagrama de esforço cortante é linear, porque há nesse trecho uma força transversal uniformemente distribuída (também o que está em consonância com o diagrama de momento fletor que é uma parábola do segundo grau e em que o máximo valor ocorre em seção de esforço cortante nulo). Na seção C, ocorre descontinuidade do diagrama de esforço cortante igual à reação R_C. E finalmente, no trecho CD da viga, esse diagrama é do segundo grau porque a força distribuída transversal tem lei linear neste trecho (em concordância com o diagrama de momento fletor que é do terceiro grau). Além disso, esse diagrama tem a concavidade voltada para cima, pelo fato da força distribuída transversal ser dirigida de cima para baixo, com tangente horizontal na extremidade do balanço porque essa força tem valor nulo nessa extremidade.

Exemplo 3.16 – Uma viga pré-fabricada de seção transversal constante, sob a ação do peso próprio p, é içada de sua posição horizontal por dois pontos de sustentação, como mostra a próxima figura em que **F'** é igual ao esforço de tração nos cabos inclinados. Determinam-se as posições desses pontos de maneira a se ter os menores momentos fletores na viga e constroem-se os correspondentes diagramas dos esforços seccionais.

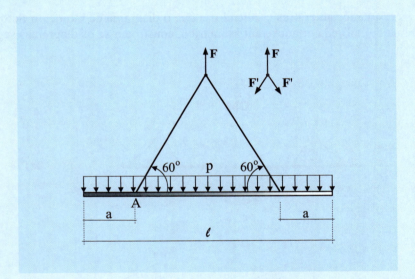

Figura E3.16a – Içamento de viga.

Os pontos de içamento devem distar de um comprimento "a" das extremidades da viga e provocar o momento fletor negativo máximo, $-pa^2/2$, igual em módulo ao máximo momento fletor positivo que ocorre na seção média da viga. Para tanto, de acordo com o procedimento de traçado do diagrama de momento fletor por decomposição em vigas biapoiadas, esse último momento deve ser igual à metade do momento fletor máximo de uma viga biapoiada de vão igual a $(\ell - 2a)$ e sob a mesma força distribuída transversal, o que fornece:[12]

---

[12] A estratégia de procurar impor o módulo do mínimo momento fletor igual ao máximo momento é utilizada em ponte com a concepção de viga biapoiada com dois balanços.

$$\frac{pa^2}{2} = \frac{1}{2}\frac{p(\ell-2a)^2}{8} \rightarrow 4a^2 + 4\ell a - \ell^2 = 0 \rightarrow a = \frac{\ell(\sqrt{2}-1)}{2} \cong 0{,}207\,11\ell$$

Para determinar o módulo da força $\mathbf{F'}$, faz-se:

$$\sum F_Y = 0 \rightarrow 2F'\cos 30° - p\ell = 0 \rightarrow F' = \frac{p\ell}{\sqrt{3}}$$

Logo, na seção A, têm-se os esforços seccionais:

$$\begin{cases} M_A = -\dfrac{pa^2}{2} \\ V_{A^-} = -pa \\ V_{A^+} = -pa + F'\cos 30° \rightarrow V_{A^+} = -pa + \dfrac{p\ell}{2} \\ N_{A^-} = 0 \\ N_{A^+} = -F'\cos 60° \rightarrow N_{A^+} = -\dfrac{p\ell}{2\sqrt{3}} \end{cases}$$

Com os resultados anteriores e sabendo-se que o diagrama de momento fletor é simétrico e que o diagrama de esforço cortante é antissimétrico, constroem-se os diagramas seguintes:

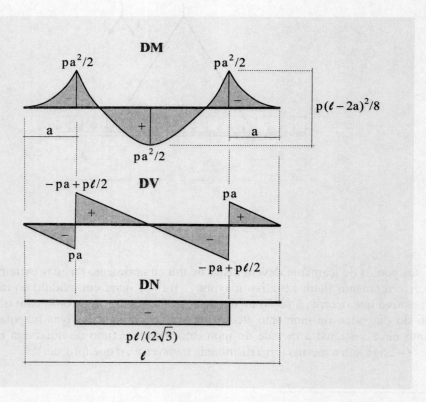

Figura E3.16b – Diagramas dos esforços seccionais da viga da figura precedente.

Exemplo 3.17 – Utiliza-se o procedimento de decomposição em vigas biapoiadas no traçado dos diagramas dos esforços seccionais da viga esquematizada na figura que se segue:

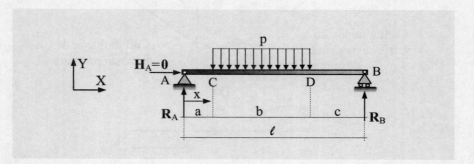

Figura E3.17a – Viga biapoiada sob força uniformemente distribuída parcial.

As reações não nulas são calculadas sob a forma:

$$\begin{cases} \sum M_B = 0 \rightarrow R_A \ell - pb\left(\dfrac{b}{2}+c\right)=0 \\ \sum M_A = 0 \rightarrow R_B \ell - pb\left(a+\dfrac{b}{2}\right)=0 \end{cases} \rightarrow \begin{cases} R_A = \dfrac{pb}{2\ell}(b+2c) \\ R_B = \dfrac{pb}{2\ell}(b+2a) \end{cases}$$

Com as reações anteriores determinam-se os esforços nas seções C e D indicadas:

$$\begin{cases} M_C = R_A a = \dfrac{pba}{2\ell}(b+2c) \\ V_C = R_A = \dfrac{pb}{2\ell}(b+2c) \\ M_D = R_B c = \dfrac{pbc}{2\ell}(b+2a) \\ V_D = -\dfrac{pb}{2\ell}(b+2a) \equiv -R_B \end{cases}$$

Em determinação do momento fletor máximo, escreve-se para o trecho $a \le x \le a+b$:

$$M = R_A x - p\dfrac{(x-a)^2}{2} \rightarrow M = \dfrac{pb}{2\ell}(b+2c)x - p\dfrac{(x-a)^2}{2}$$

$$\rightarrow V = \dfrac{dM}{dx} = \dfrac{pb}{2\ell}(b+2c) - p(x-a)$$

$$V = 0 \rightarrow x = a + \dfrac{b}{2\ell}(b+2c)$$

A substituição dessa coordenada na equação anterior de momento fletor fornece o momento máximo.

Com os resultados anteriores, constroem-se os diagramas mostrados na figura seguinte:

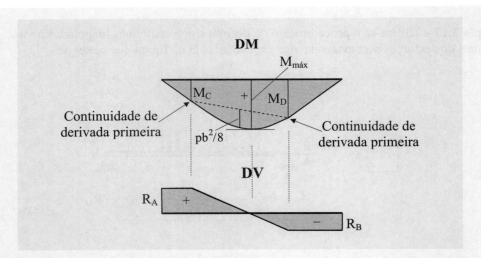

Figura E3.17b – Diagramas dos esforços seccionais da viga da figura anterior.

Exemplo 3.18 – Utiliza-se o procedimento de decomposição em vigas biapoiadas no traçado dos diagramas dos esforços seccionais da viga esquematizada na próxima figura, em que estão indicadas apenas as reações não nulas.

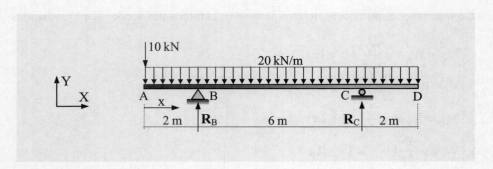

Figura E3.18a – Viga biapoiada com balanços.

As reações não nulas são calculadas sob a forma:

$$\begin{cases} \sum M_C = 0 \to & 6R_B - 20 \cdot 8 \cdot 4 + 20 \cdot 2 \cdot 1 - 10 \cdot 8 = 0 \\ \sum F_Y = 0 \to & R_B + R_C - 10 - 20 \cdot 10 = 0 \end{cases} \to \begin{cases} R_B \cong 113{,}33\,\text{kN} \\ R_C \cong 96{,}670\,\text{kN} \end{cases}$$

Logo, calculam-se os esforços nas seções B e C indicadas:

$$\begin{cases} M_B = -10 \cdot 2 - 20 \cdot 2 \cdot 1 = -60{,}0\,\text{kN} \cdot \text{m} \\ V_{B^-} = -10 - 20 \cdot 2 = -50{,}0\,\text{kN} \quad \text{e} \quad V_{B^+} = V_{B^-} + 113{,}33 = 63{,}330\,\text{kN} \\ M_C = -10 \cdot 8 - 20 \cdot 8 \cdot 4 + 113{,}33 \cdot 6 = -40{,}02 \cong -40\,\text{kN} \cdot \text{m} \\ V_{C^-} = V_{B^+} - 20 \cdot 6 = -56{,}67\,\text{kN} \quad \text{e} \quad V_{C^+} = V_{C^-} + 96{,}67 = 40{,}0\,\text{kN} \end{cases}$$

Em determinação do momento máximo, escreve-se a para o trecho $2 \leq x \leq 8\,m$:

$$M = -20x^2/2 - 10x + 113{,}33(x-2) = -10x^2 + 103{,}33x - 226{,}66$$

$\rightarrow \quad V = \dfrac{dM}{dx} = -20x + 103{,}33 \quad \rightarrow \quad V = 0 = -20x + 103{,}33 \quad \rightarrow \quad x = 5{,}1665\,m$

$M_{|x=5{,}1665} = M_{máx.} = 40{,}267\,kN \cdot m$

Com esses resultados, traçam-se os diagramas seguintes:

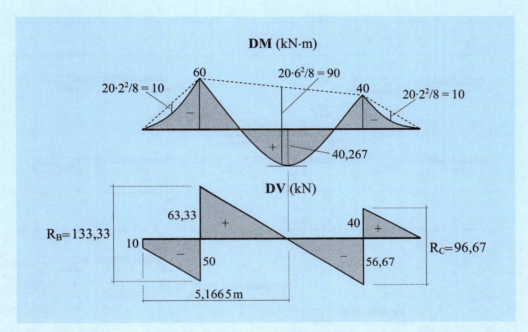

Figura E3.18b – Diagramas dos esforços seccionais da viga da figura precedente.

3.6 – Vigas Gerber

Conforme foi descrito na introdução a este capítulo, a viga Gerber é composta de vigas biapoiadas e em balanço, apoiando-se uma sobre as outras e em apoios externos, de maneira a formar um conjunto isostático, como ilustra a próxima figura.[13] Nessa composição, as ligações entre as diversas vigas constituintes são idealizadas como rótulas, e pelo menos um dos apoios externos deve ser projetado para absorver eventuais forças horizontais. Após a identificação da decomposição de uma viga Gerber em suas vigas básicas constituintes, podem-se determinar as reações e os esforços seccionais de cada uma dessas vigas, na ordem em que se apóia uma sobre as outras de forma estável, e posteriormente podem-se compor os diversos resultados parciais. Isso evita a resolução de um sistema de equações simultâneas em determinação das reações de apoio verticais e torna o traçado dos diagramas dos esforços seccionais mais simples, como mostra o próximo exemplo.

---

[13] O nome *viga Gerber* é em homenagem ao engenheiro alemão *Heinrich Gerber* (1822 – 1912).

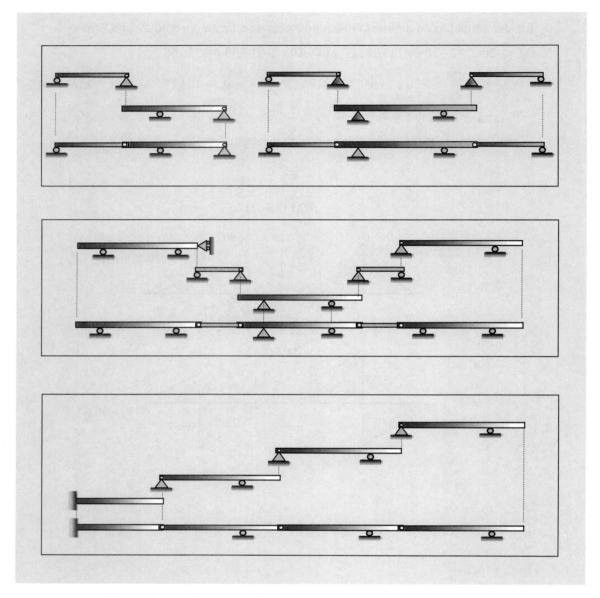

Figura 3.18 – Três vigas Gerber e correspondentes decomposições.

Por ser isostática, a viga Gerber tem a vantagem de não desenvolver esforços internos quando da atuação de variações de temperatura e recalques diferenciais de apoio. Tem também a vantagem de facilitar a construção com componentes préfabricados, sendo muito utilizada em pontes de concreto. E em comparação com a concepção de ponte aporticada, tem a vantagem de não transmitir momentos à infraestrutura.

Exemplo 3.19 – Na parte superior da próxima figura está esquematizada uma viga Gerber sob ação de forças transversas, com suas principais seções transversais identificadas pelas letras A até H. Traçam-se os diagramas dos esforços seccionais dessa viga.

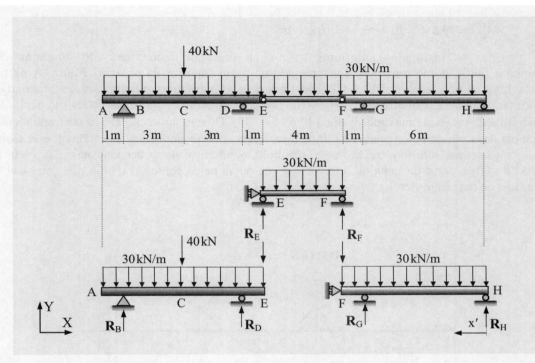

Figura E3.19a – Viga Gerber.

No cálculo das reações de apoios, podem ser utilizadas as três equações de equilíbrio da viga como um todo, mais uma equação de momento nulo para cada uma das duas rótulas internas. Contudo, é mais prático decompor a viga Gerber em suas três vigas isostáticas constituintes como representado na parte inferior da figura anterior, e iniciar o cálculo pela viga intermediária que se apóia nas demais. E como essa viga é biapoiada sob força uniformemente distribuída, tem-se diretamente as correspondentes intensidades de reações ($R_E = R_F = 30 \cdot 4/2 = 60\,kN$). Essas reações descarregam-se nas extremidades dos balanços das vigas extremas AE e FH. Logo, as reações dessas últimas vigas são calculadas sob a forma:

$$\begin{cases} \sum M_D^{AE} = 0 \\ \sum F_Y^{AE} = 0 \end{cases} \rightarrow \begin{cases} R_B \cdot 6 - 40 \cdot 3 - 30 \cdot 7 \cdot 3,5 + 30 \cdot 1 \cdot 0,5 + 60 \cdot 1 = 0 \\ R_B + R_D - 40 - 30 \cdot 8 - 60 = 0 \end{cases} \rightarrow \begin{cases} R_B = 130,0\,kN \\ R_D = 210,0\,kN \end{cases}$$

$$\begin{cases} \sum M_H^{FH} = 0 \\ \sum F_Y^{FH} = 0 \end{cases} \rightarrow \begin{cases} R_G \cdot 6 - 30 \cdot 7 \cdot 3,5 - 60 \cdot 7 = 0 \\ R_G + R_H - 30 \cdot 7 - 60 = 0 \end{cases} \rightarrow \begin{cases} R_G = 192,5\,kN \\ R_H = 77,50\,kN \end{cases}$$

Para o traçado do diagrama de momento fletor mostrado na próxima figura, adota-se o procedimento de decomposição em vigas biapoiadas apresentado na seção anterior. Para tanto, "entrando" na viga AE pela esquerda, calculam-se os momentos fletores nas seções de transição das equações desse esforço:

$$\begin{cases} M_B^{AB} = -30 \cdot 1 \cdot 0,5 = -15,0\,kN \cdot m \\ M_C^{AC} = -30 \cdot 4 \cdot 2 + 130 \cdot 3 = 150,0\,kN \cdot m \\ M_D^{AD} = -30 \cdot 7 \cdot 3,5 + 130 \cdot 6 - 40 \cdot 3 = -75,0\,kN \cdot m \end{cases}$$

De modo análogo, "entrando" na viga FH pela direita, obtém-se o momento fletor:

$$M_G^{GH} = 77{,}5 \cdot 6 - 30 \cdot 6 \cdot 3 = -75{,}0\,\text{kN} \cdot \text{m}$$

Com os resultados anteriores traça-se a linha de fechamento do diagrama de momento fletor, como mostrado em tracejado na parte superior da próxima figura. A partir dessa linha e nos trechos BC e CD, penduram-se as parábolas quadráticas de ordenadas máximas iguais a $(30 \cdot 3^2/8 = 33{,}75)$, assim como pendura-se, no trecho GH, a parábola quadrática de ordenada máxima igual a $(30 \cdot 6^2/8 = 135)$. Quanto ao trecho DG, a correspondente parábola deve passar pelos pontos da linha de referência correspondentes às rótulas E e F. Com isso, traça-se no referido trecho uma parábola quadrática de ordenada máxima igual a $(30 \cdot 4^2/8 = 60)$ a partir da linha de referência e que passa pelos pontos D e G, o que completa o diagrama de momento fletor.

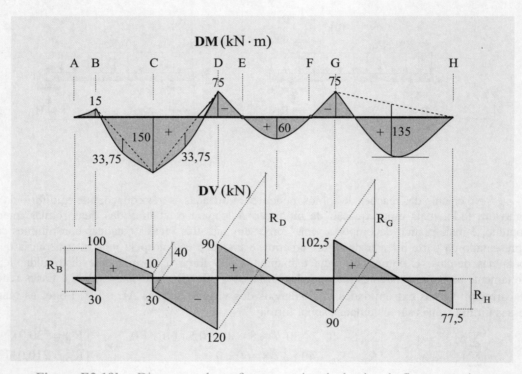

Figura E3.19b – Diagramas dos esforços seccionais da viga da figura anterior.

Com o procedimento anterior não se obtém o máximo momento fletor no trecho GH. Em determinação analítica desse momento, adota-se a coordenada x´ da direita para a esquerda e para $0 \le x' \le 6\,\text{m}$ escreve-se a equação de momento fletor:

$$M = 77{,}5x' - 30x'^2/2 \quad \rightarrow \quad M = 77{,}5x' - 15x'^2$$

$$\rightarrow \quad \frac{dM}{dx'} = 77{,}5 - 30x' = 0 \quad \rightarrow \quad x' = 2{,}5833$$

$$\rightarrow \quad M_{\text{máx.}} = M_{|x'=2{,}5833} = 100{,}10\,\text{kN} \cdot \text{m}$$

Ainda "entrando" na viga AE pela esquerda, são calculados os esforços cortantes nas correspondentes seções de transição:

$$\begin{cases} V_{B^-} = -30 \cdot 1 = -30,0\,\text{kN} \\ V_{B^+} = -30 \cdot 1 + 130 = 100,0\,\text{kN} \\ V_{C^-} = 100 - 30 \cdot 3 = 10,0\,\text{kN} \\ V_{C^+} = 10 - 40 = -30,0\,\text{kN} \\ V_{D^-} = -30 - 30 \cdot 3 = -120,0\,\text{kN} \\ V_{D^+} = -210 + 210 = 90,0\,\text{kN} \end{cases}$$

Quanto à viga FH, "entrando" pela direita, calculam-se os esforços cortantes:

$$\begin{cases} V_H = -77,5\,\text{kN} \\ V_{G^+} = -77,5 + 30 \cdot 6 = 102,5\,\text{kN} \\ V_{G^-} = 102,5 - 192,5 = -90,0\,\text{kN} \end{cases}$$

Com os resultados anteriores, traçou-se o diagrama de esforço cortante mostrado na parte inferior da última figura, onde os diversos trechos desse diagrama são lineares e paralelos entre si, uma vez que a força distribuída transversal é constante ao longo de toda a viga. Além disso, observa-se que a área dos trechos negativos desse esforço é numericamente igual à área dos trechos positivos.

Exemplo 3.20 – Na próxima figura está esquematizada uma viga Gerber e a sua decomposição em vigas isostáticas básicas. Traçam-se os correspondentes diagramas dos esforços seccionais.

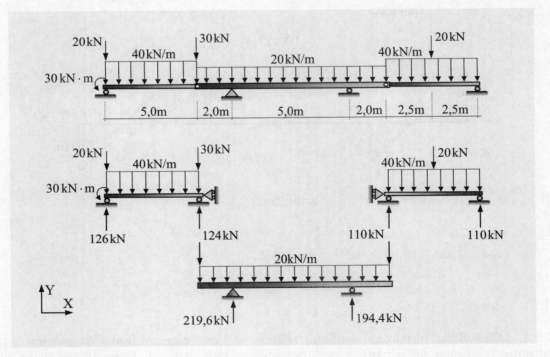

Figura 3.20a – Viga Gerber.

Os resultados das reações nas vigas isostáticas constituintes da viga Gerber foram calculados e estão indicados na figura anterior, onde nota-se que as forças aplicadas nas seções de apoio descarregam-se diretamente como reações nos pontos correspondentes.

Em continuidade de resolução da questão, foram calculados os momentos fletores nessas vigas básicas, como indicado entre parênteses na parte superior da próxima figura, e composto o diagrama de momento fletor da viga Gerber. Nesse diagrama, observa-se que em ponto de transição de força distribuída, a derivada primeira do momento fletor é contínua.

Em complemento da questão, foram calculados os esforços cortantes nas vigas isostáticas básicas em procedimento de entrar pela esquerda, como indicado entre parênteses na parte inferior da mesma figura. Nota-se que, em ponto de transição de força distribuída, a derivada primeira da equação do esforço cortante é descontínua. Além disso, pode-se verificar que a área da parcela negativa do diagrama desse esforço não é igual a área da parcela positiva do mesmo diagrama, devido à existência do momento aplicado à extremidade esquerda da viga.

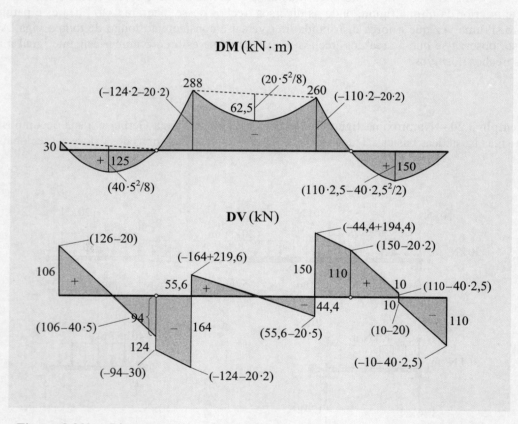

Figura 3.20b – Diagramas dos esforços seccionais da viga Gerber da figura anterior.

3.7 – Exercícios propostos

3.7.1 – Classifique, quanto ao equilíbrio estático, as vigas esquematizadas na próxima figura. Identifique, quando for o caso, o grau de indeterminação estática. Exemplifique novas vigas hipostáticas, isostáticas e hiperestáticas.

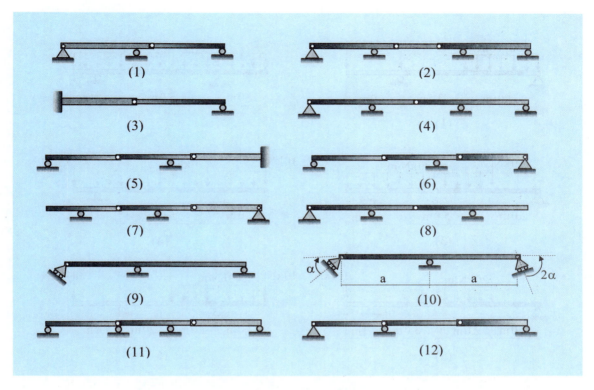

Figura 3.19 – Vigas.

3.7.2 – A longarina da ponte esquematizada na próxima figura é idealizada como biapoiada com dois balanços. Determine os diagramas dos esforços seccionais para o carregamento indicado.

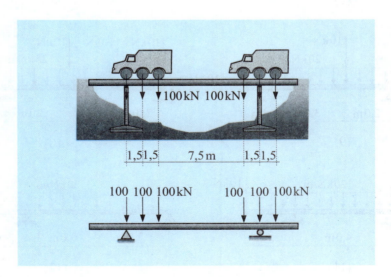

Figura 3.20 – Viga biapoiada com balanços.

3.7.3 – Determine e trace os diagramas dos esforços seccionais das vigas da figura seguinte:

Estática das Estruturas   –   **H. L. Soriano**

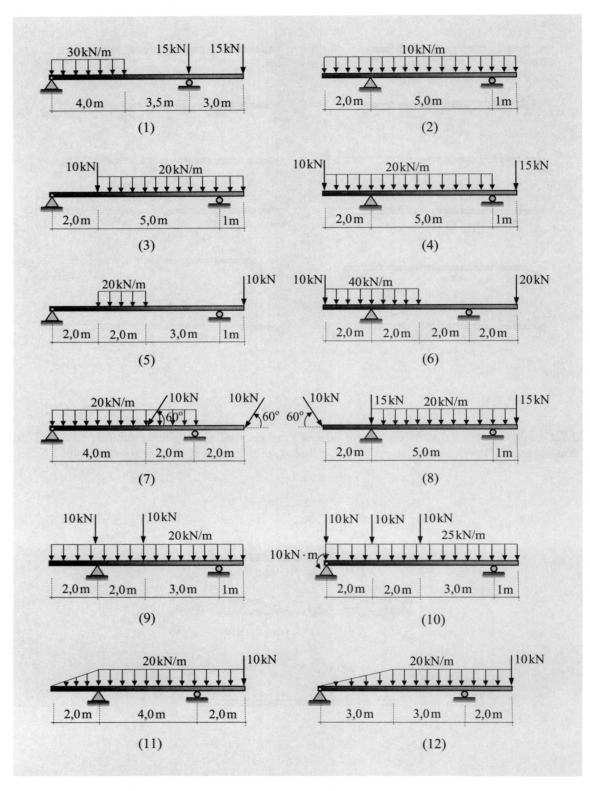

Figura 3.21 – Vigas.

3.7.4 – Idem para as vigas esquematizadas na próxima figura.

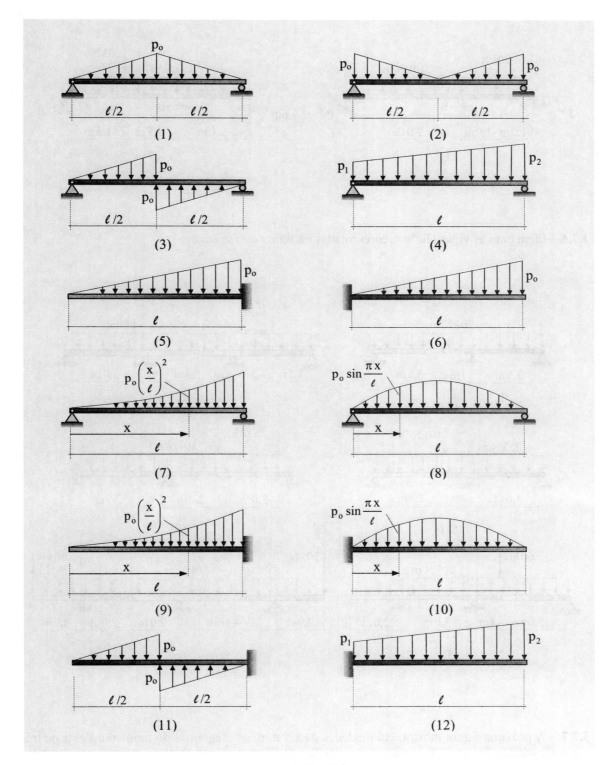

Figura 3.22 – Vigas.

Estática das Estruturas – **H. L. Soriano**

3.7.5 – Idem para as vigas com apoios inclinados representadas na próxima figura.

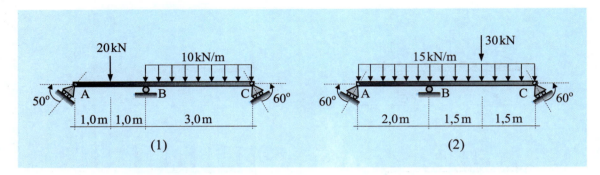

Figura 3.23 – Vigas.

3.7.6 – Idem para as vigas Gerber representadas na figura que se segue:

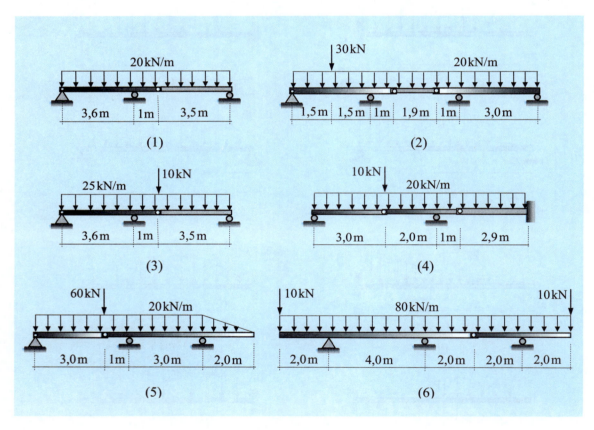

Figura 3.24 – Vigas.

3.7.7 – A próxima figura mostra, em unidades de kN e m, os diagramas do momento fletor de três vigas isostáticas em que as curvas são parábolas do segundo grau. Determine as forças externas dessas vigas e trace os correspondentes diagramas do esforço cortante.

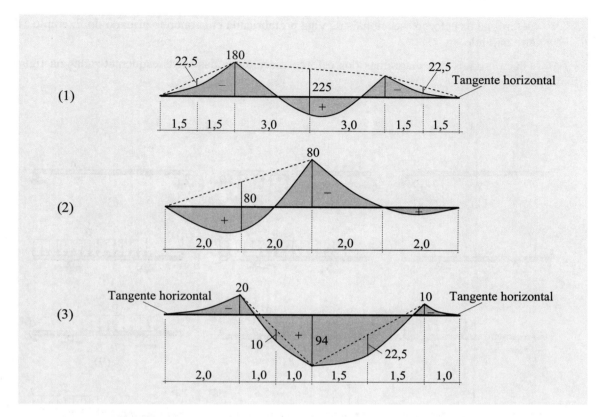

Figura 3.25 – Diagramas de momento fletor de vigas isostáticas.

3.7.8 – A figura seguinte apresenta, em unidades de kN e m, os diagramas do esforço cortante de quatro vigas isostáticas sob a ação de forças externas transversais. Determine os diagramas de corpo livre dessas vigas e os correspondentes diagramas de momento fletor.

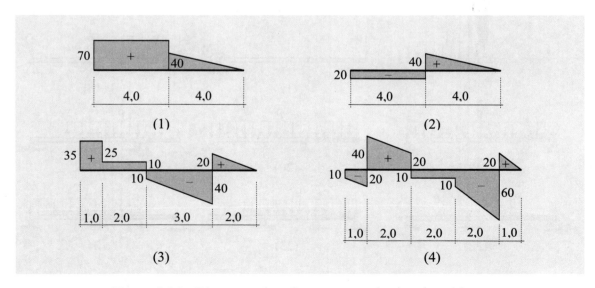

Figura 3.26 – Diagramas de esforço cortante de vigas isostáticas.

Estática das Estruturas – **H. L. Soriano**

3.7.9 – Determine os esforços seccionais da viga préfabricada em concreto armado do Exemplo 1.8 do primeiro capítulo.

3.7.10 – Faça croquis dos diagramas dos esforços seccionais das vigas esquematizadas na figura abaixo.

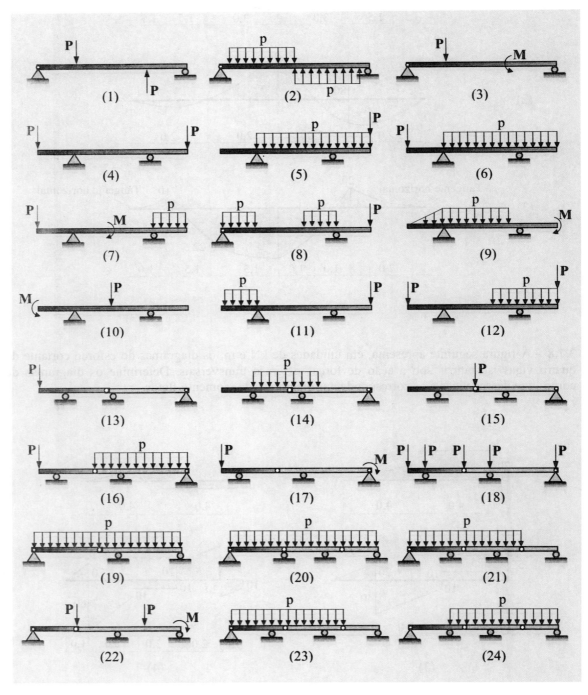

Figura 3.27 – Vigas.

3.7.11 – Para a viga representada na próxima figura, determine a relação ℓ/a^2 de forma que os momentos fletores máximo e mínimo sejam iguais em valor absoluto.

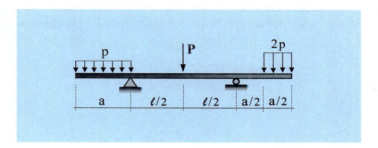

Figura 3.28 – Viga biapoiada com balanços.

3.8 – Questões para reflexão

3.8.1 – Como se caracteriza o modelo de estrutura denominado *viga*? E como se identifica se uma viga é *hipostática*, *isostática* ou *hiperestática*?

3.8.2 – Quais são as usuais denominações de vigas?

3.8.3 – Como são calculados os esforços seccionais em uma viga? Qual é a importância dos diagramas desses esforços?

3.8.4 – Por que, no Brasil, o diagrama de momento fletor é traçado do lado tracionado da barra? E o que se pode dizer quanto aos traçados do diagrama de esforço cortante e do diagrama de esforço normal?

3.8.5 – Por que, em seção transversal de valor extremo de momento fletor, o esforço cortante é nulo ou tem descontinuidade que passa por valor nulo? Existe razão física para essa descontinuidade?

3.8.6 – Como se interpreta um diagrama de momento fletor? Em que condições esse diagrama tem concavidade voltada para baixo e tem concavidade voltada para cima? O que expressa a troca de sinal nesse diagrama?

3.8.7 – Como se interpreta um diagrama de esforço cortante?

3.8.8 – Por que em trechos de uma viga sob uma mesma força transversal uniformemente distribuída os correspondentes trechos do diagrama de esforço cortante são paralelos?

3.8.9 – Por que, em trecho de uma barra sob força transversal uniformemente distribuída, o diagrama de esforço cortante é linear e o diagrama de momento fletor é uma parábola do segundo grau? Como construir essa parábola com base em tangentes?

3.8.10 – Qual é a vantagem de traçar o diagrama de momento fletor com o procedimento de decomposição em vigas biapoiadas? Esse procedimento aplica-se às vigas hiperestáticas?

3.8.11 – Por que em uma viga sob força transversal (sem momento aplicado) a área da parcela positiva do diagrama de esforço cortante é igual à área da parcela negativa deste diagrama?

3.8.12 – Por que uma viga de extremidades em apoios do segundo gênero e sob força inclinada é estaticamente determinada quanto ao momento fletor e ao esforço cortante, mas é estaticamente indeterminada quanto ao esforço normal?

3.8.13 – O que é uma *viga Gerber*? Quais são as vantagens e desvantagens desse tipo de estrutura? Por que a análise dessa viga quanto às forças verticais é independente da análise quanto às forças horizontais?

3.8.14 – Quais são as peculiaridades dos diagramas de momento fletor e de *esforço cortante* em uma viga simétrica sob forças externas simétricas? E no caso de forças externas antissimétricas?

Estrutura pré-fabricada com pilares e vigas de concreto.
Fonte: Engº Carlos Otávio de Souza Gomes, www.sfengenharia.com.br.

4

Pórticos

4.1 – Introdução

Os pórticos podem ser planos ou espaciais. *Pórtico plano é um modelo de estrutura constituída de barras retas ou curvas situadas em um plano usualmente vertical, sob ações que o solicita nesse plano de maneira que tenha apenas esforço normal, esforço cortante de vetor representativo situado nesse plano e momento fletor de vetor representativo normal ao mesmo plano.* Como exemplificação, a próxima figura apresenta seis configurações de pórticos planos de barras retas.

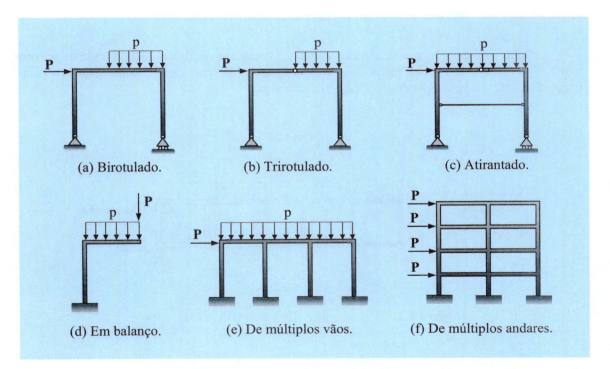

Figura 4.1 – Pórticos planos de barras retas.

O segundo dos pórticos planos da figura anterior, chamado aqui de *trirotulado*, costuma ser denominado na literatura como *triarticulado*. O terceiro desses pórticos tem uma rótula interna e um tirante (que trabalha apenas sob esforço de tração). Pórtico plano constituído de barras em malha retangular que delimitam regiões fechadas, como o último dos pórticos representados na figura anterior, é denominado *quadro* em literatura mais antiga. Pórtico plano pode ser a idealização de parte plana de uma estrutura tridimensional, como quando se considera, por exemplo, o comportamento integrado das vigas e pilares de um mesmo plano vertical de um edifício.

A próxima figura mostra configurações de pórticos denominadas *vigas armadas*. Com essas configurações, busca-se reduzir o efeito de flexão de uma barra horizontal, através de tirantes e escoras ou pendurais colocados, respectivamente, na parte inferior ou parte superior da barra. Aos tirantes costuma-se aplicar pré-esforço de tração para propiciar maior capacidade portante ao conjunto.

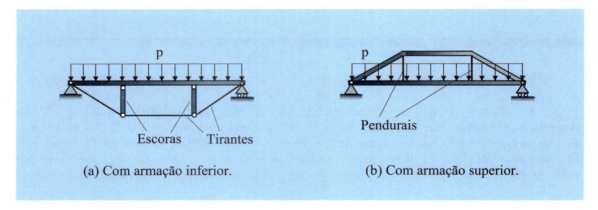

Figura 4.2 – Pórticos em configurações de vigas armadas.

Outra configuração aporticada relevante é a denominada *viga Vierendel* ilustrada na próxima figura e formada pela ligação rígida de barras ortogonais, de maneira que constituam um painel retangular alongado de comportamento análogo a uma viga.

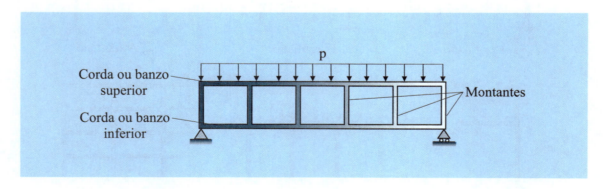

Figura 4.3 – Pórtico em configuração de *viga Vierendel*.

Em pórtico espacial, as barras podem ter posições quaisquer e ser submetidas a quaisquer dos seis esforços seccionais, como no esquema simplificado de estrutura de edifício que está mostrado na figura seguinte.

Capítulo 4 – Pórticos

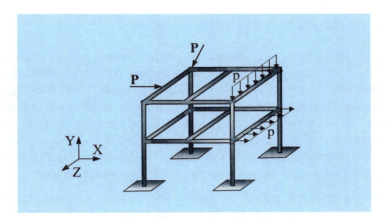

Figura 4.4 – Pórtico espacial.

Arcos são casos particulares de pórticos planos de barras curvas, como os esquematizados na figura que se segue.

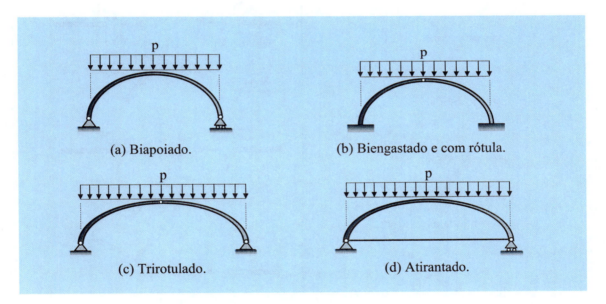

Figura 4.5 – Arcos.

A próxima seção trata da classificação dos pórticos planos quanto ao equilíbrio estático e a que lhe é consecutiva, da determinação e representação dos esforços seccionais. Em sequência, na Seção 4.4 são estudadas as barras inclinadas; na Seção 4.5 são detalhados os pórticos compostos isostáticos; na Seção 4.6 são analisadas as barras curvas isostáticas e na Seção 4.7 são tratados os arcos trirotulados. Posteriormente, na Seção 4.8, serão abordados os pórticos espaciais isostáticos e, finalmente, nas Seções 4.9 e 4.10 serão propostos, respectivamente, exercícios e questões para reflexão.[1]

---

[1] Para maior agilidade de compreensão desta *Estática*, sugere-se que, em um estudo inicial, sejam omitidos os itens de barras curvas e de arcos trirotulados, da Seção 4.6 e Seção 4.7, respectivamente.

4.2 – Classificação quanto ao equilíbrio estático

Como as demais estruturas em barras, os pórticos podem ser *hipostáticos*, *isostáticos* ou *hiperestáticos*. Para identificar um pórtico quanto ao seu equilíbrio no plano XY, têm-se três equações de equilíbrio ($\Sigma F_X=0$), ($\Sigma F_Y=0$) e ($\Sigma M_A=0$), sendo A um ponto qualquer no referido plano. A equação ($\Sigma F_Y=0$) pode ser substituída por ($\Sigma M_B=0$), desde que o segmento $\overline{AB}$ não seja paralelo ao eixo Y. Semelhantemente, a equação ($\Sigma F_X=0$) pode ser trocada por ($\Sigma M_B=0$), com a condição do segmento $\overline{AB}$ não ser paralelo ao eixo X. Alternativamente, as equações ($\Sigma F_X=0$) e ($\Sigma F_Y=0$) podem ser substituídas por equações de momento nulo em relação a pontos B e C, desde que A, B e C sejam pertencentes ao plano XY, mas não colineares.

As ligações entre barras podem ser rígidas ou rotuladas, como ilustra a figura seguinte.[2] Em caso de haver rótulas internas, têm-se equações adicionais que expressam o equilíbrio de parte do pórtico em relação às rótulas.

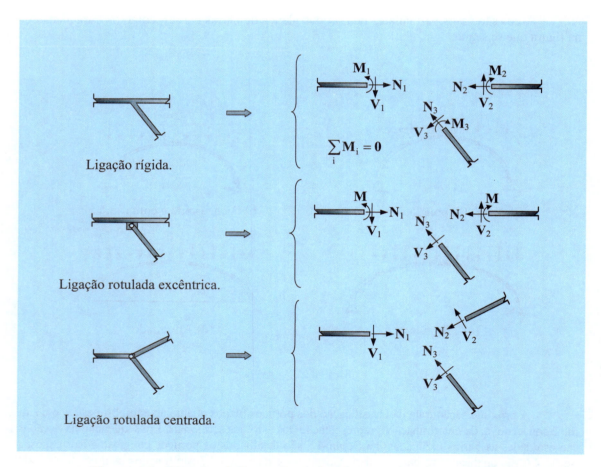

Figura 4.6 – Ligações de barras de pórtico plano e esforços transmitidos.

---

[2] Fora do escopo desta *Estática*, pode-se conceber ligação elástica que admite rotação entre extremidades de barras, em função do momento transmitido entre as mesmas, e ligações articuladas que liberam esforços seccionais diferentes do momento fletor.

Capítulo 4 – Pórticos

Uma ligação rígida, como a primeira representação da figura anterior, tem transferência dos esforços **M**, **V** e **N** entre as extremidades das barras, em que apenas dois dos momentos fletores são independentes entre si. Assim, em ligação rígida de n barras, têm-se (n–1) momentos fletores independentes.

Na segunda ligação representada na figura precedente, tem-se transferência de momento apenas entre as extremidades das barras horizontais, com uma equação de momento nulo de parte do pórtico separado pela rótula.[3]

Já na terceira representação contida na mesma figura, há uma rótula nas extremidades das três barras, o que implica em transferência apenas dos esforços **V** e **N**, com duas equações de momento nulo de partes do pórtico. Assim, em ligação rotulada de n barras, têm-se (n–1) equações adicionais de momento nulo de partes do pórtico.

Como exemplificação, considera-se inicialmente o pórtico plano da próxima figura, que tem 3 rótulas internas e 6 reações de apoio. Nota-se que em D e E há ligações rotuladas excêntricas às barras inclinadas, e que em B há uma rótula centrada na interface dessas barras.

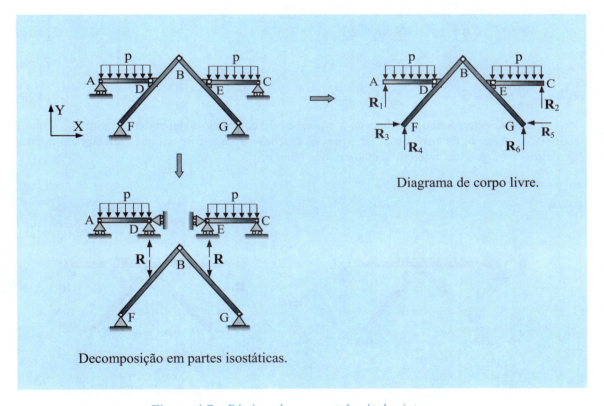

Figura 4.7 – Pórtico plano com três rótulas internas.

No caso, aplicam-se as 3 equações de equilíbrio do pórtico como um todo, ($\Sigma F_X=0$), ($\Sigma F_Y=0$) e ($\Sigma M_B=0$), além de 3 equações de momento nulo em relação às rotulas internas, a saber:

---

[3] Embora a rótula seja excêntrica em relação às extremidades das barras horizontais, nesta *Estática* desconsidera-se essa excentricidade.

Estática das Estruturas – H. L. Soriano

$$\sum M_D^{AD} = 0 \quad , \quad \sum M_C^{CE} = 0 \quad e \quad \sum M_B^{ADFB} = 0 \qquad (4.1a)$$

ou
$$\sum M_D^{AD} = 0 \quad , \quad \sum M_C^{CE} = 0 \quad e \quad \sum M_B^{BGEC} = 0 \qquad (4.1b)$$

Nessas equações, o índice inferior indica o pólo em relação ao qual se refere o momento e o índice superior indica o trecho considerado do pórtico. Pode-se utilizar ($\sum M_A^{ADFB}=0$) ou ($\sum M_B^{BGEC}=0$), pelo fato de ($\sum M_A=0$) já expressar o equilíbrio de rotação de todo o pórtico. Contudo, podem ser utilizados simultaneamente ($\sum M_B^{ADFB}=0$) e ($\sum M_B^{BGEC}=0$), desde que se desconsidere ($\sum M_A=0$). Assim, o pórtico da figura anterior tem 6 equações de equilíbrio linearmente independentes para a determinação de suas 6 reações, o que caracteriza *pórtico isostático*. Além disso, esse pórtico pode ser decomposto em partes isostáticas, conforme mostra a parte inferior da mesma figura, o que será tema da Seção 4.5 com o objetivo de facilitar os cálculos.

Considera-se agora o pórtico plano esquematizado na próxima figura, que tem a rótula B entre as extremidades superiores das barras inclinadas e excêntrica à barra horizontal. Logo, além das 3 equações de equilíbrio do pórtico como um todo, há mais duas equações de momento nulo de partes do pórtico (em relação à rótula interna), a saber:

$$\sum M_B^{BD} = 0 \quad e \quad \sum M_B^{BE} = 0 \qquad (4.2a)$$

ou
$$\sum M_B^{BD} = 0 \quad e \quad \sum M_B^{ABC} = 0 \qquad (4.2b)$$

ou
$$\sum M_B^{BE} = 0 \quad e \quad \sum M_B^{ABC} = 0 \qquad (4.2c)$$

Assim, este pórtico tem apenas 5 equações de equilíbrio independentes entre si, o que é insuficiente para a determinação de suas 6 reações de apoio e o que caracteriza *pórtico hiperestático* de grau de indeterminação estática igual a 1.

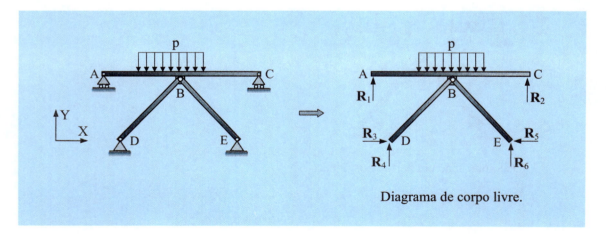

Figura 4.8 – Pórtico plano com uma rótula interna.

Para determinar os esforços seccionais em uma dada seção transversal de barra, é necessário identificar as partes da estrutura à esquerda e à direita da seção. Isso não fica definido de forma natural quando se têm barras que delimitam uma *região fechada*, como ilustra o pórtico mostrado na figura que se segue. Neste pórtico, além das 6 reações indicadas, nota-se uma região circundada por barras, BCFE. Escolhida uma seção transversal de uma dessas barras e em percurso ao longo das mesmas a partir de um dos lados dessa seção, chega-se ao outro lado da seção, de maneira a não ser ter as referidas partes à esquerda e à direita da seção. Assim, para determinar esforços seccionais em barras que delimitam essa região, é necessário abri-la, por corte imaginário. Efetuando-se essa abertura na extremidade E da barra EF, que é uma rótula, tem-se a determinar apenas os esforços **N** e **V** nas seções adjacentes ao corte (como mostra a parte direita da mesma figura).[4] E como a outra extremidade dessa barra é também rotulada, pode-se utilizar a equação de momento nulo dos esforços atuantes nessa barra em relação ao ponto F, o que se escreve:

$$\sum M_F^{EF} = 0 \tag{4.3}$$

Essa equação fornece de imediato ($V=0$), de maneira a restar a determinação do esforço **N** indicado.

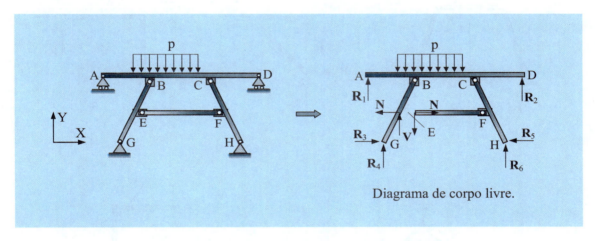

Diagrama de corpo livre.

Figura 4.9 – Pórtico plano com uma região fechada.

Assim, o pórtico em questão tem 3 equações de equilíbrio como um todo, mais 2 equações de momento nulo em relação às rótulas internas B e C, a saber: ($\sum M_B^{BG}=0$) e ($\sum M_C^{EFHC}=0$). Isto perfaz 5 equações linearmente independentes para a determinação de 7 esforços desconhecidos (6 reações e o esforço **N** indicado). Assim, os vínculos externos e internos são superabundantes ao equilíbrio da estrutura e de suas partes, o que caracteriza *pórtico hiperestático* de grau de indeterminação estática igual a 2. Caso se abrisse a região fechada em seção não coincidente com uma rótula, os esforços **N**, **V** e **M** na seção de corte seriam desconhecidos. Contudo, o grau de indeterminação manter-se-ia, pelo fato de se ter, além das equações anteriores, uma equação de momento nulo (de parte do pórtico) em relação ao ponto representativo da rótula E.[5]

Exemplos de pórticos hipostáticos estão mostrados na próxima figura. O primeiro tem 4 reações e 5 equações de equilíbrio. O segundo, o terceiro e o quarto pórticos têm, cada um, 3

---

[4] Como não se considera a excentricidade de rótula, os esforços **N** e **V** indicados são supostos se transmitirem ao eixo geométrico da barra GB sem provocar momento na correspondente seção dessa barra.

[5] Quando todas as redundantes estáticas podem ser escolhidas entre as reações de apoio, diz-se *estrutura hiperestática externamente* e quando todas essas redundantes são necessariamente esforços seccionais, diz-se *estrutura hiperestática internamente*. Assim, o pórtico anterior é *hiperestático externamente*.

reações e 3 equações de equilíbrio, contudo são hipostáticos porque as reações têm linhas de ação concorrentes no ponto A, de maneira que não há restrição quanto à rotação infinitesimal de corpo rígido em torno desse ponto.[6] O quarto desses pórticos, contudo, está autoequilibrado sob a ação da força **P** representada. Já o quinto dos pórticos da mesma figura, embora tenha 4 reações e 4 equações de equilíbrio, também é hipostático porque ($\Sigma M_B^{AB}=0$) fornece ($R_1=0$) e, portanto, não há reação horizontal que equilibre o componente horizontal da força **P** indicada. Assim, os quatro últimos pórticos dessa figura estão em configuração crítica, por admitirem configurações deformadas em equilíbrio, próximas às configurações originais e indicadas em tracejado.

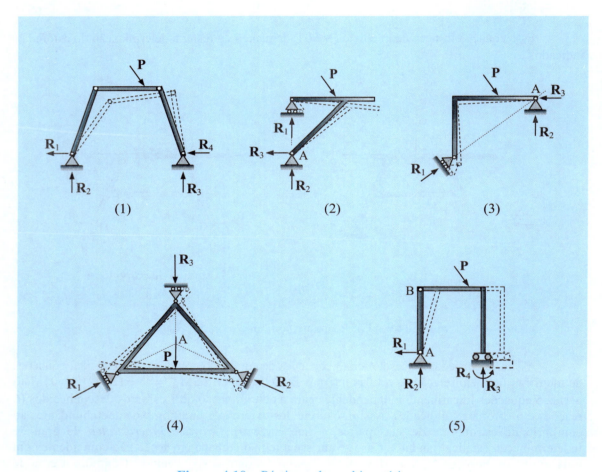

Figura 4.10 – Pórticos planos hipostáticos.

Os pórticos biapoiado, trirotulado e em balanço mostrados na Figura 4.1, e os arcos biapoiado e trirotulado esquematizados na Figura 4.5 são isostáticos. Já os pórticos de múltiplos vãos e os de múltiplos andares representados na Figura 4.1, as vigas armadas mostradas na Figura 4.2, a *viga Vierendel* esquematizada na Figura 4.3 e os arcos atirantado e biengastado representados na Figura 4.5 são hiperestáticos.

---

[6] É hipostático todo pórtico plano em que as linhas de ação das reações se interceptam em um mesmo ponto ou são paralelas.

4.3 – Determinação e representação dos esforços seccionais

A convenção clássica dos sinais dos esforços seccionais em pórtico plano é a mesma do caso de viga e que foi representada na Figura 3.4. Para aplicá-la, contudo, é necessário escolher uma posição de observação de cada barra, de maneira a se definir o lado superior e o lado inferior da mesma. A escolha desse último lado costuma ser indicada através de segmento tracejado, como nas duas opções mostradas na próxima figura. No pórtico da parte esquerda dessa figura, tem-se troca do lado inferior das barras verticais intermediárias. Já no caso do pórtico da parte direita da mesma figura, tem-se um mesmo lado inferior para as duas barras verticais. Alternativamente, para simplificar a questão, pode-se não atribuir sinais ao diagrama de momento fletor, uma vez que o lado de representação desse esforço, que é o lado tracionado da barra, já expressa o seu sentido de atuação.

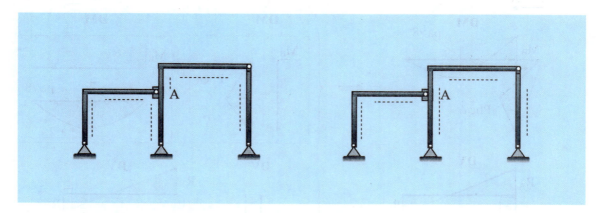

Figura 4.11 – Definições dos lados inferiores das barras em um pórtico plano.

Para o caso de barra reta são válidas as relações diferenciais (dM/dx=V), (dV/dx=-p) e (dN/dx=-q) deduzidas na Seção 3.4, com o eixo x dirigido da esquerda para a direita. E, no pórtico, definida uma parte à esquerda e uma parte à direita a cada seção transversal de barra, a determinação dos esforços seccionais segue o procedimento exercitado nesta seção, com traçado de diagramas de esforços semelhante ao caso de viga.

Para ilustrar esse traçado, considera-se o pórtico da próxima figura, em que as reações de apoio são supostas conhecidas, uma vez que se trata de pórtico hiperestático, para que, com os conhecimentos desta *Estática*, possam ser calculados os esforços na interface das duas barras do pórtico. Pelo fato dessas barras serem ortogonais e não haver força concentrada externa na interface das mesmas, o esforço normal em uma barra é numericamente igual (a menos do sinal) ao esforço cortante na extremidade da outra barra, e o esforço normal desta é igual ao esforço cortante daquela. E conhecidos os esforços nas extremidades de cada uma das barras, passa-se a ter o diagrama de corpo livre da barra, o que permite obter, com facilidade, os correspondentes diagramas de esforços seccionais como ilustra a mesma figura. Para isso, em cada barra aplica-se o procedimento de decomposição em vigas biapoiadas que foi apresentado na Seção 3.5 e que é agora denominado *procedimento de decomposição em barras biapoiadas*.

O traçado do diagrama de momento fletor segue o seguinte procedimento:

a – A partir de linhas de referências associadas às barras, marcam-se ordenadas representativas dos momentos fletores nas seções extremas e, se for o caso, também nas seções de transição das equações de momento fletor em cada uma das barras.

Estática das Estruturas – H. L. Soriano

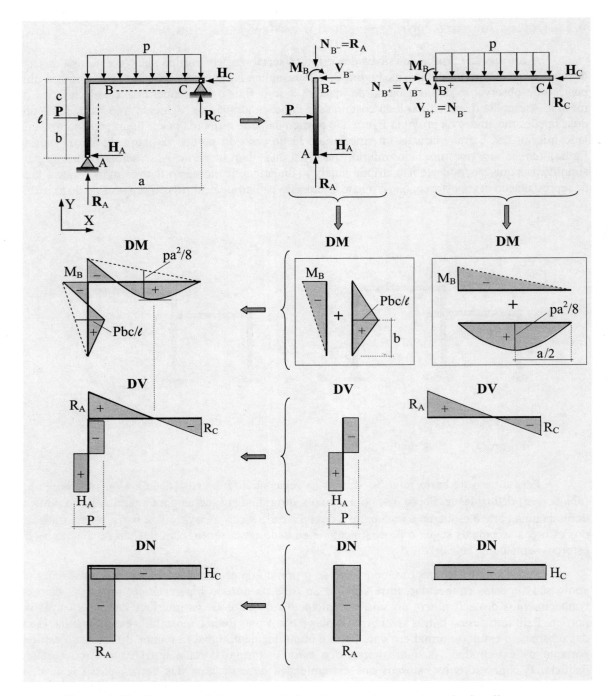

Figura 4.12 – Decomposição de um pórtico plano em barras e traçado dos diagramas.

b – Unem-se os pontos representativos das referidas ordenadas, de maneira a obter as *linhas de fechamento* do diagrama de momento fletor.

c – Para cada trecho de barra com segmento linear da linha de fechamento e sob força transversal uniformemente distribuída, pendura-se o diagrama de momento fletor de uma barra biapoiada de mesmo comprimento e sob a mesma força distribuída.

Exemplo 4.1 – Obtêm-se os diagramas dos esforços seccionais do pórtico em "mão francesa" esquematizado na figura seguinte.

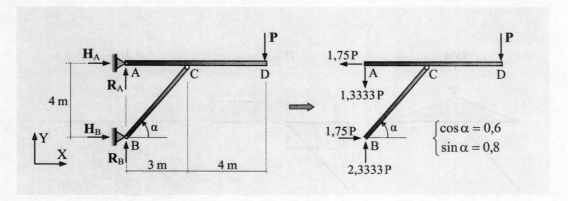

Figura E4.1a – Pórtico em mão francesa.

Cálculo das reações de apoio:

$$\begin{cases} \sum M_A = 0 \\ \sum F_X = 0 \\ \sum M_C^{BC} = 0 \\ \sum F_Y = 0 \end{cases} \rightarrow \begin{cases} P \cdot 7 - H_B \cdot 4 = 0 \\ H_A + H_B = 0 \\ R_B \cdot 3 - H_B \cdot 4 = 0 \\ R_A + R_B - P = 0 \end{cases} \rightarrow \begin{cases} H_B = 1{,}75\,P \\ H_A = -1{,}75\,P \\ R_B \cong 2{,}3333\,P \\ R_A \cong -1{,}3333\,P \end{cases}$$

Essas reações estão representadas no diagrama de corpo livre mostrado na parte direita da figura precedente e foram utilizadas na construção dos diagramas de corpo livre das três barras do pórtico, como mostra a figura seguinte. Esse desmembramento do pórtico não é essencial, está aqui mostrado por motivo de clareza. Nota-se que a barra BC, por ser birotulada e sem ação externa ao longo da mesma, tem apenas esforço normal, que no presente caso é de compressão.

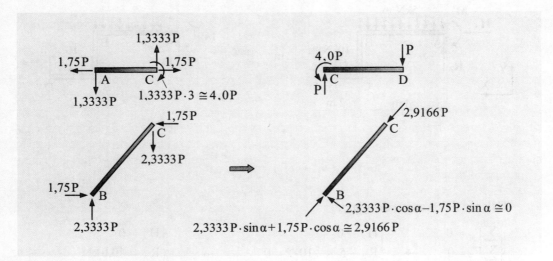

Figura E4.1b – Diagramas de corpo livre das barras do pórtico da figura anterior.

Com base nos diagramas de corpo livre anteriores, traçam-se os diagramas dos esforços seccionais mostrados a seguir.

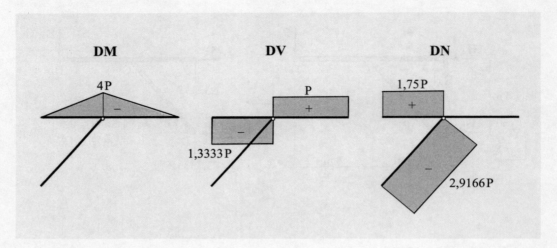

Figura E4.1c – Diagramas dos esforços seccionais do pórtico da figura anterior.

Exemplo 4.2 – Obtêm-se os diagramas dos esforços seccionais do pórtico em balanço esquematizado na próxima figura, em que cada barra é ortogonal à que lhe é consecutiva.

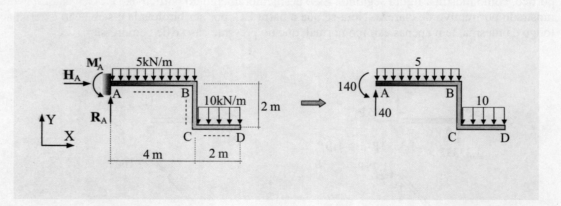

Figura E4.2a – Pórtico em balanço.

Cálculo das reações de apoio:

$$\begin{cases} \sum F_X = 0 \\ \sum F_Y = 0 \\ \sum M_A = 0 \end{cases} \rightarrow \begin{cases} H_A = 0 \\ R_A - 5 \cdot 4 - 10 \cdot 2 = 0 \\ M'_A - 5 \cdot 4 \cdot 2 - 10 \cdot 2 \cdot 5 = 0 \end{cases} \rightarrow \begin{cases} H_A = 0 \\ R_A = 40,0 \, \text{kN} \\ M'_A = 140,0 \, \text{kN} \cdot \text{m} \end{cases}$$

Essas reações estão representadas no diagrama de corpo livre mostrado na parte direita da figura anterior e podem ser utilizadas na determinação dos esforços seccionais. Contudo, como esse pórtico tem uma extremidade livre e um único caminho de percurso ao longo de suas barras em que todos os esforços externos são conhecidos, é prático determinar os esforços seccionais a partir dessa extremidade. Para isso, calculam-se os esforços nas extremidades das barras como está indicado na figura seguinte.

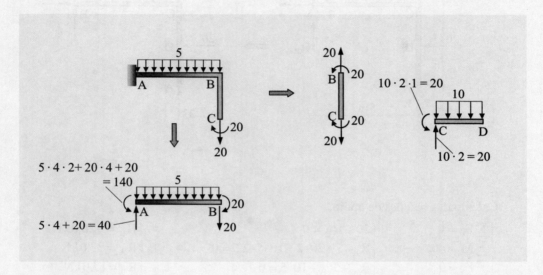

Figura E4.2b – Obtenção dos esforços nas extremidades das barras do pórtico anterior.

Com base nos resultados obtidos anteriormente, traçam-se facilmente os diagramas dos esforços seccionais mostrados na próxima figura. Observa-se que, na interface de duas barras, o momento fletor na extremidade de uma barra é igual ao momento fletor na extremidade da outra. Já o esforço cortante de uma barra é igual (a menos do sinal) ao esforço normal da outra. Isto, pelo fato das barras serem ortogonais e não existir força concentrada nas interfaces das mesmas.

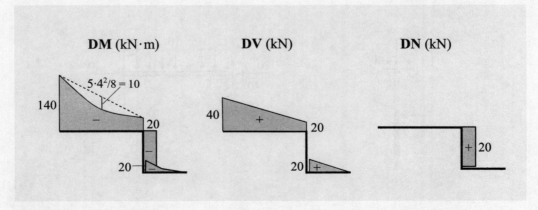

Figura E4.2c – Diagramas dos esforços seccionais do pórtico da Figura E4.2a.

181

Exemplo 4.3 – Determinam-se os diagramas dos esforços seccionais do pórtico representado na figura que se segue.

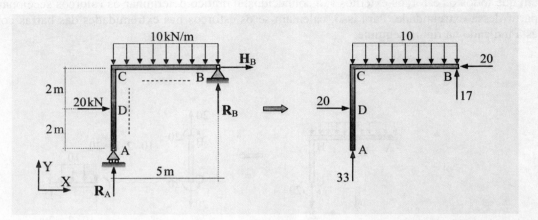

Figura E4.3a – Pórtico biapoiado.

Cálculo das reações de apoio:

$$\begin{cases} \sum F_X = 0 \\ \sum M_B = 0 \\ \sum F_Y = 0 \end{cases} \rightarrow \begin{cases} 20 + H_B = 0 \\ R_A \cdot 5 - 20 \cdot 2 - 10 \cdot 5 \cdot 2{,}5 = 0 \\ R_A + R_B - 10 \cdot 5 = 0 \end{cases} \rightarrow \begin{cases} H_B = -20{,}0\,\text{kN} \\ R_A = 33{,}0\,\text{kN} \\ R_B = 17{,}0\,\text{kN} \end{cases}$$

Esses resultados conduzem ao diagrama de corpo livre mostrado na parte direita da figura anterior. E a partir da extremidade A desse diagrama, determinam-se os momentos fletores na seção D e na interface C das barras do pórtico:

$$\begin{cases} M_D^{AD} = 0 \\ M_C^{AC} = -20 \cdot 2 = -40{,}0\,\text{kN} \cdot \text{m} \end{cases}$$

Obtêm-se, então, os diagramas de corpo livre de barras como mostra a próxima figura.

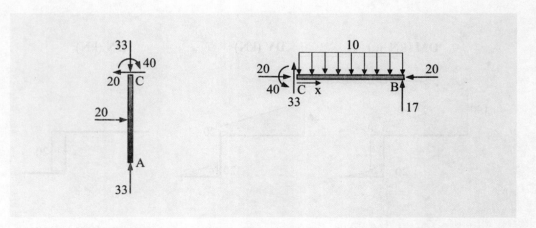

Figura E4.3b – Diagramas de corpo livre das barras do pórtico da figura anterior.

Para determinar o máximo momento fletor na barra CB, adota-se a coordenada x a partir da extremidade esquerda dessa barra e escreve-se:

$$M = -40 + 33x - 10x^2/2 = -40 + 33x - 5x^2$$

$$\frac{dM}{dx} = 33 - 10x = 0 \quad \rightarrow \quad x = 3,3\,m \quad \rightarrow \quad \boxed{M_{máx.} = M_{|x=3,3} = 14,450\,kN \cdot m}$$

Logo, constroem-se facilmente os diagramas de esforços mostrados a seguir.

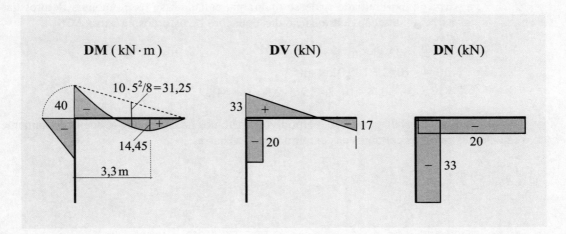

Figura E4.3c – Diagramas dos esforços seccionais do pórtico da Figura E4.3a.

Exemplo 4.4 – Constroem-se os diagramas dos esforços seccionais do pórtico trirotulado representado na próxima figura.

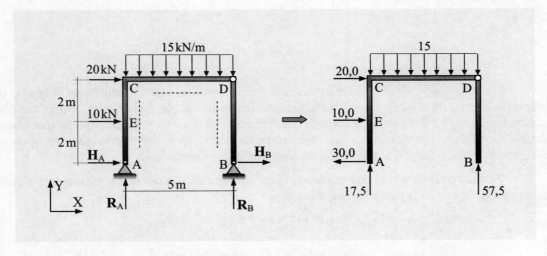

Figura E4.4a – Pórtico trirotulado.

183

As reações de apoio são calculadas sob a forma:

$$\begin{cases} \sum M_D^{BD} = 0 \\ \sum M_A = 0 \\ \sum F_X = 0 \\ \sum F_Y = 0 \end{cases} \rightarrow \begin{cases} H_B \cdot 4 = 0 \\ R_B \cdot 5 - 15 \cdot 5 \cdot 2,5 - 20 \cdot 4 - 10 \cdot 2 = 0 \\ H_A + H_B + 20 + 10 = 0 \\ R_A + R_B - 15 \cdot 5 = 0 \end{cases} \rightarrow \begin{cases} H_B = 0 \\ R_B = 57,5\,\text{kN} \\ H_A = -30,0\,\text{kN} \\ R_A = 17,5\,\text{kN} \end{cases}$$

Com esses resultados, obtém-se o diagrama de corpo livre representado na parte direita da referida figura.

Logo, a partir da extremidade A desse diagrama, calculam-se os momentos fletores nas extremidades das barras e na seção de transição das equações de esforços na barra AC:

$$\begin{cases} M_E^{AE} = 30 \cdot 2 = 60,0\,\text{kN} \cdot \text{m} \\ M_C^{AC} = 30 \cdot 4 - 10 \cdot 2 = 100,0\,\text{kN} \cdot \text{m} \\ M_D^{ACD} = 17,5 \cdot 5 + 30 \cdot 4 - 10 \cdot 2 - 15 \cdot 5 \cdot 2,5 = 0 \equiv M_D^{BD} \end{cases}$$

Assim, obtêm-se os diagramas de corpo livre mostrados na figura que se segue, juntamente com o cálculo dos esforços cortantes nas extremidades das barras.

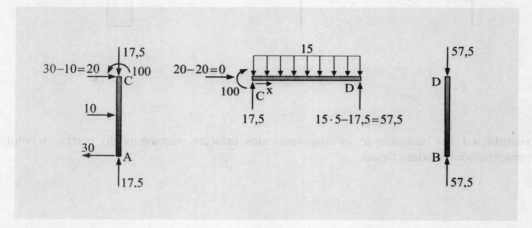

Figura E4.4b – Diagramas de corpo livre das barras do pórtico da figura precedente.

Com base nos resultados anteriores, a próxima figura mostra a obtenção do diagrama de momento fletor, onde se fez uso das correspondentes linhas de fechamento. Estão também mostrados o diagrama do esforço cortante e o diagrama do esforço normal. Nota-se que não se fazem necessárias representações dos diagramas de corpo livre das barras para se obter os diagramas desses esforços, a menos que se deseje facilitar compreensão.

Para determinar o máximo momento fletor na barra CD, adota-se a coordenada x a partir da extremidade esquerda dessa barra e escreve-se:

$$M = 100 + 17,5\,x - 15\,x^2/2 = 100 + 17,5\,x - 7,5\,x^2$$

$$\frac{dM}{dx} = 17,5 - 15\,x = 0 \quad \rightarrow \quad x \cong 1,1667\,\text{m} \quad \rightarrow \quad M_{máx.} = M_{|x=1,1667} \cong 110,21\,\text{kN} \cdot \text{m}$$

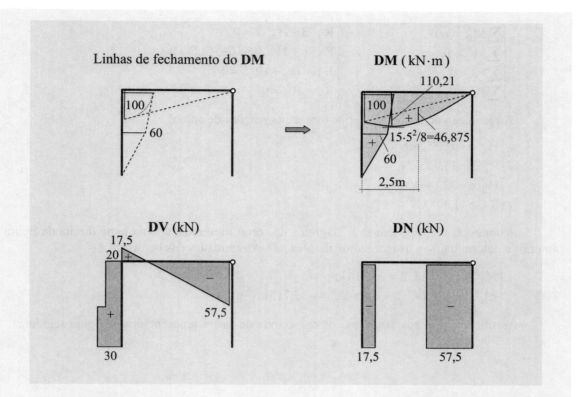

Figura E4.4c – Diagramas dos esforços seccionais do pórtico da Figura E4.4a.

Exemplo 4.5 – Determinam-se os diagramas dos esforços seccionais do pórtico trirotulado representado na figura seguinte.

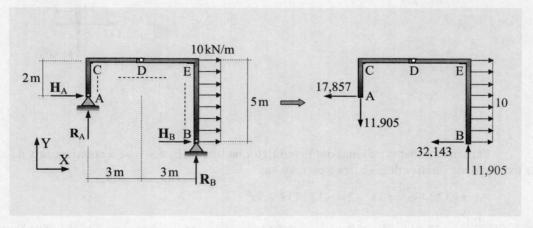

Figura E4.5a – Pórtico trirotulado de apoios em níveis distintos.

No caso, escrevem-se as equações de equilíbrio:

$$\begin{cases} \sum M_D^{ACD} = 0 \\ \sum M_B = 0 \\ \sum F_X = 0 \\ \sum F_Y = 0 \end{cases} \rightarrow \begin{cases} R_A \cdot 3 - H_A \cdot 2 = 0 \\ R_A \cdot 6 + H_A \cdot 3 + 10 \cdot 5 \cdot 2,5 = 0 \\ H_A + H_B + 10 \cdot 5 = 0 \\ R_A + R_B = 0 \end{cases}$$

A resolução do sistema anterior fornece as reações de apoio:

$$\begin{cases} H_A \cong -17,857\,kN \\ R_A \cong -11,905\,kN \\ H_B \cong -32,143\,kN \\ R_B \cong 11,905\,kN \end{cases}$$

Com essas reações, tem-se o diagrama de corpo livre mostrado na parte direita da figura anterior e determinam-se os momentos fletores nas extremidades das barras:

$$\begin{cases} M_C^{AC} = 17,857 \cdot 2 = 35,714\,kN \cdot m \\ M_E^{BE} = -32,143 \cdot 5 + 10 \cdot 5 \cdot 2,5 = -35,715\,kN \cdot m \end{cases}$$

Assim, chega-se aos diagramas de corpo livre de barras apresentados na figura seguinte.

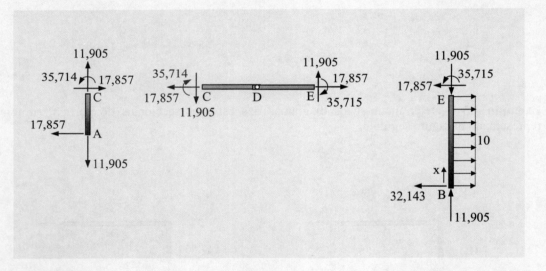

Figura E4.5b – Diagramas de corpo livre das barras do pórtico da figura precedente.

Para determinar o máximo momento fletor na barra BE, adota-se a coordenada x a partir da extremidade inferior dessa barra e escreve-se:

$$M = -32,143x + 10x^2/2 = -32,143x + 5x^2$$

$$\frac{dM}{dx} = -32,143 + 10x = 0 \quad \rightarrow \quad x = 3,2143 \quad \rightarrow \quad M_{máx.} = M_{|x=3,2143} \cong -51,659\,kN \cdot m$$

Com os resultados anteriores, traçam-se os diagramas de esforços seccionais mostrados na próxima figura.

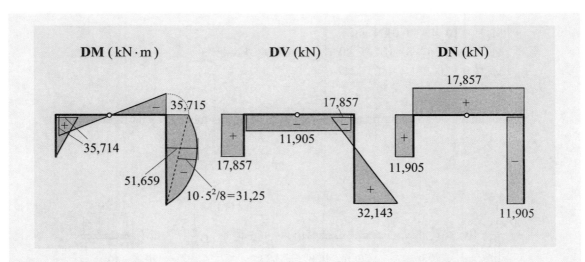

Figura E4.5c – Diagramas dos esforços seccionais do pórtico da Figura E4.5a.

Exemplo 4.6 – Determinam-se os diagramas dos esforços seccionais do pórtico de apoios em alturas diferentes e com um balanço, como mostra a parte esquerda da figura seguinte.

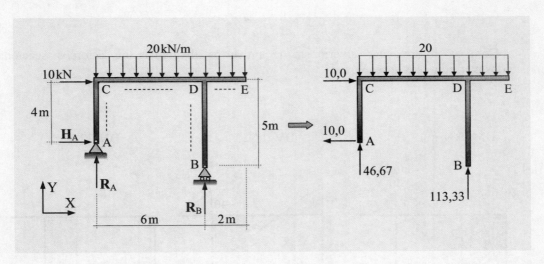

Figura E4.6a – Pórtico biapoiado com um balanço.

As reações de apoio são calculadas a seguir:

$$\begin{cases} \sum F_X = 0 \\ \sum M_A = 0 \\ \sum F_Y = 0 \end{cases} \rightarrow \begin{cases} H_A + 10 = 0 \\ R_B \cdot 6 - 20 \cdot 8 \cdot 4 - 10 \cdot 4 = 0 \\ R_A + R_B - 20 \cdot 8 = 0 \end{cases} \rightarrow \begin{cases} H_A = -10,0 \, \text{kN} \\ R_B \cong 113,33 \, \text{kN} \\ R_A = 46,670 \, \text{kN} \end{cases}$$

Com essas reações, tem-se o diagrama de corpo livre representado na parte direita da figura anterior e calculam-se os momentos fletores nas extremidades das barras:

$$\begin{cases} M_C^{AC} = 10 \cdot 4 = 40{,}0 \, \text{kN} \cdot \text{m} \\ M_D^{ACD} = 46{,}67 \cdot 6 + 10 \cdot 4 - 20 \cdot 6 \cdot 3 = -39{,}980 \, \text{kN} \cdot \text{m} \\ M_D^{ED} = -20 \cdot 2 \cdot 1 = -40{,}0 \, \text{kN} \cdot \text{m} \\ M_D^{BD} = 0 \end{cases}$$

Logo, chega-se aos diagramas de corpo livre de barras mostrados na figura abaixo.

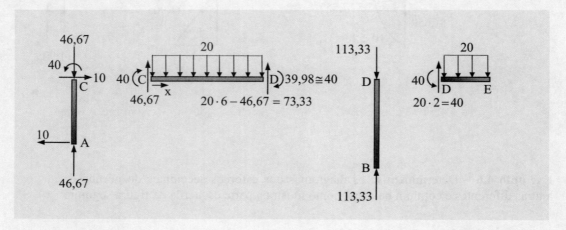

Figura E4.6b – Diagramas de corpo livre das barras do pórtico da figura anterior.

Com as informações anteriores, traçam-se os diagramas de esforços seccionais mostrados na figura que se segue.

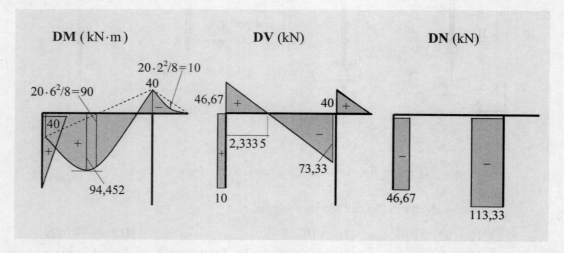

Figura E4.6c – Diagrama dos esforços seccionais do pórtico da Figura E4.6a.

Para determinar o máximo momento fletor na barra CD, adota-se a coordenada x a partir da extremidade esquerda dessa barra (como representado na Figura E4.6b) e escreve-se:

$$M = 40 + 46{,}67x - 20x^2/2 = 40 + 46{,}67x - 10x^2$$

$$\frac{dM}{dx} = 46{,}67 - 20x = 0 \quad \rightarrow \quad x = 2{,}3335\,m \quad \rightarrow \quad M_{máx.} = M_{|x=2{,}3335} \cong 94{,}452\,kN \cdot m$$

Exemplo 4.7 – Obtêm-se os diagramas dos esforços seccionais do pórtico atirantado e com uma rótula interna, representado na figura abaixo.

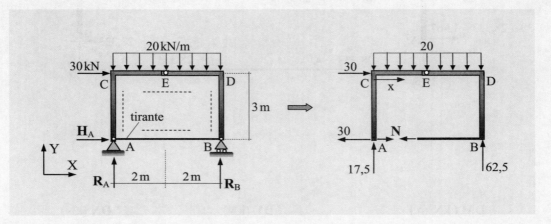

Figura E4.7a – Pórtico atirantado.

As reações de apoio são calculadas sob a forma:

$$\begin{cases} \sum F_X = 0 \\ \sum M_A = 0 \\ \sum F_Y = 0 \end{cases} \rightarrow \begin{cases} H_A + 30 = 0 \\ R_B \cdot 4 - 20 \cdot 4 \cdot 2 - 30 \cdot 3 = 0 \\ R_A + R_B - 20 \cdot 4 = 0 \end{cases} \rightarrow \begin{cases} H_A = -30{,}0\,kN \\ R_B = 62{,}5\,kN \\ R_A = 17{,}5\,kN \end{cases}$$

Para determinar os esforços seccionais, abre-se o pórtico em uma seção do tirante AB, que tem apenas esforço normal. Esse esforço é determinado a seguir, com a equação de momento nulo da parte esquerda do pórtico em relação à rótula E:

$$\sum M_E^{ACE} = 0 \quad \rightarrow \quad N \cdot 3 - 17{,}5 \cdot 2 - 30 \cdot 3 + 20 \cdot 2 \cdot 1 = 0 \quad \rightarrow \quad N \cong 28{,}333\,kN$$

Logo, calculam-se os momentos fletores nas extremidades das barras verticais:

$$\begin{cases} M_C^{AC} = (30 - 28{,}333)\,3 = 5{,}0010\,kN \cdot m \\ M_D^{BD} = -28{,}333 \cdot 3 = -84{,}999\,kN \cdot m \end{cases}$$

Com os resultados anteriores traçam-se os diagramas de corpo livre das barras, mostrados na figura que se segue. Com base nesses resultados, traçam-se os diagramas representados na Figura E4.7c, para o que se calcula o momento máximo na barra CD.

$$M = 17{,}5x - 20x^2/2 + 5{,}001 = 17{,}5x - 10x^2 + 5{,}001$$

$$\frac{dM}{dx} = 17{,}5 - 20x = 0 \quad \to \quad x = 0{,}8750\,\text{m} \quad \to \quad M_{\text{máx.}} = M_{|x=0{,}875} \cong 12{,}657\,\text{kN}\cdot\text{m}$$

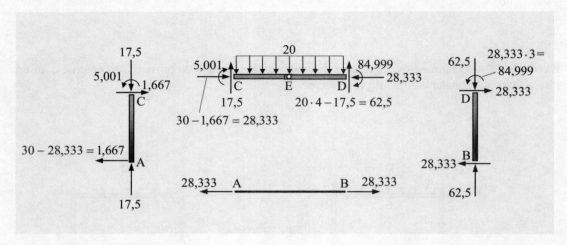

Figura E4.7b – Diagramas de corpo livre das barras do pórtico da figura anterior.

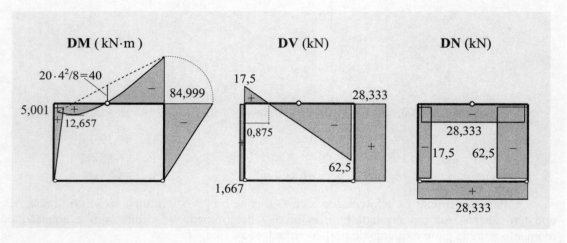

Figura E4.7c – Diagramas dos esforços seccionais do pórtico da Figura E4.7a.

Exemplo 4.8 – Idem para o pórtico fechado e autoequilibrado representado na próxima figura.

Para determinar os esforços seccionais, optou-se por abrir o pórtico na rótula D com as incógnitas **N** e **V** na seção de corte, como mostra a parte direita da referida figura. Logo, com equações de momento nulo em relação às duas outras rótulas, obtêm-se os valores dessas incógnitas:

$$\begin{cases} M_E^{ED} = V\cdot 6 - 20\cdot 6\cdot 3 = 0 \\ M_B^{DCB} = N\cdot 4 + V\cdot 3 - 30\cdot 4\cdot 2 - 20\cdot 3\cdot 1{,}5 = 0 \end{cases} \quad \to \quad \begin{cases} V = 60{,}0\,\text{kN} \\ N = 37{,}5\,\text{kN} \end{cases}$$

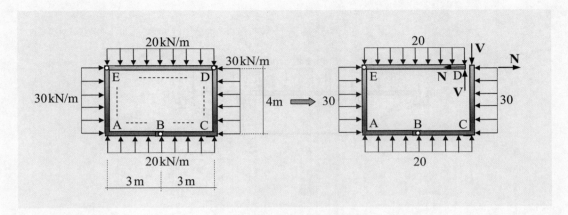

Figura E4.8a – Pórtico fechado e autoequilibrado.

A seguir, determinam-se os momentos fletores nas extremidades das barras:

$$\begin{cases} M_C^{DC} = 37,5 \cdot 4 - 30 \cdot 4 \cdot 2 = -90,0 \, kN \cdot m \\ M_A^{DCBA} = 37,5 \cdot 4 + 60 \cdot 6 - 30 \cdot 4 \cdot 2 - 20 \cdot 6 \cdot 3 = -90,0 \, kN \cdot m \end{cases}$$

De modo análogo, obtêm-se os demais esforços, de maneira a obter os diagramas mostrados na próxima figura. Observa-se que, pelo fato do pórtico e de suas ações externas terem simetria em relação a um eixo vertical, os diagramas de momento fletor e de esforço normal são simétricos e o diagrama de esforço cortante é antissimétrico.

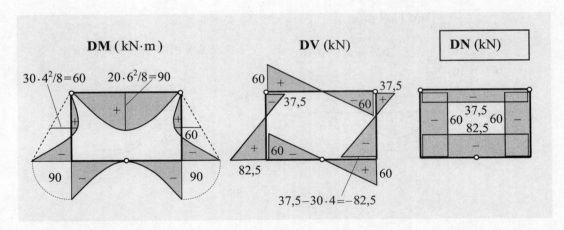

Figura E4.8b – Diagramas dos esforços seccionais do pórtico da figura precedente.

Exemplo 4.9 – A viga armada esquematizada na próxima figura tem um tensor para a regulagem do esforço no tirante EF. Utiliza-se o procedimento de decomposição em barras biapoiadas para determinar o esforço que deve ser imposto a esse tirante, com a condição de que o máximo momento fletor negativo na barra horizontal AB seja igual em módulo ao máximo momento fletor positivo nessa mesma barra.

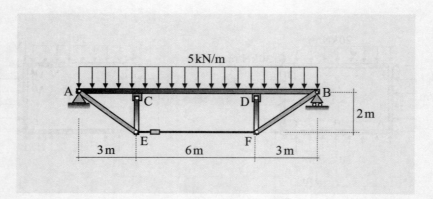

Figura E4.9a – Viga armada.

Trata-se de pórtico com grau de indeterminação estática interna igual a 1 e de reações verticais de intensidades iguais a $(5(3+6+3)/2=30{,}0\,kN)$. De acordo com o procedimento de decomposição em barras biapoiadas e em atendimento à descrita condição, o diagrama de momento fletor da barra AB deve ter a configuração mostrada na parte esquerda da próxima figura, onde o valor absoluto do momento nas seções C e D é igual à metade de $p\ell^2/8$, em que ℓ é o comprimento do trecho $\overline{CD}$. Logo, o momento fletor na seção C da barra horizontal da viga armada tem intensidade igual a $(22{,}5/2=11{,}25\,kN\cdot m)$.

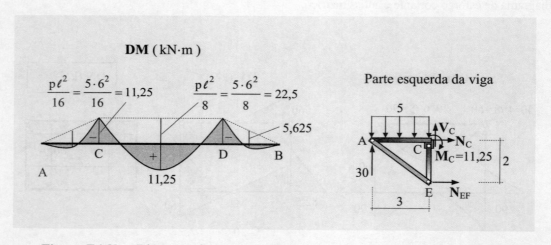

Figura E4.9b – Diagrama do momento fletor e a parte esquerda da viga anterior.

Considera-se, agora, a viga armada seccionada imediatamente à direita das rótulas C e E, obtendo-se o diagrama de corpo livre mostrado na parte direita da figura precedente. Com base nesse diagrama, escreve-se a equação de equilíbrio de momento:

$$\sum M_C^{ACE} = 0 \quad \rightarrow \quad N_{EF}\cdot 2 - 11{,}25 + 5\cdot 3\cdot 1{,}5 - 30\cdot 3 = 0$$

Dessa equação, obtém-se o esforço de tração que deve ser imposto ao tirante:

$$\boxed{N_{EF} = 39{,}375\,kN}$$

4.4 – Barras inclinadas

Nos pórticos analisados anteriormente, as barras são ortogonais entre si e, portanto, em interface de duas barras sem força externa concentrada, o esforço normal na extremidade de uma barra é igual ao esforço cortante na outra barra que lhe é perpendicular na mesma extremidade, e o esforço normal nesta é igual ao esforço cortante naquela. Isso não ocorre em barras não ortogonais. Além do que, as forças externas podem não ser perpendiculares às barras, o que requer projeções dessas forças quando da determinação dos esforços seccionais.

Na presente seção, estão apresentados vários exemplos de pórticos com barras inclinadas e detalhados diversos casos de barras inclinadas sob força uniformemente distribuída.

Exemplo 4.10 – Na figura seguinte está representado um pórtico biapoiado constituído de uma barra inclinada e outra horizontal. Obtêm-se os correspondentes diagramas dos esforços seccionais.

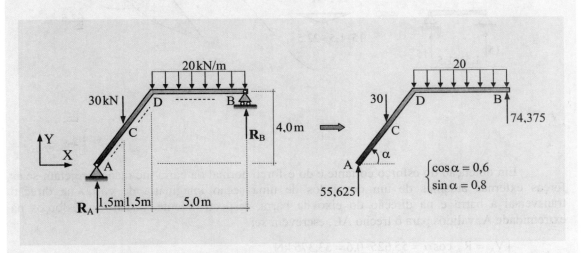

Figura E4.10a – Pórtico plano biapoiado com uma barra inclinada.

A seguir, calculam-se as reações de apoio:

$$\begin{cases} \sum M_B = 0 \\ \sum F_Y = 0 \end{cases} \rightarrow \begin{cases} R_A \cdot 8 - 30\,(1{,}5+5) - 20 \cdot 5 \cdot 2{,}5 = 0 \\ R_A + R_B - 30 - 20 \cdot 5 = 0 \end{cases} \rightarrow \begin{cases} R_A = 55{,}625\,kN \\ R_B = 74{,}375\,kN \end{cases}$$

Com base nessas reações, tem-se o diagrama de corpo livre mostrado na parte direita da figura precedente.

Em obtenção do diagrama de momento fletor, utiliza-se o procedimento de decomposição em barras biapoiadas detalhado na próxima figura. Para isso, determina-se o momento fletor na interface das barras e traçam-se as linhas de fechamento deste esforço. Posteriormente, penduram-se nestas linhas, perpendicularmente às linhas de referência, os diagramas de momento fletor de barras biapoiadas. Observa-se que o momento fletor máximo da barra biapoiada inclinada foi obtido em uma viga biapoiada auxiliar de vão igual à projeção horizontal dessa barra, como mostra a parte esquerda inferior da mesma figura.

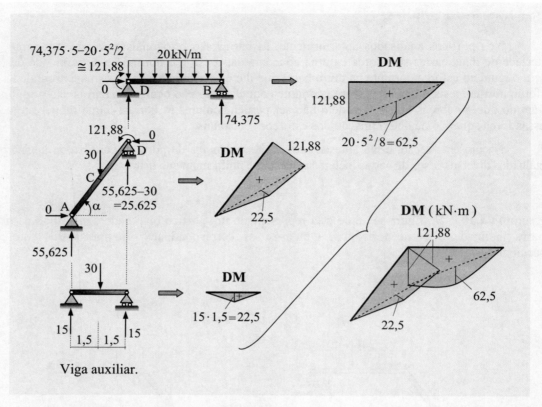

Figura E4.10b – Diagrama do momento fletor do pórtico da figura precedente.

Em obtenção do esforço cortante e do esforço normal da barra inclinada, projetam-se as forças externas atuantes de um dos lados de uma seção imaginária de corte, na direção transversal à barra e na direção do eixo da barra, respectivamente. Assim, os esforços na extremidade A, válidos para o trecho AC, escrevem-se:

$$\begin{cases} V_A = R_A \cos\alpha = 55{,}625 \cdot 0{,}6 = 33{,}375 \text{ kN} \\ N_A = -R_A \sin\alpha = -55{,}625 \cdot 0{,}8 = -44{,}5 \text{ kN} \end{cases}$$

A seguir, determinam-se os esforços da seção adjacente à direita do ponto de aplicação da força concentrada em C:

$$\begin{cases} V_{C^+} = V_A - 30\cos\alpha = 33{,}375 - 30 \cdot 0{,}6 = 15{,}375 \text{ kN} \\ N_{C^+} = N_A + 30\sin\alpha = -44{,}5 + 30 \cdot 0{,}8 = -20{,}5 \text{ kN} \end{cases}$$

Determinam-se, também, os esforços na extremidade D da barra DB:

$$\begin{cases} V_D = R_A - 30 = 55{,}625 - 30 = 25{,}625 \text{ kN} \\ N_D = 0 \end{cases}$$

Finalmente, obtêm-se os esforços na extremidade B da barra DB:

$$\begin{cases} V_B = V_D - 20 \cdot 5 = 25{,}625 - 100 = -74{,}375 \text{ kN} \equiv -R_B \\ N_B = 0 \end{cases}$$

Com base nesses resultados, traçam-se os diagramas mostrados a seguir.

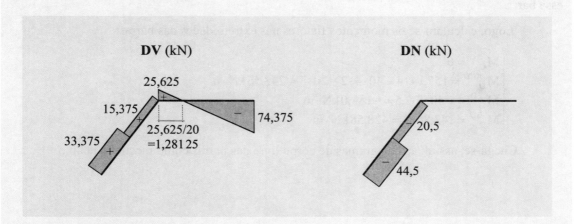

Figura E4.10c – Diagramas dos esforços normal e cortante do pórtico da Figura E4.10a.

Exemplo 4.11 – Obtêm-se os diagramas dos esforços seccionais do pórtico biapoiado com uma barra inclinada e um balanço, representado na figura seguinte.

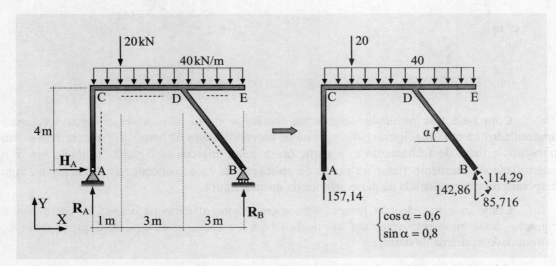

Figura E4.11a – Pórtico biapoiado com uma barra inclinada e um balanço.

A seguir, calculam-se as reações de apoio:

$$\begin{cases} \sum F_X = 0 \\ \sum M_A = 0 \\ \sum F_Y = 0 \end{cases} \rightarrow \begin{cases} H_A = 0 \\ R_B \cdot 7 - 40 \cdot 7 \cdot 3{,}5 - 20 \cdot 1 = 0 \\ R_A + R_B - 20 - 40 \cdot 7 = 0 \end{cases} \rightarrow \begin{cases} H_A = 0 \\ R_B \cong 142{,}86\,\text{kN} \\ R_A \cong 157{,}14\,\text{kN} \end{cases}$$

195

Estática das Estruturas — H. L. Soriano

Essas reações estão representadas na parte direita da figura anterior, juntamente com a decomposição (em tracejado) da reação $\mathbf{R}_B$, na direção da barra BD e na direção transversal a essa barra.

Logo, calculam-se os momentos fletores nas extremidades das barras:

$$\begin{cases} M_C^{AC} = 0 \\ M_D^{ACD} = 157{,}14 \cdot 4 - 40 \cdot 4 \cdot 2 - 20 \cdot 3 = 248{,}56 \, \text{kN} \cdot \text{m} \\ M_D^{ED} = -40 \cdot 3 \cdot 1{,}5 = -180{,}0 \, \text{kN} \cdot \text{m} \\ M_D^{BD} = 142{,}86 \cdot 3 = 428{,}58 \, \text{kN} \cdot \text{m} \end{cases}$$

Chega-se, assim, aos diagramas de corpo livre das barras como mostrado abaixo.

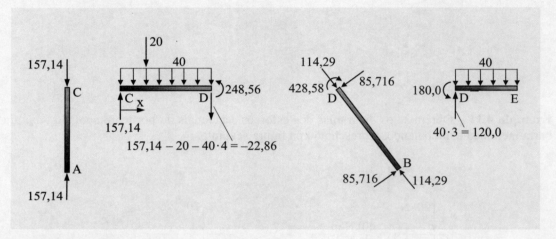

Figura E4.11b – Diagramas de corpo livre das barras do pórtico da figura precedente.

Com base nos resultados anteriores, traçam-se os diagramas de esforços seccionais apresentados na próxima figura. No diagrama de momento fletor da barra CD, representou-se em tracejado a linha de fechamento e, a partir dessa linha, marcou-se o valor 75 kN·m, que é a intensidade do momento fletor no ponto de aplicação da força concentrada de 20 kN na viga biapoiada auxiliar mostrada na parte inferior da mesma figura.

Como esse traçado não fornece o momento fletor máximo na barra CD, escreve-se a equação desse momento referente ao trecho $1 \le x \le 4$ (com o eixo x medido a partir da extremidade esquerda da barra):

$$M = 157{,}14\,x - 20(x-1) - 40x^2/2 = 137{,}14\,x + 20 - 20x^2$$

$$\rightarrow \quad V = dM/dx = 137{,}14 - 40x$$

$$V = 0 \quad \rightarrow \quad 137{,}14 - 40x = 0 \quad \rightarrow \quad x = 3{,}4285 \, \text{m}$$

$$\rightarrow \quad M_{\text{máx.}} = M_{|x=3{,}4285} \cong 255{,}09 \, \text{kN} \cdot \text{m}$$

$$M_{|x=1} = 137{,}14 \, \text{kN} \cdot \text{m} \quad \text{e} \quad M_{|x=4} = 248{,}56 \, \text{kN} \cdot \text{m}$$

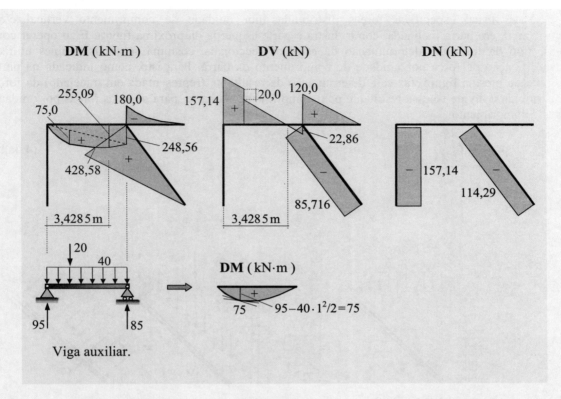

Figura E4.11c – Diagrama dos esforços seccionais do pórtico da Figura E4.11a.

Como foi esclarecido com a Figura 4.6, no encontro de várias barras, a soma dos momentos tem que ser igual a zero (por condição de equilíbrio). Contudo, no caso do ponto D do pórtico anterior, isto não é evidente porque os sinais adotados no diagrama de momento fletor são dependentes dos lados de observação das barras (que estão indicados em tracejado na Figura E4.11a). Esse equilíbrio se torna evidente com a próxima figura em que estão representados os momentos transmitidos ao ponto D pelas barras que lhe são incidentes, de maneira a se ter $(248,56+180,0-428,58=-0,02\cong 0)$.

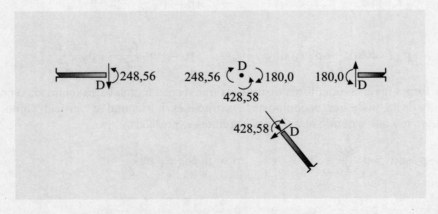

Figura E4.11d – Momentos na interface D das barras do pórtico.

É usual especificar forças distribuídas por unidade de comprimento vertical e/ou horizontal, em barra inclinada, como ilustra a parte esquerda da próxima figura. E ao operar com esse tipo de força em determinação de esforços seccionais, costuma ser mais simples utilizar especificação de força por unidade de comprimento da barra. Para isto, como indicado na parte direita da mesma figura, faz-se a determinação da resultante (representada em tracejado) da força distribuída e divide-se essa resultante pelo comprimento da barra, para obter as forças por unidade desse comprimento:

$$p_1 = p_X \ell_Y \frac{1}{\ell} \quad \text{e} \quad p_2 = p_Y \ell_X \frac{1}{\ell} \quad (4.4\text{a,b})$$

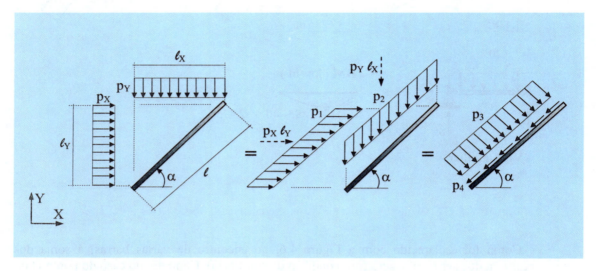

Figura 4.13 – Força distribuída em uma barra inclinada – caso A.

As forças p_1 e p_2 são por unidade de comprimento da barra inclinada, mas na direção horizontal e na direção vertical. É útil projetar essas forças nas direções transversal e axial à barra, como mostra a parte direita da mesma figura, o que conduz às seguintes expressões:

$$p_3 = p_X \ell_Y \sin\alpha \frac{1}{\ell} + p_Y \ell_X \cos\alpha \frac{1}{\ell} \quad \rightarrow \quad p_3 = p_X \frac{\ell_Y^2}{\ell^2} + p_Y \frac{\ell_X^2}{\ell^2} \quad (4.4\text{c})$$

$$p_4 = -p_X \ell_Y \cos\alpha \frac{1}{\ell} + p_Y \ell_X \sin\alpha \frac{1}{\ell} \quad \rightarrow \quad p_4 = -p_X \frac{\ell_X \ell_Y}{\ell^2} + p_Y \frac{\ell_X \ell_Y}{\ell^2} \quad (4.4\text{d})$$

De forma inversa, uma força distribuída transversal à uma barra inclinada e por unidade de comprimento desta pode ser decomposta nas direções horizontal e vertical como indicado na próxima figura e o que é obtido através das seguintes expressões:

$$p_1 = p_3 \sin\alpha = p_3 \frac{\ell_Y}{\ell} \quad \text{e} \quad p_2 = p_3 \cos\alpha = p_3 \frac{\ell_X}{\ell} \quad (4.5\text{a,b})$$

$$p_X = p_1 \frac{\ell}{\ell_Y} = p_3 \frac{\ell_Y}{\ell} \frac{\ell}{\ell_Y} = p_3 \quad \text{e} \quad p_Y = p_2 \frac{\ell}{\ell_X} = p_3 \frac{\ell_X}{\ell} \frac{\ell}{\ell_X} = p_3 \quad (4.5\text{c,d})$$

Capítulo 4 – Pórticos

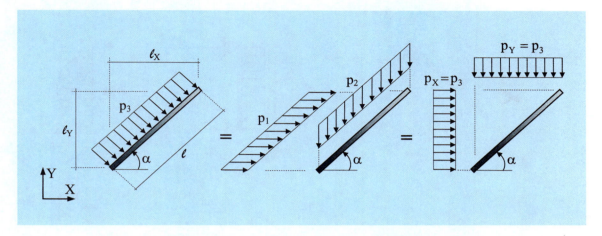

Figura 4.14 – Força distribuída em uma barra inclinada – caso B.

Para esclarecimentos adicionais, as Figuras 4.15 e 4.16 apresentam os diagramas dos esforços seccionais de uma barra biapoiada inclinada sob forças distribuídas na horizontal e na vertical, respectivamente. Observa-se que, em determinação do momento fletor e do esforço cortante, pode-se utilizar uma viga biapoiada auxiliar paralela à distribuição de força.

Já a Figura 4.17 e a Figura 4.18 apresentam os diagramas dos esforços seccionais de barra biapoiada inclinada sob força horizontal e sob força vertical, respectivamente, distribuídas por unidade de comprimento da barra. Também nesses casos, é útil uma viga auxiliar.

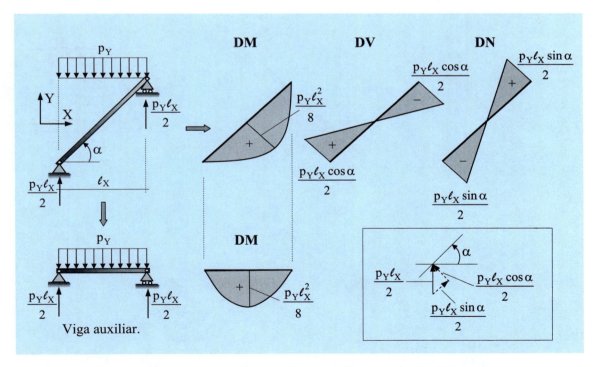

Figura 4.15 – Barra biapoiada inclinada sob força vertical uniformemente distribuída na horizontal.

199

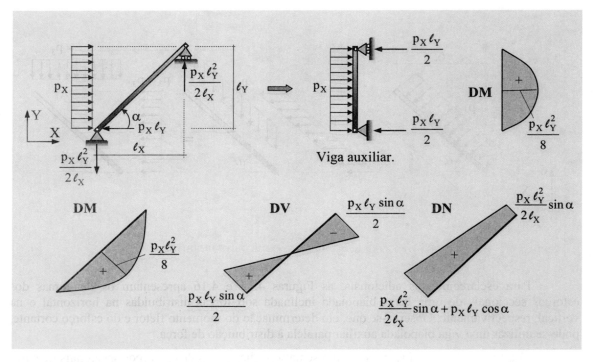

Figura 4.16 – Barra biapoiada inclinada sob força horizontal uniformemente distribuída na vertical.

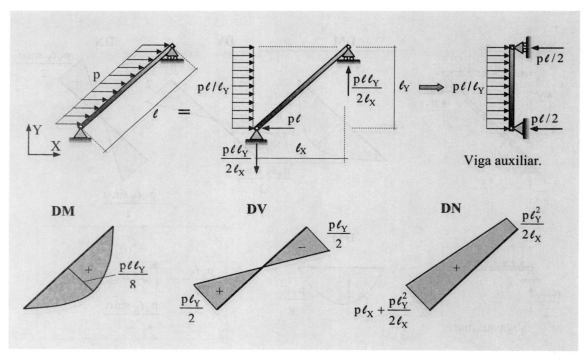

Figura 4.17 – Barra biapoiada inclinada sob força horizontal uniformemente distribuída ao longo de seu comprimento.

Capítulo 4 – Pórticos

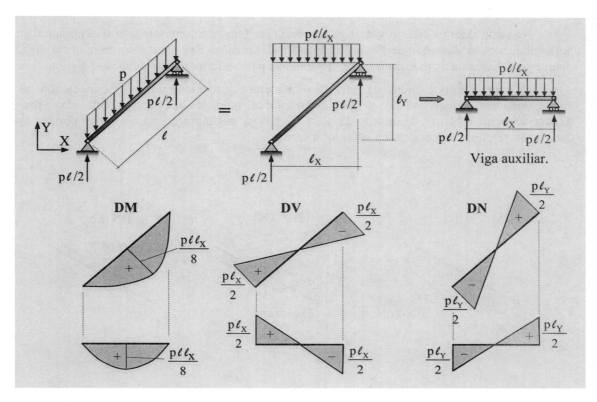

Figura 4.18 – Barra biapoiada inclinada sob força vertical uniformemente distribuída ao longo de seu comprimento.

Exemplo 4.12 – Obtêm-se os diagramas dos esforços seccionais da barra biapoiada abaixo.

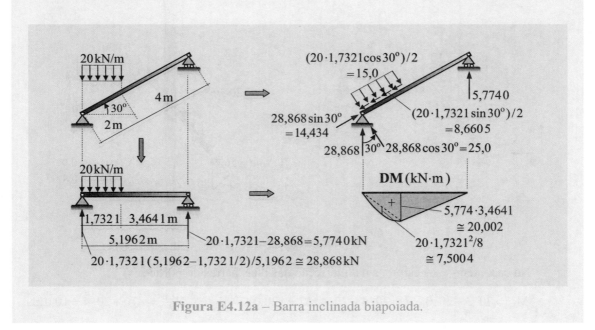

Figura E4.12a – Barra inclinada biapoiada.

201

Na parte inferior esquerda da figura precedente tem-se a representação da viga auxiliar horizontal, com as correspondentes determinações das reações de apoio. Com base nessa viga, obteve-se o diagrama de momento fletor mostrado na parte inferior direita da mesma figura.

Na parte superior direita da referida figura está representada a barra inclinada com as correspondentes obtenções das forças externas por unidade de comprimento da barra, transversalmente à barra e na direção da barra. Com base nessa representação, foram obtidos os diagramas de esforços seccionais mostrados a seguir.

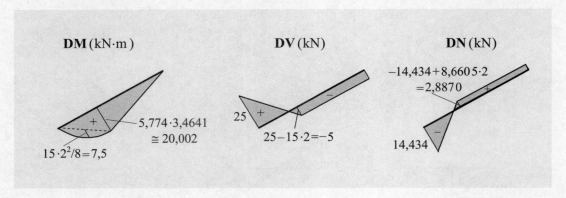

Figura E4.12b – Diagramas dos esforços seccionais da barra biapoiada da figura precedente.

Exemplo 4.13 – Determinam-se os diagramas dos esforços seccionais do pórtico da próxima figura em que, na parte direita, já estão indicadas as correspondentes reações de apoio.

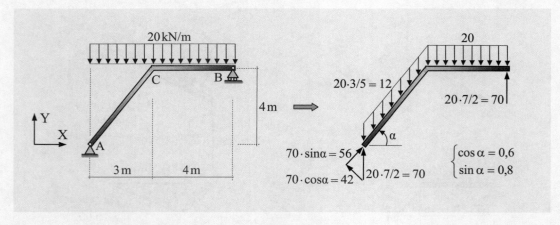

Figura E4.13a – Pórtico plano com barra inclinada.

No caso, têm-se os esforços na interseção das duas barras do pórtico:

$$M_C = 70 \cdot 3 - 20 \cdot 3^2/2 \equiv 70 \cdot 4 - 20 \cdot 4^2/2 = 120,0 \text{kN} \cdot \text{m} \quad , \quad V_B^{CB} = -70 + 20 \cdot 4 = 10,0 \text{kN}$$

Logo, constroem-se os diagramas mostrados na figura seguinte.

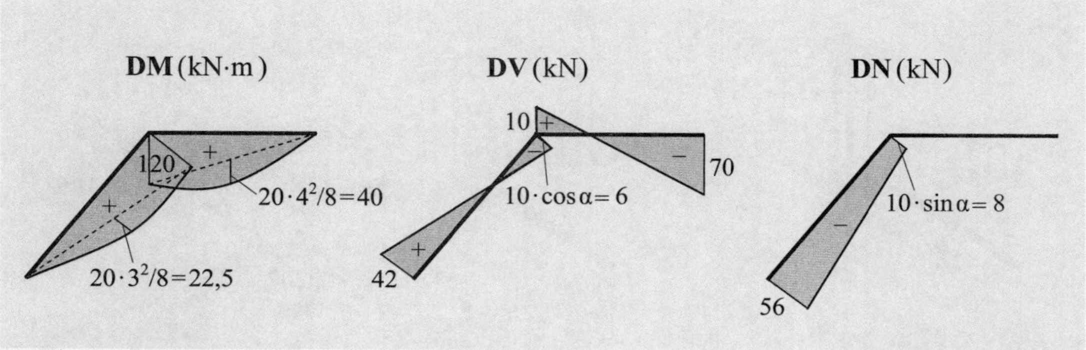

DM (kN·m)   **DV (kN)**   **DN (kN)**

120; 20·4²/8 = 40; 20·3²/8 = 22,5; 10; 10·cos α = 6; 42; 70; 10·sin α = 8; 56

Figura E4.13b – Diagramas dos esforços seccionais do pórtico plano da figura anterior.

Exemplo 4.14 – A próxima figura mostra o esquema de uma escada de $3{,}0\,\text{kN/m}^2$ de peso próprio e $3{,}25\,\text{kN/m}^2$ de sobrecarga, em projeções horizontais. Com a idealização dessa escada como um pórtico biapoiado e na forma esquematizada na parte direita da mesma figura, obtêm-se os diagramas dos esforços seccionais.

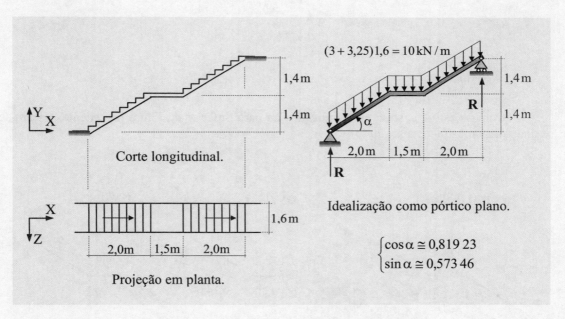

Figura E4.14a – Escada e correspondente idealização.

No presente caso, escreve-se diretamente a intensidade das reações de apoio:

$$R = 10\sqrt{2^2 + 1{,}4^2} + 10 \cdot 1{,}5/2 \quad \rightarrow \quad R \cong 31{,}913\,\text{kN}$$

Logo, faz-se a decomposição de forças mostrada abaixo.

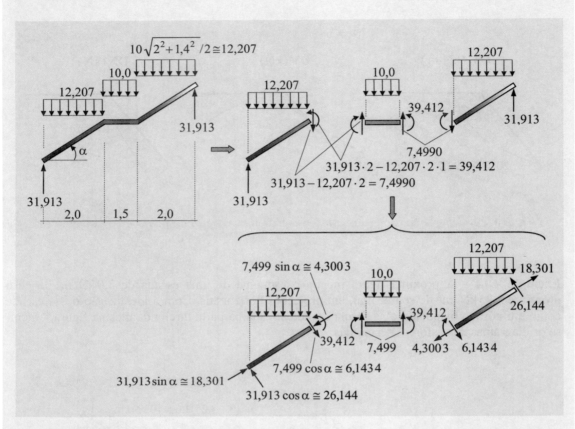

Figura E4.14b – Decomposição da escada em três barras de pórtico plano.

Com os esforços seccionais indicados na parte inferior da figura precedente, traçam-se os diagramas mostrados a seguir.

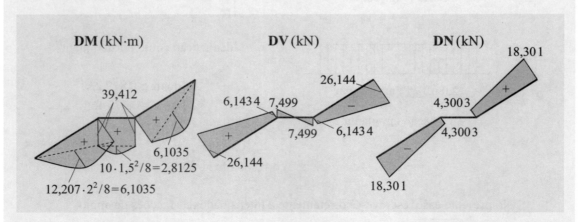

Figura E4.14c – Diagramas dos esforços seccionais da idealização da escada da Figura E4.14a.

Exemplo 4.15 – O galpão esquematizado em perspectiva na parte esquerda da próxima figura tem seu pórtico transversal central idealizado como trirotulado, como mostra a parte direita da mesma figura. Obtém-se o diagrama do momento fletor desse pórtico.

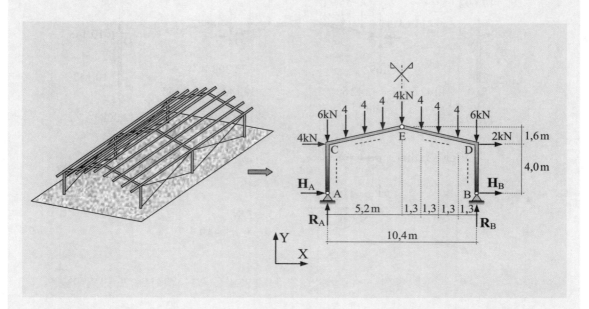

Figura E4.15a – Galpão e seu pórtico transversal trirotulado central.

Para o presente caso, escrevem-se as equações de equilíbrio:

$$\begin{cases} \sum M_B = 0 \\ \sum F_Y = 0 \\ \sum M_E^{ACE} = 0 \\ \sum F_X = 0 \end{cases} \rightarrow \begin{cases} R_A \cdot 10,4 + (4+2)\,4 - 6 \cdot 10,4 - 4 \cdot 7 \cdot 5,2 = 0 \\ R_A + R_B - 6 \cdot 2 - 4 \cdot 7 = 0 \\ R_A \cdot 5,2 - H_A \cdot 5,6 - 4 \cdot 1,6 - 6 \cdot 5,2 - 4 \cdot 3 \cdot 2,6 = 0 \\ H_A + H_B + 4 + 2 = 0 \end{cases}$$

Essas equações fornecem as reações de apoio:

$$\begin{cases} R_A \cong 17,692\,\text{kN} \\ R_B \cong 22,308\,\text{kN} \\ H_A \cong 4,1426\,\text{kN} \\ H_B \cong -10,143\,\text{kN} \end{cases}$$

Em verificação dessas reações, calcula-se:

$$\sum M_B^{EDB} = 22,308 \cdot 5,2 - 10,143 \cdot 5,6 + 2 \cdot 1,6 - 6 \cdot 5,2 - 4 \cdot 3 \cdot 2,6 = 8 \cdot 10^{-4} \cong 0 \quad \text{OK!}$$

Com base nas reações anteriores, constroem-se os diagramas de corpo livre mostrados na próxima figura juntamente com uma viga auxiliar de determinação do momento fletor da barra inclinada CE.

Com base nesses diagramas, constrói-se, facilmente, o diagrama de momento fletor mostrado na Figura E4.15c.

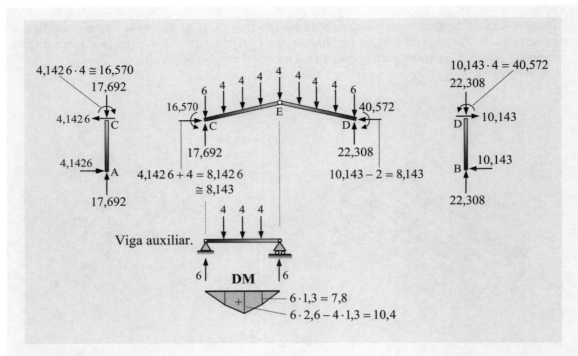

Figura E4.15b – Diagramas de corpo livre e viga auxiliar, referentes ao pórtico anterior.

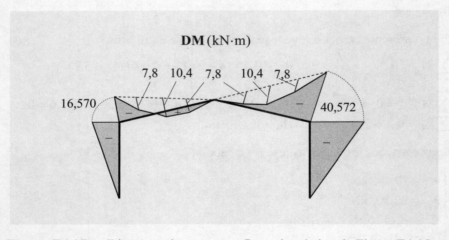

Figura E4.15c – Diagrama do momento fletor do pórtico da Figura E4.15a.

4.5 – Pórticos isostáticos compostos

Anteriormente foram tratados pórticos isolados, passíveis de ser analisados com as equações da Estática, mas não decompostos em partes isostáticas básicas que se apóiam umas sobre as outras, como é o caso das vigas Gerber. Certos pórticos admitem essa decomposição e são denominados *pórticos isostáticos compostos*. Este é o caso do pórtico que foi mostrado na Figura 4.7 e também o que está representado na figura seguinte.

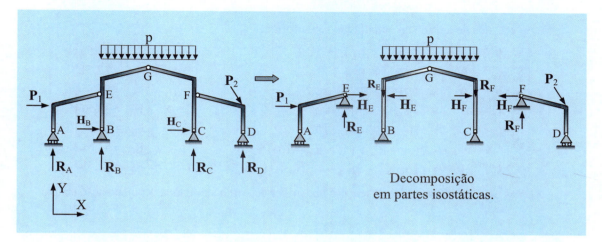

Figura 4.19 – Pórtico composto.

As 6 reações de apoio desse pórtico (R_A, R_B, H_B, R_C, R_D e H_C) podem ser determinadas com as equações de equilíbrio: $\Sigma M_E^{AE}=0$, $\Sigma M_F^{DF}=0$, $\Sigma M_G^{ABEG}=0$, $\Sigma F_X=0$, $\Sigma F_Y=0$ e $\Sigma M_A=0$. Com base nessas reações, todos os esforços seccionais podem também ser determinados. Contudo, é mais simples identificar a decomposição do pórtico em suas partes isostáticas, como mostra a parte direita da figura anterior, e analisar cada uma dessas partes isoladamente. Isto porque, como a parte central BEGFC é estável isoladamente (por ser um pórtico trirotulado), as partes laterais AE e DF podem ser consideradas apoiadas nesta parte central através de apoios do segundo gênero em E e F, respectivamente. Assim, em análise da parte AE podem ser determinadas as forças de interface R_E e H_E que se transmitem à parte central em efeito de ação e reação. De forma análoga, em análise da parte DF podem ser obtidas as forças de interface R_F e H_F que se transmitem à parte central. Finalmente, essa última parte pode ser tratada separadamente, em procedimento muito simples.

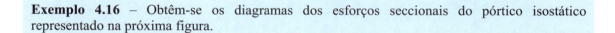

Exemplo 4.16 – Obtêm-se os diagramas dos esforços seccionais do pórtico isostático representado na próxima figura.

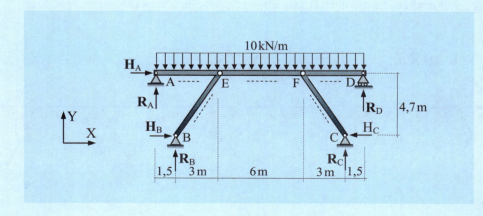

Figura E4.16a – Pórtico isostático.

As reações de apoio são calculadas sob a forma:

$$\begin{cases} \sum M_E^{AE} = 0 & \to \quad 4{,}5R_A - 10 \cdot 4{,}5^2/2 = 0 \\ \sum M_F^{DF} = 0 & \to \quad 4{,}5R_D - 10 \cdot 4{,}5^2/2 = 0 \\ \sum M_E^{BE} = 0 & \to \quad 4{,}7H_B - 3R_B = 0 \\ \sum M_F^{CF} = 0 & \to \quad -4{,}7H_C + 3R_C = 0 \\ \sum F_X = 0 & \to \quad H_A + H_B - H_C = 0 \\ \sum F_Y = 0 & \to \quad R_A + R_B + R_C + R_D - 10 \cdot 15 = 0 \\ \sum M_F^{ABEF} = 0 & \to \quad 10{,}5R_A + 9R_B - 4{,}7H_B - 10 \cdot 10{,}5^2/2 = 0 \end{cases} \to \begin{cases} R_A = 22{,}5\,\text{kN} \\ R_D = 22{,}5\,\text{kN} \\ H_A = 0 \\ H_B \cong 33{,}511\,\text{kN} \\ H_C \cong 33{,}511\,\text{kN} \\ R_B = 52{,}5\,\text{kN} \\ R_C = 52{,}5\,\text{kN} \end{cases}$$

Essas mesmas intensidades de reações podem ser determinadas com a decomposição abaixo.

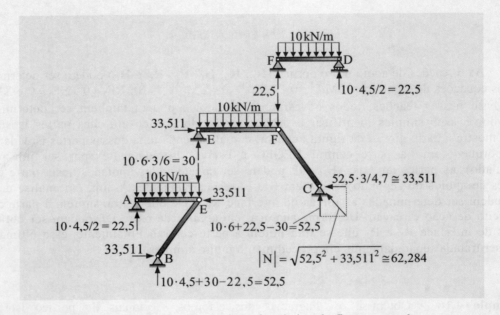

Figura E4.16b – Decomposição do pórtico da figura precedente.

A partir dessa decomposição constroem-se com facilidade os diagramas seguintes.

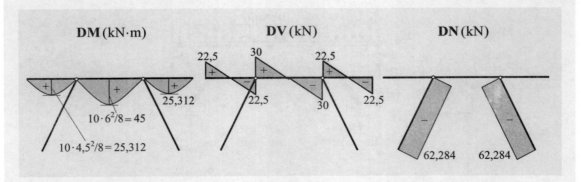

Figura E4.16c – Diagramas dos esforços seccionais do pórtico da Figura E4.16a.

Exemplo 4.17 – Um galpão industrial tem pórticos transversais como mostra a próxima figura. Faz-se a determinação do correspondente diagrama de momento fletor.

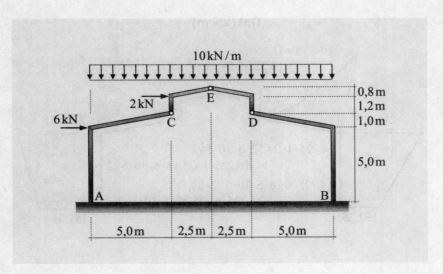

Figura E4.17a – Pórtico plano com três rótulas internas.

O pórtico em questão permite a decomposição em um pórtico trirotulado que se apóia em dois pórticos em balanço, como mostra a figura seguinte. Com a condição de equilíbrio do trirotulado, calculam-se os esforços de interface:

$$\begin{cases} \sum M_D^{CED} = 0 \\ \sum M_E^{CE} = 0 \\ \sum F_X^{CED} = 0 \\ \sum F_Y^{CED} = 0 \end{cases} \rightarrow \begin{cases} R_C \cdot 5 - 10 \cdot 5 \cdot 2,5 + 2 \cdot 1,2 = 0 \\ H_C \cdot 2 - R_C \cdot 2,5 + 10 \cdot 2,5^2 / 2 + 2 \cdot 0,8 = 0 \\ H_C + 2 - H_D = 0 \\ R_C + R_D - 10 \cdot 5 = 0 \end{cases} \rightarrow \begin{cases} R_C = 24,520 \, \text{kN} \\ H_C = 14,225 \, \text{kN} \\ H_D = 16,225 \, \text{kN} \\ R_D = 25,480 \, \text{kN} \end{cases}$$

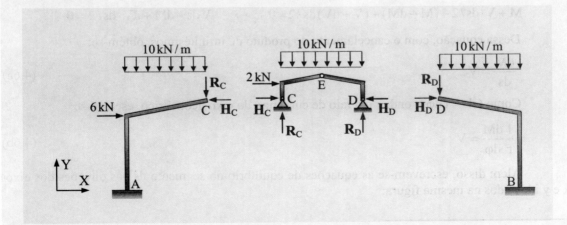

Figura E4.17b – Decomposição do pórtico da figura anterior.

Logo, constrói-se o diagrama de momento fletor mostrado a seguir.

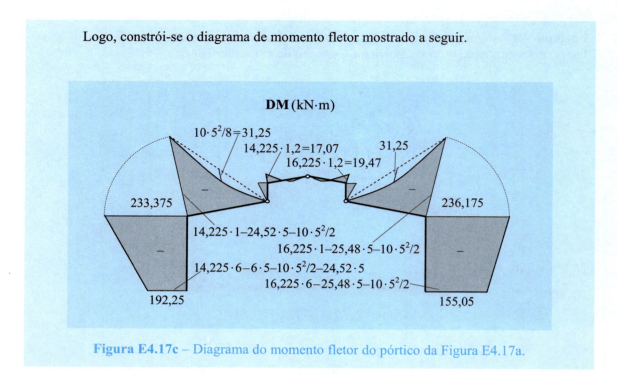

Figura E4.17c – Diagrama do momento fletor do pórtico da Figura E4.17a.

4.6 – Barras curvas

Em barra curva no plano, o eixo x do referencial de definição dos esforços seccionais é tangente ao eixo geométrico da barra. Consequentemente, em cada seção transversal, o esforço normal tem vetor representativo tangente a esse eixo e o esforço cortante é um vetor de linha de ação que contém o centro de curvatura da barra. E de modo semelhante à barra reta, há relações diferenciais entre os esforços seccionais. Para obtê-las, considera-se o segmento infinitesimal ds ao longo do eixo geométrico, sob força transversal p e sob força axial q, como mostra a próxima figura.[7]

Sem considerar infinitésimos de ordem superior, escreve-se a equação de equilíbrio de momento do segmento ds em relação ao ponto A indicado na figura:

$$M + V \cdot ds/2 - (M + dM) + (V + dV)ds/2 = 0 \quad \rightarrow \quad Vds - dM + dV \cdot ds/2 = 0$$

Dessa equação, com o cancelamento do produto de infinitésimos, obtém-se:

$$\frac{dM}{ds} = V \tag{4.6a}$$

Como ($ds = r\, d\varphi$), onde r é o raio de curvatura do eixo geométrico, escreve-se:

$$\frac{1}{r}\frac{dM}{d\varphi} = V \tag{4.6b}$$

Além disso, escrevem-se as equações de equilíbrio do segmento ds nas direções dos eixos x e y indicados na mesma figura:

---

[7] Essas forças são consideradas constantes porque alterações em seus valores produzem infinitésimos de segunda ordem nas equações de equilíbrio, que são cancelados frente a infinitésimos de primeira ordem.

$$\begin{cases} -N + (N+dN)\cos d\varphi - (V+dV)\sin d\varphi + q\,ds\cos(d\varphi/2) - p\,ds\sin(d\varphi/2) = 0 \\ -V + (V+dV)\cos d\varphi + (N+dN)\sin d\varphi + p\,ds\cos(d\varphi/2) + q\,ds\sin(d\varphi/2) = 0 \end{cases}$$

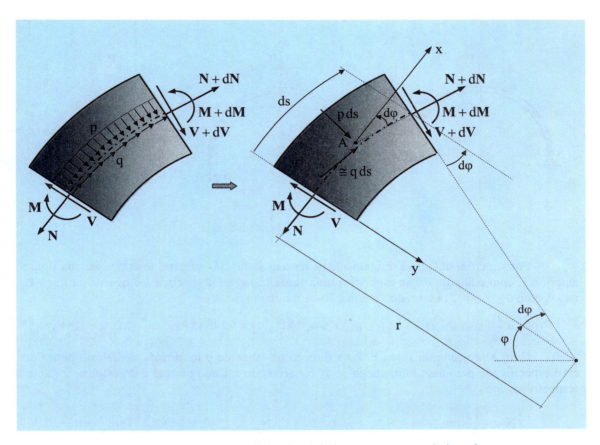

Figura 4.20 – Elemento infinitesimal de barra curva em pórtico plano.

Com as aproximações ($\sin d\varphi = d\varphi$) e ($\cos d\varphi = 1$), as equações de equilíbrio anteriores tomam as formas:

$$\begin{cases} dN - V\,d\varphi - dV\,d\varphi + q\,ds - p\,ds\,d\varphi/2 = 0 \\ dV + N\,d\varphi + dN\,d\varphi + p\,ds + q\,ds\,d\varphi/2 = 0 \end{cases}$$

Dessas equações, com ($ds = r\,d\varphi$) e o cancelamento dos produtos de infinitésimos, chega-se às seguintes relações diferenciais entre as intensidades dos esforços **N** e **V** e as forças externas p e q:

$$\frac{V}{r} - \frac{dN}{ds} = q \quad \text{e} \quad V - \frac{dN}{d\varphi} = q\,r \tag{4.7a,b}$$

$$-\frac{N}{r} - \frac{dV}{ds} = p \quad \text{e} \quad -N - \frac{dV}{d\varphi} = p\,r \tag{4.8a,b}$$

Observa-se que, ao fazer ($r=\infty$) e ($ds=dx$), Eq.4.6a. Eq.4.7a Eq.4.8a se particularizam, respectivamente, em ($dM/dx = V$), ($dN/dx = -q$) e ($dV/dx = -p$), equações estas que foram obtidas em caso de barra reta, na Seção 3.4.

Exemplo 4.18 – Determina-se as equações e os diagramas dos esforços seccionais do arco semicircular biapoiado esquematizado na figura abaixo

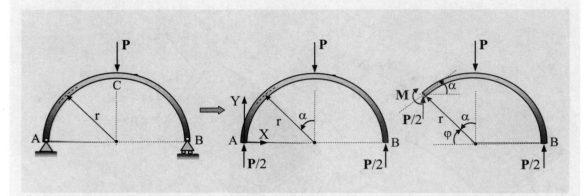

Figura E4.18a – Arco semicircular biapoiado.

Por simetria, obtêm-se diretamente as reações indicadas na parte intermediária da figura anterior. E com o ângulo α que especifica uma seção transversal genérica à esquerda da força **P**, isto é, com $0 \leq \alpha \leq \pi/2$, escreve-se a equação de momento fletor:

$$M = \frac{P}{2}(r - r\sin\alpha) = \frac{Pr}{2}(1 - \sin\alpha) \quad \rightarrow \quad M_{|\alpha=\pi/4} \cong 0{,}14645\,Pr \quad , \quad M_{|\alpha=0} = 0{,}5\,Pr$$

Com a projeção da força **P**/2 na direção da tangente e na direção radial, no ponto do eixo especificado pelo ângulo α, chega-se às equações do esforço normal e do esforço cortante, respectivamente:

$$\begin{cases} N = -\dfrac{P}{2}\sin\alpha \quad \rightarrow \quad N_{|\alpha=\pi/2} = -0{,}5P \quad , \quad N_{|\alpha=\pi/4} \cong -0{,}35355P \quad , \quad N_{|\alpha=0} = 0 \\ V = \dfrac{P}{2}\cos\alpha \quad \rightarrow \quad V_{|\alpha=\pi/2} = 0 \quad , \quad V_{|\alpha=\pi/4} \cong 0{,}35355P \quad , \quad V_{|\alpha=0} = V_{C^-} = 0{,}5P \end{cases}$$

Importa verificar que, com a particularização de $(\alpha = 90 - \varphi)$ nas equações anteriores, tem-se o cumprimento de Eq.4.6, Eq.4.7 e Eq.4.8.

Para o trecho do arco à direita da força **P**, em que $0 \geq \alpha \geq -\pi/2$, escrevem-se as seguintes equações de esforços seccionais:

$$\begin{cases} M = \dfrac{P}{2}(r + r\sin\alpha) = \dfrac{Pr}{2}(1 + \sin\alpha) \quad \rightarrow \quad M_{|\alpha=-\pi/4} \cong 0{,}14645\,Pr \quad , \quad M_{|\alpha=0} = 0{,}5\,Pr \\ N = \dfrac{P\sin\alpha}{2} \quad \rightarrow \quad N_{|\alpha=-\pi/2} = -0{,}5P \quad , \quad N_{|\alpha=-\pi/4} \cong -0{,}35355P \quad , \quad N_{|\alpha=0} = 0 \\ V = -\dfrac{P\cos\alpha}{2} \quad \rightarrow \quad V_{|\alpha=-\pi/2} = 0 \quad , \quad V_{|\alpha=-\pi/4} \cong -0{,}35355P \quad , \quad V_{|\alpha=0} = V_{C^+} = -0{,}5P \end{cases}$$

Com base nos resultados anteriores, traçam-se os diagramas mostrados na próxima figura, nos quais se observa que, devido à simetria vertical do arco e de suas forças externas, os diagramas do momento fletor e do esforço normal são simétricos, e que o diagrama do esforço cortante é antissimétrico.

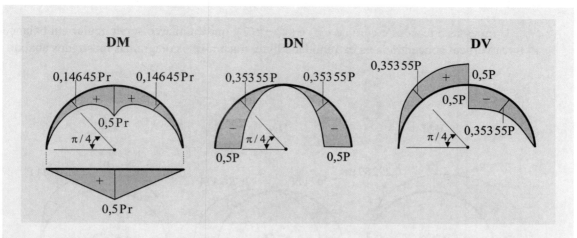

Figura E4.18b – Diagramas dos esforços seccionais do arco da figura precedente.

Com a adoção da coordenada X indicada na parte intermediária da Figura E4.18a, a equação de momento fletor é mais simples. Assim, para $0 \leq X \leq r$ obtém-se $(M=(P/2)X)$, e para $r \leq X \leq 2r$ escreve-se $(M=(P/2)X - P(X-r))$. Logo, com uma linha de referência horizontal, tem-se o diagrama de momento fletor exibido na parte inferior da figura anterior, diagrama esse que é o de uma viga biapoiada de vão igual a $2r$, sob força concentrada na seção média.

Exemplo 4.19 – Obtêm-se as equações dos esforços seccionais do arco mostrado na próxima figura. A partir dessas equações, para o caso de $(\varphi=\pi)$ e com a força concentrada na seção definida por $(\gamma=-\pi/2)$, traçam-se os diagramas dos esforços seccionais.

Na parte direita da mesma figura estão indicados os esforços seccionais na seção especificada pelo ângulo α, ao considerar o efeito da parte tracejada sobre a parte em traço contínuo. Logo, para $\gamma \leq \alpha \leq \varphi/2$, escrevem-se as equações:

$$\begin{cases} M = -P\,r(\sin\alpha - \sin\gamma) \\ N = -P\sin\alpha \\ V = P\cos\alpha \end{cases}$$

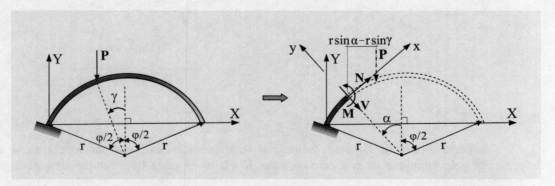

Figura E4.19a – Arco em balanço sob força concentrada.

Com essas equações e com ($\varphi=\pi$) e ($\gamma=-\pi/2$), que é um arco semicircular em balanço e sob força vertical concentrada na extremidade livre, traçam-se os diagramas mostrados abaixo.

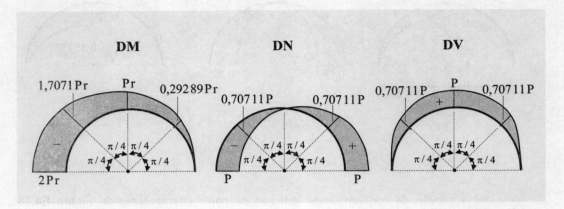

Figura E4.19b – Diagramas dos esforços seccionais no caso de ($\varphi=\pi$) e ($\gamma=-\pi/2$).

Exemplo 4.20 – Determinam-se as equações dos esforços seccionais do arco de raio r e ângulo central φ, em balanço e sob força vertical uniformemente distribuída p, como representado na próxima figura. A partir dessas equações, traçam-se os correspondentes diagramas para o caso do ângulo central ($\varphi=\pi$).

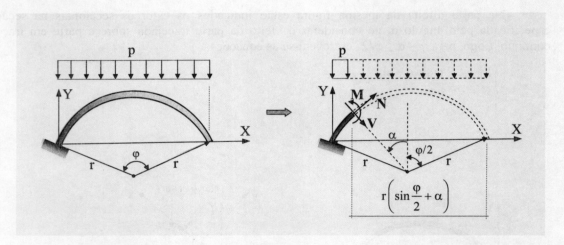

Figura E4.20a – Arco em balanço e sob força uniformemente distribuída.

Na parte direita da figura anterior estão indicados os esforços seccionais na seção especificada pelo ângulo α, com a consideração do efeito da parte tracejada sobre a parte em traço contínuo.

Logo, para $-\varphi/2 \leq \alpha \leq \varphi/2$, escrevem-se as equações desses esforços:

214

$$\begin{cases} M = -\dfrac{pr^2}{2}\left(\sin\dfrac{\varphi}{2}+\sin\alpha\right)^2 \\ N = -pr\left(\sin\dfrac{\varphi}{2}+\sin\alpha\right)\sin\alpha \\ V = pr\left(\sin\dfrac{\varphi}{2}+\sin\alpha\right)\cos\alpha \end{cases}$$

Para o caso do ângulo central ($\varphi=\pi$) (correspondente a arco semicircular), essas equações tomam as formas:

$$\begin{cases} M = -\dfrac{pr^2}{2}(1+\sin\alpha)^2 \\ N = -pr(1+\sin\alpha)\sin\alpha \\ V = pr(1+\sin\alpha)\cos\alpha \end{cases}$$

Logo, com essas últimas equações, traçam-se os diagramas mostrados a seguir.

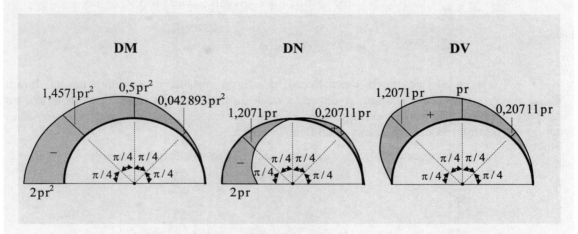

Figura E4.20b – Diagramas dos esforços seccionais no caso de ($\varphi=\pi$).

Exemplo 4.21 – Uma calha em balanço e de seção transversal semicircular é preenchida com líquido de peso específico γ, como esquematizado na próxima figura. Determinam-se os diagramas dos esforços seccionais para um comprimento unitário dessa calha.

O momento na seção transversal definida pelo ângulo φ indicado na parte direita da mesma figura, devido à força radial ($\gamma\, r^2 \sin\beta \cdot d\beta$) atuante no arco infinitesimal $r\,d\beta$, escreve-se:

$$dM = -(\gamma r^2 \sin\beta\cdot d\beta)\cos\beta\cdot r(\sin\varphi-\sin\beta)-(\gamma r^2\sin\beta\cdot d\beta)\sin\beta\cdot r(\cos\beta-\cos\varphi)$$

$$\rightarrow \quad dM = -\gamma r^3\left(\sin\beta\cdot\cos\beta(\sin\varphi-\sin\beta)+\sin^2\beta\,(\cos\beta-\cos\varphi)\right)d\beta$$

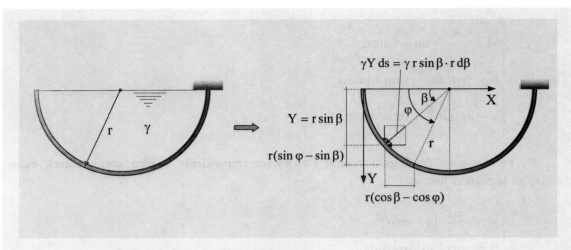

Figura E4.21a – Calha semicircular preenchida de líquido.

Logo, por integração desse momento infinitesimal no trecho $0 \leq \beta \leq \varphi$, obtém-se o momento fletor na seção definida pelo ângulo φ:

$$M = -\gamma r^3 \int_0^\varphi \left(\sin\beta \cdot \cos\beta \, (\sin\varphi - \sin\beta) + \sin^2\beta (\cos\beta - \cos\varphi) \right) d\beta$$

$$\rightarrow \quad M = -\gamma r^3 \left(\frac{1}{2} \sin^3 \varphi + \frac{1}{2} \sin\varphi \cdot \cos^2 \varphi - \frac{1}{2} \cos\varphi \cdot \varphi \right)$$

Nos exemplos anteriores desta Seção, o esforço cortante e o esforço normal foram obtidos por projeção dos esforços à esquerda ou à direita de seção transversal genérica, no referencial xy em que o eixo x é tangente ao eixo geométrico da barra. A seguir, obtêm-se esses esforços a partir da expressão de momento fletor anterior.

Com Eq.4.6b que se repete, por conveniência, obtém-se o esforço cortante:

$$V = \frac{1}{r} \frac{dM}{d\varphi}$$

$$\rightarrow \quad V = -\gamma r^2 \left(\frac{1}{2} \sin^2 \varphi \cdot \cos\varphi + \frac{1}{2} \cos^3 \varphi + \frac{1}{2} \sin\varphi \cdot \varphi - \frac{1}{2} \cos\varphi \right)$$

Com ($p = \gamma Y = \gamma r \sin\varphi$) e os sentidos adotados na parte direita da figura anterior, Eq.4.8b fornece o esforço normal:

$$N = \frac{dV}{d\varphi} + p\, r = -\gamma r^2 \left(-\frac{1}{2} \sin\varphi \cdot \cos^2 \varphi - \frac{1}{2} \sin^3 \varphi + \frac{1}{2} \cos\varphi \cdot \varphi + \sin\varphi \right) + \gamma r \sin\varphi \cdot r$$

$$\rightarrow \quad N = \gamma r^2 \left(\frac{1}{2} \sin\varphi \cdot \cos^2 \varphi + \frac{1}{2} \sin^3 \varphi - \frac{1}{2} \cos\varphi \cdot \varphi \right)$$

Com base nessas expressões de esforços, traçam-se os diagramas mostrados na próxima figura, onde os valores estão assinalados em cada intervalo de ângulo central igual a $\pi/6$.

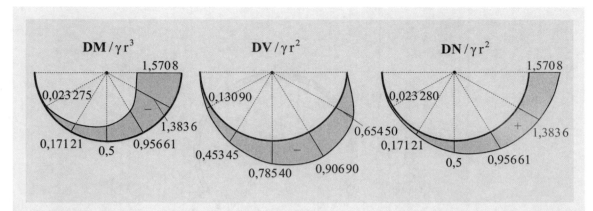

Figura E4.21b – Diagramas dos esforços seccionais da calha representada na figura anterior.

Exemplo 4.22 – Determinam-se os diagramas dos esforços seccionais do anel trirotulado autoequilibrado de raio r, representado na figura que se segue.

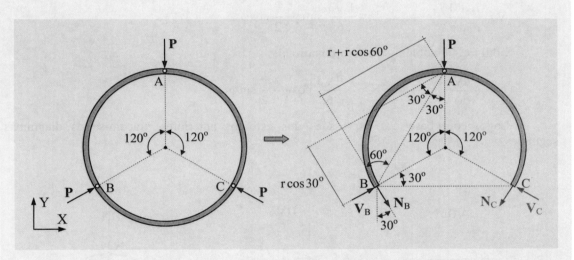

Figura E4.22a – Anel trirotulado autoequilibrado.

Na parte direita da referida figura, está mostrado o setor do anel obtido com a retirada do trecho BC (em que se tem $N_C=N_B$ e $V_C=V_B$, por questão de simetria). Logo, por equilíbrio desse setor, obtêm-se as intensidades dos esforços N_B e V_B:

$$\begin{cases} \sum M_A^{BA} = 0 \\ \sum F_Y = 0 \end{cases} \rightarrow \begin{cases} -N_B\, r(1+\cos 60°) - V_B\, r\cos 30° = 0 \\ -2N_B \cos 30° + 2V_B \cos 60° - P = 0 \end{cases} \rightarrow \begin{cases} V_B = P/2 \\ N_B = -P\sqrt{3}/6 \end{cases}$$

Com esses esforços, determina-se o momento fletor na seção especificada pelo ângulo φ representado na próxima figura:

$$M = -N_B\, r(1-\cos\varphi) - V_B\, r\sin\varphi \quad \rightarrow \quad M = \frac{P\sqrt{3}}{6}\, r(1-\cos\varphi) - \frac{P}{2}\, r\sin\varphi$$

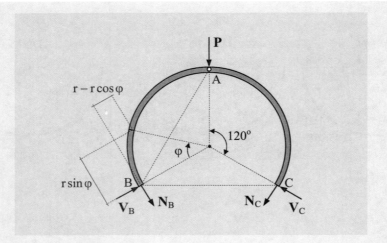

Figura E4.22b – Setor do anel da figura anterior.

Com Eq.4.6b obtém-se o esforço cortante na referida seção:

$$V = \frac{1}{r}\frac{dM}{d\varphi} \quad \rightarrow \quad V = \frac{P\sqrt{3}}{6}\sin\varphi - \frac{P}{2}\cos\varphi$$

Com Eq.4.8b obtém-se o esforço normal:

$$N = -\frac{dV}{d\varphi} \quad \rightarrow \quad N = -\frac{P\sqrt{3}}{6}\cos\varphi - \frac{P}{2}\sin\varphi$$

Logo, com base nas expressões dos esforços anteriores, traçam-se os diagramas seguintes.

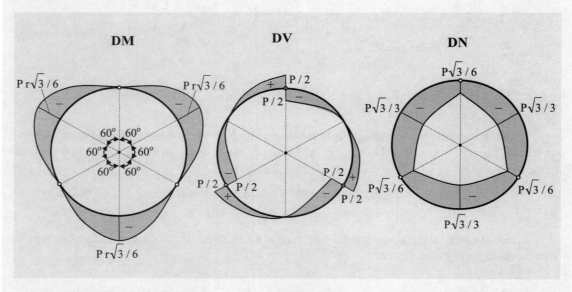

Figura E4.22c – Diagramas dos esforços seccionais do anel da Figura E4.22a.

4.7 – Arcos trirotulados

De acordo com o que foi descrito na Seção 2.6, os arcos favorecem o uso de materiais de reduzida resistência à tração, como o concreto e a pedra, e são adequados quando se deseja vencer grandes vãos, com belas formas arquitetônicas. Muito embora a transmissão das forças externas às fundações costume ser através da combinação de compressão com flexão, este último efeito é muito menor do que o primeiro, em arcos bem projetados. E entre as estruturas em arcos isostáticos, destaca-se o arco trirotulado que é o tema desta seção.

O arco trirotulado é constituído de uma barra curva situada em plano vertical, com uma rótula interna, dois apoios do segundo gênero e sob forças neste plano, de maneira que se comporte como pórtico plano isostático. Por se tratar de barra curva, pode ter seus esforços seccionais determinados como foi exposto na seção anterior. Contudo, devido às suas particularidades, importa analisar esse tipo de estrutura como descrito a seguir, o que será também útil ao estudo de fios e cabos suspensos pelas extremidades, como desenvolvido no sétimo capítulo.

Considera-se inicialmente o arco trirotulado de apoios em alturas distintas e sob força vertical horizontalmente distribuída como mostra a próxima figura. A parte mais elevada do arco é denominada *fecho*, a distância entre os apoios é a *corda*, a projeção horizontal dessa corda é o *vão*, denotado por ℓ, e a distância vertical entre essa corda e o um ponto interno do eixo do arco é denominada *flecha*, denotada por f. Na parte inferior da mesma figura está representada uma viga biapoiada auxiliar, de vão e força aplicada iguais aos do arco, denominada *viga de substituição*.

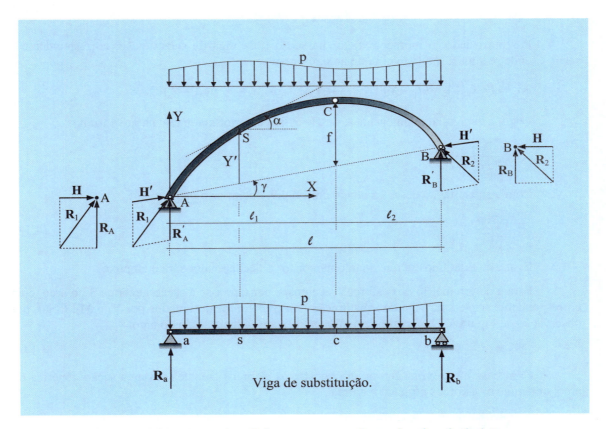

Figura 4.21 – Arco trirotulado e a correspondente viga de substituição.

Estática das Estruturas   –   H. L. Soriano

A figura anterior mostra também decomposições oblíquas das reações de apoio em que $(\mathbf{R}_1=\mathbf{H}'+\mathbf{R}'_A)$ e $(\mathbf{R}_2=\mathbf{H}'+\mathbf{R}'_B)$, assim como as decomposições retangulares $(\mathbf{R}_1=\mathbf{H}+\mathbf{R}_A)$ e $(\mathbf{R}_2=\mathbf{H}+\mathbf{R}_B)$. Nessas últimas decomposições, o componente horizontal $\mathbf{H}$, denominado *empuxo*, tem módulo igual e sentido oposto de um apoio para o outro, por questão de equilíbrio na direção horizontal. Além disso, esse empuxo relaciona-se com o componente $\mathbf{H}'$ sob a forma:

$$H = H' \cos\gamma \tag{4.9}$$

em que γ é o ângulo do desnivelamento entre os apoios.

Também por equilíbrio, obtêm-se os componentes verticais das reações de apoio:

$$\begin{cases} \sum M_A = 0 \\ \sum F_Y = 0 \end{cases} \rightarrow \begin{cases} R'_B \ell - \int_0^\ell p\, X\, dX = 0 \\ R'_A + R'_B - \int_0^\ell p\, dX = 0 \end{cases} \rightarrow \begin{cases} R'_B = \dfrac{1}{\ell} \int_0^\ell p\, X\, dX \\ R'_A = \int_0^\ell p\, dX - \dfrac{1}{\ell} \int_0^\ell p\, X\, dX \end{cases} \tag{4.10}$$

Esses resultados evidenciam que os componentes verticais das decomposições oblíquas são idênticos às reações da viga de substituição, isto é, $(\mathbf{R}'_A=\mathbf{R}_a)$ e $(\mathbf{R}'_B=\mathbf{R}_b)$.

Para determinar o componente reativo $\mathbf{H}'$, escreve-se quanto à parte AC do arco:

$$\sum M_C^{AC} = 0 \quad \rightarrow \quad R'_A \ell_1 - H' f \cos\gamma - \int_0^{\ell_1} p(\ell_1 - X)\, dX = 0$$

$$\rightarrow \quad H' = \frac{1}{f \cos\gamma} \left(R'_A \ell_1 - \int_0^{\ell_1} p(\ell_1 - X)\, dX \right) \tag{4.11}$$

Por outro lado, o momento fletor na seção c da viga de substituição, correspondente à seção C onde se situa a rótula interna do arco, escreve-se:

$$M_c = R_a \ell_1 - \int_0^{\ell_1} p(\ell_1 - X)\, dX \quad \rightarrow \quad M_c = R'_A \ell_1 - \int_0^{\ell_1} p(\ell_1 - X)\, dX$$

Logo, a expressão da intensidade de $\mathbf{H}'$ obtida anteriormente toma a nova forma:

$$H' = \frac{M_c}{f \cos\gamma} \tag{4.12}$$

Com a substituição desse resultado em Eq.4.9, obtém-se o empuxo:

$$H = \frac{M_c}{f} \tag{4.13}$$

Essa expressão mostra que quanto menor for a flecha, maior será o empuxo.

Para a determinação dos esforços seccionais, considera-se a seção genérica S no arco, cuja correspondente seção s na viga de substituição tem os esforços designados por $\mathbf{V}_s$ e $\mathbf{M}_s$. Logo, por observação da Figura 4.21, escreve-se o momento fletor naquela seção do arco:

$$M_S = M_s - H' Y' \cos\gamma \tag{4.14a}$$

Com base na próxima figura, que mostra os esforços atuantes em uma seção genérica do arco, obtêm-se os esforços cortante e normal:

$$\begin{cases} V_S = V_s \cos\alpha - H' \sin(\alpha - \gamma) \\ N_S = -V_s \sin\alpha - H' \cos(\alpha - \gamma) \end{cases} \tag{4.14b}$$

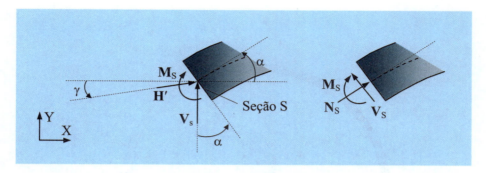

Figura 4.22 – Esforços em seção transversal genérica de arco.

Em caso de arco trirotulado sob uma única força concentrada vertical, como mostra a próxima figura, a linha de ação da reação **R₂** (no apoio da direita) passa pela rótula interna ao arco, por questão de equilíbrio. Assim, de imediato, identificam-se as seções D e E onde ocorrem os momentos fletores extremos M_D e M_E, como indicado na figura. Ainda em atendimento a equilíbrio, a linha de ação da reação **R₁** (no apoio da esquerda) é concorrente com as linhas de ação da referida força e da reação **R₂**. Além disso, em representação gráfica, essas forças formam um triângulo, como representado na parte direita da mesma figura.

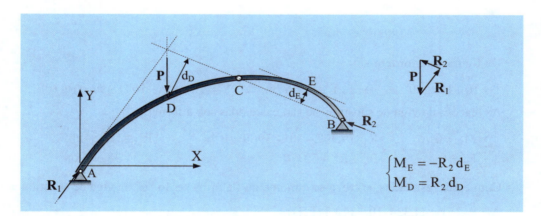

Figura 4.23 – Arco trirotulado sob uma força concentrada vertical.

Em caso de arco trirotulado de apoios em um mesma altura, têm-se ($\gamma=0$), ($H'=H$), ($R_A=R_a$) e ($R_B=R_b$), e Eq. 4.14 se particulariza em:

$$\begin{cases} M_S = M_s - H\,Y \\ V_S = V_s \cos\alpha - H \sin\alpha \\ N_S = -V_s \sin\alpha - H \cos\alpha \end{cases} \quad (4.15)$$

Exemplo 4.23 – A próxima figura mostra um arco trirotulado circular de raio (r=10m), de apoios em alturas distintas e sob uma força concentrada vertical. Determinam-se os correspondentes diagramas dos esforços seccionais.

Estática das Estruturas – **H. L. Soriano**

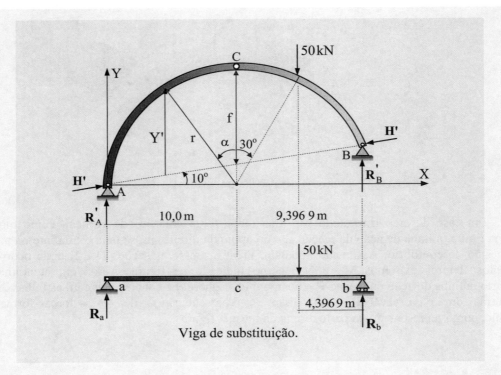

Figura E4.23a – Arco trirotulado de raio r.

Da figura anterior tem-se:

$f = 10 - 10\, tg\,10°$ → $f \cong 8{,}2367\,m$ e $Y' = 10\cos\alpha - 10\,(1-\sin\alpha)\,tg\,10°$

As reações da viga de substituição são calculadas sob a forma:

$$\begin{cases}\sum M_b = 0 \\ \sum F_Y = 0\end{cases} \rightarrow \begin{cases}R_a \cdot 19{,}397 - 50 \cdot 4{,}3969 = 0 \\ R_a + R_b - 50 = 0\end{cases} \rightarrow \begin{cases}R_a \cong 11{,}334\,kN \\ R_b \cong 38{,}666\,kN\end{cases}$$

Com esses resultados, escreve-se o momento fletor na seção "c" da viga de substituição:

$M_c = R_a\, r = 11{,}334 \cdot 10 = 113{,}34\,kN \cdot m$

Logo, com Eq.4.12 e Eq.4.13 obtém-se, respectivamente:

$H' = \dfrac{113{,}34}{8{,}2367\,\cos 10°} \cong 13{,}973\,kN$ e $H = \dfrac{113{,}34}{8{,}236\,7} \cong 13{,}760\,kN$

– Cálculo dos esforços da viga correspondentes ao trecho $90° \geq \alpha \geq -30°$:

$$\begin{cases}M_s = R_a\,(r - r\sin\alpha) = 11{,}334\,(10 - 10\sin\alpha) = 113{,}34\,(1-\sin\alpha) \\ V_s = R_a = 11{,}334\,kN\end{cases}$$

Com Eq.4.14a e a expressão obtida para Y', escreve-se a equação de momento fletor:

$M_S = 113{,}34\,(1-\sin\alpha) - 13{,}973\,(10\cos\alpha - 10(1-\sin\alpha)\,tg\,10°)\cos 10°$

→ $M_S = 137{,}6\,(1 - \sin\alpha - \cos\alpha)$

Com Eq.4.14b, obtêm-se as equações do esforço cortante e do esforço normal atuantes no arco:

$$\begin{cases} V_S = 11{,}334 \cos\alpha - 13{,}973 \sin(\alpha - 10°) \\ N_S = -11{,}334 \sin\alpha - 13{,}973 \cos(\alpha - 10°) \end{cases} \rightarrow \begin{cases} V_S = 13{,}76 \cos\alpha - 13{,}76 \sin\alpha \\ N_S = -13{,}37 \cos\alpha - 13{,}76 \sin\alpha \end{cases}$$

– Cálculo dos esforços da viga correspondentes ao trecho $-30° \geq \alpha \geq -70°$:

$$\begin{cases} M_s = R_b (9{,}3969 + 10\sin\alpha) = 38{,}666 (9{,}3969 + 10\sin\alpha) = 363{,}34 + 386{,}66 \sin\alpha \\ V_s = -R_b = -38{,}666 \text{ kN} \end{cases}$$

Com Eq.4.14a e a expressão obtida para Y', escreve-se a equação do momento fletor:

$$M_S = 363{,}34 + 386{,}66 \sin\alpha - 13{,}973 (10\cos\alpha - 10(1 - \sin\alpha) \text{ tg}10°) \cos10°$$

$\rightarrow \quad M_S = 387{,}6 + 362{,}4 \sin\alpha - 137{,}6 \cos\alpha$

Além disso, com Eq.4.14b, escrevem-se as equações dos esforços cortante e normal:

$$\begin{cases} V_S = -38{,}666 \cos\alpha - 13{,}973 \sin(\alpha - 10°) \\ N_S = 38{,}666 \sin\alpha - 13{,}973 \cos(\alpha - 10°) \end{cases} \rightarrow \begin{cases} V_S = -36{,}24 \cos\alpha - 13{,}76 \sin\alpha \\ N_S = 36{,}24 \sin\alpha - 13{,}76 \cos\alpha \end{cases}$$

Finalmente, com base nas equações dos esforços anteriores, traçam-se os diagramas seguintes.

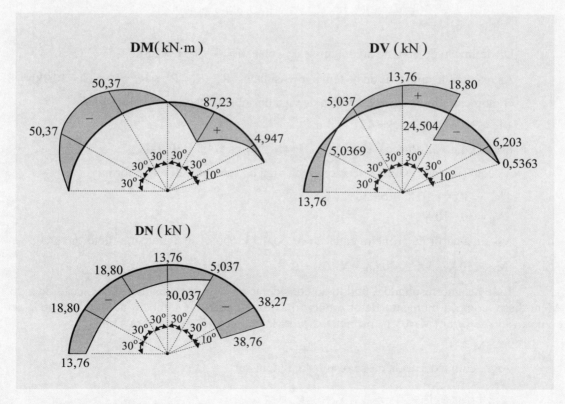

Figura E4.23b – Diagramas dos esforços seccionais do arco da figura anterior.

Exemplo 4.24 – A próxima figura mostra arco trirotulado cujo eixo tem a definição ($Y = X - X^2/\ell$). Obtêm-se os correspondentes diagramas de esforços seccionais.

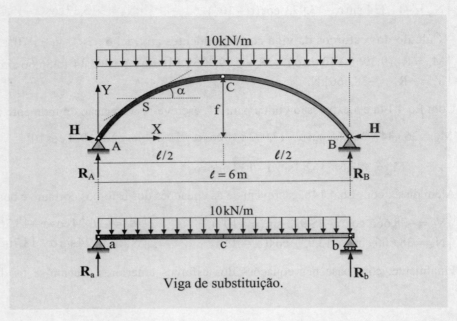

Figura E4.24a – Arco trirotulado parabólico.

Da definição do eixo do arco, tem-se a flecha: $f = 3 - 3^2/6 = 1,5\,m$

As reações de apoio verticais têm a intensidade: $R_a = R_b = R_A = R_B = 10 \cdot 6/2 = 30,0\,kN$

O momento fletor na seção média da viga de substituição tem o valor:

$M_c = 30 \cdot 3 - 10 \cdot 3 \cdot 1,5 = 45,0\,kN \cdot m$

Logo, Eq.4.13 fornece o empuxo: $H = M_c/f = 45/1,5 = 30,0\,kN$

As equações dos esforços seccionais na viga de substituição têm a forma:

$$\begin{cases} M_s = 30X - 10X^2/2 = 30X - 5X^2 \\ V_s = 30 - 10X \end{cases}$$

Assim, a partir da primeira equação de Eq.4.15, obtém-se o momento fletor no arco:

$M_S = 30X - 5X^2 - 30(X - X^2/6) = 0$

Esse mesmo resultado é obtido ao considerar a rótula em qualquer outra seção do arco. Além disso, como o momento fletor é nulo, o esforço cortante é também nulo, o que pode ser comprovado ao fazer (M=0) na primeira expressão de Eq.4.15, de maneira a obter:

$Y = M_s/H$

Logo, com a derivada desse resultado, obtém-se:

$$\frac{dY}{dX} = \operatorname{tg}\alpha = \frac{V_s}{H} \quad \rightarrow \quad V_s = \operatorname{tg}\alpha \cdot H$$

Agora, com a substituição desse resultado na segunda expressão de Eq.4.15, escreve-se:

$$V_S = \mathrm{tg}\,\alpha \cdot H\cos\alpha - H\sin\alpha = 0$$

Além disso, como o esforço cortante é nulo, a resultante dos esforços à esquerda (ou à direita) de qualquer seção transversal é igual ao esforço normal (de compressão) e se escreve:

$$N_S = -\sqrt{(R_A - 10X)^2 + H^2} \quad \rightarrow \quad N_S = -\sqrt{(30 - 10X)^2 + 30^2}$$

$$\rightarrow \quad N_S = -\sqrt{100X^2 - 600X + 1800}$$

Esse resultado pode também ser obtido a partir da terceira expressão de Eq.4.15 e conduz ao diagrama mostrado a seguir.

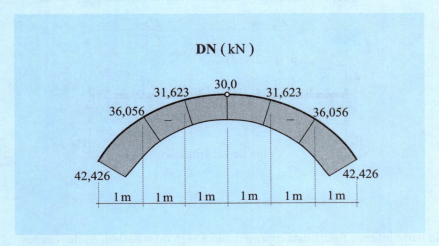

Figura E4.24b – Diagrama do esforço normal do arco da figura anterior.

Quando o momento fletor e o esforço cortante são nulos em todo o arco, os apoios podem ser considerados como engastados (sem a ocorrência de momentos de engastamento) e diz-se que o arco tem a forma da *linha de pressões*.

Em caso de arco de apoios em alturas distintas, essa linha é obtida com a especificação de ($M_S = 0$) em Eq.4.14a, o que fornece:

$$M_s - H'Y'\cos\gamma = 0 \quad \rightarrow \quad Y' = \frac{M_s}{H'\cos\gamma} \tag{4.16}$$

Logo, com a consideração de Eq.4.12 nesse resultado, obtém-se a linha de pressões em termos da posição de um ponto interno do eixo do arco:

$$Y' = \frac{M_s f}{M_c} \tag{4.17}$$

Assim, uma vez que sejam estabelecidas as forças externas, as posições dos pontos de apoio e de um ponto interno do eixo do arco, a equação anterior expressa a linha de pressões.

225

Exemplo 4.25 – Determina-se a forma do arco definida pela linha de pressões correspondente à distribuição simétrica de forças representada na próxima figura, com a condição da flecha máxima ser igual a $\ell/4$.

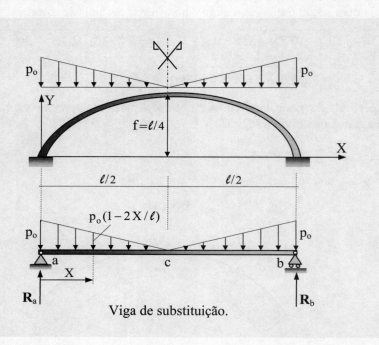

Figura E4.25 – Arco sob forças de distribuição triangular.

Na parte inferior figura está representada a viga de substituição de reações:

$$R_a = R_b = p_o \frac{\ell}{2} \frac{1}{2} = \frac{p_o \ell}{4}$$

Nessa viga, o momento fletor em uma seção transversal do trecho $0 \leq X \leq \ell/2$ escreve-se:

$$M_s = R_a X - p_o\left(1 - \frac{2X}{\ell}\right)\frac{X^2}{2} - \left(p_o - p_o\left(1 - \frac{2X}{\ell}\right)\right)\frac{X}{2}\frac{2X}{3}$$

$$\rightarrow \quad M_s = p_o\left(\frac{\ell X}{4} - \frac{X^2}{2} + \frac{X^3}{3\ell}\right)$$

Dessa equação, obtém-se o momento fletor na seção média da viga de substituição:

$$M_{s|X=\ell/2} = M_c = \frac{p_o \ell^2}{24}$$

Logo, com Eq.4.17, obtém-se a expressão da primeira metade do arco que, por simetria, define também a sua parte complementar:

$$Y = p_o\left(\frac{\ell X}{4} - \frac{X^2}{2} + \frac{X^3}{3\ell}\right)\frac{\ell}{4}\frac{1}{\left(\frac{p_o \ell^2}{24}\right)} \quad \rightarrow \quad Y = \frac{3X}{2} - \frac{3X^2}{\ell} + \frac{2X^3}{\ell^2}$$

Capítulo 4 – Pórticos

A expressão Eq.4.17 mostra que o arco de forma igual à linha que diz respeito a determinadas forças externas é igual ao diagrama de momento fletor da correspondente viga de substituição vezes f/M_c. E como a flecha f pode ser tomada em qualquer ponto do eixo do arco, para determinar esse fator, basta conhecer um ponto interno desse eixo. Logo, a forma do arco para a distribuição de forças de equação polinomial de ordem m é polinomial de ordem (m+2), por essa ser a ordem da equação do momento fletor da viga de substituição. Assim, no caso força uniformemente distribuída, essa forma é parabólica do segundo grau. E no caso de forças concentradas, essa forma é constituída por trechos retilíneos, como mostra o próximo exemplo.

Exemplo 4.26 – Determina-se, agora, a forma do arco igual à linha de pressões correspondente a duas forças concentradas como mostra a parte esquerda superior da figura seguinte, com o conhecimento das posições dos apoios e do ponto de aplicação de uma das forças.

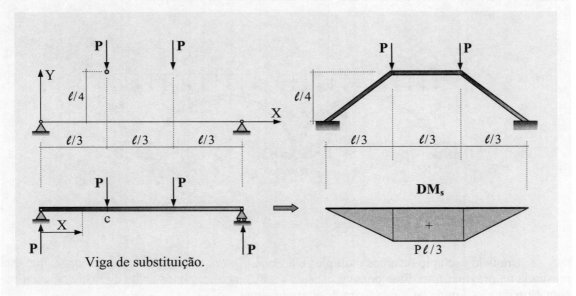

Figura E4.26 – Arco sob duas forças concentradas verticais.

Para o trecho $0 \leq X \leq \ell/3$ da viga de substituição, tem-se a expressão de momento fletor ($M_s = PX$). Com o ponto de aplicação de uma das forças definido por ($f = \ell/4$) em ($X = \ell/3$), tem-se ($M_s = P\ell/3$). Logo, Eq.4.17 fornece:

$$Y = (PX)\frac{\ell}{4}\frac{1}{\left(\dfrac{P\ell}{3}\right)} \quad \rightarrow \quad Y = \frac{3X}{4} \quad \rightarrow \quad Y_{|X=\ell/3} = \frac{\ell}{4}$$

Para o trecho $\ell/3 \leq X \leq 2\ell/3$ da viga de substituição, obtém-se a expressão de momento fletor ($M_s = P \cdot X - P(X - \ell/3) = P\ell/3$). Além disso, Eq.4.17 fornece:

$$Y = \left(\frac{P\ell}{3}\right)\frac{\ell}{4}\frac{1}{\left(\dfrac{P\ell}{3}\right)} \quad \rightarrow \quad Y = \frac{\ell}{4}$$

227

> Esses resultados esclarecem que a forma do arco é análoga ao diagrama do momento fletor da viga de substituição e tem ordenada máxima igual à flecha preestabelecida para um ponto do eixo do arco, como mostrado na parte direita da figura precedente.

A linha de pressões é a forma mais econômica para arco sob forças verticais, por corresponder a compressão uniforme nas seções transversais. Assim, em projeto de arco de grande dimensão é indicado utilizar forma análoga ao do diagrama do momento fletor da viga de substituição sob as forças permanentes que atuarão predominantemente no mesmo. Com isso, o efeito de flexão desenvolvido pelas ações acidentais pouco altera a compressão uniforme ao longo do arco.[8]

Uma condição essencial é o equilíbrio do empuxo, que costuma ser em blocos de fundação isolados, com ou sem tirantes entre os blocos. Em caso de arcos múltiplos contínuos, como ilustra a próxima figura, o empuxo na interface de dois arcos consecutivos fica equilibrado sem auxílio da fundação. Já o empuxo das extremidades deve ser resistido pela fundação.

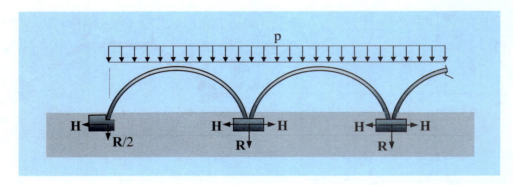

Figura 4.24 – Arcos múltiplos.

Um belo exemplo de arcos múltiplos é a *Ponte Kintai*, sobre o Rio Nishiti, Japão, que está mostrada na próxima foto. Essa ponte é constituída de cinco elegantes arcos de madeira, cada um com 40m de vão, 5m de largura e 6,6m de altura máxima.

Foto 4.1 – Ponte Kintai, sobre o Rio Nishiti, Japão.

---

[8] Arcos esbeltos devem ser verificados quanto à instabilidade devida à compressão.

Como os arcos costumam ter grande peso próprio, podem provocar significantes recalques de apoio, dependendo do solo em que estão assentes. Para atenuar recalques diferenciais, como os arcos trirotulados são insensíveis a recalques (por serem isostáticos) e os arcos hiperestáticos costumam ter distribuição mais econômica de esforços internos do que os isostáticos, uma estratégia eficiente é conceber o arco como trirotulado que, após a acomodação das fundações quanto à ação de próprio peso, tem sua rótula interna bloqueada. Com isso, obtém-se arco mais adequando quanto às ações acidentais.

Uma vantagem de arco trirotulado de pequeno vão é a facilidade de construção. Cada metade do arco pode ser préfabricada e, posteriormente, montada no local através de ligação rotulada.[9]

4.8 – Pórticos espaciais

A análise de pórticos espaciais em procedimento manual é bastante mais elaborada do que a de pórticos planos, pelo fato de requerer três eixos coordenados e usualmente envolver um maior número de variáveis. Embora os pórticos planos sejam casos particulares de pórtico espacial, este último tem particularidades de análise e de convenção dos sinais dos esforços seccionais que são descritas a seguir.

Para exemplificar a classificação em termos do equilíbrio estático, consideram-se os três pórticos espaciais mostrados na próxima figura. Nesses pórticos, as rótulas são supostas esféricas, de maneira a liberar os três componentes de rotação, com a condição de que as barras birrotuladas não fiquem soltas quanto à rotação em torno dos respectivos eixos.

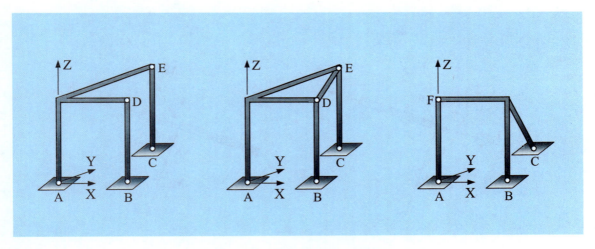

Figura 4.25 – Pórticos espaciais com rótulas internas.

O primeiro dos pórticos da figura anterior tem 9 reações (3 reações em cada apoio) e 10 equações de equilíbrio linearmente independentes (6 equações do pórtico como um todo e 2 equações de momento nulo de parte do pórtico em relação a cada uma das rótulas internas, D e E),

---

[9] Arcos de grande vão em concreto não têm sido utilizados, devido ao elevado custo das formas e do cimbramento, e dado o desenvolvimento do concreto protendido e da tecnologia de construção de pontes estaiadas.

o que caracteriza *hipostaticidade*. O segundo desses pórticos tem uma região fechada que, ao ser suposta como aberta na extremidade D da barra DE, conduz a 3 esforços seccionais desconhecidos, a saber: dois esforços cortantes e um esforço normal, de maneira que esse pórtico fica com 12 incógnitas a ser determinadas. Por outro lado, tem 12 equações de equilíbrio linearmente independentes entre si (6 equações de equilíbrio do pórtico como um todo, 2 equações de momento nulo da barra DE em relação a E, 2 equações de momento nulo da barra CE em relação a E e 2 equações de momento nulo da barra BD em relação a D). Trata-se, pois, de pórtico isostático. Finalmente, o terceiro dos pórticos da figura anterior tem 9 reações e 8 equações de equilíbrio linearmente independentes (6 equações do pórtico como um todo e 2 equações de momento nulo da barra AF em relação a F), o que caracteriza pórtico hiperestático de grau de indeterminação estática igual a 1.

Quanto aos sinais dos esforços seccionais em pórticos espaciais, há necessidade de uma convenção que independa da posição de observação das barras (como ocorre na convenção clássica de sinais), devido à dificuldade de registro dessa posição. Adota-se, então, uma *convenção dependente de um referencial (local) xyz em cada barra, em que os esforços seccionais são considerados positivos quando com vetores representativos de sentidos coincidentes com os sentidos desse referencial.*[10] Assim, o efeito da parte representada em tracejado de uma barra reta sobre a sua outra parte, como mostra a próxima figura, os esforços seccionais indicados no lado esquerdo dessa figura são positivos e os esforços indicados no lado direito da mesma figura são negativos. Diferentemente da convenção clássica em que os sinais independem do lado da seção imaginária de corte, os sinais dos esforços seccionais na presente convenção dependem de se considerar o efeito da parte esquerda sobre a seção de corte ou da parte direita desta sobre essa seção.

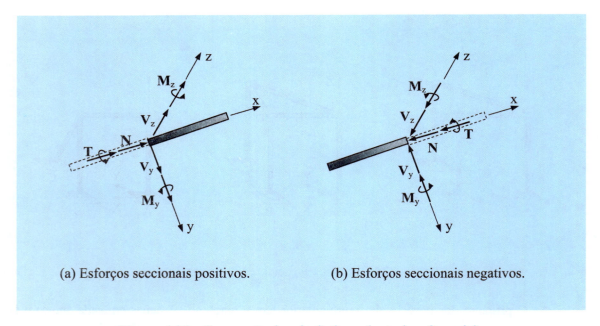

(a) Esforços seccionais positivos.   (b) Esforços seccionais negativos.

Figura 4.26 – Convenção dos sinais dependente de referencial.

---

[10] Esse referencial foi apresentado no início da Seção 2-2. Em caso de barra curva, adota-se um referencial local a cada seção transversal da barra. A presente convenção é utilizada em *Análise Matricial de Estruturas*.

Exemplo 4.27 – Um pórtico espacial de barras ortogonais e o correspondente referencial global estão representados na próxima figura. Com a adoção dos referenciais locais indicados na parte direita da mesma figura, obtêm-se os diagramas dos esforços seccionais desse pórtico.

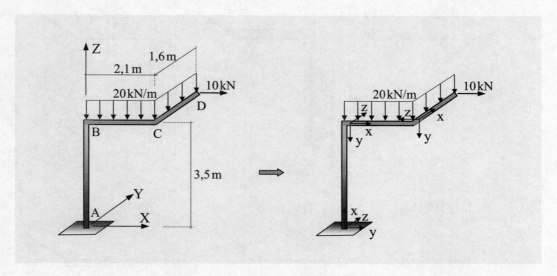

Figura E4.27a – Pórtico espacial engastado na base.

É imediata a determinação dos esforços seccionais nas extremidades das barras, que estão indicados nos diagramas de corpo livre representados na próxima figura. Com base nesses diagramas, traçam-se os diagramas de esforços mostrados na Figura E4.26c, considerando os sinais dos esforços que "entram" na seção transversal no sentido do eixo x dos referenciais locais.

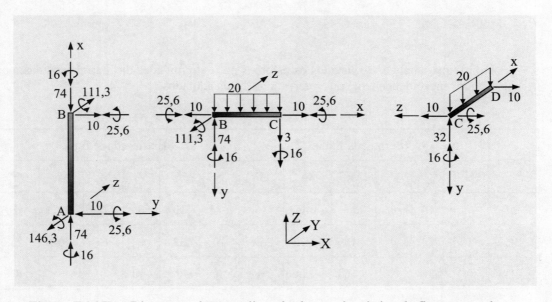

Figura E4.27b – Diagramas de corpo livre das barras do pórtico da figura precedente.

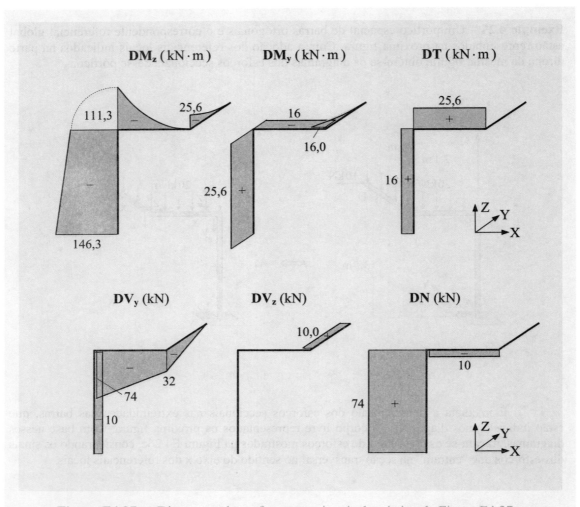

Figura E4.27c – Diagramas dos esforços seccionais do pórtico da Figura E4.27a.

Na próxima tabela estão listados os esforços nas extremidades das barras isoladas, com os sinais na convenção dependente dos referenciais locais adotados.

Barra	Extremidade inicial						Extremidade final					
	N	V_y	V_z	M_y	M_z	T	N	V_y	V_z	M_y	M_z	T
AB	74	−10	0	25,6	−146,3	16	−74	10	0	−25,6	111,3	−16
BC	−10	−74	0	−16	−111,3	25,6	10	32	0	16	0	−25,6
CD	0	−32	10	−16	−25,6	0	0	0	−10	0	0	0

Tabela E4.27 – Esforços nas extremidades das barras do pórtico da Figura E4.27a.

A convenção dependente de referencial pode recair na convenção clássica no plano xy. Para isso escolhe-se o eixo x dirigido da esquerda para a direita e o eixo y dirigido de cima para baixo. Com a consideração do efeito da parte esquerda da barra sobre a sua outra parte, os esforços **N** e **V**$_y$ são positivos quando têm vetores representativos em sentidos contrários aos do referencial local e os esforços **M**$_z$ e **T** são positivos quando têm vetores representativos em sentidos coincidentes com os desse referencial. Isto é ilustrado na próxima figura em caso de viga biapoiada, com a representação dos esforços na seção S. Alternativamente, com a consideração do efeito da parte direita da barra sobre a sua parte esquerda, tem-se o contrário.

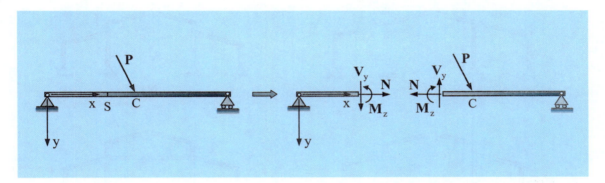

Figura 4.27 – Sentidos positivos dos esforços seccionais em viga biapoiada.

4.9 – Exercícios propostos

4.9.1 – Classifique, quanto ao equilíbrio estático, os pórticos planos representados nas duas próximas figuras. Identifique, quando for o caso, o grau de indeterminação estática. Exemplifique novos pórticos hipostáticos, isostáticos e hiperestáticos.

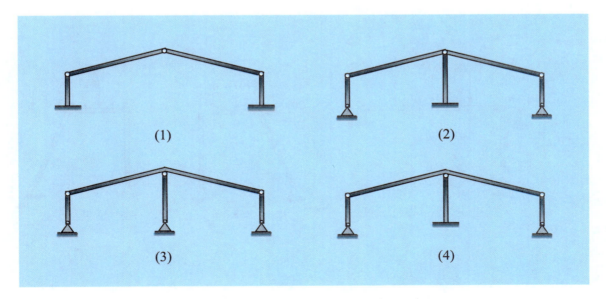

Figura 4.28 – Pórticos planos.

233

Estática das Estruturas – **H. L. Soriano**

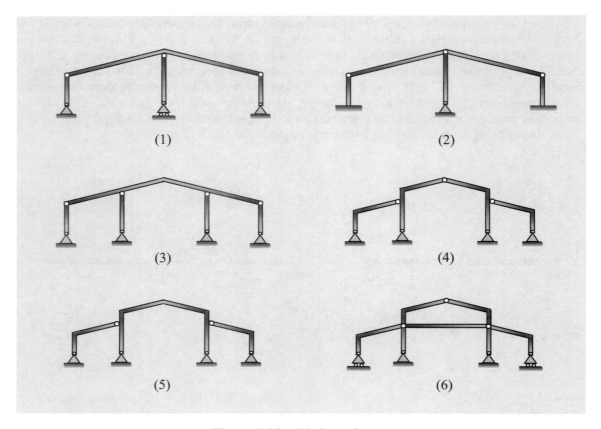

Figura 4.29 – Pórticos planos.

4.9.2 – Trace os diagramas dos esforços seccionais dos pórticos das Figuras 4.30, 4.31 e 4.32.

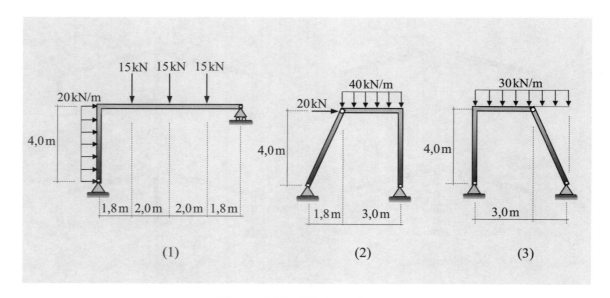

Figura 4.30 – Pórticos planos.

Capítulo 4 – Pórticos

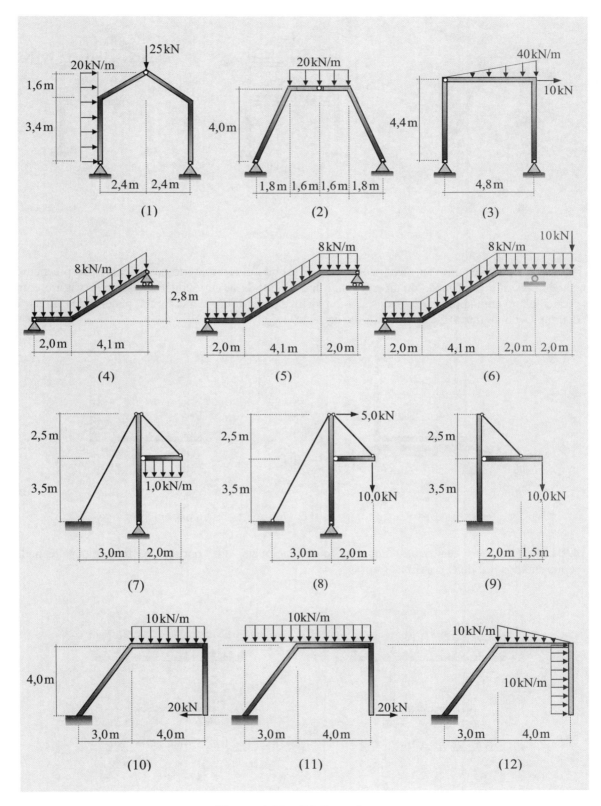

Figura 4.31 – Pórticos planos.

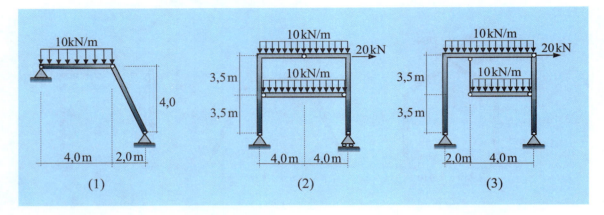

Figura 4.32 – Pórticos planos com rótulas internas.

4.9.3 – A figura seguinte apresenta corte transversal de um reservatório paralelepipédico preenchido de água. Com a idealização de um segmento transversal de largura unitária desse reservatório como pórtico plano com apoios articulados, como mostra a parte direita dessa figura, pede-se determinar os diagramas de momento fletor e de esforço cortante.

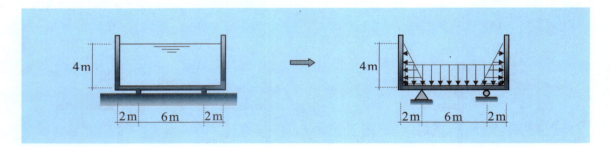

Figura 4.33 – Corte transversal em um reservatório paralelepipédico.

4.9.4 – Trace os diagramas dos esforços seccionais dos pórticos com regiões fechadas representados nas duas próximas figuras.

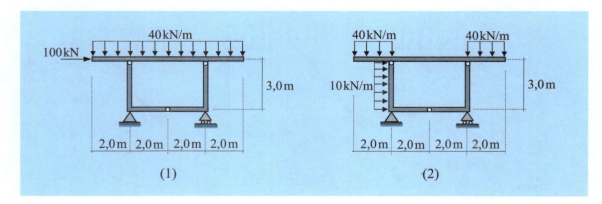

Figura 4.34 – Pórticos planos com regiões fechadas.

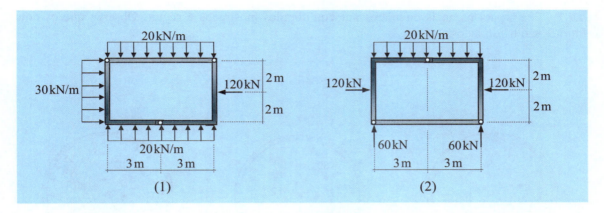

Figura 4.35 – Pórticos planos autoequilibrados e com regiões fechadas.

4.9.5 – A próxima figura mostra esquema simplificado de um pórtico plano transversal de arquibancada de um estádio. Determine os diagramas dos esforços seccionais.

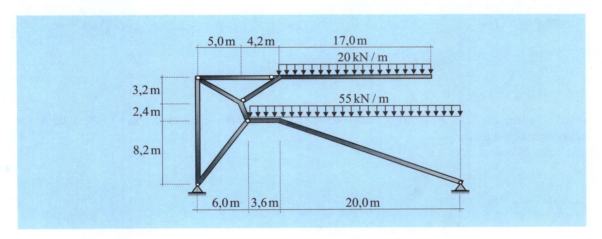

Figura 4.36 – Esquema estrutural de arquibancada de um estádio.

4.9.6 – Trace os diagramas dos esforços seccionais dos arcos de raio r mostrados na figura seguinte:

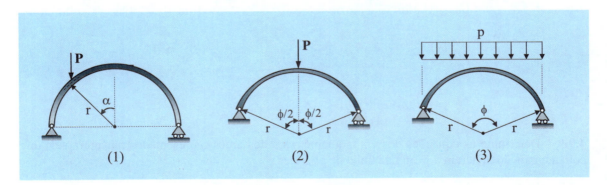

Figura 4.37 – Arcos biapoiados.

4.9.7 – Idem para os anéis circulares autoequilibrados mostrados a seguir. Observe que os dois últimos são trirotulados.

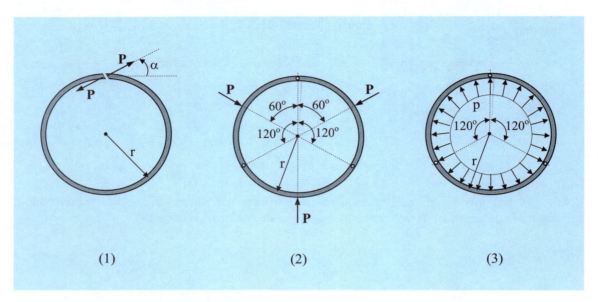

Figura 4.38 – Anéis autoequilibrados.

4.9.8 – Idem para os arcos trirotulados de eixos geométricos definidos por $(Y = X - 0,05 X^2)$ e representados abaixo.

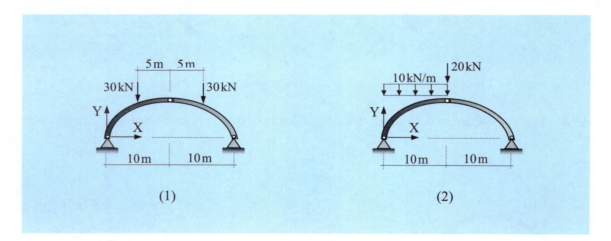

Figura 4.39 – Arcos trirotulados.

4.9.9 – Determine as equações dos eixos geométricos dos arcos representados na figura seguinte, com a condição de terem a forma da linha de pressões.

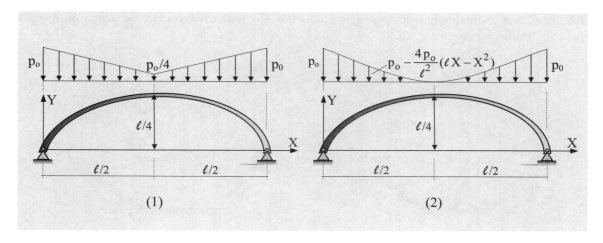

Figura 4.40 – Arcos em forma da linha de pressões.

4.9.10 – Determine os diagramas dos esforços seccionais dos pórticos planos esquematizados na figura que se segue, em que as partes curvas têm a equação ($Y = 3,75 - 0,15 X^2$).

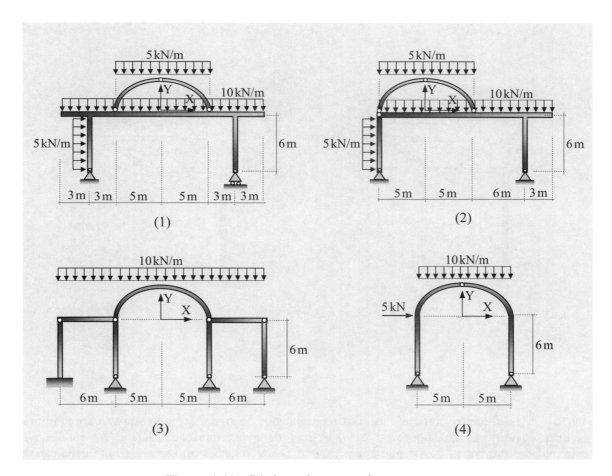

Figura 4.41 – Pórticos planos com barras curvas.

Estática das Estruturas – **H. L. Soriano**

4.9.11 – Trace os diagramas dos esforços seccionais dos pórticos espaciais de barras ortogonais, esquematizados na figura abaixo.

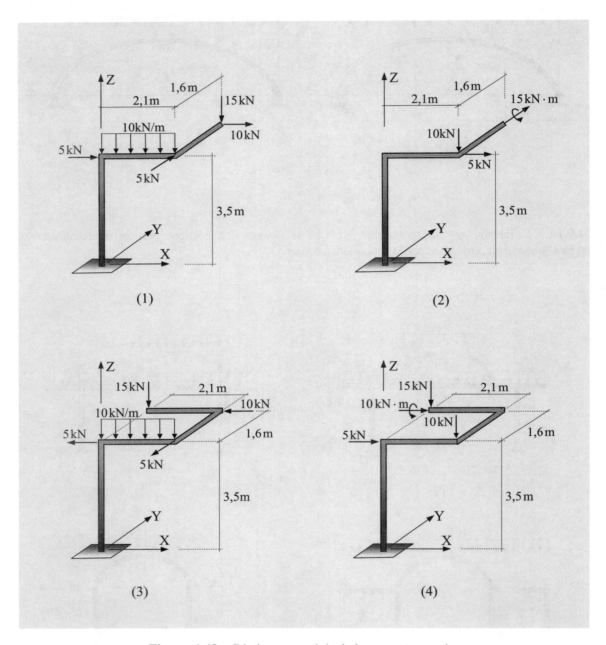

Figura 4.42 – Pórticos espaciais de barras ortogonais.

4.9.12 – Classifique os pórticos espaciais representados na figura seguinte, quanto ao equilíbrio estático. Identifique, quando for o caso, o grau de indeterminação estática. As rótulas nas extremidades das barras desses pórticos permitem as três rotações ortogonais, com a condição de que as barras birrotuladas tenham restrição à torção.

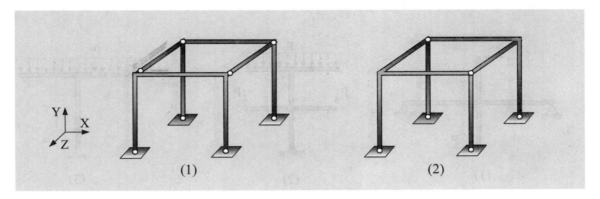

Figura 4.43 – Pórticos espaciais com rótulas internas.

4.9.13 – Faça croquis dos diagramas dos esforços seccionais dos pórticos planos esquematizados nas duas figuras que se seguem.

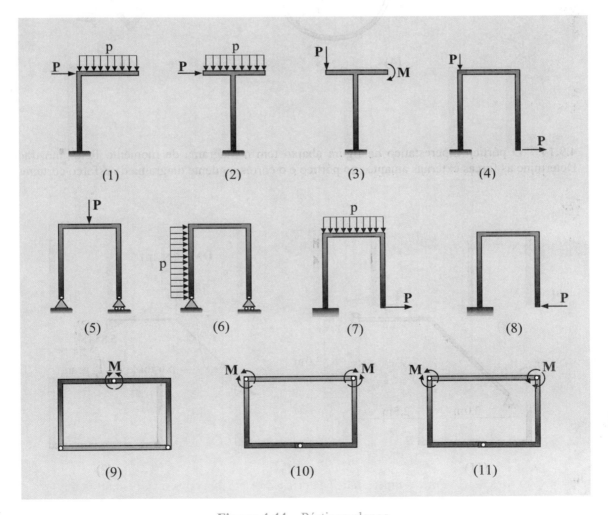

Figura 4.44 – Pórticos planos.

241

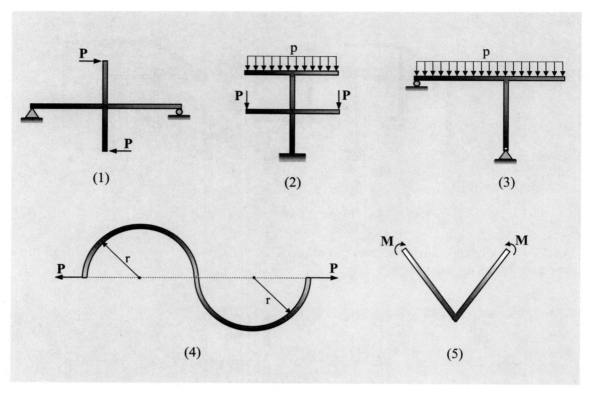

Figura 4.45 – Pórticos planos.

4.9.14 – O pórtico hiperestático da figura abaixo tem o diagrama de momento fletor mostrado. Determine as forças externas atuantes no pórtico e o correspondente diagrama de esforço cortante.

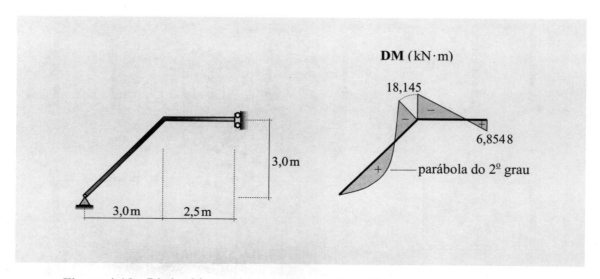

Figura 4.46 – Pórtico hiperestático e correspondente diagrama de momento fletor.

Capítulo 4 – Pórticos

4.10 – Questões para reflexão

4.10.1 – O que é um *pórtico plano*? E um *pórtico espacial*?

4.10.2 – Como identificar se um pórtico plano é *hipostático*, *isostático* ou *hiperestático*?

4.10.3 – Quais são as condições de apoio para que um pórtico plano com uma rótula interna e sem região fechada por barras seja isostático?

4.10.4 – Quais são as ações externas que podem ser aplicadas a um pórtico plano? E em um pórtico espacial?

4.10.5 – Por que pórticos planos, grelhas e treliças são casos particulares de pórticos espaciais? E por que se fazem essas particularizações?

4.10.6 – Por que é necessário estabelecer um lado de observação das barras de pórtico plano para aplicar a convenção clássica do sinal do momento fletor? Por que esse sinal não é essencial no correspondente diagrama?

4.10.7 – Por que adotar uma convenção de sinais de esforços seccionais dependente de referencial em barra de pórtico espacial?

4.10.8 – Por que a estrutura denominada *viga armada* é um caso particular de pórtico plano? Esse tipo de estrutura pode ser isostático? Por quê?

4.10.9 – O que se pode dizer quanto aos momentos fletores em ponto de encontro dos eixos geométricos de duas ou mais barras de um pórtico plano?

4.10.10 – Em que condições o esforço normal na extremidade de uma barra de pórtico plano é igual ao esforço cortante na extremidade comum a outra barra? Em que condições o momento fletor é o mesmo na extremidade comum?

4.10.11 – Por que há apenas esforço normal em barra birotulada que não receba esforços externos que tenham componentes transversais?

4.10.12 – Por que em pórtico com região circundada por barras é necessário abrir essa região quando da determinação dos esforços seccionais?

4.10.13 – Qual é a vantagem do procedimento de decomposição em barras biapoiadas para o traçado do diagrama de momento fletor em caso de pórtico plano?

4.10.14 – Por que, em caso de pórtico isostático composto, é mais simples identificar a decomposição do pórtico em suas partes básicas isostáticas e analisar cada uma dessas partes, do que analisar o pórtico (diretamente) de forma global?

4.10.15 – Por que em uma estrutura em arco plano, com forças externas em seu plano, é um caso particular de pórtico plano? Quais são as vantagens do arco? Como identificar se um arco plano é isostático?

4.10.16 – O que é a *linha de pressões* em caso de arco? Qual é a correspondente vantagem? Como determinar essa linha?

4.10.17 – O que se pode dizer de um pórtico plano de apoios rotulados móveis cujas linhas de ação das reações interceptam-se em um mesmo ponto? E de um pórtico espacial cujas linhas de ação das reações interceptam em um mesmo eixo?

4.10.18 – Quais são as características de cada um dos diagramas dos esforços seccionais de um pórtico plano simétrico sob forças externas simétricas? E sob forças externas antissimétricas?

Construção de pórtico espacial metálico.
Fonte: H. L. Soriano

5
Grelhas

5.1 – Introdução

De acordo com definição apresentada na Seção 2.6, *o modelo grelha é constituído de barras retas ou curvas, situadas usualmente em um plano horizontal, sob ações externas, de maneira que tenha apenas momento de torção, momento fletor de vetor representativo nesse plano e esforço cortante normal a esse plano*. Assim, grelha é uma estrutura plana sob ações que a solicita transversalmente ao seu plano. Este é o caso do comportamento integrado das vigas de um mesmo andar do edifício esquematizado na Figura 2.1, quando se supõe essas vigas apoiadas nos pilares e sob as forças verticais provenientes das lajes e paredes do correspondente nível do andar.

As grelhas são aqui consideradas no plano XY, como as duas grelhas de barras retas mostradas na figura seguinte. Observa-se que não há necessidade de restrição quanto a deslocamento horizontal porque o modelo grelha não tem esforços normais.

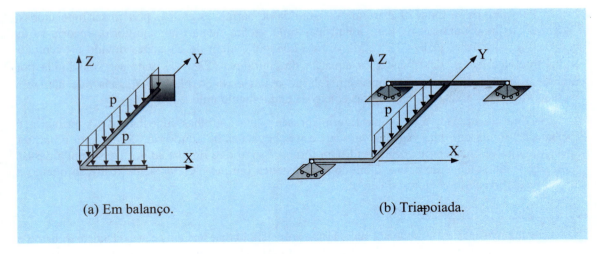

Figura 5.1 – Grelhas.

Estática das Estruturas – **H. L. Soriano**

Na primeira das grelhas da figura anterior há um engaste onde se desenvolvem uma força reativa na direção Z e momentos reativos nas direções X e Y. Na segunda, existem três apoios rotulados esféricos nos quais se desenvolvem apenas forças reativas verticais. Não há necessidade de representar restrições quanto a deslocamentos horizontais em grelha, porque nesse modelo as ações externas não têm componentes horizontais, por definição. Barra curva ou em forma segmentada situada em um plano e sob forças externas transversais a esse plano, como ilustra a figura seguinte, é um caso particular de grelha denominado *viga balcão*.

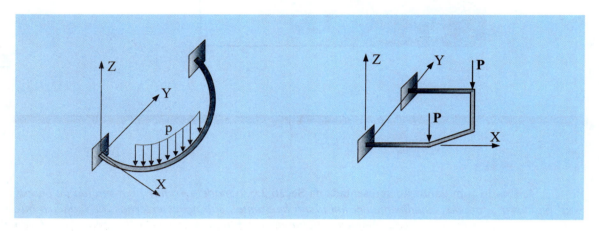

Figura 5.2 – Vigas balcão.

Em sequência, neste capítulo, a próxima seção trata da classificação do modelo grelha quanto ao equilíbrio, a Seção 5.3 mostra a determinação e representação de seus esforços seccionais; a Seção 5.4 apresenta a análise de diversas grelhas de barras curvas; a Seção 5.5 propõe exercícios para resolução; e a Seção 5.6 apresenta questões para reflexão.[1]

5.2 – Classificação quanto ao equilíbrio estático

Pelo fato de se tratar de estrutura constituída de barras, as grelhas podem ser hipostáticas, isostáticas ou hiperestáticas. E para identificar uma grelha quanto ao equilíbrio, recorre-se às equações de equilíbrio, ($\Sigma F_Z=0$), ($\Sigma M_X=0$) e ($\Sigma M_Y=0$), além de equações devido a eventuais rótulas internas. Nesta identificação, a equação de equilíbrio ($\Sigma F_Z=0$) pode ser substituída por outra de somatório de momento nulo em relação a um eixo no plano XY, mas que não seja coincidente com os eixos das duas outras equações de momento nulo.

Como ilustração, a próxima figura apresenta duas grelhas hipostáticas. A primeira é hipostática porque tem duas reações verticais e três equações de equilíbrio, de maneira a não ter restrição quanto à rotação de corpo rígido em torno do eixo que liga os apoios. A segunda dessas grelhas tem três reações de apoio, contudo é hipostática porque não apresenta restrição quanto à rotação de corpo rígido em torno do eixo X.

---

[1] Os exemplos aqui apresentados são um tanto quanto artificiais, porque têm um pequeno número de barras e de apoios para permitir resoluções manuais simples. Esses exemplos, contudo, propiciam a compreensão dos conceitos fundamentais quanto ao comportamento das grelhas. E para maior agilidade de uma visão geral desta *Estática das Estruturas*, sugere-se que, em um estudo inicial, se omita a Seção 5.4 de barras curvas.

Capítulo 5 – Grelhas

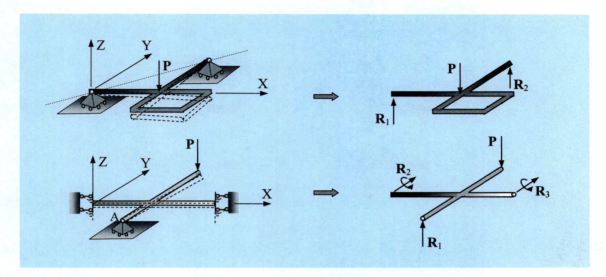

Figura 5.3 – Grelhas hipostáticas.

A próxima figura mostra duas outras grelhas. Ambas têm três reações e três equações de equilíbrio linearmente independentes entre si, o caracteriza isostaticidade. As grelhas esquematizadas na Figura 5.1 são também isostáticas, e as grelhas representadas na Figura 5.2 são hiperestáticas com grau de indeterminação estática igual a três, pelo fato de ambas terem seis reações e apenas três equações de equilíbrio linearmente independentes.

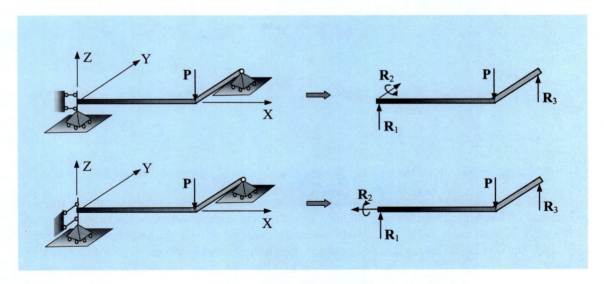

Figura 5.4 – Grelhas isostáticas.

5.3 – Determinação e representação dos esforços seccionais

A convenção dos sinais esforços seccionais foi apresentada na Figura 2.14 e, no que diz respeito às grelhas, é reproduzida na figura que se segue:

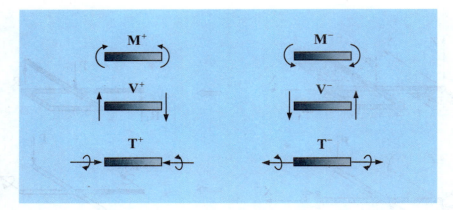

Figura 5.5 – Convenção dos sinais dos esforços seccionais.

Como as barras das grelhas são dispostas em um plano horizontal, é imediato identificar a parte superior e a parte inferior de cada barra, para a definição do sinal do momento fletor. Contudo, quanto ao esforço cortante, importa escolher o lado (no plano horizontal) de observação de cada barra, porque o sinal se altera quando o observador passa de um lado para o outro. Assim, optou-se por indicar em tracejado o lado de observação de cada barra, como mostra a figura seguinte:

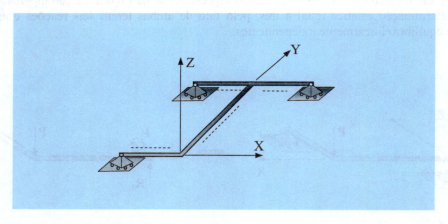

Figura 5.6 – Indicação do lado de observação de cada barra de uma grelha.

De modo semelhante às vigas e aos pórticos estudados nos dois últimos capítulos, traça-se o diagrama de momento fletor no lado da linha de referência correspondente ao lado tracionado da barra, isto é, abaixo dessa linha em caso de momento fletor positivo e acima dessa linha em caso contrário. Ainda em semelhança àqueles modelos de estruturas, traça-se o esforço cortante positivo no lado superior dessa linha e o esforço cortante negativo, no lado inferior. *Para o momento de torção, não se tem uma convenção única quanto ao lado de traçado*, pelo fato desse lado não expressar significado físico. Por uniformidade com o esforço cortante, *optou-se por traçar esse esforço, quando positivo, no lado superior da linha de referência e, quando negativo, no lado inferior dessa linha*.

Além disso, em traçado do diagrama de momento fletor de barras retas de grelha, pode ser utilizado o procedimento de decomposição em vigas biapoiadas, apresentado na Seção 3.5, e valem as relações diferenciais entre M, V e p, demonstradas na Seção 3.4.

Exemplo 5.1 – Obtêm-se os diagramas dos esforços seccionais da grelha em balanço esquematizada na figura abaixo, em que cada barra é ortogonal à que lhe é consecutiva.

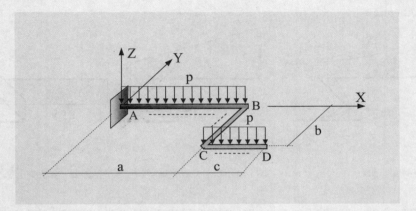

Figura E5.1a – Primeira grelha em balanço.

De modo análogo ao Exemplo 4.2 de pórtico plano, como essa grelha tem uma extremidade livre e um único caminho de percurso ao longo de suas barras (com todos os esforços externos conhecidos), é simples determinar os esforços seccionais a partir dessa extremidade. Assim, calculam-se os esforços na extremidade da barra CD como está indicado na próxima figura, para depois esquematizar os diagramas de corpo livre de barra que estão representados na mesma figura.

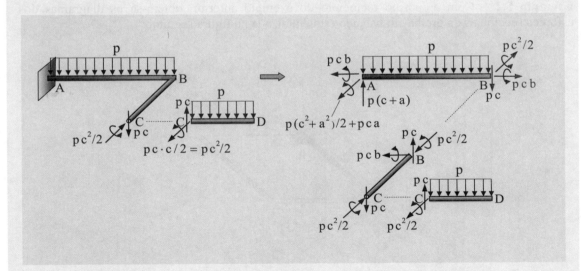

Figura E5.1b – Obtenção dos diagramas de corpo livre das barras da grelha anterior.

Com base nos diagramas de corpo livre representados na figura anterior, traçam-se os diagramas de esforços seccionais mostrados na próxima figura, em que é utilizado o procedimento de pendurar o diagrama de momento fletor de viga biapoiada.

Estática das Estruturas – **H. L. Soriano**

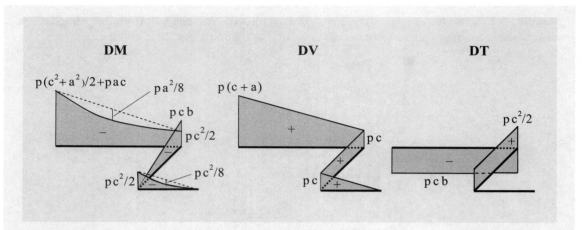

Figura E5.1c – Diagramas dos esforços seccionais da grelha da Figura E5.1a.

Observa-se que, na interface de duas barras ortogonais, o momento fletor na extremidade de uma barra é igual ao momento de torção na extremidade da outra. Já o esforço cortante, é contínuo de uma barra à outra, por não se ter força concentrada nas interfaces das barras e se observar as barras de um mesmo lado do referido caminho de percurso. O mesmo não ocorreria caso o lado de observação das barras fosse o da vista em perspectiva da representação da grelha na Figura E5.1a. Observa-se também que os diagramas foram traçados perpendicularmente às linhas de referência, isto é, na vertical.

Exemplo 5.2 – Com o mesmo raciocínio do exemplo anterior, obtêm-se os diagramas dos esforços seccionais da grelha em balanço esquematizada na figura seguinte:

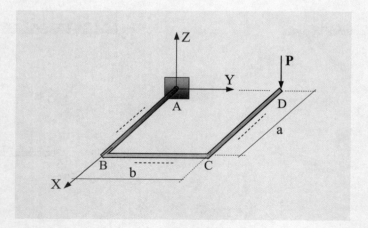

Figura E5.2a – Segunda grelha em balanço.

Decompõe-se a grelha como esquematizado na próxima figura em que estão identificados os esforços nas extremidades das barras. Com base nesses esforços, traçam-se os diagramas mostrados na Figura E5.2c.

250

Capítulo 5 – Grelhas

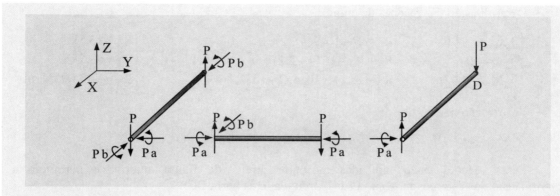

Figura E5.2b – Diagramas de corpo livre das barras da grelha da figura precedente.

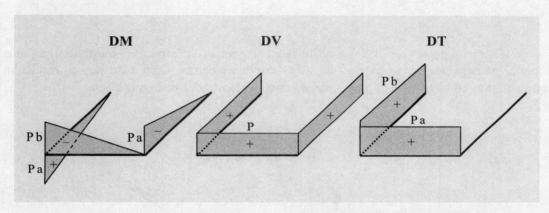

Figura E5.2c – Diagramas dos esforços da grelha da Figura E5.2a.

Exemplo 5.3 – Obtêm-se os diagramas dos esforços seccionais da grelha de duas barras ortogonais, representada na figura seguinte:

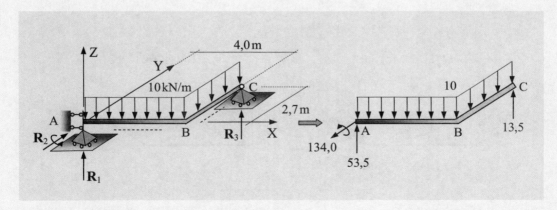

Figura E5.3a – Grelha isostática de duas barras ortogonais.

251

Determinação das reações de apoio:

$$\begin{cases} \sum M_{X|Y=0} = 0 \\ \sum F_Y = 0 \\ \sum M_{Y|X=0} = 0 \end{cases} \rightarrow \begin{cases} R_3 \cdot 2,7 - 10 \cdot 2,7^2/2 = 0 \\ R_1 + R_3 - 10(4+2,7) = 0 \\ R_2 - R_3 \cdot 4 + 10 \cdot 4 \cdot 2 + 10 \cdot 2,7 \cdot 4 = 0 \end{cases} \rightarrow \begin{cases} R_3 = 13,5 \, kN \\ R_1 = 53,5 \, kN \\ R_2 = -134,0 \, kN \cdot m \end{cases}$$

Verificação de equilíbrio:

$$\sum M_{X|Y=2,7} = 10 \cdot 2,7^2/2 + 10 \cdot 4 \cdot 2,7 - 20 \cdot 2,7 - 90,45 = 0 \quad OK!$$

Essas reações estão indicadas na parte direita da figura anterior e permitem a determinação dos esforços na seção B da extremidade da barra BC:

$$\begin{cases} M_B^{BC} = 13,5 \cdot 2,7 - 10 \cdot 2,7^2/2 = 0 \\ V_B^{BC} = -13,5 + 10 \cdot 2,7 = 13,5 \, kN \\ T_B^{BC} = 0 \end{cases}$$

Com base nesses resultados, traçam-se os diagramas de corpo livre mostrados na figura seguinte, juntamente com o cálculo de $p\ell^2/8$ das duas barras. Com base nesses resultados intermediários, constroem-se os diagramas de esforços mostrados na Figura E5.3c.

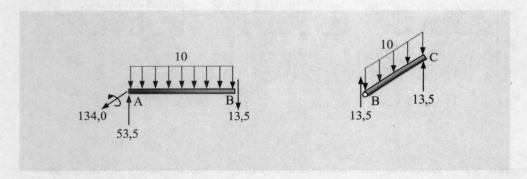

Figura E5.3b – Diagramas de corpo livre das barras da grelha da figura anterior.

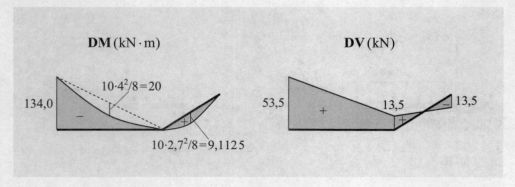

Figura E5.3c – Diagramas dos esforços seccionais da grelha da Figura E5.3a.

Exemplo 5.4 – Idem para a grelha representada na figura seguinte:

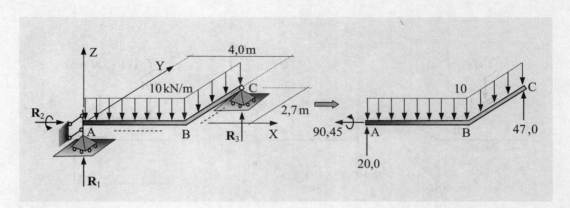

Figura E5.4a – Grelha de duas barras ortogonais.

As reações de apoio são calculadas sob a forma:

$$\begin{cases} \sum M_{Y|X=0} = 0 \\ \sum F_Y = 0 \\ \sum M_{X|Y=2,7} = 0 \end{cases} \rightarrow \begin{cases} -R_3 \cdot 4 + 10 \cdot 2,7 \cdot 4 + 10 \cdot 4 \cdot 2 = 0 \\ R_1 + R_3 - 10 \cdot 4 - 10 \cdot 2,7 = 0 \\ R_2 - R_1 \cdot 2,7 + 10 \cdot 4 \cdot 2,7 + 10 \cdot 2,7^2 / 2 = 0 \end{cases} \rightarrow \begin{cases} R_3 = 47,0\,\text{kN} \\ R_1 = 20,0\,\text{kN} \\ R_2 = -90,45\,\text{kN} \cdot \text{m} \end{cases}$$

Verificação de equilíbrio:

$$\sum M_{X|Y=0} = 47,0 \cdot 2,7 - 10 \cdot 2,7^2 / 2 - 90,45 = 0 \quad \text{OK!}$$

A partir da extremidade C do diagrama de corpo livre mostrado na figura anterior, calculam-se os esforços na seção B da barra BC:

$$\begin{cases} M_B^{BC} = 47 \cdot 2,7 - 10 \cdot 2,7^2 / 2 = 90,45\,\text{kN} \cdot \text{m} \\ V_B^{BC} = -47 + 10 \cdot 2,7 = -20,0\,\text{kN} \\ T_B^{BC} = 0 \end{cases}$$

Com esses resultados, constroem-se os seguintes diagramas de corpo livre:

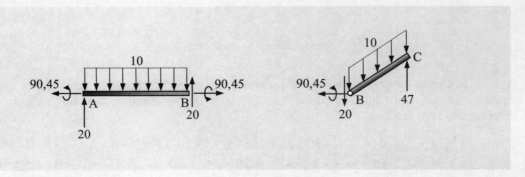

Figura E5.4b – Diagramas de corpo livre das barras da grelha da figura anterior.

Logo, a partir dos diagramas da figura anterior, traçam-se os diagramas de esforços seccionais mostrados na figura seguinte:

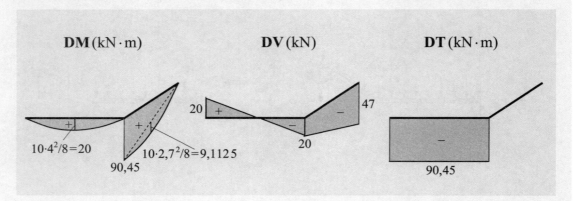

Figura E5.4c – Diagramas dos esforços seccionais da grelha da Figura E5.4a.

Exemplo 5.5 – Obtêm-se os diagramas dos esforços seccionais da grelha triapoiada com barras ortogonais entre si, esquematizada na figura seguinte:

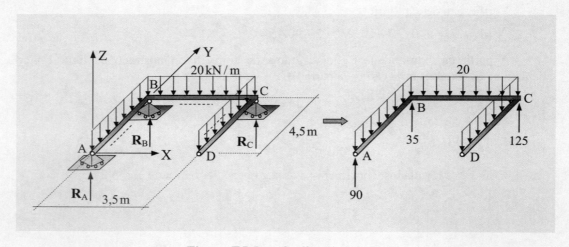

Figura E5.5a – Grelha triapoiada.

Em caso de grelha triapoiada é simples iniciar a determinação das reações com uma equação de momento nulo em torno de um eixo que passe por dois dos apoios. Assim, determinam-se as reações:

$$\begin{cases} \sum M_{Y|X=0} = 0 \\ \sum M_{X|Y=4,5} = 0 \\ \sum F_Z = 0 \end{cases} \rightarrow \begin{cases} -R_C \cdot 3,5 + 20 \cdot 4,5 \cdot 3,5 + 20 \cdot 3,5^2/2 = 0 \\ -R_A \cdot 4,5 + 2 \cdot 20 \cdot 4,5^2/2 = 0 \\ R_A + R_B + R_C - 20(2 \cdot 4,5 + 3,5) = 0 \end{cases} \rightarrow \begin{cases} R_C = 125,0 \text{ kN} \\ R_A = 90,0 \text{ kN} \\ R_B = 35,0 \text{ kN} \end{cases}$$

Verificação de equilíbrio:

$$\sum M_{Y|X=3,5} = 90 \cdot 3,5 + 35 \cdot 3,5 - 20 \cdot 4.5 \cdot 3,5 - 20 \cdot 3,5^2 / 2 = 0 \quad \text{OK!}$$

Com as reações anteriores, passa-se a ter um único caminho de percurso com todos os esforços externos conhecidos. Logo, a partir da extremidade D, podem ser calculados os esforços nas interfaces das barras, de maneira a se ter os diagramas de corpo livre de barras, como esquematizado na figura seguinte:

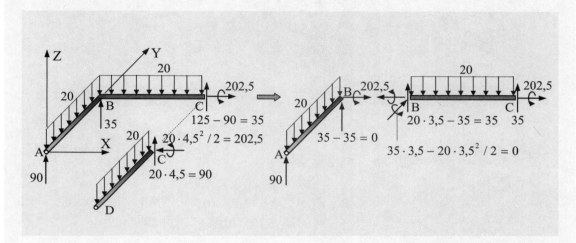

Figura E5.5b – Obtenção dos diagramas de corpo livre das barras da grelha anterior.

Logo, constroem-se os diagramas de esforços mostrados na figura que se segue:

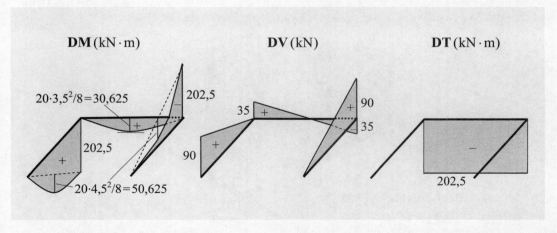

Figura E5.5c – Diagramas dos esforços seccionais da grelha da Figura E5.5a.

Exemplo 5.6 – Idem para a grelha triapoiada representada na próxima figura.

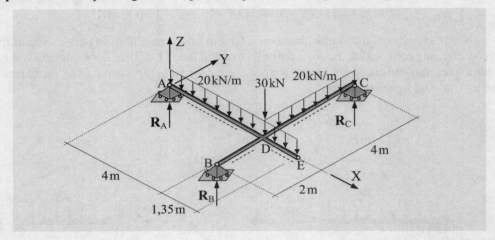

Figura E5.6a – Grelha triapoiada de barras ortogonais.

A seguir, são calculadas as reações de apoio:

$$\begin{cases} \sum M_{Y|X=4} = 0 \\ \sum M_{X|Y=4} = 0 \\ \sum F_Z = 0 \end{cases} \rightarrow \begin{cases} R_A \cdot 4 - 20 \cdot 4 \cdot 2 + 20 \cdot 1{,}35 \cdot 1{,}35/2 = 0 \\ -R_B \cdot 6 - R_A \cdot 4 + 30 \cdot 4 + 20(4+1{,}35)4 + 20 \cdot 4 \cdot 2 = 0 \\ R_A + R_B + R_C - 30 - 20(4+1{,}35) - 20 \cdot 4 = 0 \end{cases}$$

$$\rightarrow \begin{cases} R_A \cong 35{,}444 \text{ kN} \\ R_B \cong 94{,}371 \text{ kN} \\ R_C \cong 87{,}185 \text{ kN} \end{cases}$$

Mesmo com o conhecimento desses resultados, não se tem caminho único de percurso ao longo das barras. Por isso, após a determinação dos esforços nas extremidades das barras AD e DE, optou-se por dividir a grelha nas três partes mostradas na figura seguinte:

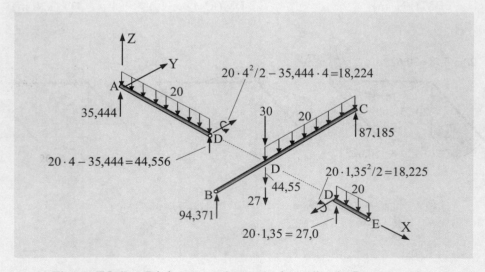

Figura E5.6b – Divisão em três partes da grelha da figura anterior.

Conhecendo-se as forças atuantes em cada barra, a determinação dos esforços seccionais é imediata. Para isso, a partir da extremidade B, calculam-se os esforços na seção D da barra BC:

$$\begin{cases} M_D^{BD} = 94{,}371 \cdot 2 \cong 188{,}74\,\text{kN} \cdot \text{m} \\ V_{D^-}^{BD} = 94{,}371\,\text{kN} \quad - \quad \text{constante no trecho BD} \\ V_{D^+}^{BD} = 94{,}371 - 30 - 44{,}556 - 27 = -7{,}1850\,\text{kN} \end{cases}$$

Com os resultados anteriores, traçam-se os diagramas seguintes:

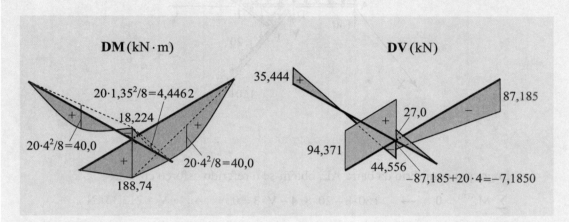

Figura E5.6c – Diagramas dos esforços seccionais da grelha da Figura E5.6a.

Exemplo 5.7 – Determinam-se os diagramas dos esforços seccionais da grelha triapoiada com uma região fechada e três rótulas esféricas, esquematizada a seguir:

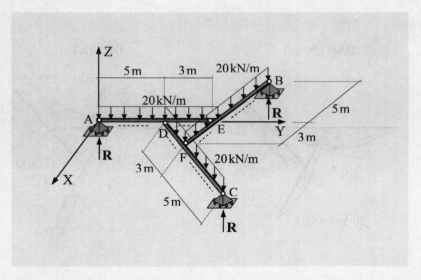

Figura E5.7a – Grelha com três rótulas esféricas e região fechada.

Devido à simetria da grelha e das forças externas, as intensidades das reações são iguais a $(R=20(5+3)3/3=160 \text{kN})$. E com a abertura da rótula D da extremidade da barra CD, tem-se o esforço cortante V como incógnita na seção de corte, como mostra na figura que se segue:

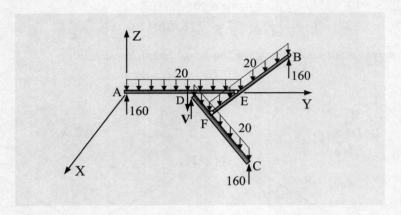

Figura E5.7b – Abertura da grelha da figura anterior na rótula D.

Logo, por equilíbrio da barra AE, obtém-se o referido esforço cortante:

$$\sum M_E^{ADE} = 0 \quad \rightarrow \quad 160 \cdot 8 - 20 \cdot 8 \cdot 4 - V \cdot 3 = 0 \quad \rightarrow \quad \boxed{V \cong 213{,}33 \text{kN}}$$

A partir da extremidade A dessa mesma barra, calculam-se os esforços na seção D:

$$\begin{cases} M_D = 160 \cdot 5 - 20 \cdot 5 \cdot 2{,}5 = 550{,}0 \text{kN} \cdot \text{m} \\ V_{D^-} = 160 - 20 \cdot 5 = 60{,}0 \text{kN} \\ V_{D^+} = 60 - 213{,}33 = -153{,}33 \text{kN} \end{cases}$$

Com esses resultados, constroem-se os diagramas seguintes:

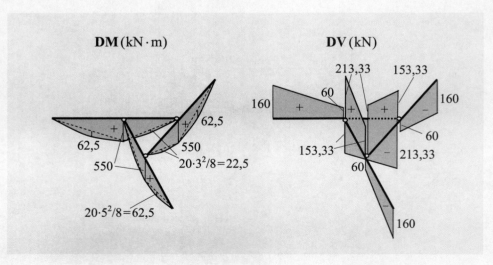

Figura E5.7c – Diagramas dos esforços seccionais da grelha da Figura E5.7a.

Exemplo 5.8 – Idem para a grelha em balanço e de barras não ortogonais da figura seguinte:

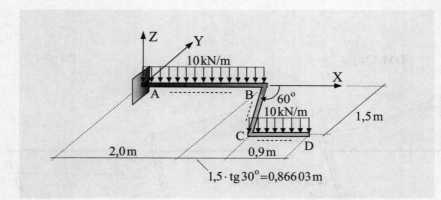

Figura E5.8a – Gelha em balanço com barras não ortogonais.

A partir da extremidade livre da grelha, calculam-se os esforços nas extremidades das barras que estão representados na próxima figura. No caso da barra BC, os momentos calculados diretamente a partir da força atuante na barra CD têm vetores representativos inclinados em relação ao eixo geométrico da barra, e, portanto não são esforços seccionais. Por projeção desses momentos, obtêm-se os seguintes esforços:

$$\begin{cases} T_C = 4{,}05 \cdot \cos 30^\circ \cong 3{,}5074\,\text{kN}\cdot\text{m} \\ T_B = 11{,}844 \cdot \cos 30^\circ - 13{,}5 \cdot \cos 60^\circ \cong 3{,}5072\,\text{kN}\cdot\text{m} \\ M_C = 4{,}05 \cdot \cos 60^\circ = 2{,}0250\,\text{kN}\cdot\text{m} \\ M_B = 11{,}844 \cdot \cos 60^\circ + 13{,}5 \cdot \cos 30^\circ \cong 17{,}613\,\text{kN}\cdot\text{m} \end{cases}$$

Estes resultados estão indicados na parte direita da figura seguinte:

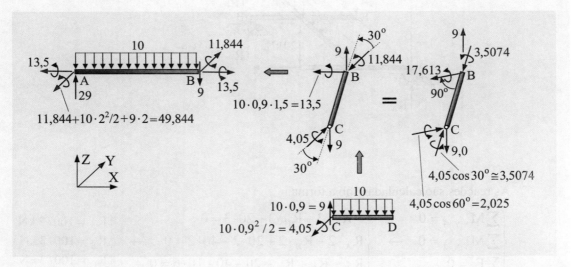

Figura E5.8b – Diagramas de corpo livre das barras da grelha da figura anterior.

Com base nos esquemas mostrados na figura anterior, constroem-se os diagramas de esforços seccionais representados na figura que se segue:

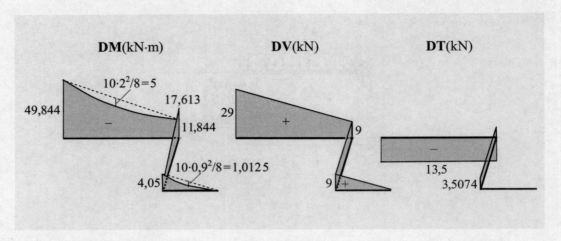

Figura E5.8c – Diagramas dos esforços seccionais da grelha da Figura E5.8a.

Exemplo 5.9 – Idem para a grelha triapoiada esquematizada na figura que se segue:

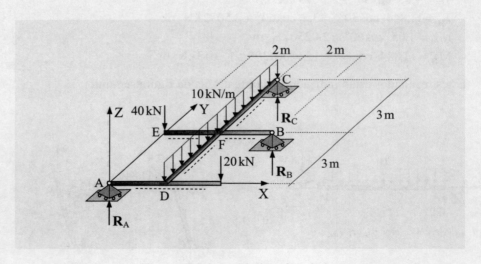

Figura E5.9a – Grelha triapoiada.

As reações são calculadas sob a forma:

$$\begin{cases} \sum M_{X|Y=3} = 0 \\ \sum M_{Y|X=2} = 0 \\ \sum F_Z = 0 \end{cases} \rightarrow \begin{cases} -R_A \cdot 3 + R_C \cdot 3 + 20 \cdot 3 = 0 \\ R_A \cdot 2 - R_B \cdot 2 + 20 \cdot 2 - 40 \cdot 2 = 0 \\ R_A + R_B + R_C - 20 - 40 - 10 \cdot 6 = 0 \end{cases} \rightarrow \begin{cases} R_A = 160/3 \, kN \\ R_B = 100/3 \, kN \\ R_C = 100/3 \, kN \end{cases}$$

Após a determinação das reações na maioria dos exemplos anteriores de estruturas constituídas de barras retas, por razão didática, foram traçados os diagramas de corpo livre das diversas barras. Naturalmente, esses diagramas não são necessários quando da obtenção dos diagramas de esforços seccionais, assim como não é essencial a escrita das equações desses esforços. Muitas vezes, tendo-se as reações, esses diagramas podem ser construídos diretamente, como indicado na próxima figura.[2]

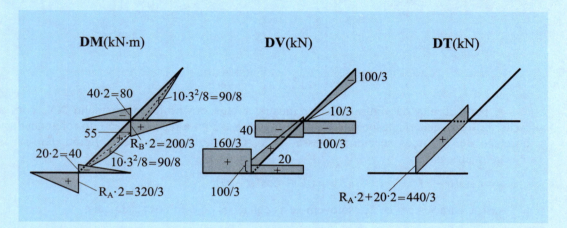

Figura E5.9b – Diagramas dos esforços seccionais da grelha triapoiada da figura precedente.

5.4 – Barras curvas

Em barra curva de grelha, o momento de torção tem vetor representativo tangente ao eixo geométrico da barra e a linha de ação do vetor representativo do momento fletor passa pelo centro de curvatura da mesma. Além disso, para escrever as equações dos esforços seccionais, adota-se uma coordenada que especifique univocamente cada seção transversal.

A representação dos diagramas de esforços seccionais de barra curva de grelha costuma apresentar certa dificuldade de interpretação devido ao uso de perspectiva e as linhas de referência ser curvas situadas em um plano horizontal. Assim, relembra-se que esses esforços são traçados perpendicularmente a esse plano, isto é, na direção vertical.

Exemplo 5.10 – Obtêm-se as equações dos esforços seccionais da viga balcão com uma extremidade em balanço, de raio r e ângulo central φ, situada no plano XY e sob força concentrada em sentido contrário ao eixo Z, como mostra próxima figura. Com base nessas equações, para o caso de ($\varphi=\pi$) e a posição da força concentrada especificada pelo ângulo ($\gamma=0$) e, posteriormente, pelo ângulo ($\gamma=-\pi/2$), traçam-se os correspondentes diagramas dos esforços seccionais.

---

[2] Equações de esforços seccionais costumam ser necessárias em determinação de momentos máximos em seções intermediárias de barra.

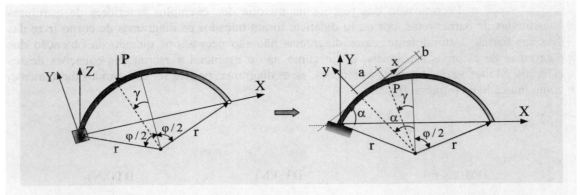

Figura E5.10a – Viga balcão de raio r e ângulo central φ, sob força concentrada.

A parte direita da figura anterior mostra a viga em projeção no plano XY, com a indicação de seção genérica especificada pelo ângulo α e com a representação do referencial xy de definição dos esforços seccionais nessa seção. Com as notações dessa figura, têm-se as relações geométricas:

$$a = r\sin(\alpha - \gamma) \quad , \quad b = r\left(1 - \cos(\alpha - \gamma)\right)$$

Assim, para $\gamma \leq \alpha \leq \varphi/2$, escrevem-se as equações de esforços seccionais:

$$\begin{cases} M = -P\,a = -P\,r\sin(\alpha - \gamma) \\ T = -P\,b = -Pr\left(1 - \cos(\alpha - \gamma)\right) \\ V = P \end{cases}$$

Logo, para $(\varphi = \pi)$ e $(\gamma = 0)$ (que é o caso de barra semicircular em balanço sob força concentrada na seção média), a partir das equações anteriores traçam-se os diagramas seguintes, em que não estão mostrados os trechos de esforços nulos.

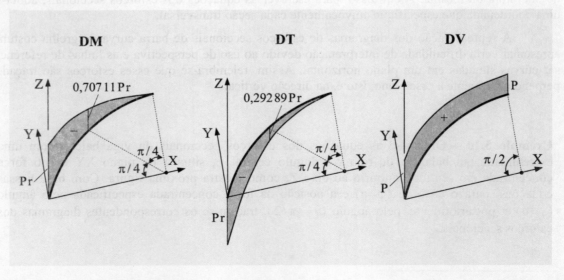

Figura E5.10b – Diagramas dos esforços seccionais no caso de $(\varphi = \pi)$ e $(\gamma = 0)$.

Para ($\varphi=\pi$) e ($\gamma=-\pi/2$) (que é o caso de barra semicircular em balanço e sob força concentrada na extremidade livre), a partir das equações de seccionais anteriores traçam-se os diagramas mostrados na figura seguinte:

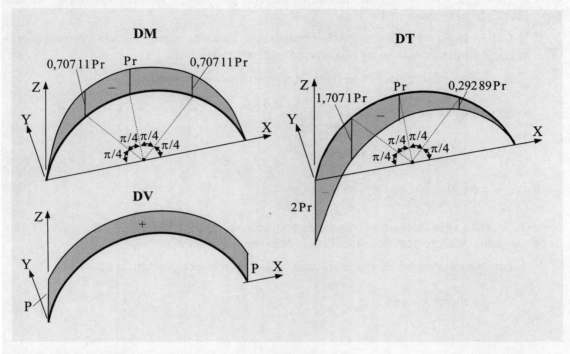

Figura E5.10c – Diagramas dos esforços seccionais no caso de ($\varphi=\pi$) e ($\gamma=-\pi/2$).

Exemplo 5.11 – Idem a viga balcão anterior, agora sob força vertical uniformemente distribuída, como mostra a figura seguinte. A partir das equações dos esforços seccionais, traçam-se os correspondentes diagramas no caso do ângulo central ($\varphi=\pi$).

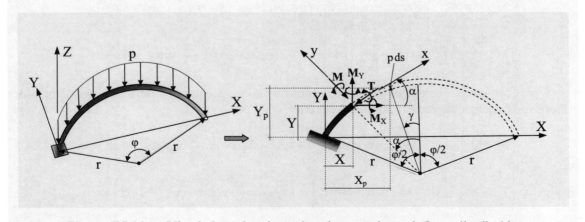

Figura E5.11a – Viga balcão de raio r e ângulo central φ, sob força distribuída.

Estática das Estruturas – **H. L. Soriano**

Na parte direita da figura anterior está representada a viga em projeção no plano XY, com a indicação da força infinitesimal atuante no arco elementar ds de posição especificada pelo ângulo γ, com as representações dos momentos M_X e M_Y na seção genérica especificada pelo ângulo α, e também com as representações do momento fletor **M** e do momento de torção **T** nessa mesma seção. Naturalmente, os momentos M_X e M_Y são equivalentes aos momentos **M** e **T**.

Com o ângulo γ estabelecido da direita para a esquerda como indicado, o comprimento do arco infinitesimal medido na mesma direção escreve-se: $ds = -r\,d\gamma$.

Além disso, com notações da figura anterior, têm-se os esforços:

$$\begin{cases} M_X = \int_\alpha^{-\varphi/2} p\,(Y_p - Y)\,r\,d\gamma \\[2mm] M_Y = -\int_\alpha^{-\varphi/2} p\,(X_p - X)\,r\,d\gamma \\[2mm] V = p\,r\left(\alpha + \dfrac{\varphi}{2}\right) \end{cases}$$

onde (X_p, Y_p) são as coordenadas do ponto de aplicação da força infinitesimal $p\,ds$ e (X,Y) são as coordenadas da seção genérica especificada pelo ângulo α indicado.

Ainda com notações da figura anterior, têm-se as relações geométricas:

$$\begin{cases} X_p = r\left(\sin\dfrac{\varphi}{2} - \sin\gamma\right) \\[2mm] Y_p = r\left(\cos\gamma - \cos\dfrac{\varphi}{2}\right) \\[2mm] X = r\left(\sin\dfrac{\varphi}{2} - \sin\alpha\right) \\[2mm] Y = r\left(\cos\alpha - \cos\dfrac{\varphi}{2}\right) \end{cases}$$

Logo, escrevem-se as novas expressões de momentos:

$$\begin{cases} M_X = p\,r^2 \int_\alpha^{-\varphi/2} (\cos\gamma - \cos\alpha)\,d\gamma = p\,r^2\left(\alpha\cos\alpha - \sin\alpha + \dfrac{\varphi}{2}\cos\alpha - \sin\dfrac{\varphi}{2}\right) \\[2mm] M_Y = p\,r^2 \int_\alpha^{-\varphi/2} (\sin\gamma - \sin\alpha)\,d\gamma = p\,r^2\left(\alpha\sin\alpha + \cos\alpha + \dfrac{\varphi}{2}\sin\alpha - \cos\dfrac{\varphi}{2}\right) \end{cases}$$

Com essas expressões e por projeção, obtêm-se as equações do momento fletor e do momento de torção na seção transversal genérica:

$$\begin{cases} M = M_X\sin\alpha - M_Y\cos\alpha = -p\,r^2\left(1 + \sin\dfrac{\varphi}{2}\,\sin\alpha - \cos\dfrac{\varphi}{2}\,\cos\alpha\right) \\[2mm] T = -M_X\cos\alpha - M_Y\sin\alpha = -p\,r^2\left(\alpha + \dfrac{\varphi}{2} - \sin\dfrac{\varphi}{2}\,\cos\alpha - \cos\dfrac{\varphi}{2}\,\sin\alpha\right) \end{cases}$$

Logo, com ($\varphi=\pi$), que é o caso de barra semicircular, as equações de esforços seccionais anteriores particularizam-se em:

$$\begin{cases} M = -pr^2(1+\sin\alpha) \\ T = -pr^2\left(\alpha+\dfrac{\pi}{2}-\cos\alpha\right) \\ V = pr\left(\alpha+\dfrac{\pi}{2}\right) \end{cases}$$

Com essas equações, traçam-se os diagramas dos esforços seccionais mostrados na figura abaixo.

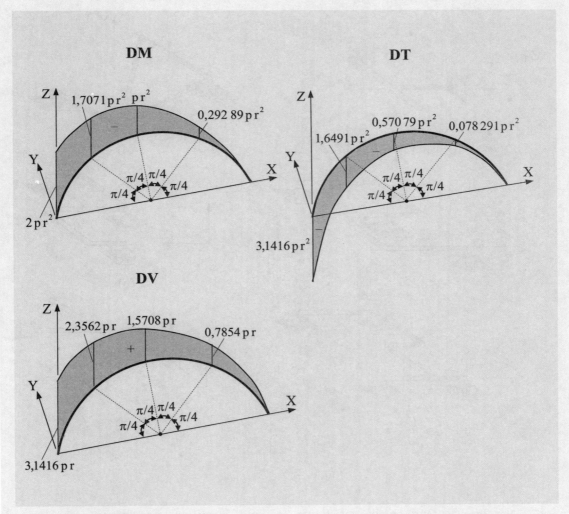

Figura E5.11b – Diagramas dos esforços seccionais no caso de ($\varphi=\pi$).

5.5 – Exercícios propostos

5.5.1 – Classifique as grelhas representadas na próxima figura quanto ao equilíbrio estático. Identifique, quando for o caso, o grau de indeterminação estática. Exemplifique novas grelhas hipostáticas, isostáticas e hiperestáticas.

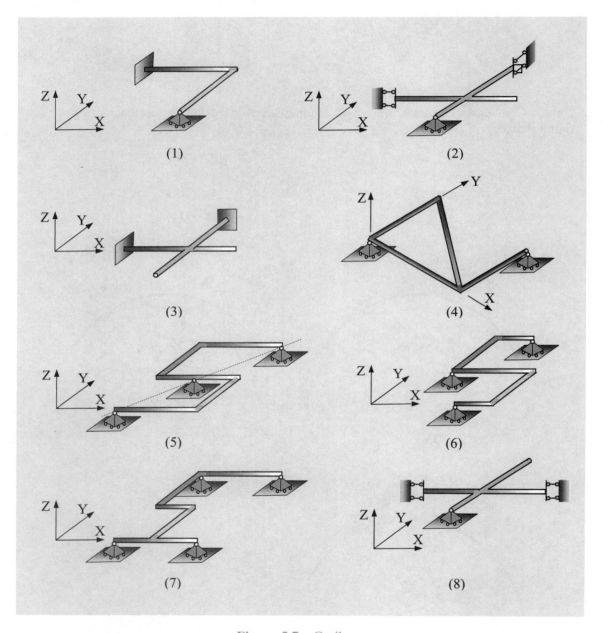

Figura 5.7 – Grelhas.

5.5.2 – Nas grelhas representadas na figura seguinte, identifique por inspeção as barras de momento de torção nulo. E obtenha os diagramas dos esforços seccionais dessas grelhas.

Capítulo 5 – Grelhas

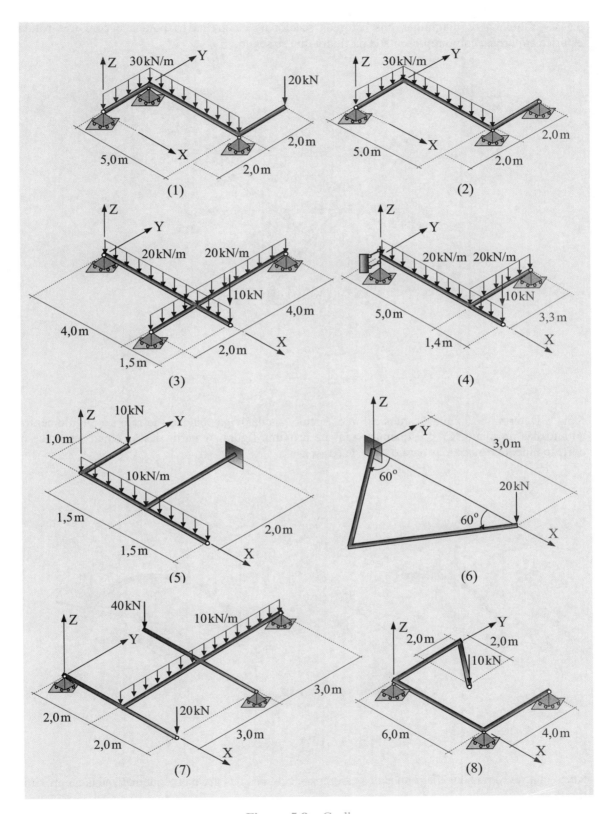

Figura 5.8 – Grelhas.

Estática das Estruturas – **H. L. Soriano**

5.5.3 – Obtenha os diagramas dos esforços seccionais da grelha triapoiada e com três rótulas esféricas internas, como representada na figura que se segue:

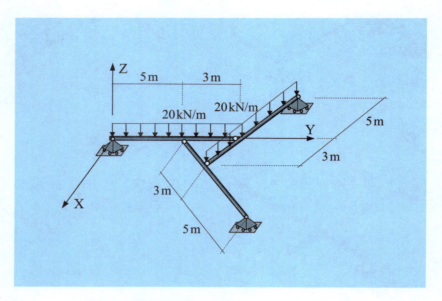

Figura 5.9 – Grelha com três rótulas esféricas.

5.5.4 – Determine as equações dos esforços seccionais das vigas balcão (de raio r e ângulo central φ) situadas no plano XY e esquematizadas na próxima figura. A partir dessas equações, trace os correspondentes diagramas para o caso de ($\varphi = \pi$).

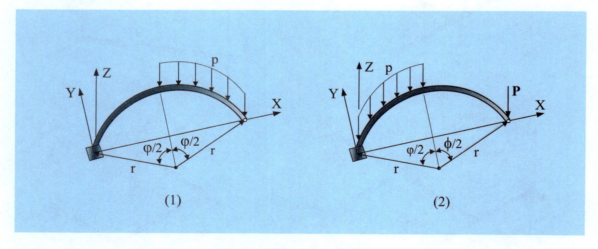

Figura 5.10 – Vigas balcão.

5.5.5 – Faça croquis dos diagramas dos esforços seccionais das grelhas esquematizadas na próxima figura.

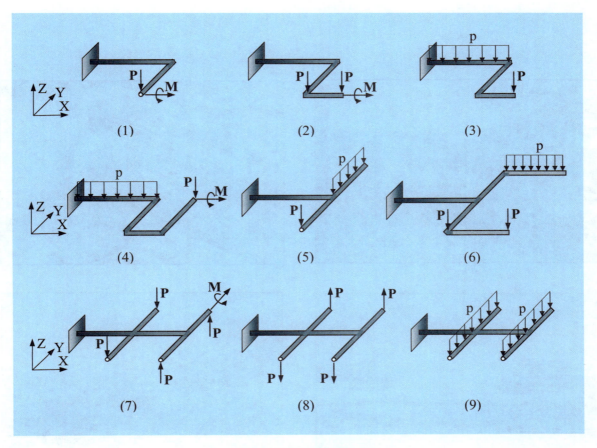

Figura 5.11 – Grelhas.

5.6 – Questões para reflexão

5.6.1 – O que é uma *grelha*? Como identificar se uma grelha é *hipostática*, *isostática* ou *hiperestática*?

5.6.2 – O que é uma *viga balcão*?

5.6.3 – Quais são as condições de apoio necessárias para que uma grelha sem articulações internas seja isostática?

5.6.4 – Que ações que podem ser aplicadas a uma grelha? E quais são os deslocamentos de uma seção transversal de barra de grelha?

5.6.5 – Por que é necessário estabelecer o lado de observação das barras no plano de uma grelha para aplicar a convenção clássica do sinal do esforço cortante?

5.6.6 – O que se pode dizer quanto aos esforços seccionais em ponto de encontro de barras ortogonais de grelha?

5.6.7 – Que relações diferenciais entre os esforços seccionais desenvolvidas para viga reta são válidas em barra reta de grelha? E no caso de barra curva de grelha? Por quê?

5.6.9 – Que características têm cada um dos diagramas dos esforços seccionais de uma grelha simétrica sob forças externas simétricas? E sob forças externas antissimétricas?

Estática das Estruturas – **H. L. Soriano**

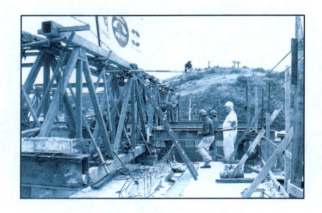
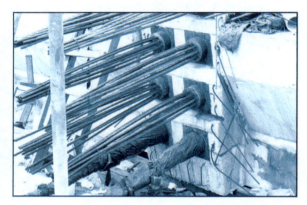

**Construção, em concreto protendido, da Ponte Márcio Correa em Cabo Frio, RJ.
Fonte: PROJECON Consultoria de Projetos Ltda - www.projecon.com.br.**

6

Treliças

6.1 – Introdução

Treliça, também denominada estrutura reticulada de nós rotulados, é formada por barras retas birotuladas, sob forças externas apenas nas rótulas, de maneira a ocorrer apenas esforço normal, de tração ou de compressão. Naturalmente, trata-se de uma idealização, por não existir rótula perfeita e pelo fato de sempre atuar peso próprio (distribuído ao longo das barras). Em estrutura em que a rigidez de flexão de cada barra seja muito menor do que a correspondente rigidez axial, com peso próprio pequeno comparativamente às forças diretamente aplicadas aos pontos nodais e de eixos geométricos das barras que se alinham por esses pontos, como ilustra a próxima figura, o modelo de barras birotuladas, simultaneamente com a substituição do peso próprio de cada barra por forças concentradas em suas extremidades, conduz a resultados muito bons em comparação com modelos mais realísticos. Isso ocorre mesmo em caso das ligações entre as barras serem semirrígidas. Contudo, pequenas excentricidades dos alinhamentos dos eixos das barras, concomitante com a atuação de esforços normais elevados, costumam provocar momentos fletores não desprezíveis, o que torna inadequado o modelo de barras birotuladas.

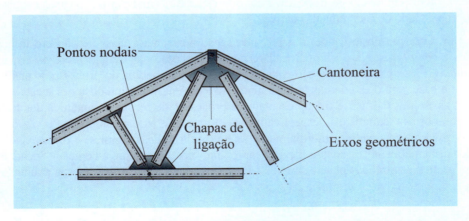

Figura 6.1 – Treliça com as representações dos eixos geométricos das barras.

Treliças são muito utilizadas em coberturas, torres de transmissão e pontes metálicas, dado que são mais leves e resistentes do que as estruturas de nós rígidos, em que as barras são solicitadas à flexão. Em modelos com rótulas perfeitas, eixos geométricos que se interceptam apenas em pontos nodais e forças externas atuantes apenas em rótulas, os esforços normais são os primordiais e chamados de *esforços primários*. Os esforços adicionais devido ao não-cumprimento dessas hipóteses são denominados *esforços secundários* e devem ser desprezíveis frente aos primários para a adequação do modelo de treliça.

Quando ocorre força aplicada em barra de estrutura de nós rotulados, a força pode ser decomposta transversalmente e na direção da barra. Para cada um dos correspondentes componentes pode, então, ser considerada a superposição de esforços em uma viga com os esforços em um modelo de treliça, como ilustra a próxima figura.

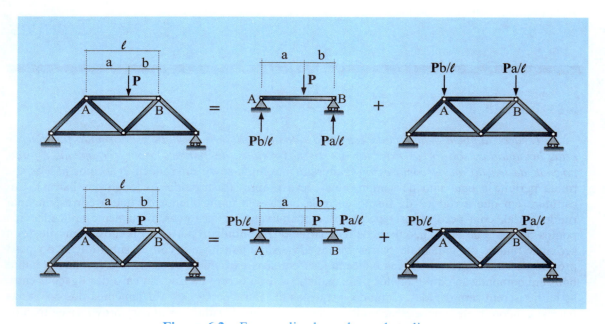

Figura 6.2 – Força aplicada em barra de treliça.

Não há necessidade de traçar diagrama de esforço normal em treliça, basta registrar o valor desse esforço ao lado de cada uma das barras.

Em descrição deste capítulo, a próxima seção apresenta a classificação em treliças *simples*, *compostas* e *complexas*; e a Seção 6.3 esclarece a identificação das treliças *hipostáticas*, *isostáticas* e *hiperestáticas*. Essas classificações são necessárias quando da escolha do processo de análise e porque constituem a base para o estudo das treliças hiperestáticas (em disciplina posterior a esta *Estática*). Em sequência, as Seções 6.4, 6.5 e 6.6 apresentam os processos de resolução analítica das treliças planas simples, compostas e complexas, respectivamente. Entre esses, os mais importantes são o *processo de equilíbrio dos nós*, destinado primordialmente à análise de treliças simples, e o *processo das seções*, destinado, principalmente, à análise de treliças compostas. Consecutivamente, a Seção 6.7 trata da resolução gráfica das treliças planas simples.[1] Posteriormente, a Seção 6.8 aborda a análise de treliças

---

[1] Muito embora os processos gráficos tenham caído em desuso, a presente resolução gráfica tem a vantagem de consolidar o conceito de equilíbrio de forças, além de sua grande importância histórica.

espaciais, através de extensão do *processo de equilíbrio dos nós* ao caso tridimensional. Nessa análise, adota-se, por praticidade, a determinação de esforços normais específicos nas barras, juntamente com a escrita das equações de equilíbrio em forma matricial. Finalmente, as Seções 6.9 e 6.10 apresentam, respectivamente, exercícios para resolução e questões para reflexão.[2]

6.2 – Classificação quanto à disposição das barras

Quanto à geometria espacial, as treliças podem ser *planas* ou *espaciais*, conforme suas barras e forças estejam em um mesmo plano ou não. Treliça plana costuma ser a idealização de parte de uma estrutura espacial. Este é o caso do pontilhão esquematizado na próxima figura, em que a face frontal foi realçada como uma treliça plana, contraventada transversalmente a outra treliça plana na face posterior, com representação unidimensional de suas barras.

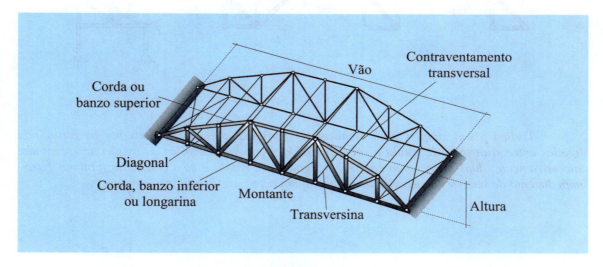

Figura 6.3 – Pontilhão em treliça.

Quanto à formação, as treliças são classificadas em:

$$\begin{cases} \text{simples} \\ \text{compostas} \\ \text{complexas} \end{cases}$$

Treliça plana simples pode ser formada a partir de três barras birotuladas ligadas em forma de triângulo (que é um sistema estável em si mesmo), às quais são acrescentadas duas barras não colineares ligadas através de rótula, e assim sucessivamente, com mais duas novas barras e uma rótula. Dessa maneira, o conjunto dessas barras é estável quanto ao deslocamento relativo entre barras. Ao acrescentar a esse conjunto condições de contorno mínimas para o impedimento de seus deslocamentos de corpo rígido, obtém-se uma treliça plana simples isostática, como ilustra a próxima figura. Observa-se que na última das treliças dessa figura foram utilizadas, nesse impedimento, duas barras birotuladas verticais e um apoio lateral, do primeiro gênero.

---

[2] Sugere-se ao leitor que se inicia no estudo das treliças isostáticas que omita as seções das treliças complexas e das treliças espaciais.

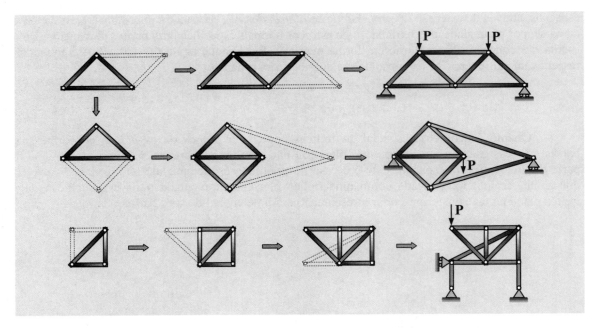

Figura 6.4a – Formação de treliças planas simples – parte A.

Treliça plana simples pode também ser formada a partir de duas barras birotuladas ligadas entre si através de rótula e com apoios do segundo gênero, às quais são acrescentadas, sucessivamente, duas barras não colineares ligadas em rótula e com condições mínimas para o impedimento de seus deslocamentos de corpo rígido, como ilustra a figura seguinte:

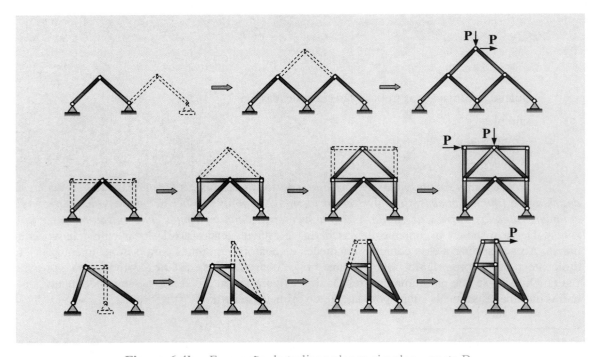

Figura 6.4b – Formação de treliças planas simples – parte B.

Treliça espacial simples pode ser obtida a partir de seis barras birotuladas, ligadas em forma de tetraedro, às quais são adicionadas, sucessivamente, três barras não coplanares ligadas em rótula. A esse conjunto, acrescentam-se condições de contorno que impeçam os seus deslocamentos de corpo rígido, como ilustra a parte superior da próxima figura. *Treliça espacial simples pode também ser obtida a partir de três barras birotuladas em forma de tripé, às quais são acrescentadas três novas barras não coplanares ligadas em rótula*, como mostra a parte inferior da mesma figura.

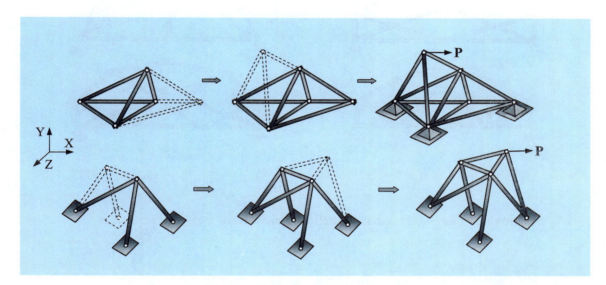

Figura 6.5 – Formação de treliças espaciais simples.

Treliça composta é formada pela união de duas ou mais treliças simples de maneira que não haja deslocamento relativo entre essas e que o conjunto não seja uma treliça simples. A formação a partir de duas treliças simples pode ser através de uma rótula e da adição de uma barra, ou com a adição de duas ou três barras. O conjunto deve ter condições de contorno mínimas para impedimento de seus deslocamentos de corpo rígido, como ilustra a figura seguinte:

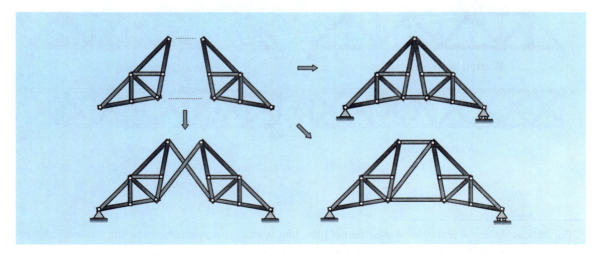

Figura 6.6 – Formação de treliças compostas planas.

Treliça complexa é toda treliça que não seja simples e nem composta, como ilustra a figura seguinte em caso plano.

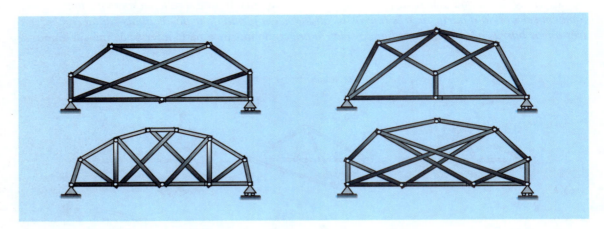

Figura 6.7 – Treliças complexas planas.

As próximas duas figuras mostram treliças planas usuais e respectivos nomes.[3]

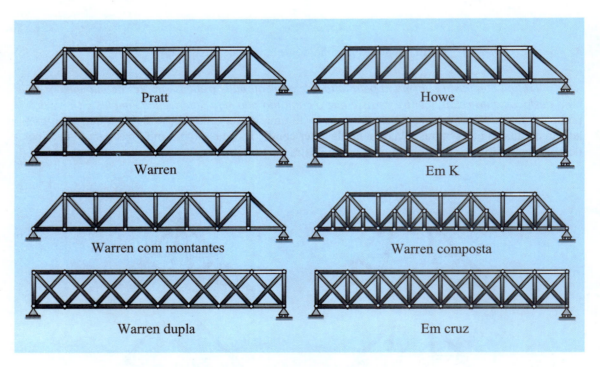

Figura 6.8 – Treliças planas de banzos horizontais.

---

[3] Em treliças de aço é preferível que as barras mais longas estejam tracionadas para não ficarem sujeitas à *flambagem*. Já em treliças de madeira, isso não costuma ser relevante, uma vez que o fenômeno de instabilidade é menos importante, pelo fato das barras serem usualmente menos esbeltas.

Capítulo 6 – Treliças

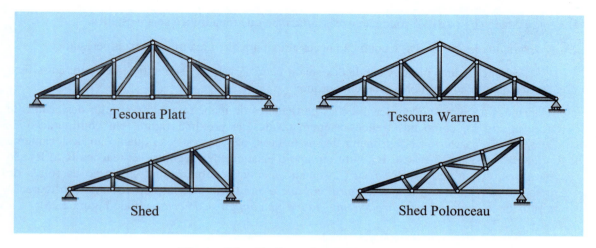

Figura 6.9 – Treliças planas triangulares.

6.3 – Classificação quanto ao equilíbrio estático

Como as demais estruturas constituídas de barras, uma treliça pode ser *hipostática*, *isostática* ou *hiperestática*, conforme as equações de equilíbrio (na configuração original) sejam, respectivamente, insuficientes, estritamente suficientes ou superabundantes, para a obtenção das reações de apoio e dos esforços nas barras. E como o equilíbrio de uma treliça requer o equilíbrio dos seus pontos nodais, e nesses pontos as forças internas e externas são concorrentes, têm-se, para cada um dos pontos, (d=2) equações de equilíbrio em treliça bidimensional e (d=3) equações de equilíbrio em treliça tridimensional. Consequentemente, o número total de equações de equilíbrio é igual ao número de pontos nodais da treliça vezes "d". Logo, com o número de **b**arras representado por "b", o número de pontos **n**odais designado por "n" e o número de **r**eações de apoio designado por "r", têm-se as seguintes condições:

(1) A desigualdade (b+r<d n) é condição suficiente para que uma treliça seja hipostática, como é o caso das treliças representadas na próxima figura. Na primeira dessas treliças, não se tem restrição quanto à rotação de cada uma de suas partes, em torno da rótula central, o que caracteriza *hipostaticidade interna*. Na segunda dessas treliças, não há restrição quanto ao deslocamento horizontal, o que configura *hipostaticidade externa*.

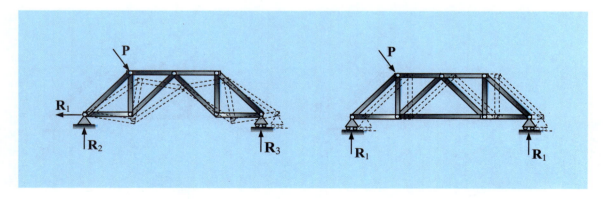

Figura 6.10 – Treliças hipostáticas – parte A.

Estática das Estruturas – **H. L. Soriano**

(2) A igualdade (b+r=d n) é condição necessária, para que uma treliça seja isostática.

(3) A desigualdade (b+r>d n) é condição necessária, para que uma treliça seja hiperestática.

Embora as duas últimas condições sejam necessárias, não são suficientes para classificar uma treliça quanto ao equilíbrio estático, porque:

(1) As reações de apoio podem ter direções particulares de maneira a não restringir deslocamento de corpo rígido, como nas treliças esquematizadas na próxima figura, em configuração de *hipostaticidade externa*. Na primeira dessas treliças, não há restrição quanto ao deslocamento horizontal (no caso, a reação R_2 é em um apoio elástico). Na segunda, as reações R_1 e R_3 são colineares, o que não oferece restrição quanto à rotação infinitesimal em torno da rótula do apoio inferior. Contudo, esse é um caso em que o equilíbrio é alcançado em uma configuração deformada, o que caracteriza *treliça hipostática em configuração crítica* (vide Figura 2.25).

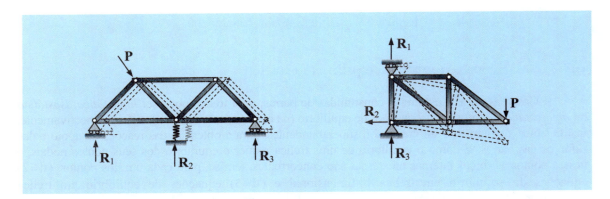

Figura 6.11 – Treliças hipostáticas – parte B.

(2) As barras podem ser insuficientes e as reações ser superabundantes ao equilíbrio, tal que (b+r=d n), mas a treliça ser hipostática, como ilustra a parte esquerda da próxima figura. Pode ocorrer também o contrário, as barras serem superabundantes e as reações, insuficientes.

(3) Uma parte da treliça pode ter barras superabundantes ao equilíbrio e a outra parte, insuficientes, de maneira que o conjunto fique hipostático, como na segunda treliça esquematizada na próxima figura em que se tem (b+r=d n).

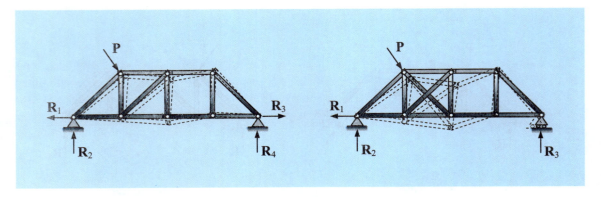

Figura 6.12 – Treliças hipostáticas – parte C.

(4) Pode não ser possível escrever as equações de equilíbrio na configuração original, como nas treliças esquematizadas na parte esquerda da figura abaixo. Essas treliças são estáveis apenas em configurações deformadas e, portanto, são *hipostáticas em configurações críticas*.

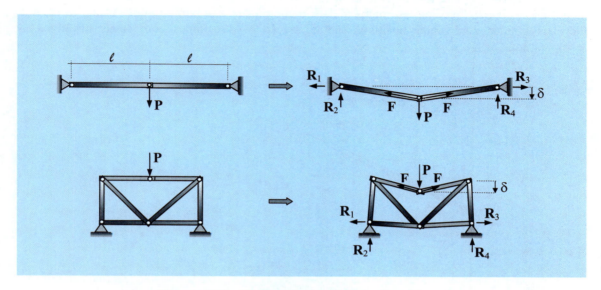

Figura 6.13 – Treliças em configurações críticas.

Já, as treliças esquematizadas nas Figuras 6.4 a 6.9 atendem à igualdade (b+r=d n) e são isostáticas. Em caso de treliça complexa, costuma não ser possível identificar com uma simples inspeção se há estabilidade. Essa identificação ocorre em etapa de determinação dos esforços normais.

A seguir, estão apresentados os processos manuais de determinação dos esforços em treliças planas isostáticas, treliças complexas e treliças espaciais simples.

6.4 – Processo de equilíbrio dos nós

Este processo foi apresentado por *Whipple*, em 1847 e aplica-se às treliças simples.[4]

Uma treliça está em equilíbrio se todos os seus pontos nodais estão equilibrados. Esse processo consiste em resolver as equações de equilíbrio desses pontos (de maneira que as forças nodais externas fiquem equilibradas pelos esforços nodais internos), considerando um ponto de cada vez, em ordem em que se tenham no máximo duas incógnitas por ponto nodal. Utiliza o princípio da ação e reação, uma vez que o esforço exercido por uma barra sobre um ponto nodal é igual e de sentido contrário ao esforço que esse ponto exerce sobre a barra, como ilustra a próxima figura em que a barra JK é tracionada pelo esforço normal ($N_{JK}=N_{KJ}$). Além disso, como as forças que incidem em cada ponto nodal de treliça plana são coplanares e concorrentes, aplicam-se apenas as equações de equilíbrio ($\Sigma F_X=0$) e ($\Sigma F_y=0$), que permitem a determinação de duas incógnitas.

---

[4] *Squire Whipple* (1804 – 1888), engenheiro americano, renomado projetista de pontes.

Assim, a chave desse processo é escolher uma sequência de pontos nodais para escrever as equações de equilíbrio, de tal maneira que se tenham, em cada ponto, no máximo dois esforços desconhecidos (reação de apoio e/ou esforço em barra).

Na sistematização do processo é usual admitir que as barras tracionadas, o que equivale a supor que as barras "puxem" os pontos nodais, como mostra a próxima figura. Assim, os esforços normais obtidos com sinais positivos são de tração e os esforços com sinais negativos, de compressão.

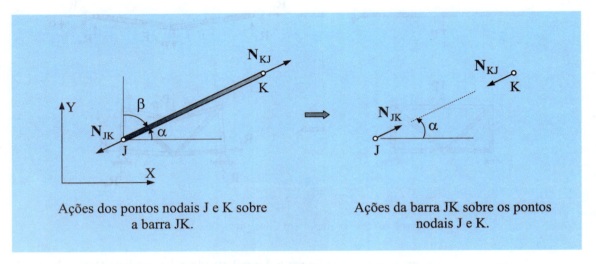

Ações dos pontos nodais J e K sobre a barra JK.

Ações da barra JK sobre os pontos nodais J e K.

Figura 6.14 – Barra tracionada e correspondentes efeitos nos pontos nodais.

Exemplo 6.1 – Considera-se a treliça simples de banzos paralelos, mostrada na parte superior da próxima figura e que está decomposta em seus pontos nodais e barras.

Como essa treliça tem cinco pontos nodais, pode-se escrever um sistema de dez equações de equilíbrio independentes entre si e com dez incógnitas. Esse sistema tem solução única, o que caracteriza uma treliça isostática, como é toda treliça simples com três reações que não sejam concorrentes em um ponto e nem que duas dessas reações sejam colineares. Além disso, e, treliça plana simples é sempre possível escolher uma sequência de pontos nodais, tal que, a partir de um ponto nodal com dois esforços nodais desconhecidos e em resolução do correspondente sistema de duas equações de equilíbrio em termos desses esforços, se tenha outro ponto nodal com até dois esforços nodais desconhecidos a ser determinados com a resolução do correspondente sistema de equações de equilíbrio e assim sucessivamente, até o último ponto nodal.

Em parte das vezes, esse processo pode ser antecedido pelo cálculo das reações de apoio, quando então, ao final do equilíbrio dos pontos nodais, obtém-se a verificação de parte dessas reações, como mostrado a seguir:

– Determinação das reações:

$$\begin{cases} \sum F_X = 0 \\ \sum M_B = 0 \\ \sum F_Y = 0 \end{cases} \rightarrow \begin{cases} H_A = 0 \\ R_A \cdot 2a - 8P \cdot 1{,}5a - 4P \cdot 0{,}5a = 0 \\ R_A + R_B - 8P - 4P = 0 \end{cases} \rightarrow \begin{cases} H_A = 0 \\ R_A = 7{,}0\,P \\ R_B = 5{,}0\,P \end{cases}$$

Capítulo 6 – Treliças

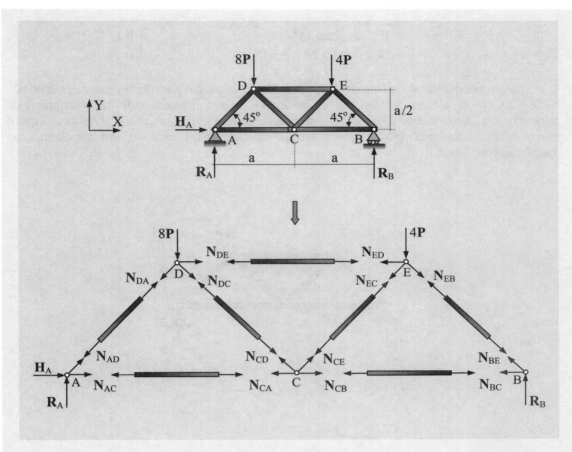

Figura E6.1a – Decomposição de uma treliça plana simples em pontos nodais e barras.

– Equilíbrio do ponto nodal B:

$$\begin{cases} \sum F_Y = 0 \\ \sum F_X = 0 \end{cases} \rightarrow \begin{cases} 5P + N_{BE}\cos 45° = 0 \\ -N_{BC} - N_{BE}\cos 45° = 0 \end{cases} \rightarrow \boxed{\begin{cases} N_{BE} = -5\sqrt{2}\ P \\ N_{BC} = 5,0\ P \end{cases}}$$

– Equilíbrio do ponto nodal E:

$$\begin{cases} \sum F_Y = 0 \\ \sum F_X = 0 \end{cases} \rightarrow \begin{cases} -4P - N_{EC}\cos 45° - N_{EB}\cos 45° = 0 \\ -N_{ED} - N_{EC}\cos 45° + N_{EB}\cos 45° = 0 \end{cases} \rightarrow \boxed{\begin{cases} N_{EC} = \sqrt{2}\ P \\ N_{ED} = -6,0\ P \end{cases}}$$

– Equilíbrio do ponto nodal C:

$$\begin{cases} \sum F_Y = 0 \\ \sum F_X = 0 \end{cases} \rightarrow \begin{cases} N_{CE}\cos 45° + N_{CD}\cos 45° = 0 \\ N_{CB} + N_{CE}\cos 45° - N_{CD}\cos 45° - N_{CA} = 0 \end{cases} \rightarrow \boxed{\begin{cases} N_{CD} = -\sqrt{2}\ P \\ N_{CA} = 7,0\ P \end{cases}}$$

– Equilíbrio do ponto nodal D:

$$\sum F_Y = 0 \quad \rightarrow \quad -8\ P - N_{DC}\cos 45° - N_{DA}\cos 45° = 0 \quad \rightarrow \quad \boxed{N_{DA} = -7\sqrt{2}\ P}$$

– Equilíbrio do ponto nodal A:

Estática das Estruturas – **H. L. Soriano**

$$\begin{cases} \sum F_Y = 0 \\ \sum F_X = 0 \end{cases} \rightarrow \begin{cases} R_A + N_{AD}\cos 45° = 0 \\ N_{AC} + H_A + N_{AD}\cos 45° = 0 \end{cases} \rightarrow \begin{cases} R_A = 7{,}0P \\ H_A = 0 \end{cases}$$

A imposição do equilíbrio dos pontos nodais pode também ser feita na sequência de nós A, D, C, E (ou B) e B (ou E). Quanto aos resultados, não se faz necessário traças diagrama de esforço normal, basta indicar os esforços na treliça, como mostra a figura abaixo. Observa-se que o banzo inferior está tracionado e que o banzo superior está tracionado, em semelhança ao comportamento de uma viga.

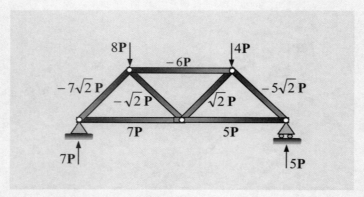

Figura E6.1b – Esforços da treliça da Figura E6.1a.

Exemplo 6.2 – Determinam-se os esforços da treliça esquematizada na figura seguinte, onde estão indicados (com a suposição de barras tracionadas) os esforços que as barras exercem sobre os pontos nodais, além da indicação das reações de apoio.

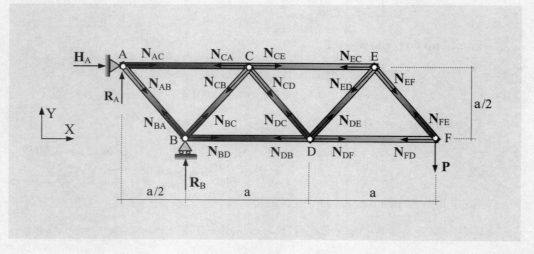

Figura E6.2a – Treliça simples.

Aplica-se o processo de equilíbrio dos nós, sem a determinação prévia das reações de apoio:

– Equilíbrio do nó F: $\begin{cases} \uparrow \quad N_{FE}\cos 45° - P = 0 \\ \rightarrow -N_{FD} - N_{FE}\cos 45° = 0 \end{cases}$ → $\begin{cases} N_{FE} = \sqrt{2}\,P \\ N_{FD} = -P \end{cases}$

– Equilíbrio do nó E: $\begin{cases} \uparrow \quad -N_{ED}\cos 45° - N_{EF}\cos 45° = 0 \\ \rightarrow -N_{EC} - N_{ED}\cos 45° + N_{EF}\cos 45° = 0 \end{cases}$ → $\begin{cases} N_{ED} = -\sqrt{2}\,P \\ N_{EC} = 2,0\,P \end{cases}$

– Equilíbrio do nó D: $\begin{cases} \uparrow \quad N_{DC}\cos 45° + N_{DE}\cos 45° = 0 \\ \rightarrow -N_{DC}\cos 45° - N_{DB} + N_{DE}\cos 45° + N_{DF} = 0 \end{cases}$ → $\begin{cases} N_{DC} = \sqrt{2}\,P \\ N_{DB} = -3,0\,P \end{cases}$

– Equilíbrio do nó C: $\begin{cases} \uparrow \quad -N_{CB}\cos 45° - N_{CD}\cos 45° = 0 \\ \rightarrow -N_{CA} - N_{CB}\cos 45° + N_{CE} + N_{CD}\cos 45° = 0 \end{cases}$ → $\begin{cases} N_{CB} = -\sqrt{2}\,P \\ N_{CA} = 4,0\,P \end{cases}$

– Equilíbrio do nó B: $\begin{cases} \rightarrow -N_{BA}\cos 45° + N_{BC}\cos 45° + N_{BD} = 0 \\ \uparrow \quad N_{BA}\cos 45° + N_{BC}\cos 45° + R_B = 0 \end{cases}$ → $\begin{cases} N_{BA} = -4\sqrt{2}\,P \\ R_B = 5,0\,P \end{cases}$

– Equilíbrio do nó A: $\begin{cases} \rightarrow H_A + N_{AC} + N_{AB}\cos 45° = 0 \\ \uparrow \quad R_A - N_{AB}\cos 45° = 0 \end{cases}$ → $\begin{cases} H_A = 0 \\ R_A = -4,0\,P \end{cases}$

Esses resultados estão indicados na figura seguinte.

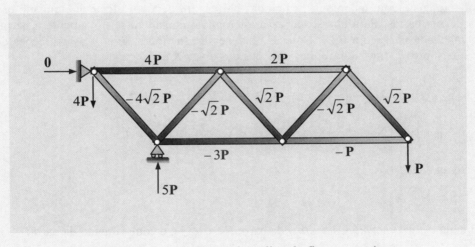

Figura E6.2b – Esforços da treliça da figura anterior.

Em análise de treliça, costuma ser possível identificar, por inspeção, alguns esforços, como ilustra a próxima figura. Em caso de esforço normal nulo, a correspondente barra não tem comportamento de resistência estrutural, sendo uma *barra inativa* na configuração original. Esse tipo de barra costuma é principalmente utilizado para garantir equilíbrio durante a construção da treliça e em eventuais modificações de seu carregamento e/ou de suas condições de apoio.

Estática das Estruturas – H. L. Soriano

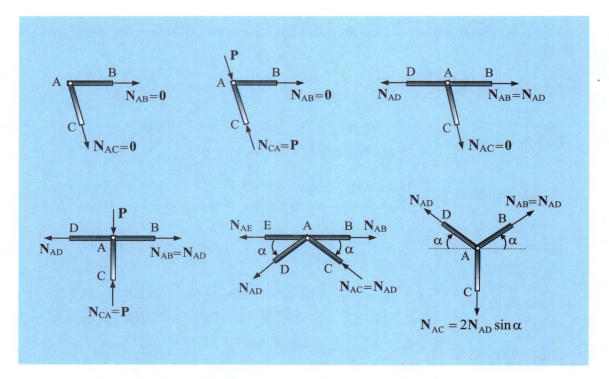

Figura 6.15 – Casos especiais de nós em treliças planas.

Na sistematização do processo de equilíbrio dos nós, pode-se operar com as coordenadas dos pontos nodais e com os comprimentos das barras, em vez de utilizar diretamente os cossenos diretores dessas barras. Para apresentar essa alternativa, considera-se novamente a barra genérica JK esquematizada na Figura 6.14. Com as notações dessa figura, têm-se as projeções do esforço N_{JK} que atua sobre o ponto nodal J, nas direções dos eixos X e Y:

$$\begin{cases} N_{JK} \cos\alpha = N_{JK} \dfrac{X_K - X_J}{\ell_{JK}} = \dfrac{N_{JK}}{\ell_{JK}}(X_K - X_J) = n_{JK}(X_K - X_J) \\ N_{JK} \cos\beta = N_{JK} \dfrac{Y_K - Y_J}{\ell_{JK}} = \dfrac{N_{JK}}{\ell_{JK}}(Y_K - Y_J) = n_{JK}(Y_K - Y_J) \end{cases} \quad (6.1)$$

Nessa equação,

$$n_{JK} = N_{JK} / \ell_{JK} \quad (6.2)$$

é denominado *esforço normal específico* da barra JK, e ℓ_{JK} é o comprimento da barra:

$$\ell_{JK} = \sqrt{(X_K - X_J)^2 + (Y_K - Y_J)^2} \quad (6.3)$$

Logo, as equações de equilíbrio podem ser escritas em termos dos esforços normais específicos e das diferenças entre as coordenadas dos pontos nodais de cada uma das barras da treliça. A resolução do correspondente sistema de equações fornece esses esforços, que multiplicados pelos correspondentes comprimentos das barras fornecem os esforços normais, como esclarece o próximo exemplo. Essa sistemática é particularmente útil em análise de treliças espaciais, como será mostrado na Seção 6.8.

Capítulo 6 – Treliças

Exemplo 6.3 – Adota-se a escrita dos sistemas de equações na forma matricial e o conceito do esforço normal específico, na determinação dos esforços da treliça do Exemplo 6.1.

– Equilíbrio do ponto nodal B:

$$\begin{cases} \sum F_X = 0 \\ \sum F_Y = 0 \end{cases} \rightarrow \begin{bmatrix} X_C - X_B & X_E - X_B \\ Y_C - Y_B & Y_E - Y_B \end{bmatrix} \begin{Bmatrix} n_{BC} \\ n_{BE} \end{Bmatrix} + \begin{Bmatrix} 0 \\ 5P \end{Bmatrix} = \begin{Bmatrix} 0 \\ 0 \end{Bmatrix}$$

Observa-se que as letras que designam os pontos nodais facilitam a sistemática da escrita do sistema de equações de equilíbrio. Com as dimensões da treliça, esse sistema toma a forma:

$$\begin{bmatrix} -a & -a/2 \\ 0 & a/2 \end{bmatrix} \begin{Bmatrix} n_{BC} \\ n_{BE} \end{Bmatrix} = \begin{Bmatrix} 0 \\ -5P \end{Bmatrix} \rightarrow \begin{Bmatrix} n_{BC} \\ n_{BE} \end{Bmatrix} = \begin{Bmatrix} 5P/a \\ -10P/a \end{Bmatrix}$$

$$\rightarrow \begin{Bmatrix} N_{BC} \\ N_{BE} \end{Bmatrix} = \begin{Bmatrix} \dfrac{5P}{a} \cdot a \\ -\dfrac{10P}{a} \cdot \dfrac{a}{\sqrt{2}} \end{Bmatrix} = \begin{Bmatrix} 5P \\ -5\sqrt{2}\,P \end{Bmatrix}$$

– Equilíbrio do ponto nodal E:

$$\begin{cases} \sum F_X = 0 \\ \sum F_Y = 0 \end{cases} \rightarrow \begin{bmatrix} X_D - X_E & X_C - X_E \\ Y_D - Y_E & Y_C - Y_E \end{bmatrix} \begin{Bmatrix} n_{ED} \\ n_{EC} \end{Bmatrix} + \begin{Bmatrix} (X_B - X_E)n_{EB} \\ (Y_B - Y_E)n_{EB} - 4P \end{Bmatrix} = \begin{Bmatrix} 0 \\ 0 \end{Bmatrix}$$

$$\begin{bmatrix} -a & -a/2 \\ 0 & -a/2 \end{bmatrix} \begin{Bmatrix} n_{ED} \\ n_{EC} \end{Bmatrix} = \begin{Bmatrix} -(a/2)\,n_{EB} \\ (a/2)\,n_{EB} + 4P \end{Bmatrix} = \begin{Bmatrix} 5P \\ -P \end{Bmatrix} \rightarrow \begin{Bmatrix} n_{ED} \\ n_{EC} \end{Bmatrix} = \begin{Bmatrix} -6P/a \\ 2P/a \end{Bmatrix}$$

$$\rightarrow \begin{Bmatrix} N_{ED} \\ N_{EC} \end{Bmatrix} = \begin{Bmatrix} -\dfrac{6P}{a} \cdot a \\ \dfrac{2P}{a} \cdot \dfrac{a}{\sqrt{2}} \end{Bmatrix} = \begin{Bmatrix} -6P \\ \sqrt{2}\,P \end{Bmatrix}$$

– Equilíbrio do ponto nodal C:

$$\begin{cases} \sum F_X = 0 \\ \sum F_Y = 0 \end{cases} \rightarrow \begin{bmatrix} X_A - X_C & X_D - X_C \\ Y_A - Y_C & Y_D - Y_C \end{bmatrix} \begin{Bmatrix} n_{CA} \\ n_{CD} \end{Bmatrix} + \begin{Bmatrix} (X_E - X_C)n_{CE} + (X_B - X_C)n_{CB} \\ (Y_E - Y_C)n_{CE} + (Y_B - Y_C)n_{CB} \end{Bmatrix} = \begin{Bmatrix} 0 \\ 0 \end{Bmatrix}$$

$$\begin{bmatrix} -a & -a/2 \\ 0 & a/2 \end{bmatrix} \begin{Bmatrix} n_{CA} \\ n_{CD} \end{Bmatrix} = \begin{Bmatrix} -(a/2)\,n_{CE} - a\,n_{CB} \\ -(a/2)\,n_{CE} \end{Bmatrix} = \begin{Bmatrix} -6P \\ -P \end{Bmatrix} \rightarrow \begin{Bmatrix} n_{CA} \\ n_{CD} \end{Bmatrix} = \begin{Bmatrix} 7P/a \\ -2P/a \end{Bmatrix}$$

$$\rightarrow \begin{Bmatrix} N_{CA} \\ N_{CD} \end{Bmatrix} = \begin{Bmatrix} \dfrac{7P}{a} \cdot a \\ -\dfrac{2P}{a} \cdot \dfrac{a}{\sqrt{2}} \end{Bmatrix} = \begin{Bmatrix} 7P \\ -\sqrt{2}\,P \end{Bmatrix}$$

– Equilíbrio do ponto nodal D:

$$\sum F_Y = 0 \rightarrow (X_A - X_D)n_{DA} + (X_C - X_D)n_{DC} + (X_E - X_D)n_{DE} = 0$$

$$-\frac{a}{2}n_{DA} + \frac{a}{2}\left(-\frac{2P}{a}\right) + a\left(-\frac{6P}{a}\right) = 0 \quad \rightarrow \quad n_{DA} = -\frac{14P}{a}$$

$$\rightarrow \quad N_{DA} = -\frac{14P}{a} \cdot \frac{a}{\sqrt{2}} = -7\sqrt{2}\,P$$

6.5 – Processo das seções

O *processo das seções* foi apresentado por *August Ritter*, em 1863, destina-se primordialmente à determinação dos esforços em algumas poucas barras e aplica-se às treliças compostas e simples.[5] Nesse processo, secciona-se a treliça e aplicam-se as equações de equilíbrio a cada uma das partes em que a treliça fica dividida, sendo que a seção deve ser escolhida de maneira que possam ser determinados os esforços nas barras seccionadas. Por vezes, é possível e indicado calcular previamente as reações de apoio da treliça, com as equações ($\Sigma F_X=0$), ($\Sigma F_Y=0$) e ($\Sigma M=0$), como ilustram os dois próximos exemplos.

Exemplo 6.4 – Aplica-se o processo das seções à treliça composta representada na próxima figura e que é formada a partir das treliças simples AGI e BIK, por meio da rótula comum I e da barra AB.

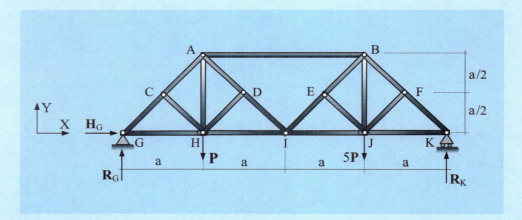

Figura E6.4a – Treliça composta.

Em determinação das reações de apoio, escreve-se:

$$\begin{cases} \sum F_X = 0 \\ \sum M_K = 0 \\ \sum F_Y = 0 \end{cases} \rightarrow \begin{cases} H_G = 0 \\ R_G \cdot 4a - P \cdot 3a - 5P \cdot a = 0 \\ R_G + R_K - P - 5P = 0 \end{cases} \rightarrow \boxed{\begin{cases} H_G = 0 \\ R_G = 2,0\,P \\ R_K = 4,0\,P \end{cases}}$$

---

[5] *Georg Dietrich August Ritter* (1826 – 1908), professor de mecânica e astrofísica alemão.

Para determinar o esforço na barra AB, considera-se essa barra e a rótula I (elementos de união das duas treliças simples) seccionadas como esquematizado na próxima figura, quando, então, além da incógnita N_{AB}, têm-se as incógnitas F_X e F_Y na rótula.

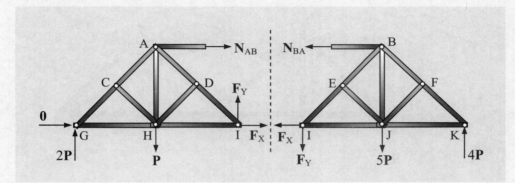

Figura E6.4b – Primeira seção da treliça composta da Figura E6.4a.

Contudo, é mais prático considerar a treliça seccionada como mostra a figura seguinte, para obter diretamente os esforços nas três barras seccionadas. Para tanto, quanto ao equilíbrio da parte esquerda em que a treliça foi dividida, escreve-se:

$$\begin{cases} \sum M_I = 0 \\ \sum F_Y = 0 \\ \sum F_X = 0 \end{cases} \rightarrow \begin{cases} 2P \cdot 2a + N_{AB} \cdot a - P \cdot a = 0 \\ 2P - P - N_{DI} \cos 45° = 0 \\ N_{AB} + N_{HI} + N_{DI} \cos 45° = 0 \end{cases} \rightarrow \begin{cases} N_{AB} = -3,0P \\ N_{DI} = \sqrt{2}\,P \\ N_{HI} = 2,0P \end{cases}$$

Essas equações foram escritas em ordem que permite a direta obtenção de um esforço normal por equação. Nota-se que após o cálculo do esforço N_{AB} com a primeira dessas equações, o esforço N_{HI} poderia ser determinado através da equação de equilíbrio ($\Sigma M_A = 0$), sem o conhecimento do esforço N_{DI}. E uma vez que tenham sido determinados os esforços nas barras seccionadas, os demais esforços podem ser obtidos com o *processo de equilíbrio dos nós*, por recair em análises de treliça simples.

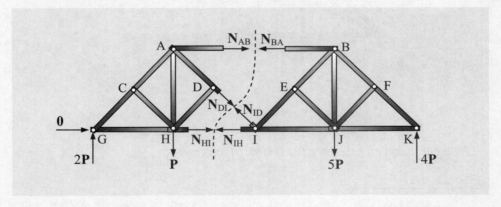

Figura E6.4c – Segunda seção da treliça composta da Figura E6.4a.

Estática das Estruturas – **H. L. Soriano**

Exemplo 6.5 – Utiliza-se o *processo das seções* em determinação dos esforços das barras da treliça composta representada na próxima figura e formada pela união das treliças ADF e DBH.[6]

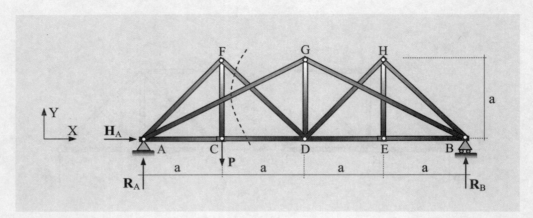

Figura E6.5a – Treliça composta com indicação de *seção de Ritter*.

Em determinação das reações de apoio, faz-se:

$$\begin{cases} \sum F_X = 0 \\ \sum M_B = 0 \\ \sum F_Y = 0 \end{cases} \rightarrow \begin{cases} H_A = 0 \\ R_A \cdot 4a - P \cdot 3a = 0 \\ R_A + R_B - P = 0 \end{cases} \rightarrow \begin{cases} H_A = 0 \\ R_A = 3P/4 \\ R_B = P/4 \end{cases}$$

Efetuada a *seção de Ritter* indicada em tracejado na figura anterior, tem-se a representação de esforços na parte esquerda da treliça, como mostra a figura abaixo.

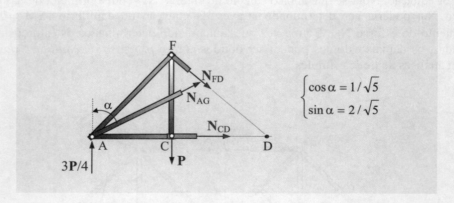

$$\begin{cases} \cos\alpha = 1/\sqrt{5} \\ \sin\alpha = 2/\sqrt{5} \end{cases}$$

Figura E6.5b – Parte esquerda da treliça da figura anterior.

Para o equilíbrio da referida parte da treliça, escreve-se:

---

[6] Esta é uma treliça composta em que é possível aplicar o processo de equilíbrio dos nós, por se saber, a priori, que os esforços N_{EH}, N_{DH}, e N_{BH} são nulos. Assim, após o cálculo das reações, pode-se aplicar esse processo na sequência de pontos nodais: B, E, G, D, F, C e A.

$$\begin{cases} \sum M_D = 0 \\ \sum M_C = 0 \\ \sum M_F = 0 \end{cases} \rightarrow \begin{cases} \dfrac{3P}{4} \cdot 2a - P \cdot a + N_{AG} \cdot \dfrac{1}{\sqrt{5}} \cdot 2a = 0 \\ \dfrac{3P}{4} \cdot a - \dfrac{\sqrt{5}}{4} P \cdot \dfrac{1}{\sqrt{5}} \cdot a + N_{FD} \cdot \dfrac{\sqrt{2}}{2} \cdot a = 0 \\ \dfrac{3P}{4} \cdot a - \dfrac{\sqrt{5}}{4} P \cdot \dfrac{1}{\sqrt{5}} \cdot a + \dfrac{\sqrt{5}}{4} P \cdot \dfrac{2}{\sqrt{5}} \cdot a - N_{CD} \cdot a = 0 \end{cases}$$

$$\rightarrow \quad N_{AG} = -\dfrac{\sqrt{5}}{4} P \quad , \quad N_{FD} = -\dfrac{\sqrt{2}}{2} P \quad , \quad N_{CD} = P$$

Com a repetição desse procedimento para as demais barras da treliça, obtêm-se os esforços indicados na próxima figura.

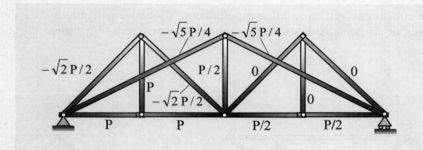

Figura E6.5c – Esforços normais da treliça da Figura E6.5a.

Exemplo 6.6 – Aborda-se, agora, a treliça representada na próxima figura.

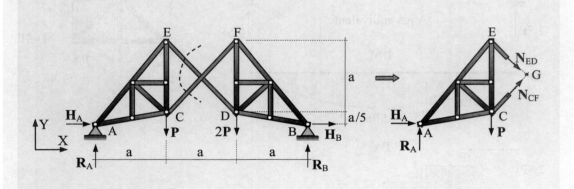

Figura E6.6 – Treliça composta e uma *seção de Ritter*.

Esta é uma treliça composta isostática formada pela união das treliças simples ACE e BFD por meio das barras CF e DE, que não permite a determinação das reações com as três equações de equilíbrio da treliça como um todo. No caso, tem-se que levar em conta a condição da rotação relativa nula entre essas treliças simples constituintes e para isso, adota-se a *seção de Ritter* indicada em tracejado na figura anterior. Assim, os esforços nas barras seccionadas e as reações de apoio indicadas são obtidos com as equações de equilíbrio:

$$\begin{cases} \sum M_B^{ACDBFE} = 0 \\ \sum M_G^{ACE} = 0 \\ \sum M_E^{ACE} = 0 \\ \sum M_C^{ACE} = 0 \end{cases} \rightarrow \begin{cases} R_A \cdot 3a - P \cdot 2a - 2P \cdot a = 0 \\ R_A \cdot \dfrac{3}{2}a - H_A \left(\dfrac{a}{2} + \dfrac{a}{5} \right) - P \cdot \dfrac{a}{2} = 0 \\ R_A \cdot a - H_A \left(a + \dfrac{a}{5} \right) - N_{CF} \dfrac{\sqrt{2}}{2} \cdot a = 0 \\ R_A \cdot a - H_A \cdot \dfrac{a}{5} + N_{ED} \cdot \dfrac{\sqrt{2}}{2} \cdot a = 0 \end{cases} \rightarrow \begin{cases} R_A = \dfrac{4}{3} P \\ H_A = \dfrac{15}{7} P \\ N_{CF} = -\dfrac{26\sqrt{2}}{21} P \\ N_{ED} = -\dfrac{19\sqrt{2}}{21} P \end{cases}$$

Treliça sob forças verticais, em comportamento global semelhante a uma viga, pode ser analisada através de viga equivalente. Para explanação, considera-se a treliça esquematizada na figura abaixo.

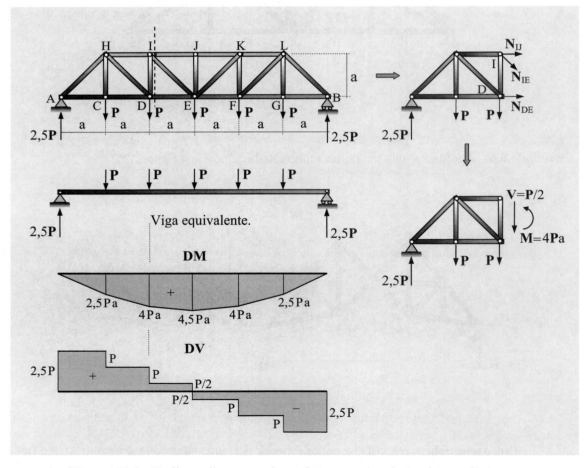

Figura 6.16 – Treliça e diagramas dos esforços seccionais da viga equivalente.

Na seção representada em tracejado na figura anterior, têm-se o esforço cortante de ($V=P/2$) e o momento fletor de ($M=4Pa$). Para esse esforço, escreve-se a equação de equivalência:

$$N_{IE} \cos 45° = \frac{P}{2} \quad \rightarrow \quad \boxed{N_{IE} = \frac{P\sqrt{2}}{2}}$$

Quanto ao momento fletor ($M=4Pa$) na viga equivalente, tomam-se os pontos I e D da treliça como pólos para escrever as equivalências:

$$\begin{cases} N_{DE}\,a = 4Pa \\ -N_{IJ}\,a - N_{IE}\cos 45° \cdot a = 4Pa \end{cases} \rightarrow \quad -\frac{P\sqrt{2}}{2}a - N_{IE}\frac{\sqrt{2}}{2}a = 4Pa$$

$$\rightarrow \quad \boxed{\begin{cases} N_{DE} = 4P \\ N_{IE} = -(1+4\sqrt{2})P \end{cases}}$$

Esse procedimento de equivalência aplica-se também às demais barras da treliça e é particularmente útil em identificação rápida se uma barra é tracionada ou comprimida.

O comportamento de treliça como viga fica bem caracterizado em caso da associação de treliças simples em composição de uma viga Gerber, o que é ilustrado na figura seguinte:

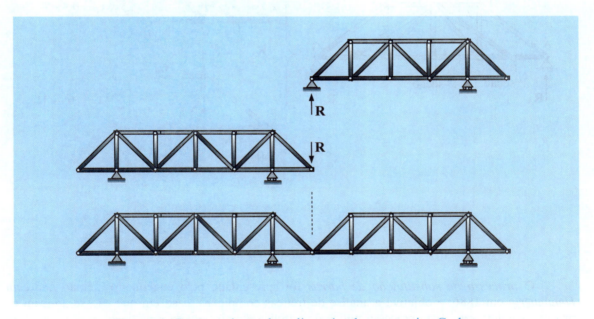

Figura 6.17 – Associação de treliças simples como viga Gerber.

O *processo das seções* é, a seguir, ilustrado com as treliças da Figura 6.18. Para essas treliças, com a suposição de que as reações tenham sido calculadas, estão indicadas as equações de equilíbrio que fornecem os esforços nas barras seccionadas.

Uma *seção de Ritter* pode atravessar diversas barras, em determinação de no máximo três esforços. Identifica-se que o *processo de equilíbrio dos nós* é um caso particular do *processo das seções* quando se secciona uma treliça simples, de maneira que uma das partes seja um ponto nodal em que existam no máximo duas incógnitas e, assim sucessivamente, com os demais pontos.

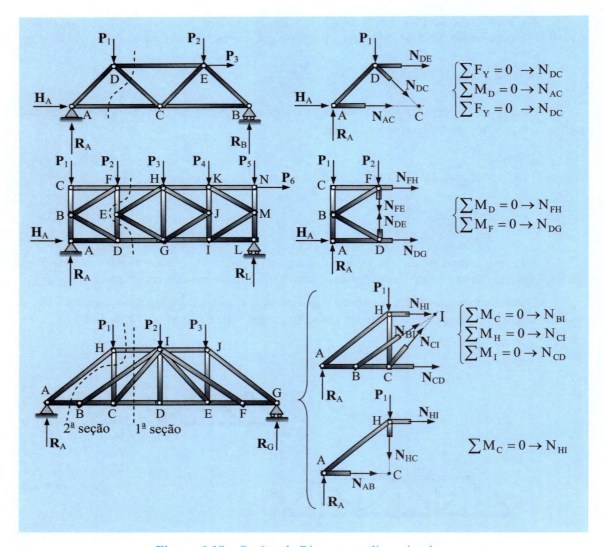

Figura 6.18 – Seções de Ritter em treliças simples.

6.6 – Processo de substituição de barras

O *processo de substituição de barras* foi apresentado pelo engenheiro alemão *Lebrecht Henneberg*, em 1886, e objetiva a análise de treliças complexas, caso em que não se aplicam os processos anteriores.[7] Este processo utiliza uma treliça simples obtida a partir da treliça complexa por substituição de barras por seus esforços normais (supostos de tração), para escrever equações de compatibilidade estática de maneira que se restitua o comportamento de equilíbrio da treliça original. Para apresentá-lo, considera-se a treliça complexa esquematizada na próxima figura, que se transforma em simples ao substituir, respectivamente, as barras AG e CF pelas barras BF e BG. E

---

[7] Por ser trabalhoso e devido à disponibilidade de programas automáticos de análise, esse processo caiu em desuso, porém é aqui descrito por razões históricas e por contribuir ao entendimento do comportamento de treliças. Em se tratando de uma treliça isostática, as equações de equilíbrio de todos os pontos nodais podem ser escritas e o conjunto dessas equações pode ser resolvido de forma simultânea, o que é também trabalhoso.

para calcular os esforços nas barras que foram substituídas, N_{AG} e N_{CF}, faz-se a combinação linear dos estados de carregamento indicados na Figura 6.20, onde o "Estado E_0" é constituído pela treliça simples com as forças externas da treliça complexa, o "Estado E_1" é composto pela treliça simples com forças unitárias de sentidos contrários aplicadas nos pontos nodais da barra AG que foi substituída e o "Estado E_2" é formado pela mesma treliça, mas com forças unitárias de sentidos contrários aplicadas nos pontos nodais da barra CF, que também foi substituída. Logo, para que o "Estado E" seja idêntico ao da treliça complexa original, é preciso impor a condição de que os esforços N_{BF} e N_{BG} resultantes da combinação linear indicada sejam nulos. Vale observar que os estados E_1 e E_2 são autoequilibrados.

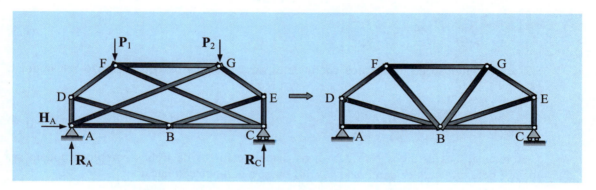

Figura 6.19 – Transformação de uma treliça complexa em simples.

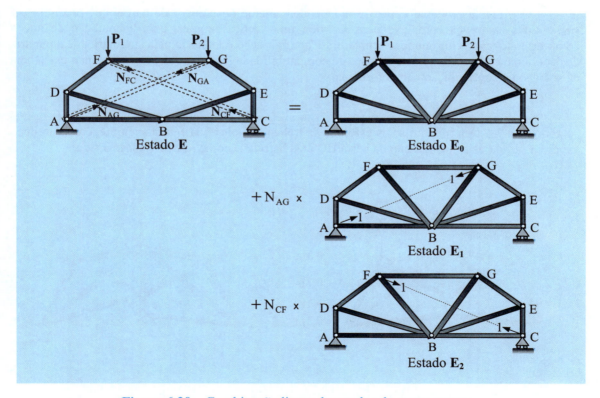

Figura 6.20 – Combinação linear de estados de carregamento.

293

Assim, com as notações $N_{BF}^{(i)}$ e $N_{BG}^{(i)}$ onde o índice superior entre parênteses designa o "Estado" a que se refere o esforço e o índice inferior especifica a barra a que diz respeito o mesmo esforço, escreve-se o sistema de equações de compatibilidade estática:

$$\begin{cases} N_{BF}^{(0)} + N_{AG} \cdot N_{BF}^{(1)} + N_{CF} \cdot N_{BF}^{(2)} = 0 \\ N_{BG}^{(0)} + N_{AG} \cdot N_{BG}^{(1)} + N_{CF} \cdot N_{BG}^{(2)} = 0 \end{cases} \quad (6.4)$$

Por se ter recaído em análise de treliça simples, os esforços $N_{BF}^{(i)}$ e $N_{BG}^{(i)}$, com (i=0, 1 e 2), podem ser calculados pelo *processo de equilíbrio dos nós*.

O sistema anterior escreve-se na forma matricial:

$$\begin{bmatrix} N_{BF}^{(1)} & N_{BF}^{(2)} \\ N_{BG}^{(1)} & N_{BG}^{(2)} \end{bmatrix} \begin{Bmatrix} N_{AG} \\ N_{CF} \end{Bmatrix} = - \begin{Bmatrix} N_{BF}^{(0)} \\ N_{BG}^{(0)} \end{Bmatrix} \quad (6.5)$$

Com a condição da matriz dos coeficientes desse sistema de equações não ser singular, tem-se a solução:

$$\begin{Bmatrix} N_{AG} \\ N_{CF} \end{Bmatrix} = - \begin{bmatrix} N_{BF}^{(1)} & N_{BF}^{(2)} \\ N_{BG}^{(1)} & N_{BG}^{(2)} \end{bmatrix}^{-1} \begin{Bmatrix} N_{BF}^{(0)} \\ N_{BG}^{(0)} \end{Bmatrix} \quad (6.6)$$

Conhecidos os esforços N_{AG} e N_{CF}, os demais esforços da treliça complexa podem ser determinados pelo *processo de equilíbrio dos nós* ou pela combinação linear:

$$\text{Esforços do Estado } \mathbf{E} = \text{Esforços do Estado } \mathbf{E}_0 + N_{AG} \cdot \text{Esforços do Estado } \mathbf{E}_1 \\ + N_{CF} \cdot \text{Esforços do Estado } \mathbf{E}_2 \quad (6.7)$$

O presente processo aplica-se independentemente do número de barras que precisem ser substituídas na treliça complexa para se obter uma treliça simples, com a condição de que a complexa não tenha configuração crítica. Essa configuração é indicada pela singularidade da matriz dos coeficientes do sistema de equações de compatibilidade estática, por expressar a não existência de solução na configuração não deformada.

Exemplo 6.7 – Determinam-se os esforços da treliça complexa da figura seguinte, com a treliça simples obtida pela substituição da barra BC pela barra BD como mostra a mesma figura.

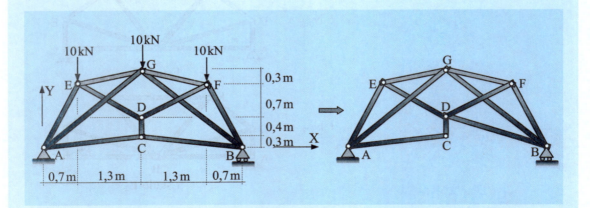

Figura E6.7a – Treliça complexa e uma treliça simples correspondente.

Na figura seguinte estão representados os estados de carregamento E_0 e E_1, e, na próxima tabela estão listados o comprimento de cada uma das barras e os correspondentes cossenos diretores necessários ao *processo de equilíbrio dos nós* na sequência C, A, E e D.

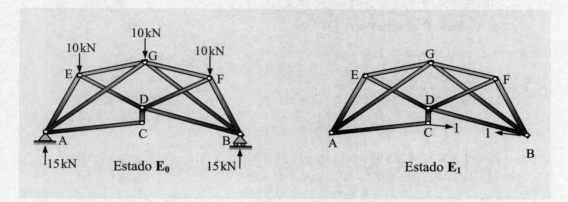

Figura E6.7b – Estados de carregamento da treliça simples escolhida.

Barra	ℓ	$\cos\alpha$	$\cos\beta$
AC	2,022 4	0,988 94	0,148 34
AE	1,565 2	0,447 23	0,894 45
AG	2,624 9	0,761 93	0,647 64
BD	2,119 0	−0,943 84	0,330 34
CD	0,4	0,0	1,0
DE	1,476 5	−0,880 46	0,474 09
DF	1,476 5	0,880 46	0,474 09
EG	1,334 7	0,974 00	0,224 77

Tabela E6.7a

Para o Estado E_0, escreve-se:

– Equilíbrio do ponto nodal C: $\begin{cases} \rightarrow N_{AC}^{(0)} = 0 \\ \uparrow N_{CD}^{(0)} = 0 \end{cases}$

– Equilíbrio do ponto nodal A:

$\begin{cases} \rightarrow 0 \cdot 0{,}988\,94 + N_{AG}^{(0)} \cdot 0{,}761\,93 + N_{AE}^{(0)} \cdot 0{,}447\,23 = 0 \\ \uparrow 0 \cdot 0{,}148\,34 + 15 + N_{AG}^{(0)} \cdot 0{,}647\,64 + N_{AE}^{(0)} \cdot 0{,}894\,45 = 0 \end{cases} \rightarrow \begin{cases} N_{AG}^{(0)} \cong 17{,}119 \\ N_{AE}^{(0)} \cong -29{,}166 \end{cases}$

– Equilíbrio do ponto nodal E:

$\begin{cases} \rightarrow 29{,}166 \cdot 0{,}447\,23 + N_{ED}^{(0)} \cdot 0{,}880\,46 + N_{EG}^{(0)} \cdot 0{,}974 = 0 \\ \uparrow 29{,}166 \cdot 0{,}894\,45 - 10 - N_{ED}^{(0)} \cdot 0{,}474\,09 + N_{EG}^{(0)} \cdot 0{,}224\,77 = 0 \end{cases} \rightarrow \begin{cases} N_{ED}^{(0)} \cong 19{,}310 \\ N_{EG}^{(0)} \cong -30{,}847 \end{cases}$

Estática das Estruturas – **H. L. Soriano**

– Equilíbrio do ponto nodal D:

$$\begin{cases} \to -19{,}310 \cdot 0{,}880\,46 + N_{DB}^{(0)} \cdot 0{,}943\,84 + N_{DF}^{(0)} \cdot 0{,}880\,46 = 0 \\ \uparrow\ 19{,}310 \cdot 0{,}474\,09 - N_{DB}^{(0)} \cdot 0{,}330\,34 + N_{DF}^{(0)} \cdot 0{,}474\,09 = 0 \end{cases} \to \begin{cases} N_{DB}^{(0)} \cong 21{,}835 \\ N_{DF}^{(0)} \cong -4{,}0960 \end{cases}$$

Para o Estado $\mathbf{E}_1$, escreve-se:

– Equilíbrio do ponto nodal C:

$$\begin{cases} \to 1 \cdot 0{,}988\,94 - N_{AC}^{(1)} \cdot 0{,}988\,94 = 0 \\ \uparrow -1 \cdot 0{,}148\,34 - N_{AC}^{(1)} \cdot 0{,}148\,34 + N_{CD}^{(1)} = 0 \end{cases} \to \begin{cases} N_{AC}^{(1)} = 1{,}0 \\ N_{CD}^{(1)} = 0{,}296\,68 \end{cases}$$

– Equilíbrio do ponto nodal A:

$$\begin{cases} \to 1 \cdot 0{,}988\,94 + N_{AG}^{(1)} \cdot 0{,}761\,93 + N_{AE}^{(1)} \cdot 0{,}447\,23 = 0 \\ \uparrow\ 1 \cdot 0{,}148\,34 + N_{AG}^{(1)} \cdot 0{,}647\,64 + N_{AE}^{(1)} \cdot 0{,}894\,45 = 0 \end{cases} \to \begin{cases} N_{AG}^{(1)} \cong -2{,}0880 \\ N_{AE}^{(1)} \cong 1{,}3460 \end{cases}$$

– Equilíbrio do ponto nodal E:

$$\begin{cases} \to -1{,}346 \cdot 0{,}447\,23 + N_{ED}^{(1)} \cdot 0{,}880\,46 + N_{EG}^{(1)} \cdot 0{,}974 = 0 \\ \uparrow\ -1{,}346 \cdot 0{,}894\,45 - N_{ED}^{(1)} \cdot 0{,}474\,09 + N_{EG}^{(0)} \cdot 0{,}224\,77 = 0 \end{cases} \to \begin{cases} N_{ED}^{(1)} \cong -1{,}5725 \\ N_{EG}^{(1)} \cong 2{,}0395 \end{cases}$$

– Equilíbrio do ponto nodal D:

$$\begin{cases} \to 1{,}572\,5 \cdot 0{,}880\,46 + N_{DB}^{(1)} \cdot 0{,}943\,84 + N_{DF}^{(1)} \cdot 0{,}880\,46 = 0 \\ \uparrow\ -1{,}572\,5 \cdot 0{,}474\,09 - N_{DB}^{(1)} \cdot 0{,}330\,34 + N_{DF}^{(1)} \cdot 0{,}474\,09 = 0 \end{cases} \to \begin{cases} N_{DB}^{(1)} \cong -2{,}131\,9 \\ N_{DF}^{(1)} \cong 0{,}712\,83 \end{cases}$$

Logo, escreve-se a equação de compatibilidade estática:

$$N_{BC} = -\frac{N_{BD}^{(0)}}{N_{BD}^{(1)}} = \frac{21{,}835}{2{,}131\,9} \qquad \to \qquad N_{BC} \cong 10{,}242\,kN$$

Com esse último resultado, determinam-se os esforços nas barras da treliça complexa como mostrado na próxima tabela. Esses esforços estão indicados na Figura E6.7c.

Barra	$N^{(0)}$	$N^{(1)}$	$N = N^{(0)} + N_{BC} \cdot N^{(1)}$
AC = BC	0,0	1,0	10,242
AE = BF	− 29,166	1,346	− 15,380
AG = BG	17,119	− 2,088	− 4,2663
CD	0,0	0,296 68	3,0386
DE = DF	19,310	− 1,5725	3,2045
EG = FG	− 30,847	2,0395	− 9,9584

Tabela E6.7b

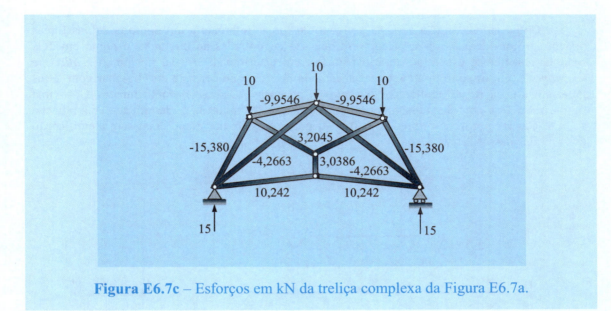

Figura E6.7c – Esforços em kN da treliça complexa da Figura E6.7a.

Há pouca necessidade de se projetar uma treliça complexa, uma vez que é sempre possível escolher uma treliça simples ou composta que atenda à mesma finalidade.

6.7 – Processo de Cremona

Este processo que foi concebido por *Maxwell*, em 1864 e foi reapresentado por *L. Cremona*, em 1872, e destina-se à análise das treliças planas simples.[8] Baseia-se no fato de que a representação gráfica de um sistema de forças coplanares em equilíbrio é uma linha segmentada fechada.

Trata-se de construção baseada no *processo de equilíbrio dos nós*, denominada *gráfico de Cremona*, em que se faz a superposição dos polígonos das forças equilibradas em cada um dos pontos nodais da treliça, em sequência de modo que se tenham até dois esforços desconhecidos por ponto. A construção de cada polígono de forças inicia-se com os esforços conhecidos para se obter os dois últimos esforços atuantes no nó em questão, com a condição de fechamento da linha poligonal. E de maneira semelhante ao *processo de equilíbrio dos nós*, pode ser necessário ou não o prévio cálculo das reações de apoio. Caso as reações sejam calculadas previamente, ao final da construção gráfica obtém-se a confirmação dos resultados dessas reações.

Exemplo 6.8 – Determinam-se, através do *processo de Cremona*, os esforços nas barras da treliça do Exemplo 6.1, reproduzida em representação unifilar na figura seguinte, com a indicação das reações de apoio previamente calculadas. Utilizou-se essa representação para maior precisão do traçado de paralelas às barras, necessárias ao *gráfico de Cremona*.

---

[8] *Luigi Cremona* (1830–1903), matemático italiano, e *James Clerk Maxwell* (1831–1879), matemático e físico escocês. Por se tratar de processo gráfico, não é utilizado atualmente em escritórios de projeto, mas tem a vantagem de contribuir ao entendimento do equilíbrio de forças nas ligações das barras de treliça plana, além de ter importância histórica.

Estática das Estruturas – **H. L. Soriano**

Como na construção de cada polígono de forças referente a um ponto nodal, as forças podem ser consideradas na sequência em que são encontradas ao circundar o ponto em dois sentidos, escolhe-se o sentido horário para ter, em determinada escala, um único *gráfico de Cremona*. Além disso, é prático adotar a *notação de Bow* que consiste em designar com letras minúsculas cada região compreendida entre as reações e as barras, como mostra a próxima figura. Com essa notação e o sentido horário, a reação **R**$_A$ indicada é identificada pela notação ab, a reação **H**$_A$ por bc, o esforço na barra AD por cf e assim por diante, mas sem identificação dos sentidos desses esforços.

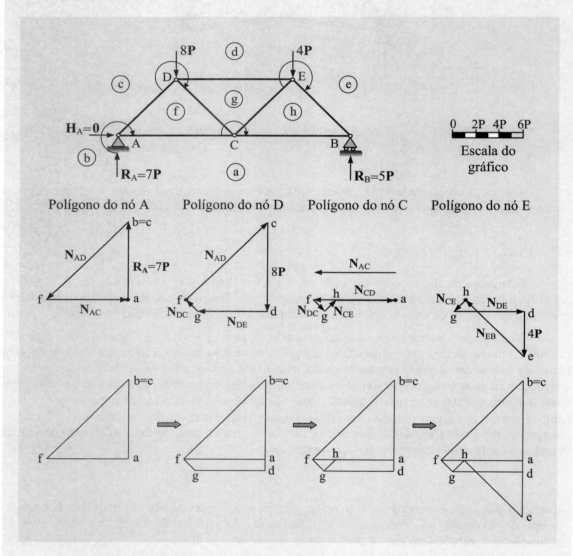

Figura E6.8 – Treliça simples e a construção do correspondente *gráfico de Cremona*.

A parte intermediária da figura anterior mostra as diversas etapas da construção do gráfico de Cremona, que são descritas a seguir:

– Equilíbrio do ponto nodal A:

Capítulo 6 – Treliças

Uma vez que tenham sido determinadas as reações R_A e H_A, a construção do polígono de forças equilibradas no referido ponto nodal deve ser iniciada a partir da reação R_A, porque ao circundar esse ponto no sentido horário (como indica a seta circular em torno desse ponto), têm-se, ao final do percurso, as forças nodais desconhecidas nas barras AD e AC. Iniciando essa construção, marca-se, em determinada escada, um segmento **ab** representativo de ($R_A=7P$). Em seguida, a partir da extremidade superior desse segmento, marca-se ($H_A=0$), o que determina o ponto **c**, que no caso é coincidente com o ponto **b**, devido ao valor nulo dessa reação. A seguir, a partir desse ponto traça-se uma paralela à barra AD e a partir do ponto **a** (início do traçado do polígono), traça-se uma paralela à barra AC. A interseção dessas paralelas determina o ponto **f**, com os segmentos **cf** e **fa** representando gráfica e respectivamente os esforços nas barras AD e AC. O primeiro desses esforços, ao percorrer o polígono no sentido das forças, está no sentido do ponto nodal A, o que indica compressão, e o segundo desses esforços é em sentido contrário a esse ponto, o que caracteriza tração.

– Equilíbrio do ponto nodal D:

Nesse ponto, como são conhecidos o esforço na barra AD e a força externa 8**P**, inicia-se a construção do polígono a partir desse esforço e circunda-se o ponto como indica a seta circular em torno desse ponto. Como aquele esforço já está representado pelo segmento **fc**, a partir do ponto **c** representa-se graficamente a força de 8**P**, o que determina o ponto **d**. Em seguida, a partir desse ponto, traça-se uma paralela à barra DE e a partir do ponto **f** (início do traçado do polígono) traça-se uma paralela à barra DC. A interseção dessas paralelas determina o ponto **g**, com os segmentos **dg** e **gf** representativos dos esforços nas barras DE e DC, respectivamente, e que são de compressão por estarem no sentido do ponto nodal D.

– Equilíbrio do ponto nodal C:

Como nesse ponto são conhecidos os esforços nas barras AC e CD, inicia-se a construção do polígono a partir do primeiro desses esforços e circunda-se o ponto como indicado. Como esses esforços encontram-se representados pelos segmentos **af** e **fg**, a partir do ponto **g**, traça-se uma paralela à barra CE e a partir do ponto **a** (início do traçado do polígono) traça-se uma paralela à barra CB. A interseção dessas paralelas determina o ponto **h**, com os segmentos **gh** e **ha** representativos dos esforços nas barras CE e CB, respectivamente, e que são de tração.

– Equilíbrio do ponto nodal E:

Como nesse ponto são conhecidos os esforços nas barras CE e DE, assim como a força externa 4**P**, inicia-se a construção do polígono a partir do primeiro desses esforços e circunda-se o ponto como indicado. Como esses esforços encontram-se representados pelos segmentos **hg** e **gd**, representa-se a força de 4**P** a partir do ponto **d**, de maneira a obter o ponto **e**. Em seguida, a partir desse ponto, traça-se uma paralela à barra BE de maneira a retornar ao ponto **h** (início do traçado do polígono). O segmento **eh** representa o esforço na barra BE, que é de compressão. Além disso, como a referida paralela passou pelo ponto de início do polígono, tem-se a indicação de que o *gráfico de Cremona* esteja correto.

É natural que as diversas etapas descritas não precisem ter construções separadas. Basta fazer a superposição dos polígonos sem a indicação dos sentidos das forças, como mostrado na parte inferior da figura anterior. Assim, do *gráfico de Cremona*, tem-se:

$$N_{AD} = -cf = -9,9\,P\,, \qquad N_{AC} = fa = 7,0\,P\,, \qquad N_{DE} = -dg = -5,9\,P\,, \qquad N_{CD} = -gf = -1,4\,P\,,$$

$$N_{CE} = gh = 1,4\,P\,, \qquad N_{CB} = ha = 5,0\,P\,, \qquad N_{BE} = -eh = -7,1\,P\,.$$

Melhor acurácia pode ser obtida com uma escala maior. Além disso, com a construção do polígono de forças referente ao ponto nodal B, pode-se conferir o valor da reação R_B.

Exemplo 6.9 – Idem para a treliça do Exemplo 6.2, reproduzida na figura abaixo, com representação unidimensional de barra.

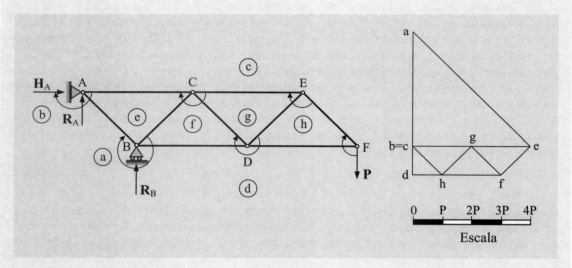

Figura E6.9 – Treliça e o correspondente *gráfico de Cremona*.

Optou-se por construir o *gráfico de Cremona* sem o conhecimento das reações de apoio, o que requer a utilização da sequência de equilíbrio dos pontos nodais: F, E, D, C, B e A. Além disso, adotou-se o sentido horário indicado na treliça, a partir dos esforços conhecidos em cada ponto nodal.

O *gráfico de Cremona* está mostrado na parte direita da figura anterior, a partir do qual se obtêm os seguintes esforços e reações: $N_{DF} = -dh = -1,0P$, $N_{EF} = hc = 1,4P$,
$N_{DE} = -hg = -1,4P$, $N_{CE} = gc = 1,9P$, $N_{BD} = -df = -3,0P$, $N_{CD} = fg = 1,4P$,
$N_{BC} = -fe = -1,4P$, $N_{AC} = ec = 4,0P$, $R_B = da = 5,0P$, $N_{AB} = -ae = -5,7P$,
$R_A = -ab = -4,0P$, $H_A = bc = 0$.

Caso se partisse do conhecimento das reações de apoio, o *gráfico de Cremona* poderia ser construído na sequência de equilíbrio dos pontos nodais: A, B, C, D, E e F. No caso, a construção do último polígono conferiria o valor da força externa aplicada no ponto F, em gráfico idêntico ao mostrado na figura anterior.

Exemplo 6.10 – Idem para a treliça simétrica de banzos não paralelos, representada na parte superior da próxima figura.

Devido à simetria da treliça e de suas forças externas, as reações de apoio têm intensidades iguais à metade da intensidade da resultante das forças aplicadas. Logo, construiu-se o *gráfico de Cremona* apenas para a metade esquerda da treliça (como mostrado na figura), na sequência dos pontos nodais: A, C, D, E, F, G, H e I. Desse gráfico, obtêm-se os esforços:

$N_{AC} = N_{BO} = -bn = -9,0 kN$, $N_{AD} = N_{BN} = an = 0$, $N_{CE} = N_{MO} = -cm = -7,5 kN$,
$N_{CD} = N_{NO} = mn = 9,0 kN$, $N_{DE} = N_{MN} = -\ell m = -6,3 kN$, $N_{DF} = N_{LM} = \ell a = 10,5 kN$,

$N_{EG} = N_{KM} = -dk = -11,7\,kN$, $\quad N_{EF} = N_{LM} = k\ell = 1,4\,kN$, $\quad N_{FG} = N_{KL} = -kj = -1,4\,kN$,
$N_{FH} = N_{JL} = ja = 12,0\,kN$, $\quad N_{GI} = N_{IK} = -ei = -11,7\,kN$, $\quad N_{GH} = N_{JK} = -ij = -1,8\,kN$,
$N_{HI} = N_{IJ} = ih = 1,8\,kN$, $\quad N_{HJ} = ha = 10,5\,kN$.

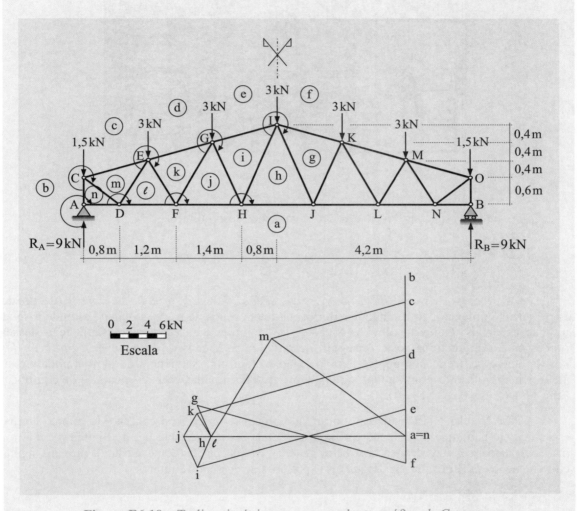

Figura E6.10 – Treliça simétrica e correspondente *gráfico de Cremona*.

Além dos resultados anteriores, os segmentos **fg** e **gh** conferem, respectivamente, os valores dos esforços N_{IK} e N_{IJ} que foram obtidos por condição de simetria, o que indica correção do *gráfico de Cremona*.

6.8 – Análise de treliças espaciais

As treliças reais são em grande parte espaciais, como mostra a foto seguinte. E as treliças planas costumam ser obtidas por divisão de treliças espaciais em partes, para facilidade de análise em procedimento manual.

Foto 6.1 – Treliça espacial composta de partes planas.[9]

As treliças espaciais devem atender às equações de equilíbrio:

$$\begin{cases} \sum F_X = 0 \quad , \quad \sum F_Y = 0 \quad , \quad \sum F_Z = 0 \\ \sum M_X = 0 \quad , \quad \sum M_Y = 0 \quad , \quad \sum M_Z = 0 \end{cases} \tag{6.8}$$

Os processos *de equilíbrio dos nós*, das *seções* e de *substituição de barras* (destinado às treliças complexas), apresentados anteriormente em casos de treliças planas, estendem-se às treliças espaciais. Contudo, devido a se ter três coordenadas espaciais, a aplicação desses processos é sempre trabalhosa. A seguir, desenvolve-se apenas o *processo de equilíbrio dos nós*, aplicável às treliças simples, quando então se tem uma sequência de pontos nodais com até três incógnitas por ponto nodal, que podem ser determinadas com as equações de equilíbrio ($\Sigma F_X = 0$), ($\Sigma F_Y = 0$) e ($\Sigma F_Z = 0$).

Para facilitar a sistematização do referido processo, utiliza-se o conceito do esforço normal específico em barra que foi definido em Eq.6.2, além da escrita das equações de equilíbrio em forma matricial. Para isso, considera-se uma barra genérica tracionada JK, como mostra a próxima figura, cujas notações são utilizadas nas seguintes expressões de cossenos diretores:

$$\begin{cases} \cos\alpha = (X_K - X_J)/\ell_{JK} \\ \cos\beta = (Y_K - Y_J)/\ell_{JK} \\ \cos\gamma = (Z_K - Z_J)/\ell_{JK} \end{cases} \tag{6.9}$$

onde ℓ_{JK} é o comprimento da barra:

$$\ell_{JK} = \sqrt{(X_K - X_J)^2 + (Y_K - Y_J)^2 + (Z_K - Z_J)^2} \tag{6.10}$$

Com a notação n_{JK} de esforço normal específico da barra JK e de modo semelhante a Eq.6.1, calculam-se as projeções do esforço N_{JK} que age sobre o nodal J, nas direções dos eixos coordenados X, Y e Z:

---

[9] Fonte: Tecton Engenharia Ltda, www.tectonengenharia.com.br.

Capítulo 6 – Treliças

$$\begin{cases} N_{JK}\cos\alpha = \dfrac{N_{JK}}{\ell_{JK}}(X_K - X_J) = n_{JK}(X_K - X_J) \\ N_{JK}\cos\beta = \dfrac{N_{JK}}{\ell_{JK}}(Y_K - Y_J) = n_{JK}(Y_K - Y_J) \\ N_{JK}\cos\gamma = \dfrac{N_{JK}}{\ell_{JK}}(Z_K - Z_J) = n_{JK}(Z_K - Z_J) \end{cases} \quad (6.11)$$

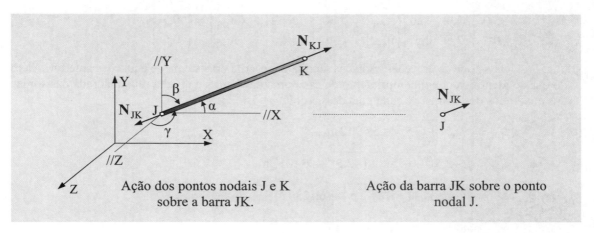

Figura 6.21 – Barra tracionada no espaço tridimensional.

Exemplo 6.11 – Determinam-se os esforços normais e as reações de apoio da treliça espacial em forma de tripé, esquematizada na figura seguinte:

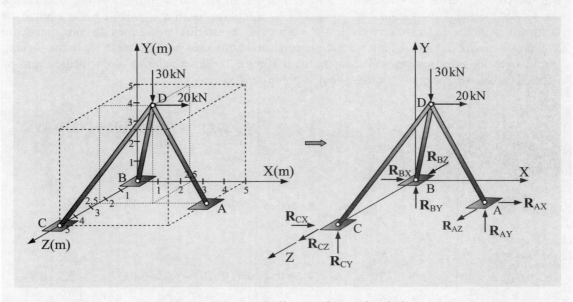

Figura E6.11 – Treliça em forma de tripé.

Estática das Estruturas – **H. L. Soriano**

Não é possível determinar diretamente as reações de apoio, porque há nove reações e seis equações de equilíbrio da treliça como um todo. Tem-se que utilizar as equações de equilíbrio do ponto nodal D, que se escrevem:

$$\begin{cases} \sum F_X = 0 \\ \sum F_Y = 0 \\ \sum F_Z = 0 \end{cases} \rightarrow \begin{bmatrix} X_A - X_D & X_B - X_D & X_C - X_D \\ Y_A - Y_D & Y_B - Y_D & Y_C - Y_D \\ Z_A - Z_D & Z_B - Z_D & Z_C - Z_D \end{bmatrix} \begin{Bmatrix} n_{DA} \\ n_{DB} \\ n_{DC} \end{Bmatrix} + \begin{Bmatrix} 20 \\ -30 \\ 0 \end{Bmatrix} = \begin{Bmatrix} 0 \\ 0 \\ 0 \end{Bmatrix}$$

$$\begin{bmatrix} 2,5 & -2,5 & -2,5 \\ -5,0 & -5,0 & -5,0 \\ 0 & -2,5 & 2,5 \end{bmatrix} \begin{Bmatrix} n_{DA} \\ n_{DB} \\ n_{DC} \end{Bmatrix} = \begin{Bmatrix} -20 \\ 30 \\ 0 \end{Bmatrix} \rightarrow \begin{Bmatrix} n_{DA} \\ n_{DB} \\ n_{DC} \end{Bmatrix} = \begin{Bmatrix} -7,0 \\ 0,5 \\ 0,5 \end{Bmatrix}$$

Nota-se que as notações adotadas facilitam a escrita do sistema de equações anterior. Além do que se identifica que o comprimento de cada uma das barras é igual à raiz quadrada das somas dos quadrados dos termos de cada uma dessas colunas. Isto é:

$$\begin{cases} \ell_{DA} = \sqrt{2,5^2 + (-5)^2} \cong 5,5902\,\text{m} \\ \ell_{DB} = \sqrt{(-2,5)^2 + (-5)^2 + (-2,5)^2} \cong 6,1237\,\text{m} \\ \ell_{DC} = \sqrt{(-2,5)^2 + (-5)^2 + 2,5^2} \cong 6,1237\,\text{m} \end{cases}$$

Logo, obtêm-se os esforços normais:

$$\begin{Bmatrix} N_{DA} \\ N_{DB} \\ N_{DC} \end{Bmatrix} = \begin{Bmatrix} n_{DA} \cdot \ell_{DA} \\ n_{DB} \cdot \ell_{DB} \\ n_{DC} \cdot \ell_{DC} \end{Bmatrix} = \begin{Bmatrix} -7,0 \cdot 5,5902 \\ 0,5 \cdot 6,1237 \\ 0,5 \cdot 6,1237 \end{Bmatrix} \rightarrow \begin{Bmatrix} N_{DA} \\ N_{DB} \\ N_{DC} \end{Bmatrix} \cong \begin{Bmatrix} -39,131 \\ 3,0618 \\ 3,0618 \end{Bmatrix} \text{kN}$$

As reações podem então ser calculadas por projeção do esforço normal de cada barra nas direções dos eixos coordenados e com a troca dos sinais. Também nessa projeção, a escrita na forma matricial do sistema de equações de equilíbrio facilita o cálculo, isso porque os cossenos diretores de cada barra são iguais, com sinais contrários, aos termos da correspondente coluna da matriz dos coeficientes deste sistema, divididos pelo comprimento da barra. Assim, para os sentidos das reações indicadas na parte direita da figura anterior (coincidentes com os sentidos positivos dos eixos coordenados), escreve-se:

$$\begin{Bmatrix} R_{AX} \\ R_{AY} \\ R_{AZ} \end{Bmatrix} = N_{DA} \begin{Bmatrix} X_A - X_D \\ Y_A - Y_D \\ Z_A - Z_D \end{Bmatrix} / \ell_{DA} \rightarrow \begin{Bmatrix} R_{AX} \\ R_{AY} \\ R_{AZ} \end{Bmatrix} = -39,131 \begin{Bmatrix} 2,5 \\ -5,0 \\ 0 \end{Bmatrix} / 5,5902 \cong \begin{Bmatrix} -17,5 \\ 35,0 \\ 0 \end{Bmatrix} \text{kN}$$

$$\begin{Bmatrix} R_{BX} \\ R_{BY} \\ R_{BZ} \end{Bmatrix} = N_{DB} \begin{Bmatrix} X_B - X_D \\ Y_B - Y_D \\ Z_B - Z_D \end{Bmatrix} / \ell_{DB} \rightarrow \begin{Bmatrix} R_{BX} \\ R_{BY} \\ R_{BZ} \end{Bmatrix} = 3,0618 \begin{Bmatrix} -2,5 \\ -5,0 \\ -2,5 \end{Bmatrix} / 6,1237 \cong \begin{Bmatrix} -1,25 \\ -2,5 \\ -1,25 \end{Bmatrix} \text{kN}$$

$$\begin{Bmatrix} R_{CX} \\ R_{CY} \\ R_{CZ} \end{Bmatrix} = N_{DC} \begin{Bmatrix} X_C - X_D \\ Y_C - Y_D \\ Z_C - Z_D \end{Bmatrix} / \ell_{DC} \rightarrow \begin{Bmatrix} R_{CX} \\ R_{CY} \\ R_{CZ} \end{Bmatrix} = 3,0618 \begin{Bmatrix} -2,5 \\ -5,0 \\ 2,5 \end{Bmatrix} / 6,1237 \cong \begin{Bmatrix} -1,25 \\ -2,5 \\ 1,25 \end{Bmatrix} \text{kN}$$

É imediato verificar que as equações de equilíbrio ($\Sigma F_X=0$), ($\Sigma F_Y=0$) e ($\Sigma F_Z=0$) confirmam as reações calculadas anteriormente. Para o caso particular da reação R_{AX}, por exemplo, calcula-se:

$$\sum M_{Z|X=0} = 0 \quad \rightarrow \quad R_{AY} \cdot 5 - 30 \cdot 2,5 - 20 \cdot 5 = 0 \quad \rightarrow \quad R_{AY} = 35,0\,\text{kN} \quad \text{OK!}$$

Exemplo 6.12 – Idem para a treliça representada na figura seguinte:

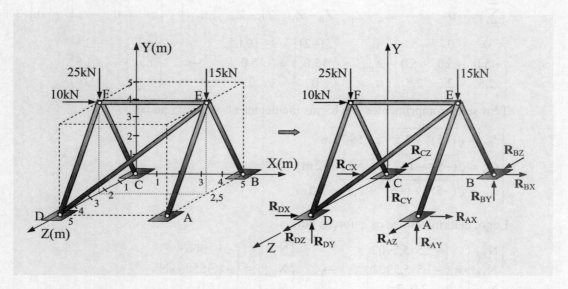

Figura E6.12 – Treliça espacial com seis barras.

Também neste caso não é possível iniciar a análise com o cálculo das reações de apoio. Contudo, pode-se iniciar com o equilíbrio do ponto nodal F, como desenvolvido a seguir:

$$\begin{cases} \sum F_X = 0 \\ \sum F_Y = 0 \\ \sum F_Z = 0 \end{cases} \rightarrow \begin{bmatrix} X_C - X_F & X_D - X_F & X_E - X_F \\ Y_C - Y_F & Y_D - Y_F & Y_E - Y_F \\ Z_C - Z_F & Z_D - Z_F & Z_E - Z_F \end{bmatrix} \begin{Bmatrix} n_{FC} \\ n_{FD} \\ n_{FE} \end{Bmatrix} + \begin{Bmatrix} 10 \\ -25 \\ 0 \end{Bmatrix} = \begin{Bmatrix} 0 \\ 0 \\ 0 \end{Bmatrix}$$

$$\begin{bmatrix} 0 & 0 & 5,0 \\ -5,0 & -5,0 & 0 \\ -2,5 & 2,5 & 0 \end{bmatrix} \begin{Bmatrix} n_{FC} \\ n_{FD} \\ n_{FE} \end{Bmatrix} = \begin{Bmatrix} -10 \\ 25 \\ 0 \end{Bmatrix} \quad \rightarrow \quad \begin{Bmatrix} n_{FC} \\ n_{FD} \\ n_{FE} \end{Bmatrix} = \begin{Bmatrix} -2,5 \\ -2,5 \\ -2,0 \end{Bmatrix}$$

Têm-se os comprimentos das barras incidentes nesse ponto nodal:

$$\begin{cases} \ell_{FC} = \sqrt{(-5)^2 + (-2,5)^2} \cong 5,5902\,\text{m} \\ \ell_{FD} = \sqrt{(-5)^2 + 2,5^2} \cong 5,5902\,\text{m} \\ \ell_{FE} = \sqrt{5^2} = 5,0\,\text{m} \end{cases}$$

Logo, obtêm-se os esforços normais:

$$\begin{Bmatrix} N_{FC} \\ N_{FD} \\ N_{FE} \end{Bmatrix} = \begin{Bmatrix} -2,5\cdot 5,5902 \\ -2,5\cdot 5,5902 \\ -2,0\cdot 5,0 \end{Bmatrix} \quad \rightarrow \quad \begin{Bmatrix} N_{FC} \\ N_{FD} \\ N_{FE} \end{Bmatrix} \cong \begin{Bmatrix} -13,976 \\ -13,976 \\ -10,0 \end{Bmatrix} kN$$

Em continuidade de resolução, com o conhecimento do esforço normal da barra FE, faz-se o equilíbrio do ponto nodal E:

$$\begin{cases} \sum F_X = 0 \\ \sum F_Y = 0 \\ \sum F_Z = 0 \end{cases} \rightarrow \begin{bmatrix} X_A - X_E & X_B - X_E & X_D - X_E \\ Y_A - Y_E & Y_B - Y_E & Y_D - Y_E \\ Z_A - Z_E & Z_B - Z_E & Z_D - Z_E \end{bmatrix} \begin{Bmatrix} n_{EA} \\ n_{EB} \\ n_{ED} \end{Bmatrix} + \begin{Bmatrix} (X_F - X_E)n_{FE} \\ -15 \\ 0 \end{Bmatrix} = \begin{Bmatrix} 0 \\ 0 \\ 0 \end{Bmatrix}$$

$$\begin{bmatrix} 0 & 0 & -5,0 \\ -5,0 & -5,0 & -5,0 \\ 2,5 & -2,5 & 2,5 \end{bmatrix} \begin{Bmatrix} n_{EA} \\ n_{EB} \\ n_{ED} \end{Bmatrix} = \begin{Bmatrix} 5(-2) \\ 15,0 \\ 0 \end{Bmatrix} = \begin{Bmatrix} -10,0 \\ 15,0 \\ 0 \end{Bmatrix} \quad \rightarrow \quad \begin{Bmatrix} n_{EA} \\ n_{EB} \\ n_{ED} \end{Bmatrix} = \begin{Bmatrix} -3,5 \\ -1,5 \\ 2,0 \end{Bmatrix}$$

Têm-se os comprimentos das barras incidentes nesse ponto nodal:

$$\begin{cases} \ell_{EA} = \sqrt{(-5)^2 + 2,5^2} \cong 5,5902\,\text{m} \\ \ell_{EB} = \sqrt{(-5)^2 + (-2,5)^2} \cong 5,5902\,\text{m} \\ \ell_{ED} = \sqrt{(-5)^2 + (-5)^2 + 2,5^2} = 7,5\,\text{m} \end{cases}$$

Logo, determinam-se os esforços normais:

$$\begin{Bmatrix} N_{EA} \\ N_{EB} \\ N_{ED} \end{Bmatrix} = \begin{Bmatrix} -3,5\cdot 5,5902 \\ -1,5\cdot 5,5902 \\ 2,0\cdot 7,5 \end{Bmatrix} \quad \rightarrow \quad \begin{Bmatrix} N_{EA} \\ N_{EB} \\ N_{ED} \end{Bmatrix} \cong \begin{Bmatrix} -19,566 \\ -8,3853 \\ 15,0 \end{Bmatrix} kN$$

Com os resultados anteriores determinam-se as reações de apoio com os sentidos indicados na parte direita da figura anterior:

$$\begin{Bmatrix} R_{AX} \\ R_{AY} \\ R_{AZ} \end{Bmatrix} = -19,566 \begin{Bmatrix} 0 \\ -5 \\ 2,5 \end{Bmatrix} / 5,5902 \quad \rightarrow \quad \begin{Bmatrix} R_{AX} \\ R_{AY} \\ R_{AZ} \end{Bmatrix} \cong \begin{Bmatrix} 0 \\ 17,500 \\ -8,7501 \end{Bmatrix} kN$$

$$\begin{Bmatrix} R_{BX} \\ R_{BY} \\ R_{BZ} \end{Bmatrix} = -8,3853 \begin{Bmatrix} 0 \\ -5 \\ -2,5 \end{Bmatrix} / 5,5902 \quad \rightarrow \quad \begin{Bmatrix} R_{BX} \\ R_{BY} \\ R_{BZ} \end{Bmatrix} = \begin{Bmatrix} 0 \\ 7,5 \\ 3,75 \end{Bmatrix} kN$$

$$\begin{Bmatrix} R_{CX} \\ R_{CY} \\ R_{CZ} \end{Bmatrix} = -13,976 \begin{Bmatrix} 0 \\ -5 \\ -2,5 \end{Bmatrix} / 5,5902 \quad \rightarrow \quad \begin{Bmatrix} R_{CX} \\ R_{CY} \\ R_{CZ} \end{Bmatrix} \cong \begin{Bmatrix} 0 \\ 12,500 \\ 6,2502 \end{Bmatrix} kN$$

$$\begin{Bmatrix} R_{DX} \\ R_{DY} \\ R_{DZ} \end{Bmatrix} = -13,976 \begin{Bmatrix} 0 \\ -5 \\ 2,5 \end{Bmatrix} / 5,5902 + 15 \begin{Bmatrix} -5 \\ -5 \\ 2,5 \end{Bmatrix} / 7,5 \quad \rightarrow \quad \begin{Bmatrix} R_{DX} \\ R_{DY} \\ R_{DZ} \end{Bmatrix} \cong \begin{Bmatrix} -10,0 \\ 2,5004 \\ -1,2502 \end{Bmatrix} kN$$

É imediato confirmar que essas reações verificam as equações globais de equilíbrio:

$$\begin{cases} \sum F_X = 0 & \rightarrow \quad R_{AX} + R_{BX} + R_{CX} + R_{DX} + 10 = 0 \\ \sum F_Y = 0 & \rightarrow \quad R_{AY} + R_{BY} + R_{CY} + R_{DY} - 25 - 15 = -0{,}0004 \cong 0 \\ \sum F_Z = 0 & \rightarrow \quad R_{AZ} + R_{BZ} + R_{CZ} + R_{DZ} = -0{,}0001 \cong 0 \end{cases}$$

6.9 – Exercícios propostos

6.9.1 – Classifique, quanto ao equilíbrio estático, as treliças planas representadas na próxima figura. Identifique, quando for o caso, o grau de indeterminação estática. Exemplifique novas treliças hipostáticas, isostáticas e hiperestáticas.

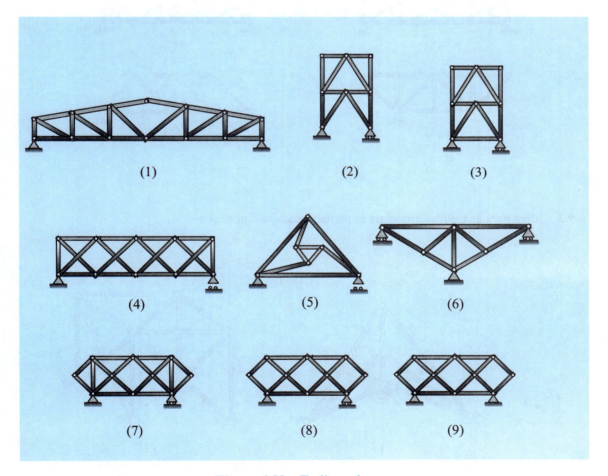

Figura 6.22 – Treliças planas.

6.9.2 – Classifique, quanto à formação, as treliças planas representadas na próxima figura. Exemplifique novas treliças simples, compostas e complexas.

Estática das Estruturas – **H. L. Soriano**

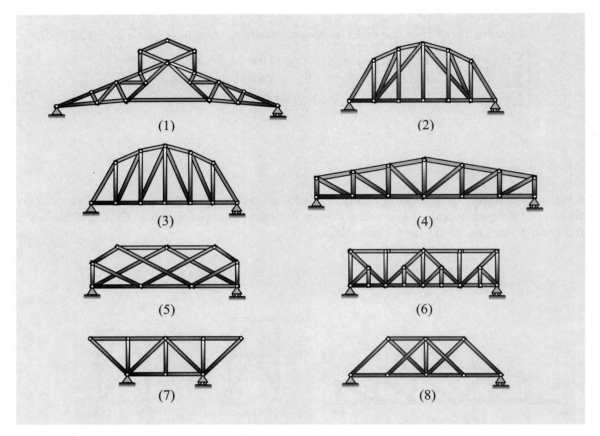

Figura 6.23 – Treliças planas.

6.9.3 – Idem para as treliças espaciais esquematizadas na figura abaixo.

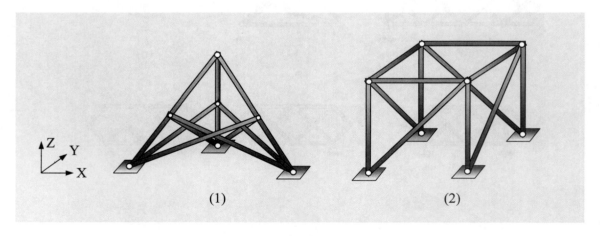

Figura 6.24 – Treliças espaciais.

6.9.4 – Identifique, por inspeção, as barras inativas, as de esforços normais iguais entre si e as barras tracionadas nas treliças da figura seguinte:

Capítulo 6 – Treliças

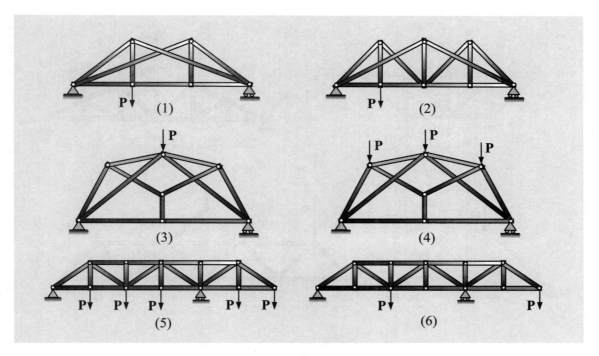

Figura 6.25 – Treliças planas.

6.9.5 – Com o *processo de equilíbrio dos nós*, determine os esforços das treliças simples representadas nas duas próximas figuras.

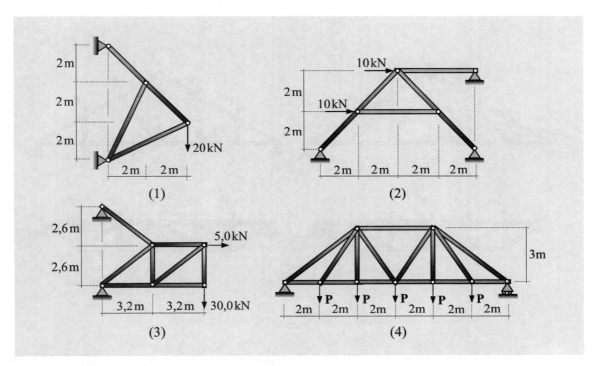

Figura 6.26 – Treliças planas simples.

Estática das Estruturas — H. L. Soriano

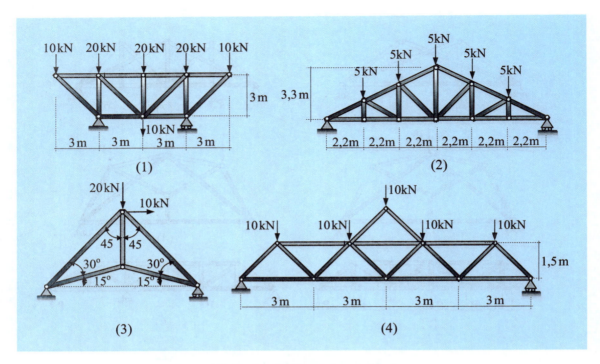

Figura 6.27 – Treliças planas simples.

6.9.6 – Identifique as barras comprimidas e as barras tracionadas nas treliças simples mostradas na figura que se segue:

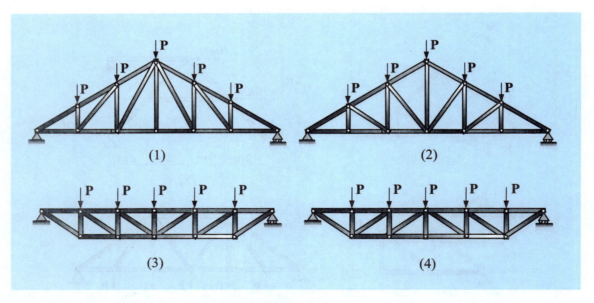

Figura 6.28 – Treliças planas simples.

6.9.7 – Pelo *processo das seções*, determine os esforços normais nas barras AB das treliças representadas na figura seguinte:

310

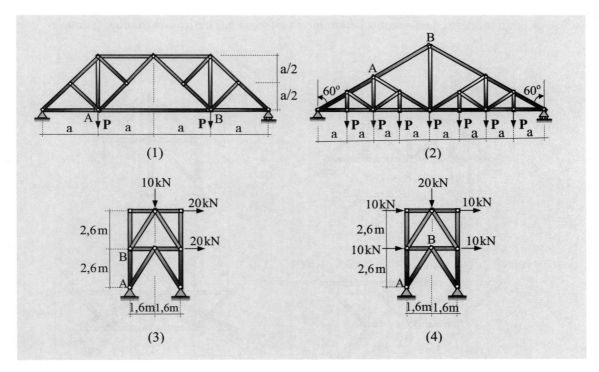

Figura 6.29 – Treliças planas.

6.9.8 – Com o uso das treliças simples indicadas, determine os esforços nas treliças complexas representadas na figura seguinte:

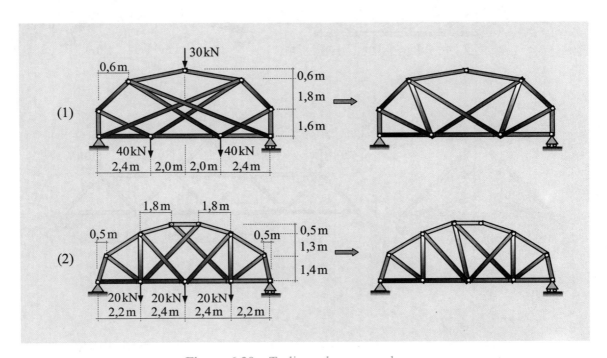

Figura 6.30 – Treliças planas complexas.

Estática das Estruturas – **H. L. Soriano**

6.9.9 – Com o *processo de Cremona*, determine os esforços nas treliças da figura seguinte:

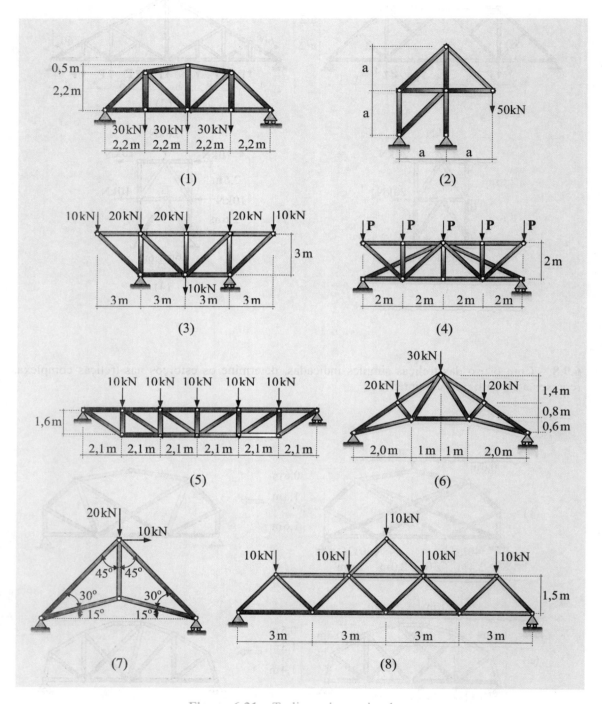

Figura 6.31 – Treliças planas simples.

6.9.10 – Determine os esforços normais e as reações de apoio das treliças espaciais esquematizadas na figura que se segue:

Capítulo 6 – Treliças

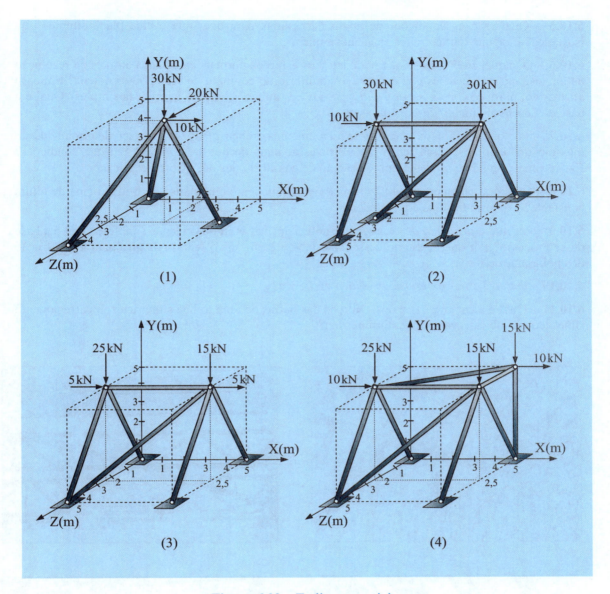

Figura 6.32 – Treliças espaciais.

6.10 – Questões para reflexão

6.10.1 – O que é uma *treliça plana*? E uma *treliça espacial*? Que ações externas podem ser aplicadas a treliças?

6.10.2 – Como identificar se uma treliça é *simples*, *composta* ou *complexa*? Qual é a vantagem dessa classificação?

6.10.3 – Qual é a diferença entre as treliças *Platt*, *Howe* e *Warren*? Quais as características de treliças *em tesoura* e *em shed*?

6.10.4 – Como identificar se uma treliça é *hipostática*, *isostática* ou *hiperestática*? Por que essa classificação é necessária?

6.10.5 – Quais são as condições de apoio necessárias para que uma treliça plana simples seja isostática? E quanto a uma treliça espacial simples?

6.10.6 – Qualquer treliça isostática pode ter seus esforços normais calculados através da resolução de um sistema de equações que expresse o equilíbrio do conjunto de seus pontos nodais? Em caso afirmativo, porque o *processo de equilíbrio dos nós* aplica-se apenas às treliças simples? Qual é a base do desenvolvimento desse processo?

6.10.7 – Por que, para cada *seção de Ritter* em uma treliça plana, podem ser determinados no máximo três esforços? Essa seção pode atravessar mais do que três barras? Em que condições? Existe vantagem desse processo em relação ao de equilíbrio dos nós? Como explicar?

6.10.8 – Qual é a vantagem de utilizar uma viga equivalente em análise de treliça plana de altura constante? Como se faz essa equivalência?

6.10.9 – Por que o *processo de Cremona* se aplica apenas às treliças planas simples? Qual é a base desse processo? Por que, nesse processo, se estabelece um único sentido de giro para a construção dos polígonos de forças?

6.10.10 – O que é uma *configuração crítica* de treliça?

6.10.11 – Qual é a característica dos esforços das barras de uma treliça simétrica sob carregamento simétrico? E sob carregamento antissimétrico?

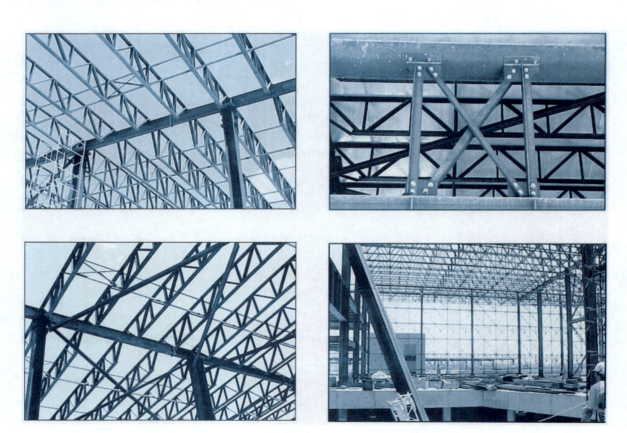

Treliças metálicas.
Fonte: Engº Calixto Melo, www.rcmproj.com.br.

7

Cabos

7.1 – Introdução

No segundo capítulo, *o componente estrutural cabo foi apresentado como unidimensional e de rigidez de flexão desprezível frente à rigidez axial, de maneira a resistir apenas ao esforço de tração e a assumir forma em função das forças que lhe são aplicadas.* A vantagem é fazer uso eficiente da resistência de tração do(s) seu(s) material(ais) constituinte(s).

Cabo de aço é formado pela associação de um conjunto de fios em comportamento integrado. Os fios são retorcidos em forma de hélice e dispostos também em hélice, com ou sem uma parte central denominada *alma* e que pode ser outra associação de fios ou ser maciça, de aço ou de outro material.

Fios isolados, correntes e cordas comportam-se como cabos e, portanto, podem ser analisados com o desenvolvimento analítico de cabo.

Cabos têm sido utilizados isoladamente em linhas de transmissão e de comunicação e também usados com outros tipos de componentes estruturais, principalmente em estruturas suspensas, como em teleféricos, passarelas suspensas e pontes pênseis.

O estudo de cabos e de estruturas suspensas costuma ser complexo, por requerer, em grande parte das vezes, análises não lineares e dinâmicas, não pertinentes ao escopo deste livro. Neste capítulo, faz-se uma apresentação no contexto dos cabos suspensos pelas extremidades, em comportamento estático. Assim, a próxima seção aborda os cabos sob forças verticais concentradas, que assumem forma poligonal; a Seção 7.3 detalha os cabos sob forças verticais distribuídas por unidade de seus comprimentos, que tomam forma de catenária; a Seção 7.4 trata os cabos sob forças verticais distribuídas horizontalmente, que apresentam forma parabólica; a Seção 7.5 aborda o tema deformação em cabos e, para facilitar a utilização das fórmulas desenvolvidas neste capítulo, a Seção 7.6 é um formulário. Em complemento deste capítulo, a Seção 7.7 é a de exercícios propostos; e a Seção 7.8, a de questões para reflexão.[1]

---

[1] Como este capítulo é bastante amplo, sugere-se que em graduação de Engenharia se restrinja aos cabos em forma poligonal da próxima seção e aos cabos em forma parabólica da Seção 7.4.

7.2 – Cabo em forma poligonal

Considera-se um cabo suspenso pelas extremidades e sob uma força concentrada vertical, como mostra a próxima figura. Com a consideração de peso próprio desprezível frente a essa força e dado a rigidez de flexão ser desprezível, o cabo se torna retilíneo entre os seus pontos de sustentação e o de aplicação da força. Assim, cada um dos trechos retilíneos fica sujeito apenas a esforço de tração constante, como esquematizado no diagrama de corpo livre representado na figura, com as notações ($N_{AC}=N_{CA}$) e ($N_{BC}=N_{CB}$).

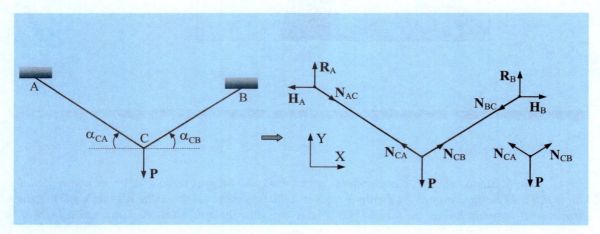

Figura 7.1 – Cabo suspenso pelas extremidades e sob força concentrada.

Com base na configuração de equilíbrio ACB, é simples obter as reações de apoio e os esforços internos. Isso pode ser feito obtendo-se inicialmente as reações e a partir destas, os esforços no cabo ou, de forma inversa, determinando-se esses esforços e depois as reações. Nesse último encaminhamento, tem-se por equilíbrio do ponto de aplicação da força **P** os esforços:

$$\begin{cases} \sum F_X=0 \rightarrow -N_{CA}\cos\alpha_{CA}+N_{CB}\cos\alpha_{CB}=0 \\ \sum F_Y=0 \rightarrow N_{CA}\sin\alpha_{CA}+N_{CB}\sin\alpha_{CB}=P \end{cases} \rightarrow \begin{cases} N_{CA}=\dfrac{P}{\sin\alpha_{CA}+\text{tg}\,\alpha_{CB}\cos\alpha_{CA}} \\ N_{CB}=\dfrac{P}{\sin\alpha_{CB}+\text{tg}\,\alpha_{CA}\cos\alpha_{CB}} \end{cases} \quad (7.1)$$

Por projeção desses esforços, obtêm-se as reações:

$$\begin{cases} H_A = N_{CA}\cos\alpha_{CA} = H_B \\ R_A = N_{CA}\sin\alpha_{CA} \\ R_B = N_{CB}\sin\alpha_{CB} \end{cases} \rightarrow \begin{cases} H_A = H_B = H = \dfrac{P\cos\alpha_{CA}}{\sin\alpha_{CA}+\cos\alpha_{CA}\,\text{tg}\,\alpha_{CB}} \\ R_A = \dfrac{P\sin\alpha_{CA}}{\sin\alpha_{CA}+\text{tg}\,\alpha_{CB}\cos\alpha_{CA}} \\ R_B = \dfrac{P\sin\alpha_{CB}}{\sin\alpha_{CB}+\text{tg}\,\alpha_{CA}\cos\alpha_{CB}} \end{cases} \quad (7.2)$$

Observa-se que *o componente horizontal dos esforços (de tração), de notação **H** e denominado empuxo, é constante*. Logo, o esforço máximo no cabo ocorre em seu trecho mais inclinado.

Como o cabo tem rigidez de flexão desprezível, a sua configuração sob forças verticais é análoga à de arco de forma igual à linha de pressões estudada na Seção 4.7, com a diferença de cabo suspenso pelas extremidades ter apenas esforço de tração e esse arco ter apenas esforço de compressão. Recorda-se que, de acordo com Eq.4.17, a linha de pressões é proporcional ao diagrama do momento fletor de uma viga biapoiada de mesmo vão que o arco sob as mesmas forças verticais, com o fator de proporcionalidade f/M_c, em que f é a flecha em um ponto interno do arco e M_c é a intensidade do momento fletor no correspondente ponto dessa viga de substituição. Assim, com as notações da próxima figura e a partir de Eq.4.13, tem-se o empuxo em cabo suspenso:

$$H = \frac{M_c}{f_C} \tag{7.3}$$

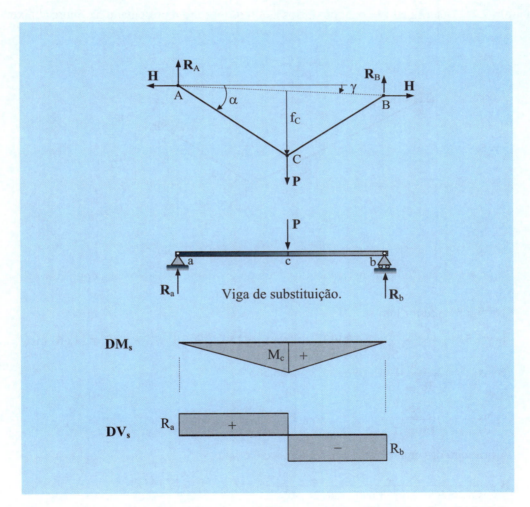

Figura 7.2 – Cabo suspenso pelas extremidades e correspondente viga de substituição.

Além disso, Eq.4.9 e Eq.4.14b conduzem ao esforço de tração em cada trecho linear do cabo:

$$N = V_s \sin\alpha + \frac{H \cos(\alpha - \gamma)}{\cos\gamma} \tag{7.4}$$

Nessa equação, V_s é a intensidade do esforço cortante na viga de substituição, α é o ângulo da inclinação de cada trecho linear do cabo e γ é o ângulo que define a diferença de alturas dos apoios.

Em caso de cabo de suportes em uma mesma altura, têm-se ($R_A=R_a$) e ($R_B=R_b$), o que permite determinar os esforços nos dois trechos lineares do cabo:

$$\begin{cases} N_{CA} = \sqrt{H^2 + R_a^2} \\ N_{CB} = \sqrt{H^2 + R_b^2} \end{cases} \tag{7.5}$$

Assim, quanto maior f_C, menor é o empuxo e menores são os esforços no cabo.

Exemplo 7.1 – Determinam-se o empuxo e os esforços no cabo representado na figura abaixo.

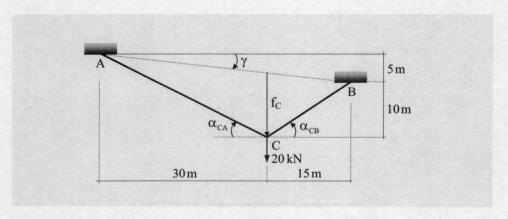

Figura E7.1a – Cabo de extremidades em alturas diferentes e sob força concentrada.

Da figura anterior tem-se:

$\text{tg}\,\gamma = 5/45 \quad \rightarrow \quad \gamma \cong 6{,}3402°$, $\quad f_C = 15 - \text{tg}\,\gamma \cdot 30 \quad \rightarrow \quad f_C \cong 11{,}667\,\text{m}$

$\cos\alpha_{CA} = \dfrac{30}{\sqrt{30^2 + 15^2}} \quad \rightarrow \quad \alpha_{CA} \cong 26{,}565°$

$\cos\alpha_{CB} = \dfrac{15}{\sqrt{15^2 + 10^2}} \quad \rightarrow \quad \alpha_{CB} \cong 33{,}690°$

A primeira das equações de Eq.7.2 fornece o empuxo:

$H = \dfrac{20\cos 26{,}565°}{\sin 26{,}565° + \text{tg}\,33{,}690° \cdot \cos 26{,}565°} \quad \rightarrow \quad H \cong 17{,}143\,\text{kN}$

Eq.7.1 fornece os esforços de tração:

$\begin{cases} N_{CA} = \dfrac{20}{\sin 26{,}565° + \text{tg}\,33{,}690° \cdot \cos 26{,}565°} \\ N_{CB} = \dfrac{20}{\sin 33{,}690° + \text{tg}\,26{,}565° \cdot \cos 33{,}690°} \end{cases} \quad \rightarrow \quad \begin{cases} N_{CA} \cong 19{,}166\,\text{kN} \\ N_{CB} \cong 20{,}603\,\text{kN} \end{cases}$

A seguir, resolve-se esta mesma questão com a viga de substituição representada na figura abaixo, juntamente com os correspondentes diagramas dos esforços seccionais.

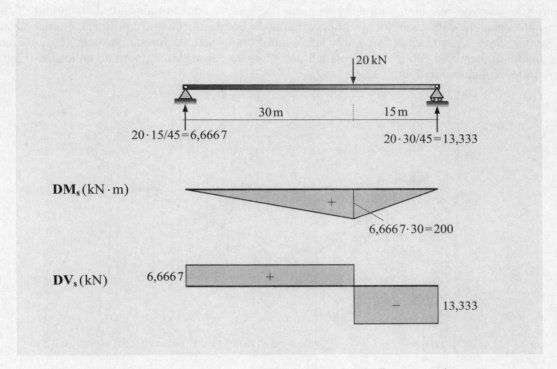

Figura E7.1b – Viga de substituição do cabo da figura anterior.

Eq.7.3 fornece o empuxo:

$H = 200/11,667 \quad \rightarrow \quad H \cong 17,142 \text{ kN}$

Eq.7.4 fornece os esforços de tração nos dois trechos lineares do cabo:

$$\begin{cases} N_{CA} = 6,6667 \sin 26,565° + \dfrac{17,142}{\cos 6,340\,2°} \cdot \cos(26,565° - 6,340\,2°) \cong 19,166 \text{ kN} \\ N_{CB} = -13,333 \sin(-33,690°) + \dfrac{17,142}{\cos 6,340\,2°} \cdot \cos(-33,690° - 6,340\,2°) \cong 20,602 \text{ kN} \end{cases}$$

Esses valores conferem os resultados obtidos com o procedimento inicial.

Considera-se agora, um cabo suspenso pelas extremidades, sob ação de duas forças concentradas verticais designadas por P_C e P_D, como mostra a próxima figura. No caso, a geometria do cabo altera-se em função das intensidades dessas forças e de suas seções de aplicação, na busca da configuração (deformada) de equilíbrio, comportando-se como um mecanismo. Isso fica evidenciado com a identificação de que as equações de equilíbrio dos pontos C e D são em número de quatro e que existem cinco incógnitas independentes entre si, a saber: N_{CA}, N_{CD}, N_{DB}, α_{CA} e α_{CD} ou α_{DB}. Estabelecidos os ângulos α_{CA} e α_{CD}, o ângulo α_{DB} fica determinado, uma vez que as posições dos suportes são dados da questão. Logo, *apenas com o conhecimento de uma condição da configuração de equilíbrio, como por exemplo, a posição de um ponto interno dessa configuração, uma reação, o esforço de tração em um dos trechos lineares ou o empuxo, é que o sistema torna-se estaticamente determinado*. O mesmo ocorre em cabo sob ação de um maior número de forças verticais, concentradas ou distribuídas. E no presente caso de cabo sob forças concentradas, a configuração de equilíbrio é uma *forma funicular*, uma vez que cada força aplicada é equilibrada pelos esforços normais de tração nos segmentos lineares do cabo, à esquerda e à direita do correspondente ponto de aplicação (vide o parágrafo explicativo da Figura 1.26).

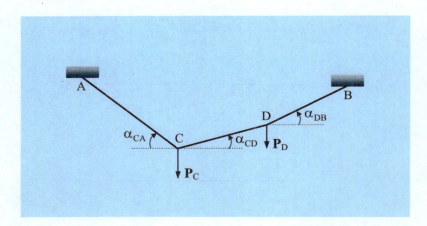

Figura 7.3 – Cabo suspenso e sob duas forças concentradas.

Em caso de se ter mais de uma força aplicada ao cabo, é mais simples analisá-lo com o uso de viga de substituição, como ilustra a próxima figura. Assim, com as notações dessa figura, tem-se o empuxo:

$$H = \frac{M_c}{f_C} = \frac{M_d}{f_D} \tag{7.6}$$

Especificadas as posições dos pontos de suporte do cabo e de um de seus pontos internos, como, por exemplo, o ponto C, tem-se a flecha f_C, o que permite determinar o empuxo com Eq.7.3 e, consecutivamente, obter a flecha f_D. O mesmo ocorre quando se têm mais de duas forças aplicadas.

Os esforços nos trechos lineares do cabo podem ser obtidos com Eq.7.4 ou a partir do empuxo, como escrito a seguir:

$$N_{CA} \cos\alpha_{CA} = H \quad \rightarrow \quad \boxed{N_{CA} = \frac{H}{\cos\alpha_{CA}}} \tag{7.7a}$$

$$N_{CA} \cos\alpha_{CA} = N_{CD} \cos\alpha_{CD} \quad \rightarrow \quad \boxed{N_{CD} = \frac{H}{\cos\alpha_{CD}}} \tag{7.7b}$$

$$N_{DC} \cos\alpha_{CD} = N_{DB} \cos\alpha_{DB} \quad \rightarrow \quad \boxed{N_{DB} = \frac{H}{\cos\alpha_{DB}}} \tag{7.7c}$$

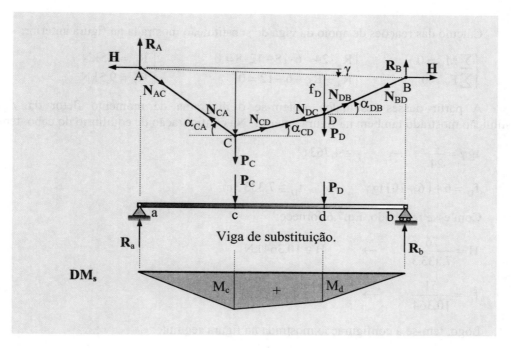

Figura 7.4 – Esforços atuantes em um cabo suspenso e sob duas forças concentradas.

Exemplo 7.2 – Um cabo está suspenso como mostra a próxima figura. Determinam-se o empuxo, a flecha no ponto C e os esforços no cabo.

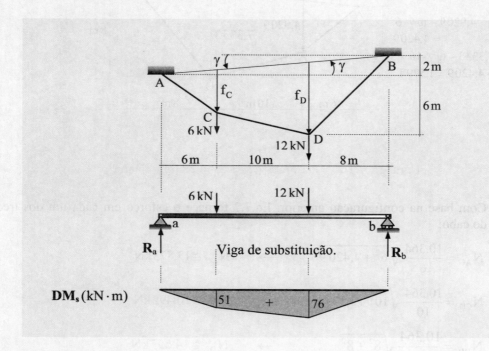

Figura E7.2a – Cabo sob duas forças concentras e sua viga de substituição.

321

Cálculo das reações de apoio da viga de substituição mostrada na figura anterior:

$$\begin{cases} \sum M_b = 0 \\ \sum F_Y = 0 \end{cases} \rightarrow \begin{cases} R_a \cdot 24 - 6 \cdot 18 - 12 \cdot 8 = 0 \\ R_a + R_b - 6 - 12 = 0 \end{cases} \rightarrow \begin{cases} R_a = 8,5\,kN \\ R_b = 9,5\,kN \end{cases}$$

A partir desses resultados, obtém-se o diagrama de momento fletor da viga de substituição mostrado também na figura anterior. Na configuração de equilíbrio do cabo, tem-se:

$$\operatorname{tg}\gamma = \frac{2}{24} \quad \rightarrow \quad \gamma \cong 4,763\,6°$$

$$f_D = 6 + (6+10)\operatorname{tg}\gamma \quad \rightarrow \quad f_D \cong 7,333\,3\,m$$

Com esse resultado, Eq.7.6 fornece:

$$H = \frac{76}{7,333\,3} \quad \rightarrow \quad \boxed{H \cong 10,364\,kN}$$

$$f_C = \frac{51}{10,364} \quad \rightarrow \quad \boxed{f_C \cong 4,920\,9\,m}$$

Logo, tem-se a configuração mostrada na figura seguinte:

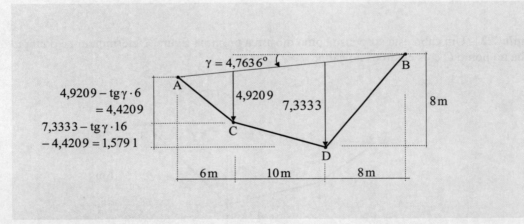

Figura E7.2b – Configuração do cabo da figura anterior.

Com base na configuração anterior, Eq.7.7 fornece o esforço em cada um dos trechos lineares do cabo:

$$N_{AC} = \frac{10,364}{6}\sqrt{6^2 + 4,420\,9^2} \quad \rightarrow \quad \boxed{N_{AC} \cong 12,873\,kN}$$

$$N_{CD} = \frac{10,364}{10}\sqrt{10^2 + 1,579\,1^2} \quad \rightarrow \quad \boxed{N_{CD} \cong 10,492\,kN}$$

$$N_{DB} = \frac{10,364}{8}\sqrt{8^2 + 8^2} \quad \rightarrow \quad \boxed{N_{DB} \cong 14,657\,kN}$$

7.3 – Cabo em catenária

Considera-se um cabo suspenso pelas extremidades e sob força vertical distribuída por unidade de comprimento horizontal, designada por p como mostra a próxima figura. Nesta, está também representado um elemento infinitesimal do cabo, ds, sob força distribuída constante, com a indicação da decomposição do esforço de tração em cada uma das extremidades desse elemento. Nessas decomposições, a notação **H** designa o componente horizontal e a notação **V**, o componente vertical.[2]

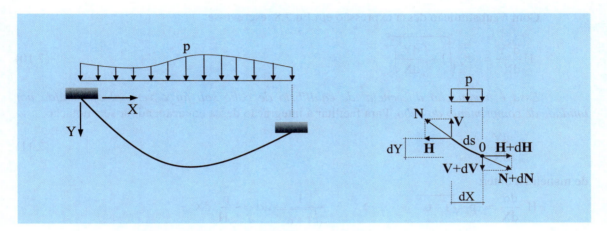

Figura 7.5 – Cabo sob força vertical distribuída na horizontal.

As equações de equilíbrio do referido elemento infinitesimal fornecem:

$$\begin{cases} \sum F_X = 0 \\ \sum F_Y = 0 \\ \sum M_0 = 0 \end{cases} \rightarrow \begin{cases} -H + (H + dH) = 0 & \rightarrow & dH = 0 \\ -V + (V + dV) + p\,dX = 0 & \rightarrow & p = -\dfrac{dV}{dX} \\ V\,dX - H\,dY - p\dfrac{dX^2}{2} = 0 & \rightarrow & H\dfrac{dY}{dX} = V \end{cases}$$

Da primeira dessas equações conclui-se que o componente horizontal do esforço de tração, denominado *empuxo*, é constante ao longo de todo o cabo, o que já foi identificado em caso de cabo sob forças verticais concentradas. Com a substituição da segunda dessas equações na expressão da derivada primeira da terceira, obtém-se:

$$H\frac{d^2Y}{dX^2} = -p \qquad (7.8)$$

Para transformar a força distribuída por unidade de comprimento horizontal em força distribuída por unidade de comprimento do cabo, de notação p_s, escreve-se:

$$p\,dX = p_s\,ds \quad \rightarrow \quad p = p_s \frac{ds}{dX}$$

---

[2] Identificou-se, no segundo capítulo, que uma força vertical distribuída não constante em elemento infinitesimal produz, nas equações de equilíbrio, infinitésimos de ordem superior, que são desconsiderados em teoria de primeira ordem.

Estática das Estruturas – **H. L. Soriano**

Além disso, tem-se o comprimento do elemento infinitesimal:

$$ds = \sqrt{dX^2 + dY^2} \quad \rightarrow \quad ds = \sqrt{1 + \left(\frac{dY}{dX}\right)^2} \; dX \tag{7.9}$$

Logo, obtém-se a expressão de força distribuída:

$$p = p_s \sqrt{1 + \left(\frac{dY}{dX}\right)^2}$$

Com a substituição dessa expressão em Eq.7.8, escreve-se:

$$H \frac{d^2Y}{dX^2} = -p_s \sqrt{1 + \left(\frac{dY}{dX}\right)^2} \tag{7.10}$$

Essa é a equação diferencial de equilíbrio de cabo sob força vertical distribuída por unidade de comprimento do cabo. Para facilitar a integração dessa equação, adota-se a notação:

$$\alpha = \frac{dY}{dX} \tag{7.11}$$

de maneira a obter:

$$H \frac{d\alpha}{dX} = -p_s \sqrt{1 + \alpha^2} \quad \rightarrow \quad \frac{1}{\sqrt{1 + \alpha^2}} \, d\alpha = -\frac{p_s}{H} \, dX$$

$$\rightarrow \quad \int \frac{1}{\sqrt{1 + \alpha^2}} \, d\alpha = -\frac{1}{H} \int p_s \, dX \tag{7.12}$$

Em caso da força distribuída p_s ser constante, que é o que ocorre em cabos suspensos pelas extremidades e sob peso próprio, obtém-se da última equação:

$$\operatorname{arsinh} \alpha = -\frac{p_s}{H} X + C_1 \quad \rightarrow \quad \alpha = \sinh\left(-\frac{p_s}{H} X + C_1\right)$$

Dessa equação, com a eliminação da notação definida em Eq.7.11, escreve-se:

$$\frac{dY}{dX} = \sinh\left(-\frac{p_s}{H} X + C_1\right) \tag{7.13}$$

$$dY = \sinh\left(-\frac{p_s}{H} X + C_1\right) dX \quad \rightarrow \quad \int dY = \int \sinh\left(-\frac{p_s}{H} X + C_1\right) dX$$

$$\rightarrow \quad Y = -\frac{H}{p_s} \cosh\left(-\frac{p_s}{H} X + C_1\right) + C_2 \tag{7.14}$$

Essa é a *equação da catenária,* que expressa configuração de cabo suspenso pelas extremidades e sob força vertical uniformemente distribuída ao longo de seu comprimento (como é o caso de linhas de transmissão e de comunicação).[3] Nessa equação, as constantes C_1 e C_2 são determinadas a partir de condições da configuração de equilíbrio.

---

[3] A palavra *catenária* é proveniente da palavra latina *catena* que tem o significado de cadeia. O problema da catenária foi proposto por *Jacob Bernoulli* (1654–1705) e resolvido por *Gottfried Wilhelm Leibniz* (1629–1695), através do cálculo infinitesimal. Foi também solucionado por *Christian Huygens* (1629–1695) com

Capítulo 7 – Cabos

Para cabo suspenso pelas suas extremidades em alturas diferentes, como mostra a próxima figura, tem-se a condição de contorno na extremidade esquerda:

$$\left(\frac{dY}{dX}\right)_{|X=0} = \text{tg}\,\alpha_A$$

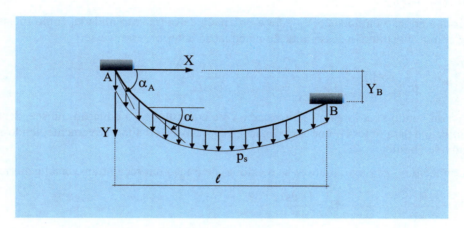

Figura 7.6 – Cabo sob peso próprio e de extremidades em alturas diferentes.

Logo, Eq.7.13 fornece:

$$\text{tg}\,\alpha_A = \sinh C_1 \quad \rightarrow \quad C_1 = \text{arsinh}(\text{tg}\,\alpha_A) = \ln(\text{tg}\,\alpha_A + \sqrt{\text{tg}^2\alpha_A + 1})$$

$$\rightarrow \quad C_1 = \ln\frac{1+\sin\alpha_A}{\cos\alpha_A}$$

Ainda em conformidade com a figura anterior, tem-se a condição de contorno:

$$Y_{|X=0} = 0$$

Assim, Eq.7.14, juntamente com o resultado encontrado para a constante C_1, fornece a segunda constante de integração:

$$C_2 = \frac{H}{p_s}\cosh C_1 \quad \rightarrow \quad C_2 = \frac{H}{p_s}\cosh\left(\ln\frac{1+\sin\alpha_A}{\cos\alpha_A}\right)$$

$$\rightarrow \quad C_2 = \frac{H}{p_s\cos\alpha_A}$$

Com a substituição de C_1 e C_2 em Eq.7.13 e Eq.7.14, obtêm-se, respectivamente:

$$\boxed{\frac{dY}{dX} = \sinh\left(-\frac{p_s}{H}X + \ln\frac{1+\sin\alpha_A}{\cos\alpha_A}\right)} \qquad (7.15)$$

---

base em considerações geométricas, e resolvido por *Johann Bernoulli* (1667–1748), através de equação diferencial de equilíbrio.

Estática das Estruturas — **H. L. Soriano**

$$Y = -\frac{H}{p_s}\left(\cosh\left(-\frac{p_s}{H}X + \ln\frac{1+\sin\alpha_A}{\cos\alpha_A}\right) - \frac{1}{\cos\alpha_A}\right) \tag{7.16}$$

Essa equação da catenária expressa a configuração de equilíbrio em termos da força distribuída aplicada, do empuxo e da inclinação da extremidade do cabo em que se considera a origem do referencial XY.

Com a adoção da notação Y_B para a ordenada da outra extremidade, como mostra a figura anterior, e com a substituição dessa notação na equação anterior, escreve-se:

$$Y_B = -\frac{H}{p_s}\left(\cosh\left(-\frac{p_s\ell}{H} + \ln\frac{1+\sin\alpha_A}{\cos\alpha_A}\right) - \frac{1}{\cos\alpha_A}\right) \tag{7.17}$$

Assim, tendo-se a força p_s, a ordenada Y_B e o ângulo α_A, a equação transcendente anterior pode ser utilizada para obter H, por aproximações sucessivas, ou alternativamente, tendo-se p_s, Y_B e H, obter aquele ângulo.

Conhecido o empuxo, escreve-se o esforço de tração em seção transversal genérica:

$$N = \frac{H}{\cos\alpha} \quad\rightarrow\quad N = \frac{H\,ds}{dX}$$

Dessa equação e com a substituição do comprimento infinitesimal expresso por Eq.7.9, obtém-se:

$$N = H\sqrt{1 + \left(\frac{dY}{dX}\right)^2} \tag{7.18}$$

Logo, com Eq.7.15, escreve-se o esforço de tração sob a nova forma:

$$N = H\sqrt{1 + \sinh^2\left(-\frac{p_s}{H}X + \ln\frac{1+\sin\alpha_A}{\cos\alpha_A}\right)} \quad\rightarrow\quad N = H\cosh\left(-\frac{p_s}{H}X + \ln\frac{1+\sin\alpha_A}{\cos\alpha_A}\right) \tag{7.19}$$

Eq.7.18 evidencia que o esforço de tração mínimo ocorre na seção inferior do cabo e é igual ao empuxo. Já o esforço de tração máximo ocorre na seção do cabo de maior inclinação, que para a configuração mostrada na figura anterior está em (X=0) e escreve-se:

$$N_{máx.} = H\cosh\left(\ln\frac{1+\sin\alpha_A}{\cos\alpha_A}\right) = \frac{H}{\cos\alpha_A} \tag{7.20}$$

É imediato identificar que o componente vertical da reação em cada ponto de suporte é igual à resultante da força distribuída p_s entre a seção inferior do cabo e o correspondente suporte.

A expressão do comprimento do cabo é obtida a partir de Eq.7.9, sob a forma:

$$s = \int_0^\ell \sqrt{1 + \left(\frac{dY}{dX}\right)^2}\,dX \tag{7.21}$$

Logo, com a substituição de Eq.7.15 nesta última expressão, obtém-se o comprimento:

$$s = \int_0^\ell \sqrt{1 + \sinh^2\left(-\frac{p_s}{H}X + \ln\frac{1+\sin\alpha_A}{\cos\alpha_A}\right)}\,dX \quad\rightarrow\quad s = \int_0^\ell \cosh\left(-\frac{p_s}{H}X + \ln\frac{1+\sin\alpha_A}{\cos\alpha_A}\right)\,dX$$

Capítulo 7 – Cabos

$$\rightarrow \quad s = \frac{H}{p_s}\left(\sinh\left(\frac{p_s \ell}{H} - \ln\frac{1+\sin\alpha_A}{\cos\alpha_A}\right) + \text{tg}\,\alpha_A\right) \qquad (7.22)$$

Exemplo 7.3 – Um cabo sob força distribuída de $0,13931\,\text{kN/m}$ está suspenso como mostra a próxima figura. Sabendo-se que o empuxo é de $16,717\,\text{kN}$, determinam-se o esforço de tração máximo e o comprimento do cabo.

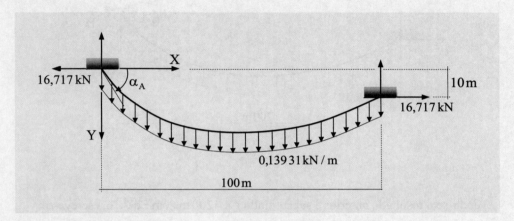

Figura E7.3 – Cabo em catenária em que se conhece o empuxo.

Eq.7.17 toma a forma:

$$10 = -\frac{16,717}{0,139\,31}\left(\cosh\left(-\frac{0,139\,31 \cdot 100}{16,717} + \ln\frac{1+\sin\alpha_A}{\cos\alpha_A}\right) - \frac{1}{\cos\alpha_A}\right)$$

Com a resolução dessa equação por aproximações sucessivas, obtém-se o ângulo de inclinação da extremidade esquerda do cabo, $\alpha_A \cong 28{,}219°$.

Logo, Eq.7.20 fornece o esforço de tração máximo:

$$N_{\text{máx.}} = \frac{16,717}{\cos 28,219°} \quad \rightarrow \quad \boxed{N_{\text{máx.}} \cong 18,972\,\text{kN}}$$

Finalmente, Eq.7.22 conduz ao comprimento do cabo:

$$s = \frac{16,717}{0,139\,31}\left(\sinh\left(\frac{0,139\,31 \cdot 100}{16,717} - \ln\frac{1+\sin 28,219°}{\cos 28,219°}\right) + \text{tg}\,28,219°\right)$$

$$\rightarrow \quad s \cong 103{,}40\,\text{m}$$

Exemplo 7.4 – Um cabo é considerado suspenso pelas extremidades e sob peso próprio, como mostra a próxima figura. Sabendo-se que o esforço de tração máximo é de $20,7\,\text{kN}$, determinam-se o empuxo, a ordenada máxima no referencial indicado e o comprimento do cabo.

Eq.7.20 fornece o empuxo em função da inclinação do cabo em sua extremidade superior, a saber:

$$H = N_{máx.} \cos\alpha_A \rightarrow H = 20{,}7 \cos\alpha_A$$

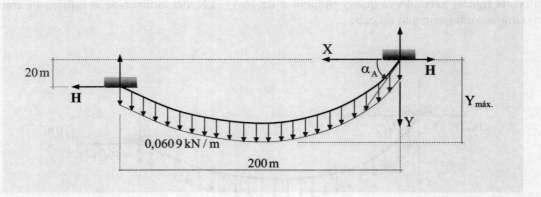

Figura E7.4 – Cabo em catenária em que se conhece o esforço de tração máximo.

Tendo-se o resultado anterior e substituindo ($X=200\,m$) em Eq.7.16, escreve-se:

$$20 = -\frac{20{,}7\cos\alpha_A}{0{,}060\,9}\left(\cosh\left(-\frac{0{,}060\,9\cdot 200}{20{,}7\cos\alpha_A} + \ln\frac{1+\sin\alpha_A}{\cos\alpha_A}\right) - \frac{1}{\cos\alpha_A}\right)$$

Com a resolução dessa equação por aproximações sucessivas, obtém-se o ângulo ($\alpha_A \cong 23{,}307°$). Logo, com esse resultado e com base em Eq.7.20, obtém-se o empuxo:

$$H = 20{,}7\cdot\cos 23{,}307° \rightarrow H \cong 19{,}011\,kN$$

Em continuidade de resolução, a partir de Eq.7.15 e com a condição de que a tangente seja horizontal, obtém-se a abscissa do ponto de ordenada máxima:

$$0 = \sinh\left(-\frac{0{,}060\,9}{19{,}011}X + \ln\frac{1+\sin 23{,}307°}{\cos 23{,}307°}\right) \rightarrow X = \frac{19{,}011}{0{,}060\,9}\ln\frac{1+\sin 23{,}307°}{\cos 23{,}307°}$$

$$\rightarrow X \cong 130{,}64\,m$$

Logo, Eq.7.16 fornece a ordenada máxima procurada:

$$Y_{máx.} = -\frac{19{,}011}{0{,}060\,9}\left(\cosh\left(-\frac{0{,}060\,9\cdot 130{,}64}{19{,}011} + \ln\frac{1+\sin 23{,}307°}{\cos 23{,}307°}\right) - \frac{1}{\cos 23{,}307°}\right)$$

$$\rightarrow Y_{máx.} \cong 27{,}737\,m$$

Finalmente, Eq.7.22 conduz ao comprimento do cabo:

$$s = \frac{19{,}011}{0{,}060\,9}\left(\sinh\left(\frac{0{,}060\,9\cdot 200}{19{,}011} - \ln\frac{1+\sin 23{,}307°}{\cos 23{,}307°}\right) + \tan 23{,}307°\right)$$

$$\rightarrow s \cong 204{,}42\,m$$

Na equação anterior de catenária, fez-se uso do ângulo de inclinação da extremidade do cabo em que se considera a origem do referencial, ângulo esse que é uma grandeza de difícil especificação. Alternativamente, em caso de cabo suspenso pelas extremidades em uma mesma altura como mostra a próxima figura, é mais simples utilizar a condição de simetria da configuração de equilíbrio.

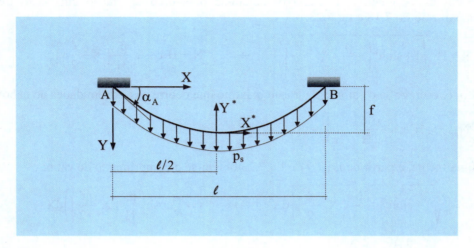

Figura 7.7 – Cabo sob peso próprio e de extremidades em uma mesma altura.

Assim, com as notações da figura anterior, tem-se:

$$\left(\frac{dY}{dX}\right)\Big|_{X=\frac{\ell}{2}} = 0$$

Nessa condição, Eq.7.13 fornece:

$$0 = \sinh\left(-\frac{p_s \ell}{2H} + C_1\right) \quad \rightarrow \quad C_1 = \frac{p_s \ell}{2H}$$

Com essa constante e a condição de contorno ($Y_{|X=0}=0$), Eq.7.14 fornece:

$$0 = -\frac{H}{p_s}\cosh\frac{p_s \ell}{2H} + C_2 \quad \rightarrow \quad C_2 = \frac{H}{p_s}\cosh\frac{p_s \ell}{2H}$$

Logo, com a substituição das constantes C_1 e C_2 em Eq.7.13 e Eq.7.14, obtêm-se, respectivamente:

$$\frac{dY}{dX} = \sinh\left(-\frac{p_s}{H}\left(X - \frac{\ell}{2}\right)\right) \tag{7.23}$$

$$Y = -\frac{H}{p_s}\left(\cosh\left(\frac{p_s}{H}\left(X - \frac{\ell}{2}\right)\right) - \cosh\frac{p_s \ell}{2H}\right) \tag{7.24}$$

Essa equação da catenária expressa configuração de equilíbrio de cabo de extremidades em uma mesma altura, em termos da força e do empuxo. Conhecendo-se o empuxo, dessa equação pode ser obtida a flecha de meio de vão, que está indicada na figura anterior e que se escreve:

$$f = \frac{H}{p_s}\left(\cosh\frac{p_s \ell}{2H} - 1\right) \qquad (7.25)$$

De forma inversa, com o conhecimento dessa flecha, o empuxo pode ser obtido dessa equação transcendente.

Além disso, tendo-se o empuxo, obtém-se o esforço de tração em seção transversal genérica a partir de Eq.7.18 e Eq.7.23:

$$N = H\sqrt{1 + \sinh^2\left(-\frac{p_s}{H}\left(X - \frac{\ell}{2}\right)\right)} \quad \rightarrow \quad N = H\cosh\left(\frac{p_s}{H}\left(X - \frac{\ell}{2}\right)\right) \qquad (7.26)$$

Logo, escreve-se o esforço de tração máximo que ocorre nas extremidades do cabo:

$$N_{máx.} = H\cosh\frac{p_s \ell}{2H} = \frac{H}{\cos\alpha_A} \qquad (7.27)$$

Finalmente, a partir de Eq.7.21 e Eq.7.23 obtém-se o comprimento do cabo:

$$s = \int_0^\ell \sqrt{1 + \sinh^2\left(-\frac{p_s}{H}\left(X - \frac{\ell}{2}\right)\right)}\,dX \quad \rightarrow \quad s = \int_0^\ell \cosh\left(\frac{p_s}{H}\left(X - \frac{\ell}{2}\right)\right)dX$$

$$\rightarrow \quad s = \frac{2H}{p_s}\sinh\frac{p_s \ell}{2H} \qquad (7.28)$$

Exemplo 7.5 – Para o cabo sob peso próprio mostrado na próxima figura, determinam-se o empuxo, o esforço de tração máximo e o comprimento.

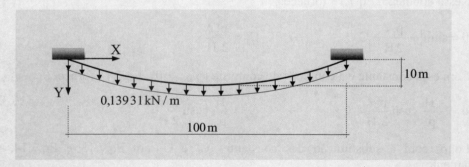

Figura E7. 5 – Cabo em catenária com as extremidades em um mesmo nível.

Eq.7.25 fornece:

$$10 = \frac{H}{0{,}13931}\left(\cosh\frac{0{,}13931 \cdot 100}{2H} - 1\right)$$

Dessa equação, por aproximações sucessivas, obtém-se o empuxo:

$$H \cong 17{,}641\,\text{kN}$$

Logo, Eq.7.27 fornece o esforço de tração máximo:

$$N_{máx.} = 17{,}641 \cosh \frac{0{,}139\,31 \cdot 100}{2 \cdot 17{,}641} \quad \rightarrow \quad \boxed{N_{máx.} \cong 19{,}034\,kN}$$

Finalmente, obtém-se o comprimento do cabo com Eq.7.28:

$$s = \frac{2 \cdot 17{,}641}{0{,}139\,31} \sinh \frac{0{,}139\,31 \cdot 100}{2 \cdot 17{,}641} \quad \rightarrow \quad \boxed{s \cong 102{,}62\,m}$$

Exemplo 7.6 – Uma abóboda em concreto armado de peso específico de $25\,kN/m^3$, submetida ao próprio peso, tem a forma da linha de pressões e as dimensões transversais mostradas no arco da próxima figura. Determina-se a equação do eixo desse arco.

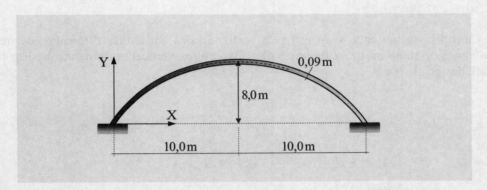

Figura E7. 6 – Seção transversal de abóboda em concreto.

Assim como um cabo em catenária tem apenas esforço de tração, um arco sob peso próprio e com a forma da linha de pressões só tem esforço de compressão, com eixo expresso pela equação da catenária.

Neste caso, tem-se ($\ell=20\,m$), ($f=8\,m$) e o peso por unidade de comprimento do eixo da seção transversal (para uma faixa de largura unitária da abóboda): $p_s = 25 \cdot 0{,}09 \cdot 1 = 2{,}25\,kN/m$.

Eq.7.25 permite escrever:

$$8 = \frac{H}{2{,}25}\left(\cosh \frac{2{,}25 \cdot 20}{2H} - 1\right)$$

Com a resolução dessa equação, por aproximações sucessivas, obtém-se o empuxo:

$$H \cong 16{,}409\,kN$$

Logo, a equação da catenária expressa em Eq.7.24 particulariza-se em:

$$Y = -\frac{16{,}409}{2{,}25}\left(\cosh\left(\frac{2{,}25}{16{,}409}\left(X - \frac{20}{2}\right)\right) - \cosh \frac{2{,}25 \cdot 20}{2 \cdot 16{,}409}\right)$$

$$\rightarrow \quad \boxed{Y = -7{,}2929\left(\cosh\left(0{,}13712\left(X-10\right)\right) - \cosh 1{,}3712\right)}$$

Para obter uma equação da catenária em forma mais simples do que foi expresso em Eq.7.24, translada-se a origem do referencial para o ponto inferior do cabo e inverte-se o sentido do eixo vertical de coordenadas, fazendo ($X^*=X-\ell/2$) e ($Y^*=f-Y$), como mostra a Figura 7.7. Logo, Eq.7.24 e Eq.7.25 fornecem:

$$Y^* = \frac{H}{p_s}\left(\cosh\frac{p_s \ell}{2H} - 1\right) + \frac{H}{p_s}\left(\cosh\left(\frac{p_s}{H}X^*\right) - \cosh\frac{p_s \ell}{2H}\right)$$

$$\rightarrow \quad Y^* = \frac{H}{p_s}\left(\cosh\left(\frac{p_s}{H}X^*\right) - 1\right) \tag{7.29}$$

Essa equação será utilizada na próxima seção, em comparação da catenária com a forma parabólica.

7.4 – Cabo em parábola

Considera-se um cabo suspenso pelas extremidades em alturas diferentes, de maneira a definir o ângulo γ como mostra a figura abaixo, e sob força vertical uniformemente distribuída na horizontal, designada por p.

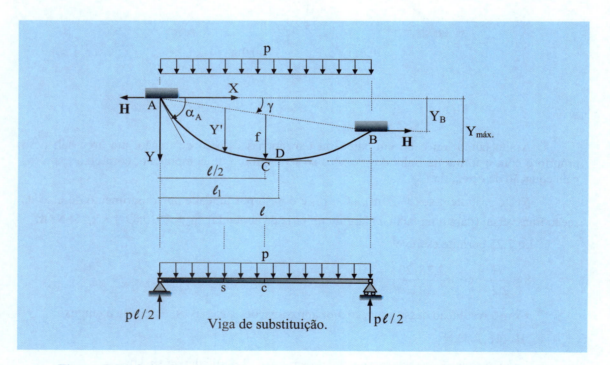

Figura 7.8 – Cabo suspenso pelas extremidades e sob força distribuída na horizontal.

Para esse cabo vale a equação diferencial de equilíbrio expressa em Eq.7.8, que se integra:

$$H\frac{dY}{dX} = -pX + C_1 \quad \rightarrow \quad HY = -\frac{pX^2}{2} + C_1 X + C_2$$

332

Capítulo 7 – Cabos

Da condição de contorno ($Y_{|X=0}=0$), tira-se a constante ($C_2=0$).

Com a condição ($Y_{|X=\ell}=Y_B$), tem-se:

$$H\,Y_B = -\frac{p\ell^2}{2} + C_1\,\ell \quad \rightarrow \quad C_1 = \frac{H\,Y_B}{\ell} + \frac{p\ell}{2}$$

$$\rightarrow \quad C_1 = H\,\mathrm{tg}\,\gamma + \frac{p\ell}{2}$$

Logo, com a substituição das constantes C_1 e C_2 obtidas anteriormente, nas duas equações que lhes precedem, chega-se a:

$$\frac{dY}{dX} = -\frac{p}{H}X + \mathrm{tg}\,\gamma + \frac{p\ell}{2H} \tag{7.30}$$

$$Y = -\frac{p}{2H}X^2 + \left(\mathrm{tg}\,\gamma + \frac{p\ell}{2H}\right)X \tag{7.31}$$

Esta equação parabólica expressa (em termos do empuxo) a configuração de equilíbrio de cabo suspenso pelas extremidades em alturas diferentes e sob força uniformemente distribuída na horizontal. Esse resultado pode ser escrito em termos da flecha que ocorre em ($X=\ell/2$), de notação f e indicada na figura anterior. Para isso, a partir dessa equação escreve-se:

$$f + \frac{\ell}{2}\,\mathrm{tg}\,\gamma = -\frac{p}{2H}\left(\frac{\ell}{2}\right)^2 + \left(\mathrm{tg}\,\gamma + \frac{p\ell}{2H}\right)\frac{\ell}{2}$$

$$\rightarrow \quad f = \frac{p\ell^2}{8H} \tag{7.32a}$$

$$\rightarrow \quad H = \frac{p\ell^2}{8f} \tag{7.32b}$$

Com a substituição desse último resultado em Eq.7.31, obtém-se a equação parabólica do cabo em termos da flecha de meio de vão:

$$Y = -\frac{p}{2\,\dfrac{p\ell^2}{8f}}X^2 + \left(\mathrm{tg}\,\gamma + \frac{p\ell}{2\,\dfrac{p\ell^2}{8f}}\right)X \quad \rightarrow \quad Y = \frac{4f}{\ell^2}(\ell-X)X + \mathrm{tg}\,\gamma\cdot X \tag{7.33}$$

$$\rightarrow \quad \frac{dY}{dX} = \frac{4f}{\ell^2}(\ell-2X) + \mathrm{tg}\,\gamma \tag{7.34}$$

Além disso, como argumentado na Seção 7.2, a configuração de equilíbrio de um cabo suspenso pelas extremidades e sob forças verticais é análoga à do arco de forma igual à linha de pressões da mesma distribuição de força.[4] Logo, Eq.7.33 pode também ser obtida a partir de Eq.4.17, que expressa linha de pressões e que se reescreve:

---

[4] Essa analogia é particularmente útil quando atuam forças distribuídas e forças concentradas, sobre o cabo.

333

Estática das Estruturas – H. L. Soriano

$$Y' = \frac{M_s\, f}{M_c}$$

Nessa equação, M_c é o momento fletor na seção da viga de substituição correspondente ao ponto especificado pela flecha f, e M_s é o momento fletor na seção dessa viga correspondente à flecha Y', como ilustra a figura anterior. Esses momentos escrevem-se, respectivamente:

$$M_c = \frac{p\ell^2}{8} \qquad e \qquad M_s = \frac{p\ell}{2}X - \frac{p}{2}X^2$$

Logo, com esses resultados e por observação da referida figura, obtém-se:

$$Y = Y' + X\,\mathrm{tg}\,\gamma \quad \rightarrow \quad Y = \frac{\left(\dfrac{p\ell}{2}X - \dfrac{p}{2}X^2\right)f}{\dfrac{p\ell^2}{8}} + \mathrm{tg}\,\gamma \cdot X \quad \rightarrow \quad Y = \frac{4f}{\ell^2}(\ell - X)X + \mathrm{tg}\,\gamma \cdot X$$

Esse resultado confere Eq.7.33.

Eq.7.31 e Eq.7.33 fazem uso, respectivamente, do empuxo e da flecha em meio de vão. Logo, conhecendo-se a ordenada do ponto inferior do cabo, que é denotado por D, pode-se obter o empuxo. Para tanto, o esforço de tração nesse ponto é igual ao empuxo (por ser ponto de tangente horizontal), o que permite escrever, com as notações da figura anterior, o momento dos esforços atuantes no trecho AD em relação ao ponto A (extremidade esquerda do cabo):

$$0 = \frac{p\ell_1^2}{2} - H\,Y_{máx.}$$

Nessa expressão, ℓ_1 é a abscissa do referido ponto inferior, que é obtida a partir de Eq.7.30:

$$0 = -\frac{p\ell_1}{H} + \mathrm{tg}\,\gamma + \frac{p\ell}{2H} \quad \rightarrow \quad \ell_1 = \frac{H\,\mathrm{tg}\,\gamma}{p} + \frac{\ell}{2}$$

Logo, com a substituição desse resultado na equação que lhe precede, escreve-se a seguinte equação algébrica do segundo grau em termos do empuxo:

$$\frac{p}{2}\left(\frac{H\,\mathrm{tg}\,\gamma}{p} + \frac{\ell}{2}\right)^2 - H\,Y_{máx.} = 0 \tag{7.35}$$

Quando se conhece a ordenada máxima, a resolução dessa equação fornece o empuxo.

O esforço de tração na seção genérica é obtido a partir de Eq.7.18, Eq.7.32b e Eq.7.34 e se escreve:

$$N = \frac{p\ell^2}{8f}\sqrt{1 + \left(\frac{4f}{\ell^2}(\ell - 2X) + \mathrm{tg}\,\gamma\right)^2} \tag{7.36}$$

O esforço de tração máximo ocorre junto ao suporte mais elevado que, no caso da figura anterior, está em $(X = 0)$ e se escreve:

$$N_{máx.} = \frac{p\ell^2}{8f}\sqrt{1 + \left(\frac{4f}{\ell} + \mathrm{tg}\,\gamma\right)^2} = H\sqrt{1 + \left(\frac{4f}{\ell} + \mathrm{tg}\,\gamma\right)^2} \tag{7.37}$$

Capítulo 7 – Cabos

$$\rightarrow \qquad \boxed{N_{máx.} = \frac{H}{\cos\alpha_A}} \qquad\qquad (7.38)$$

Logo, tendo-se $N_{máx.}$ e o empuxo, obtém-se o ângulo α_A com essa última expressão.

O comprimento do cabo é obtido a partir de Eq.7.21 e Eq.7.34:

$$s = \int_0^\ell \sqrt{1+\left(\frac{4f}{\ell^2}(\ell-2X)+\operatorname{tg}\gamma\right)^2}\,dX$$

Para isso, adotando-se as notações:

$$\boxed{\begin{cases} a = 4f - \ell\operatorname{tg}\gamma \\ b = 4f + \ell\operatorname{tg}\gamma \end{cases}} \qquad\qquad (7.39)$$

a integração da equação anterior fornece:

$$\boxed{s = \frac{1}{16f}\left(a\sqrt{a^2+\ell^2}+b\sqrt{b^2+\ell^2}+\ell^2\ln\frac{\sqrt{a^2+\ell^2}+4f-\ell\operatorname{tg}\gamma}{\sqrt{b^2+\ell^2}-4f-\ell\operatorname{tg}\gamma}\right)} \qquad\qquad (7.40)$$

Em obtenção de expressão mais simples e aproximada para o comprimento do cabo, utiliza-se a série de potências válida para $-1 < x < 1$:

$$\sqrt{1+x} = 1 + \frac{x}{2} - \frac{x^2}{8} + \frac{x^3}{16} - \cdots + \frac{1/2\,(1/2-1)\cdots(1/2-n+1)}{n!}x^n + \cdots$$

Como nas aplicações práticas de cabo tem-se $0 \le (4f(\ell-2X)/\ell^2 + \operatorname{tg}\gamma)^2 < 1$, pode-se utilizar a série anterior com três termos, para escrever:

$$s \cong \int_0^\ell\left(1+\frac{1}{2}\left(\frac{4f}{\ell^2}(\ell-2X)+\operatorname{tg}\gamma\right)^2 - \frac{1}{8}\left(\frac{4f}{\ell^2}(\ell-2X)+\operatorname{tg}\gamma\right)^4\right)dX$$

$$\rightarrow \qquad \boxed{s \cong \ell + \frac{8f^2}{3\ell} + \frac{\ell\operatorname{tg}^2\gamma}{2} - \left(\frac{32\,f^4}{5\,\ell^3} + \frac{4\,f^2\operatorname{tg}^2\gamma}{\ell} + \frac{\ell\operatorname{tg}^4\gamma}{8}\right)} \qquad\qquad (7.41)$$

Nesse resultado, encontra-se indicada, entre parênteses, a parcela devido ao terceiro termo da série, que costuma ser desconsiderada pelo fato de ter contribuição muito pequena.

A próxima tabela apresenta as diferenças percentuais de comprimentos de cabos calculados com três diferentes razões f/ℓ e quatro diferentes ângulos de desnível de extremidades γ, utilizando dois e três termos da série de potências, diferenças estas em relação ao comprimento exato que é calculado com Eq.7.40. Observa-se que, com a adoção de dois termos, a aproximação é por valores superiores e que, com três termos, a aproximação é por valores inferiores. A referida tabela mostra também que para os cabos com extremidades em uma mesma altura e razões $f/\ell < 0,1$, o que é usual na prática, a operação com dois termos fornece excelentes resultados, não se justificando em cálculos manuais a adoção de três termos. Além disso, pode-se verificar que no caso de $(f/\ell = 0,1)$ e $(\gamma = 0^\circ)$, a diferença percentual do comprimento calculado com três termos em relação ao comprimento calculado com dois termos é de apenas $-0,0623\%$. Com o aumento da razão f/ℓ e da diferença das alturas da posição dos pontos de suporte do cabo, crescem as diferenças entre os resultados com dois e com três termos, e entre esses resultados e os exatos.

Estática das Estruturas – H. L. Soriano

f / ℓ	γ	Com dois termos	Com três termos
0,1	0°	0,06%	−0,003%
	10°	0,17%	−0,02%
	20°	0,63%	−0,12%
	30°	1,81%	−0,56%
0,2	0°	0,77%	−0,16%
	10°	1,07%	−0,31%
	20°	2,05%	−0,87%
	30°	4,00%	−2,33%
0,3	0°	2,96%	−1,3%
	10°	3,38%	−1,80%
	20°	4,79%	−3,37%
	30°	7,42%	−6,76%

Tabela 7.1 – Diferenças percentuais de comprimentos de cabos.

As fórmulas obtidas nesta seção particularizam-se em caso de cabo com extremidades em uma mesma altura, com a simples prescrição de $(\mathrm{tg}\gamma=0)$. Contudo, quanto ao comprimento exato do cabo, vale operar com essa prescrição para obter a expressão mais simples do que em Eq.7.40:

$$s = \frac{\ell^2}{16f} \left(\frac{8f}{\ell} \sqrt{1+\left(\frac{4f}{\ell}\right)^2} + \ln \frac{\sqrt{1+\left(\frac{4f}{\ell}\right)^2}+\frac{4f}{\ell}}{\sqrt{1+\left(\frac{4f}{\ell}\right)^2}-\frac{4f}{\ell}} \right) \tag{7.42}$$

Exemplo 7.7 – Para o cabo representado na próxima figura, obtêm-se o empuxo, o esforço de tração máximo, o ângulo de inclinação junto ao apoio mais elevado e o comprimento.

Da configuração mostrada na figura, tem-se:

$\mathrm{tg}\gamma = 10/100 = 0,1$

Logo, com base em Eq.7.35, obtém-se o empuxo:

$$\frac{5}{2}\left(\frac{0,1\,H}{5}+\frac{100}{2}\right)^2 - 25\,H = 0$$

$$\rightarrow \quad 0,001\,H^2 - 20\,H + 6250 = 0 \quad \rightarrow \quad \begin{cases} H_1 \cong 317,54\,\mathrm{kN} \\ H_2 \cong 19\,682\,\mathrm{kN} \end{cases}$$

336

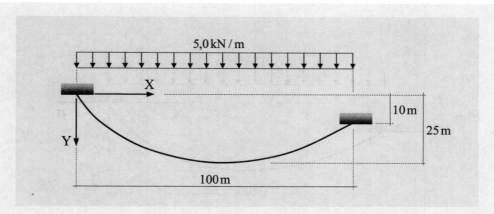

Figura E7.7 – Cabo em parábola.

O menor dos resultados anteriores é o de significado físico, por o cabo atingir o equilíbrio com esse valor antes que com o outro.

Eq.7.32a fornece a flecha em $(X=\ell/2)$:

$$f = \frac{5 \cdot 100^2}{8 \cdot 317,54} \quad \rightarrow \quad f \cong 19,683\,m$$

Logo, Eq.7.37 conduz ao esforço de tração máximo:

$$N_{máx.} = \frac{5 \cdot 100^2}{8 \cdot 19,683} \sqrt{1 + \left(\frac{4 \cdot 19,683}{100} + 0,1\right)^2} \quad \rightarrow \quad N_{máx.} \cong 424,51\,kN$$

Com base nesse resultado, obtém-se a inclinação junto ao apoio mais elevado:

$$\cos\alpha_A = \frac{317,54}{424,51} \quad \rightarrow \quad \alpha_A \cong 41,581°$$

Eq.7.41 fornece o comprimento do cabo:

$$s \cong 100 + \frac{8 \cdot 19,683^2}{3 \cdot 100} + \frac{100 \cdot 0,1^2}{2} - \frac{32 \cdot 19,683^4}{5 \cdot 100^3} - \frac{4 \cdot 19,683^2 \cdot 0,1^2}{100} - \frac{100 \cdot 0,1^4}{8}$$

$$\rightarrow \quad s \cong 109,71\,m$$

Em comparação desse resultado com o comprimento exato obtido com Eq.7.40, encontra-se a diferença de −0,2%.

Contudo, importa confirmar a validade do uso da série de potências:

$$\left(\frac{4f}{\ell^2}(\ell - 2X) + tg\,\gamma\right)^2\bigg|_{X=0} = \left(\frac{4 \cdot 19,683}{100^2} \cdot 100 + 0,1^2\right)^2 = 0,63572 < 1$$

Exemplo 7.8 – O cabo esquematizado na próxima figura tem esforço de tração máximo de 150,0kN. Obtêm-se, para esse cabo, o empuxo, a ordenada máxima e o comprimento.

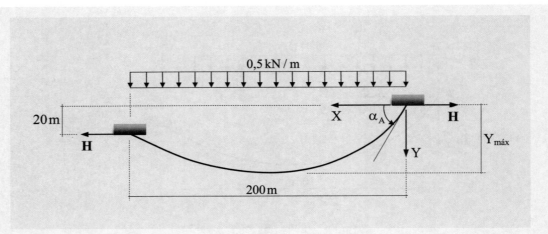

Figura E7.8 – Cabo em parábola.

Da configuração esquematizada na figura anterior, tem-se:

$\text{tg}\,\gamma = 20/200 = 0{,}1 \quad \text{e} \quad H = 150\cos\alpha_A$.

Logo, Eq.7.30 fornece a inclinação do cabo na extremidade direita:

$$\left(\frac{dY}{dX}\right)_{|X=0} = \text{tg}\,\alpha_A = \text{tg}\,\gamma + \frac{p\ell}{2H} \quad \rightarrow \quad \text{tg}\,\alpha_A = 0{,}1 + \frac{0{,}5\cdot 200}{2\cdot 150\cdot \cos\alpha_A}$$

$$\rightarrow \quad \frac{1}{\cos\alpha_A}\sqrt{1-\cos^2\alpha_A} = 0{,}1 + \frac{0{,}333\,33}{\cos\alpha_A}$$

$$\rightarrow \quad 1{,}01\cos^2\alpha_A + 0{,}066\,667\cos\alpha_A - 0{,}888\,89 = 0 \quad \rightarrow \quad \begin{cases} \cos\alpha_A \cong 0{,}905\,71 \\ \cos\alpha_A \cong -0{,}971\,71 \end{cases}$$

Entre esses resultados, apenas o positivo tem significado físico. Logo, obtém-se o empuxo:

$H = 150\cdot 0{,}905\,71 \quad \rightarrow \quad H \cong 135{,}86\,\text{kN}$.

Conhecido esse resultado, obtém-se a flecha de meio de vão com Eq.7.32a:

$f = \dfrac{0{,}5\cdot 200^2}{8\cdot 135{,}86} \quad \rightarrow \quad f \cong 18{,}401\,\text{m}$

Logo, determina-se ordenada máxima com Eq.7.35:

$$Y_{\text{máx.}} = \frac{0{,}5}{2\cdot 135{,}86}\left(\frac{135{,}86\cdot 0{,}1}{0{,}5} + \frac{200}{2}\right)^2 \quad \rightarrow \quad Y_{\text{máx.}} \cong 29{,}760\,\text{m}$$

Finalmente, calcula-se o comprimento do cabo com Eq.7.41:

$$s \cong 200 + \frac{8\cdot 18{,}401^2}{3\cdot 200} + \frac{200\cdot 0{,}1^2}{2} - \frac{32\cdot 18{,}401^4}{5\cdot 200^3} - \frac{4\cdot 18{,}401^2\cdot 0{,}1^2}{200} - \frac{200\cdot 0{,}1^4}{8}$$

$\rightarrow \quad s \cong 205{,}35\,\text{m}$

Capítulo 7 – Cabos

Para comparar cabo em catenária com cabo em parábola, considera-se o caso particular em que as extremidades estejam em uma mesma altura, quando, então, Eq.7.31 que diz respeito ao cabo em parábola toma a forma:

$$Y = -\frac{p}{2H} X^2 + \frac{p\ell}{2H} X \qquad (7.43)$$

Com a transformação de coordenadas $(X^*=X-\ell/2)$ e $(Y^*=f-Y)$, a equação anterior e Eq.7.32a fornecem:

$$Y^* = \frac{p\ell^2}{8H} + \frac{p}{2H}\left(X^* + \frac{\ell}{2}\right)^2 - \frac{p\ell}{2H}\left(X^* + \frac{\ell}{2}\right)$$

$$\rightarrow \qquad Y^* = \frac{p}{2H} X^{*2} \qquad (7.44)$$

O resultado anterior pode ser escrito sob a forma:

$$\frac{Y^*p}{H} = \frac{1}{2}\left(\frac{p}{H} X^*\right)^2 \qquad (7.45)$$

De modo semelhante, a expressão Eq.7.29, relativa a cabo em catenária, pode ser escrita sob a forma:

$$\frac{Y^*p_s}{H} = \cosh\left(\frac{p_s}{H} X^*\right) - 1 \qquad (7.46)$$

Nesta última expressão e com o desenvolvimento em série $(\cosh z = 1 + z^2/2! + z^4/4! \cdots)$, válido para $|z| < \infty$, obtém-se:

$$\frac{Y^*p_s}{H} = \frac{1}{2}\left(\frac{p_s}{H} X^*\right)^2 + \frac{1}{24}\left(\frac{p_s}{H} X^*\right)^4 + \frac{1}{720}\left(\frac{p_s}{H} X^*\right)^6 + \cdots \qquad (7.47)$$

Nesse desenvolvimento, observa-se que o primeiro termo tem a mesma forma que o segundo membro da equação da parábola expressa por Eq.7.45 e, portanto, a menos da pequena diferença entre p e p_s, os demais termos representam a diferença entre a catenária e a parábola.

Para visualizar essa diferença, escrevem-se Eq.7.45 e Eq.7.47 com as notações:

$$\begin{cases} y_p(x) = \frac{1}{2}(px)^2 \\[2mm] y_c(x) = \frac{1}{2}(px)^2 + \frac{1}{24}(px)^4 + \frac{1}{720}(px)^6 + \cdots \end{cases} \qquad (7.48)$$

A primeira dessas expressões é equação de parábola e a segunda, de catenária. Essas equações estão representadas graficamente na próxima figura.

Identifica-se que, para um mesmo vão e um mesmo empuxo, a flecha do cabo em catenária é maior que a do cabo em parábola e que a diferença entre as duas configurações aumenta na medida em que a flecha cresce em relação ao vão.

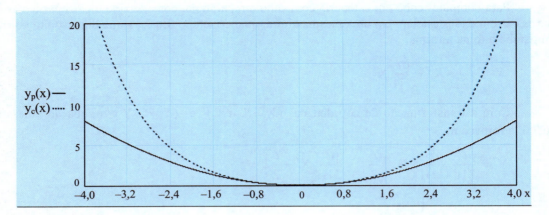

Figura 7.9 – Representações de parábola e de catenária.

A análise de um cabo em parábola é bem mais simples do que em caso de catenária, por esta última envolver funções hiperbólicas e equações transcendentes. Por essa razão, em caso de flecha pequena e operação com calculadora de bolso, costuma-se substituir esta última por aquela. E para se ter percepção da aproximação introduzida com essa substituição, a próxima tabela apresenta diferenças percentuais de resultados de esforço de tração máximo, empuxo e comprimento, em cabos de extremidades em uma mesma altura e com três diferentes razões f/ℓ. Vê-se que em caso de razão $f/\ell < 0,1$, que usualmente ocorre em linhas de transmissão de energia elétrica e de comunicação, essa substituição introduz aproximações muito pequenas, perfeitamente aceitáveis.

f/ℓ	$N_{máx.}$	H	s
0,1	−1,46%	−1,20%	−0,02%
0,2	−6,48%	−4,70%	−0,14%
0,3	−14,29%	−9,31%	−0,42%

Tabela 7.2 – Diferenças percentuais devido à substituição da catenária pela parábola.

Exemplo 7.9 – Um cabo que se pretende suspender a partir dos pontos A e B, para estar sob as forças indicadas na próxima figura, deve vir a ter uma flecha máxima de 8 m. Obtêm-se a configuração de equilíbrio, as reações de apoio, o esforço de tração máximo e o comprimento do cabo.

É simples resolver esta questão com a viga de substituição mostrada na referida figura, cujas reações estão indicadas e são iguais aos componentes verticais das reações nos pontos de suporte do cabo, pelo fato desses pontos estarem em uma mesma altura.

Com o diagrama de momento fletor dessa viga e com base em Eq.7.6, identifica-se que a flecha máxima ocorre na seção de aplicação da força de 10 kN. Além disso, ainda com Eq.7.6, obtém-se o empuxo:

$$H = \frac{440}{8} \quad \rightarrow \quad \boxed{H = 55,0\,kN}$$

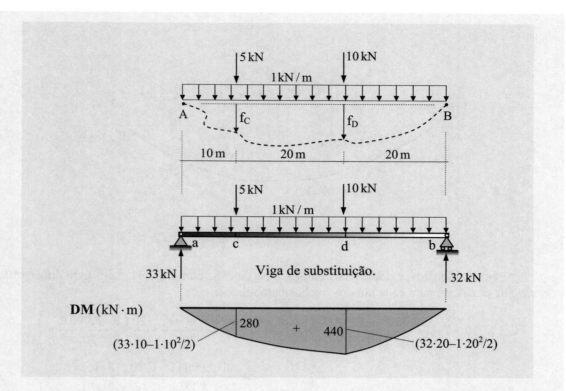

Figura E7.9a – Dados de posicionamento de um cabo e viga de substituição.

Com o resultado anterior e os valores de momento fletor nas seções C e D de aplicação das forças concentradas, obtém-se as flechas:

$$f_C = \frac{280}{55} \cong 5,0909\,m \quad , \quad f_D = \frac{440}{55} = 8,0\,m$$

Os trechos do cabo entre seus pontos de suporte e os de aplicação das forças concentradas são parábolas do segundo grau, com descontinuidade de derivada primeira nas extremidades desses trechos. Recai-se, em três casos de cabo com extremidades em alturas distintas e sob força vertical uniformemente distribuída na horizontal. Logo, com Eq.7.32a, calculam-se as flechas nos pontos médios desses trechos, medidas a partir dos segmentos lineares que unem os pontos extremos do correspondente trecho:

$$f_{AC} = \frac{1\cdot 10^2}{8\cdot 55} \cong 0,22727\,m \quad , \quad f_{CD} = f_{DB} = \frac{1\cdot 20^2}{8\cdot 55} \cong 0,90909\,m$$

Esses resultados estão indicados na referida figura.

O esforço de tração máximo ocorre junto ao suporte da esquerda, por haver nesse suporte o maior componente reativo vertical, e tem o valor:

$$N_{máx.} = \sqrt{33^2 + 55^2} \quad \rightarrow \quad N_{máx.} \cong 64,140\,kN$$

Esse esforço pode também ser obtido com Eq.7.37, como a seguir:

$$N_{máx.} = \frac{1\cdot 10^2}{8\cdot 0,22727}\sqrt{1+\left(\frac{4\cdot 0,22727}{10}+\frac{5,0909}{10}\right)^2} \quad \rightarrow \quad N_{máx.} \cong 64,141\,kN$$

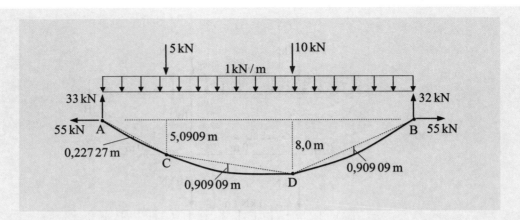

Figura E7.9b – Configuração do cabo da figura anterior.

Por simplicidade, calcula-se o comprimento do cabo com Eq.7.41, utilizando dois termos da série de potências para cada um dos trechos parabólicos:

$$s \cong \left(10 + \frac{8 \cdot 0{,}227\,27^2}{3 \cdot 10} + \frac{10}{2}\left(\frac{5{,}090\,9}{10}\right)^2\right) + \left(20 + \frac{8 \cdot 0{,}909\,09^2}{3 \cdot 20} + \frac{20}{2}\left(\frac{8 - 5{,}090\,9}{20}\right)^2\right)$$

$$+ \left(20 + \frac{8 \cdot 0{,}909\,09^2}{3 \cdot 20} + \frac{20}{2}\left(\frac{8}{20}\right)^2\right)$$

→ $s \cong 53{,}342$ m

Exemplo 7.10 – Em ponte pênsil, a maior parcela do esforço de tração nos cabos principais de sustentação deve-se ao peso do tabuleiro e dos veículos, que é transmitido a esses cabos através de pendurais que foram identificados na Figura 2.24. No presente exemplo, considera-se um cabo de ponte pênsil sob a força distribuída especificada na próxima figura, cabo este que é suposto passar sem atrito pelos topos das torres (B e C) e é ancorado nos blocos de fundação (A e D). Obtêm-se o esforço de tração máximo no cabo, as forças horizontal e vertical transmitidas ao topo das torres e os diagramas dos esforços seccionais dessas torres.

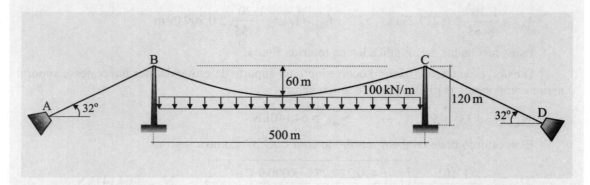

Figura E7.10a – Esquema de cabo principal em ponte pênsil.

Com Eq.7.37 obtém-se o esforço de tração máximo no cabo:

$$N_{máx.} = \frac{100 \cdot 500^2}{8 \cdot 60}\sqrt{1+\left(\frac{4 \cdot 60}{500}\right)^2} \quad \rightarrow \quad N_{máx.} \cong 57\,773\,kN$$

Com Eq.7.32b determina-se o empuxo:

$$H = \frac{100 \cdot 500^2}{8 \cdot 60} \quad \rightarrow \quad H \cong 52\,083\,kN$$

Com base em Eq.7.38, obtém-se a inclinação do trecho intermediário do cabo junto aos topos das torres:

$$\cos\alpha_A = \frac{52\,083}{57\,773} \quad \rightarrow \quad \alpha_A \cong 25,643°$$

Assim, no topo da torre da esquerda, têm-se as forças indicadas na próxima figura, onde o esforço no cabo de ancoragem é igual ao de tração máximo calculado anteriormente, devido à suposição do cabo passar sobre esse topo sem atrito. Ainda nessa mesma figura, H_B e R_B designam, respectivamente, as forças horizontal e vertical de interação entre esse topo e o cabo.

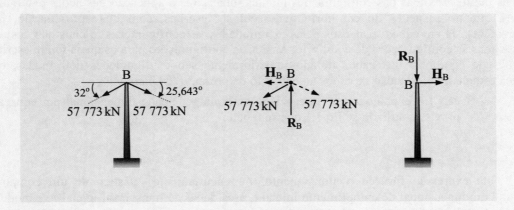

Figura E7.10b – Forças no topo da torre da esquerda da ponte da figura precedente.

Da condição de equilíbrio do ponto B representado na parte intermediária da figura anterior, tem-se:

$$\begin{cases} \sum F_X = 0 \\ \sum F_Y = 0 \end{cases} \rightarrow \begin{cases} H_B = 57\,773\,(\cos 25,643° - \cos 32°) \\ R_B = 57\,773\,(\sin 25,643° + \sin 32°) \end{cases}$$

$$\rightarrow \begin{cases} H_B \cong 3\,088,5\,kN \\ R_B \cong 55\,617\,kN \end{cases}$$

Logo, com base nesses resultados, obtêm-se, para a referida torre, os diagramas de esforços seccionais mostrados na figura seguinte.

Vale observar que, para reduzir o efeito de flexão nas torres, basta fazer o ângulo de inclinação dos cabos de ancoragem próximo ao de inclinação do cabo principal junto aos topos das torres. Feito isto, o relevante passa a ser o esforço de compressão nas torres.

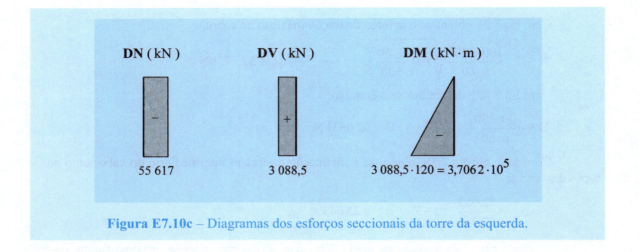

Figura E7.10c – Diagramas dos esforços seccionais da torre da esquerda.

7.5 – Deformação de cabos

As configurações de equilíbrio das estruturas estudadas nos capítulos anteriores foram supostas muito próximas das configurações iniciais (anteriores à aplicação das ações externas), de maneira que as equações de equilíbrio pudessem ser escritas, com boa aproximação, nestas configurações. Já em cabos suspensos pelas extremidades, as configurações iniciais não costumam ser próximas às configurações de equilíbrio. Assim, as configurações para as quais foram escritas as equações de equilíbrio dos cabos tratados anteriormente são configurações deformadas, o que justifica estudar a deformação de cabos no contexto da presente *Estática*.

Na Seção 1.4 explanou-se a necessidade de homogeneidade dimensional em equação de fenômeno físico. Nisso, utilizou-se Eq.1.1 que se repete:

$$\delta = \frac{F\ell}{EA} \tag{7.49}$$

Esta expressão fornece o alongamento (ou encurtamento) elástico de um componente estrutural unidimensional de comprimento inicial ℓ, área de seção transversal inicial A e módulo de elasticidade E, devido à força axial **F** (aplicada de forma lenta). Tal expressão aplica-se a um elemento infinitesimal de cabo, de comprimento inicial ds_o, ao qual venha atuar o esforço de tração N. Assim, escreve-se o alongamento infinitesimal:

$$d\delta = \frac{N\,ds_o}{EA} \tag{7.50}$$

Com a aproximação $ds \cong ds_o$, onde ds é o comprimento final do referido elemento, escreve-se:

$$d\delta \cong \frac{N\,ds}{EA} \tag{7.51}$$

Logo, com a substituição de Eq.7.9 e Eq.7.18 nessa última, obtém-se:

$$d\delta \cong \frac{H}{EA}\left(1 + \left(\frac{dY}{dX}\right)^2\right)dX$$

Dessa equação, com a condição de que o módulo de elasticidade e a área da seção transversal sejam constantes, obtém-se o alongamento elástico:

Capítulo 7 – Cabos

$$\delta \cong \frac{H}{EA} \int_0^\ell \left(1 + \left(\frac{dY}{dX}\right)^2\right) dX \tag{7.52}$$

Em caso de cabo em parábola com extremidades em alturas distintas, substituem-se Eq.7.32b e Eq.7.34 na expressão anterior, para obter:

$$\delta \cong \frac{p\ell^2}{8fEA} \int_0^\ell \left(1 + \left(\frac{4f}{\ell^2}(\ell - 2X) + \operatorname{tg}\gamma\right)^2\right) dX$$

$$\rightarrow \quad \delta \cong \frac{p\ell^2}{8fEA}\left(\ell + \frac{16f^2}{3\ell} + \ell\operatorname{tg}^2\gamma\right) = \frac{H}{EA}\left(\ell + \frac{16f^2}{3\ell} + \ell\operatorname{tg}^2\gamma\right) \tag{7.53}$$

Em se tratando de cabo em catenária com extremidades em alturas distintas, substitui-se Eq.7.15 em Eq.7.52, para obter o alongamento:

$$\delta \cong \frac{H}{EA} \int_0^\ell \left(1 + \sinh^2\left(-\frac{p_s}{H}X + \ln\frac{1 + \sin\alpha_A}{\cos\alpha_A}\right)\right) dX$$

$$\rightarrow \quad \delta \cong \frac{H^2}{2EAp_s}\left(\frac{p_s\ell}{H} + \frac{\operatorname{tg}\alpha_A}{\cos\alpha_A}\left(1 - \cosh\frac{2p_s\ell}{H}\right) + \left(\frac{1}{\cos^2\alpha_A} - \frac{1}{2}\right)\sinh\frac{2p_s\ell}{H}\right) \tag{7.54}$$

Em caso de cabo em catenária com extremidades em uma mesma altura, substitui-se Eq.7.23 em Eq.7.52, para se ter o alongamento:

$$\delta \cong \frac{H}{EA} \int_0^\ell \left(1 + \sinh^2\left(-\frac{p_s}{H}\left(X - \frac{\ell}{2}\right)\right)\right) dX \quad \rightarrow \quad \delta \cong \frac{H^2}{2EAp_s}\left(\frac{p_s\ell}{H} + \sinh\frac{p_s\ell}{H}\right) \tag{7.55}$$

Pelo fato da análise de cabo em parábola ser mais simples do que a em catenária, costuma-se considerar a configuração em parábola em lugar da configuração em catenária, obtendo-se, como foi mostrado com a Tabela 7.2, ótimos resultados para $N_{máx.}$, H e s, em caso de razão f/ℓ muito pequena. Em adição às informações dessa tabela, podem-se comprovar as seguintes diferenças percentuais de alongamento quando se faz a referida consideração em cabo com extremidades em alturas distintas: $-1,31\%$ em caso de $(f/\ell = 0,1)$, $-5,03\%$ em caso de $(f/\ell = 0,2)$ e $-10,49\%$ em caso de $(f/\ell = 0,3)$. Comprova-se, assim, que, com razão $f/\ell < 0,1$, a substituição da catenária pela parábola introduz aproximações aceitáveis em projeto.

A partir da configuração de equilíbrio de um cabo, é imediato obter o correspondente comprimento inicial, s_i. Para isto, calculam-se o comprimento final s_f e o alongamento. E como esse alongamento foi determinado com a aproximação de substituir ds_o por ds, tem-se o comprimento inicial:

$$s_i = s_f - \delta \tag{7.56}$$

Exemplo 7.11 – Um fio de cobre com $8\,mm$ de diâmetro, módulo de elasticidade de $110\,GPa$ e peso específico de $85\,kN/m^3$, deverá ser suspenso com extremidades em uma mesma altura, de maneira que f/ℓ seja igual a 0,015 e o esforço de tração máximo igual a $2,0\,kN$. Determinam-se o vão e o correspondente comprimento inicial do fio para conseguir a configuração de equilíbrio.

345

Estática das Estruturas – **H. L. Soriano**

No caso, tem-se a área da seção transversal do fio:

$$A = \frac{\pi \cdot 0{,}008^2}{4} \qquad \rightarrow \qquad A \cong 5{,}026\,5 \cdot 10^{-5}\,\text{m}^2$$

Tem-se, também, o peso do fio por metro linear:

$$p_s = 85 \cdot 5{,}026\,5 \cdot 10^{-5} \qquad \rightarrow \qquad p_s \cong 4{,}272\,5 \cdot 10^{-3}\,\text{kN/m}$$

Pelo fato da razão f/ℓ ser muito pequena, considera-se configuração parabólica para obter o vão com base em Eq.7.37:

$$\ell = \frac{8 \cdot N_{\text{máx.}}}{p\sqrt{1+\left(\dfrac{4f}{\ell}\right)^2}}\,\frac{f}{\ell} = \frac{8 \cdot 2}{4{,}272\,5 \cdot 10^{-3}\sqrt{1+\left(4 \cdot 0{,}015\right)^2}} \cdot 0{,}015 \qquad \rightarrow \qquad \boxed{\ell \cong 56{,}072\,\text{m}}$$

Logo, como ($f/\ell=0{,}015$), obtém-se a flecha de meio de vão:

$$f = 0{,}015 \cdot 56{,}072 \qquad \rightarrow \qquad f = 0{,}841\,08\,\text{m}$$

Com esses resultados e Eq.7.41, em particularização a dois termos da série de potências, obtém-se o comprimento do fio na configuração de equilíbrio:

$$s_f \cong 56{,}072 + \frac{8 \cdot 0{,}841\,08^2}{3 \cdot 56{,}072} \qquad \rightarrow \qquad s_f \cong 56{,}106\,\text{m}$$

Além disso, Eq.7.53 fornece o alongamento:

$$\delta \cong \frac{4{,}272\,5 \cdot 10^{-3} \cdot 56{,}072^2}{8 \cdot 0{,}841\,08 \cdot 110 \cdot 10^6 \cdot 5{,}026\,5 \cdot 10^{-5}}\left(56{,}072 + \frac{16 \cdot 0{,}841\,08^2}{3 \cdot 56{,}072}\right) \qquad \rightarrow \qquad \delta \cong 0{,}020\,270\,\text{m}$$

Finalmente, com base em Eq.7.56, obtém-se o comprimento inicial do fio:

$$s_i = 56{,}106 - 0{,}020\,27 \qquad \rightarrow \qquad \boxed{s_i \cong 56{,}086\,\text{m}}$$

De forma inversa, tendo-se o comprimento inicial s_i de um cabo, pode-se determinar o comprimento final e a correspondente configuração de equilíbrio. Para isto, em caso de configuração parabólica de flecha inicial f_i, calcula-se o correspondente alongamento δ com Eq.7.53. Esse alongamento altera o comprimento do cabo para ($s_1 = s_i + \delta$), o que dá margem à determinação de uma nova flecha, que por sua vez conduz a um novo alongamento e a um novo comprimento, e assim sucessivamente até que a diferença entre dois valores consecutivos de uma dessas grandezas seja desprezível, em caracterização de convergência do procedimento iterativo. E para estabelecer procedimento simples aplicável com uma calculadora de bolso, escreve-se o comprimento inicial a partir de Eq.7.41, com dois termos da série de potências:

$$s_i \cong \ell + \frac{8f_i^2}{3\ell} + \frac{\ell\,\text{tg}^2\gamma}{2} \tag{7.57}$$

que corresponde à flecha:

$$f_i \cong \sqrt{\frac{3\ell}{8}\left(s_i - \ell - \frac{\ell\,\text{tg}^2\gamma}{2}\right)} \tag{7.58}$$

346

Capítulo 7 – Cabos

Com esse resultado, constrói-se o seguinte algoritmo: [5]

$$s_1 = s_i + \delta$$

$$j = 1, 2, 3 \cdots$$

$$f_j = \sqrt{\frac{3\ell}{8}\left(s_j - \ell - \frac{\ell \, tg^2\gamma}{2}\right)}$$

$$\delta_j = \frac{p\ell^2}{8f_j\,EA}\left(\ell + \frac{16f_j^2}{3\ell} + \ell \, tg^2\gamma\right)$$

$$s_{j+1} = s_i + \delta_j$$

Se s_{j+1} for aproximadamente igual a s_j

$$s_f = s_{j+1}$$

$$f_f = \sqrt{\frac{3\ell}{8}\left(s_f - \ell - \frac{\ell \, tg^2\gamma}{2}\right)}$$

Algoritmo 7.1 – Determinação de configuração parabólica de cabo.

Conhecida a flecha final f_f, Eq.7.32b fornece o empuxo final:

$$H_f = \frac{p\ell^2}{8f_f} \tag{7.59}$$

Além disso, com Eq.7.36, tem-se a expressão do esforço de tração final:

$$N_f = \frac{p\ell^2}{8f_f}\sqrt{1 + \left(\frac{4f_f}{\ell^2}\left(\ell - 2X\right) + tg\gamma\right)^2} \tag{7.60}$$

de valor máximo:

$$N_{máx.,f} = \frac{p\ell^2}{8f_f}\sqrt{1 + \left(\frac{4f_f}{\ell} + tg\gamma\right)^2} = H_f\sqrt{1 + \left(\frac{4f_f}{\ell} + tg\gamma\right)^2} \tag{7.61}$$

Exemplo 7.12 – Um cabo está suspenso sob peso próprio com a configuração mostrada na próxima figura, a partir da qual se aplica a força vertical de $10\,kN/m$ distribuída na horizontal. Tendo o cabo área de seção transversal de $20\,cm^2$ e módulo de elasticidade de $2\,500\,kN/cm^2$, determinam-se o empuxo e o esforço de tração máximo na configuração final de equilíbrio.

---

[5] A seta em laço à esquerda da variável incremental j indica o conjunto de comandos de atuação dessa variável e a seta à direita do último desses comandos interrompe o fluxo normal do procedimento incremental.

347

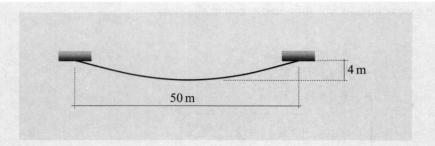

Figura E7.12 – Cabo sob ação de peso próprio.

Pelo fato da razão f/ℓ ser pequena, considera-se configuração parabólica e calcula-se o comprimento inicial com base em Eq.7.57:

$$s_i \cong 50 + \frac{8 \cdot 4^2}{3 \cdot 50} \quad \rightarrow \quad s_i \cong 50{,}853 \text{ m}$$

Logo, com Eq.7.53, tem-se o alongamento:

$$\delta \cong \frac{10 \cdot 50^2}{8 \cdot 4 \cdot 2\,500 \cdot 20}\left(50 + \frac{16 \cdot 4^2}{3 \cdot 50}\right) \quad \rightarrow \quad \delta \cong 0{,}807\,92 \text{ m}$$

A partir desses dois resultados, aplica-se o Algoritmo 7.1:

$$s_1 = 50{,}853 + 0{,}807\,92 \quad \rightarrow \quad s_1 \cong 51{,}661 \text{ m}$$

– Para (j=1), tem-se:

$$f_1 = \sqrt{\frac{3 \cdot 50}{8}\left(51{,}661 - 50\right)} \quad \rightarrow \quad f_1 \cong 5{,}5807 \text{ m}$$

$$\delta_1 = \frac{10 \cdot 50^2}{8 \cdot 5{,}580\,7 \cdot 2\,500 \cdot 20}\left(50 + \frac{16 \cdot 5{,}580\,7^2}{3 \cdot 50}\right) \quad \rightarrow \quad \delta_1 \cong 0{,}597\,17 \text{ m}$$

$$s_2 = 50{,}853 + 0{,}597\,17 \cong 51{,}450 \text{ m} \neq s_1$$

– Para (j=2), tem-se:

$$f_2 = \sqrt{\frac{3 \cdot 50}{8}\left(51{,}450 - 50\right)} \quad \rightarrow \quad f_2 \cong 5{,}2142 \text{ m}$$

$$\delta_2 = \frac{10 \cdot 50^2}{8 \cdot 5{,}214\,2 \cdot 2\,500 \cdot 20}\left(50 + \frac{16 \cdot 5{,}214\,2^2}{3 \cdot 50}\right) \quad \rightarrow \quad \delta_2 \cong 0{,}634\,09 \text{ m}$$

$$s_3 = 50{,}853 + 0{,}634\,09 \cong 51{,}487 \text{ m} \neq s_2$$

– Para (j=3), tem-se:

$$f_3 = \sqrt{\frac{3 \cdot 50}{8}\left(51{,}487 - 50\right)} \quad \rightarrow \quad f_3 \cong 5{,}280\,3 \text{ m}$$

$$\delta_3 = \frac{10 \cdot 50^2}{8 \cdot 5{,}280\,3 \cdot 2\,500 \cdot 20}\left(50 + \frac{16 \cdot 5{,}280\,3^2}{3 \cdot 50}\right) \quad \rightarrow \quad \delta_3 \cong 0{,}627\,02 \text{ m}$$

Capítulo 7 – Cabos

$$s_4 = 50{,}853 + 0{,}627\,02 \cong 51{,}480\,\text{m} \neq s_3$$

– Para $(j=4)$, tem-se:

$$f_4 = \sqrt{\frac{3\cdot 50}{8}\left(51{,}480-50\right)} \quad \rightarrow \quad f_4 \cong 5{,}267\,8\,\text{m}$$

$$\delta_4 = \frac{10\cdot 50^2}{8\cdot 5{,}267\,8\cdot 2\,500\cdot 20}\left(50+\frac{16\cdot 5{,}267\,8^2}{3\cdot 50}\right) \quad \rightarrow \quad \delta_4 \cong 0{,}628\,35\,\text{m}$$

$$s_5 = 50{,}853 + 0{,}628\,35 \cong 51{,}481\,\text{m} \cong s_4 \quad \rightarrow \quad \text{Interrupção do procedimento iterativo}$$

$$\rightarrow \quad s_f = 51{,}481\,\text{m}$$

$$f_f = \sqrt{\frac{3\cdot 50}{8}\left(51{,}481-50\right)} \quad \rightarrow \quad f_f \cong 5{,}269\,6\,\text{m}$$

$$\text{Eq.7.32b} \quad \rightarrow \quad H_f = \frac{10\cdot 50^2}{8\cdot 5{,}269\,6} \quad \rightarrow \quad H_f \cong 593{,}02\,\text{kN}$$

$$\text{Eq.7.37} \quad \rightarrow \quad N_{\text{máx.,f}} = 593{,}02\sqrt{1+\left(\frac{4\cdot 5{,}269\,6}{50}\right)^2} \quad \rightarrow \quad N_{\text{máx.,f}} \cong 643{,}56\,\text{kN}$$

É oportuno comprovar a acurácia de Eq.7.56 que fornece o comprimento inicial a partir do comprimento final do cabo, quando se tem o alongamento elástico:

$$\text{Eq.7.53} \quad \rightarrow \quad \delta \cong \frac{593{,}02}{2\,500\cdot 20}\left(50+\frac{16\cdot 5{,}269\,6^2}{3\cdot 50}\right) \quad \rightarrow \quad \delta \cong 0{,}628\,15\,\text{m}$$

$$\text{Eq.7.56} \quad \rightarrow \quad s_i = 51{,}481-0{,}628\,15 \quad \rightarrow \quad s_i \cong 50{,}853\,\text{m}$$

Esse resultado é idêntico ao comprimento calculado com a configuração de cabo mostrada na figura anterior.

Também a partir do comprimento inicial não deformado, em caso de cabo em catenária, é possível determinar o comprimento final e a configuração de equilíbrio.

Inicialmente, por ser mais simples, considera-se cabo com extremidades em uma mesma altura. Tendo-se o comprimento inicial s_i, pode-se obter um valor inicial de empuxo H_i com base na equação transcendente expressa em Eq.7.28, valor este que permite determinar o alongamento elástico com Eq.7.54, que conduz a um novo comprimento através da soma do comprimento inicial com o alongamento elástico, e assim sucessivamente até que se atinja convergência de resultados.

Em atendimento a essa sequência de cálculos, o Algoritmo 7.1 altera-se para a forma:

```
s₁ = sᵢ
j = 1, 2, 3 ⋯
Resolução da equação $\left( s_j = \dfrac{2H_j}{p_s} \sinh \dfrac{p_s \ell}{2H_j} \right)$, obtendo-se $H_j$

$\delta_j = \dfrac{H_j^2}{2EA p_s} \left( \dfrac{p_s \ell}{H_j} + \sinh \dfrac{p_s \ell}{H_j} \right)$

$s_{j+1} = s_i + \delta_j$

Se $s_{j+1}$ for aproximadamente igual a $s_j$

$s_f = s_{j+1}$ , $H_f = H_j$

$f_f = \dfrac{H_f}{p_s} \left( \cosh \dfrac{p_s \ell}{2 H_f} - 1 \right)$
```

Algoritmo 7.2 – Determinação de configuração em catenária de extremidades em mesma altura.

Para cabo em catenária com extremidades em alturas distintas, tendo-se o comprimento inicial, a resolução do sistema transcendente formado por Eq.7.16 (particularizada para X=ℓ, quando então se tem Y=Y_B) e por Eq.7.22 fornece uma estimativa para o empuxo e para a tangente trigonométrica do ângulo de inclinação do cabo na extremidade de (X=0). Esses resultados permitem a determinação do alongamento elástico com Eq.7.54. Logo, o algoritmo anterior altera-se para a forma:

```
s₁ = sᵢ
j = 1, 2, 3 ⋯
Resolução do seguinte sistema de equações em termos de $H_j$ e $\alpha_{Aj}$:

$\begin{cases} Y_B = -\dfrac{H_j}{p_s}\left( \cosh\left( -\dfrac{p_s\ell}{H_j} + \ln\dfrac{1+\sin\alpha_{Aj}}{\cos\alpha_{Aj}} \right) - \dfrac{1}{\cos\alpha_{Aj}} \right) \\ s_j = \dfrac{H_j}{p_s}\left( \sinh\left( \dfrac{p_s\ell}{H_j} - \ln\dfrac{1+\sin\alpha_{Aj}}{\cos\alpha_{Aj}} \right) + \operatorname{tg}\alpha_{Aj} \right) \end{cases}$

$\delta_j = \dfrac{H_j^2}{2EA p_s}\left( \dfrac{p_s\ell}{H_j} + \dfrac{\operatorname{tg}\alpha_{Aj}}{\cos\alpha_{Aj}}\left(1 - \cosh\dfrac{2p_s\ell}{H_j}\right) + \left(\dfrac{1}{\cos^2\alpha_{Aj}} - \dfrac{1}{2}\right)\sinh\dfrac{2p_s\ell}{H_j} \right)$

$s_{j+1} = s_i + \delta_j$

Se $s_{j+1}$ for aproximadamente igual a $s_j$

$s_f = s_{j+1}$ , $H_f = H_j$
```

Algoritmo 7.3 – Determinação de configuração em catenária de extremidades em alturas distintas.

A equação transcendente que ocorre no Algoritmo 7.2 e o sistema de duas equações trancendentes do Algoritmo 7.3 são facilmente resolvidos em programação automática de linguagem simbólica.

Em caso da variação uniforme de temperatura T em cabo de comprimento inicial s_i, tem-se a alteração de comprimento ($\delta = \alpha\, s_i\, T$), de maneira a obter o novo comprimento:

$$s_f = s_i\, (1 + \alpha\, T) \tag{7.62}$$

Esse comprimento está associado a uma nova flecha, f_f, que, em configuração parabólica, pode ser determinada com base em Eq.7.58, em que se troca s_i por s_f.

Exemplo 7.13 – Um fio de aço de 8 mm de diâmetro, peso específico de 78 kN/m³ e coeficiente de dilatação térmica de $1{,}2\cdot 10^{-5}/°C$ encontra-se suspenso pelas extremidades como mostra a figura seguinte. Obtêm-se os percentuais de alteração do empuxo e do esforço de tração máximo, devido a um decremento uniforme de temperatura de 30°C.

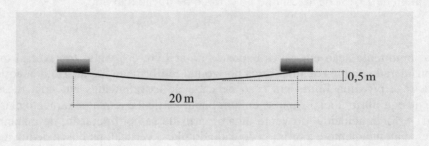

Figura E7.13 – Fio de aço sob peso próprio.

No caso, tem-se:

$$\frac{f}{\ell} = \frac{0{,}5}{20} = 0{,}025 \quad , \quad p_s = 78 \cdot \frac{\pi \cdot 0{,}008^2}{4} \cong 3{,}920\,7 \cdot 10^{-3}\, \text{kN/m}$$

Como $f/\ell < 0{,}1$, adotam-se configuração parabólica e dois termos da série de potências no cálculo do comprimento. Assim, com base em Eq.7.57, determina-se o comprimento anterior ao efeito de temperatura:

$$s_i \cong 20 + \frac{8 \cdot 0{,}5^2}{3 \cdot 20} \quad \rightarrow \quad s_i \cong 20{,}033\,\text{m}$$

Além disso, com Eq.7.32b, obtém-se o empuxo inicial:

$$H_i = \frac{3{,}920\,7 \cdot 10^{-3} \cdot 20^2}{8 \cdot 0{,}5} \quad \rightarrow \quad H_i \cong 0{,}392\,07\,\text{kN}$$

Com esse resultado e Eq.7.37, determina-se o esforço de tração máximo inicial:

$$N_{máx.} = 0{,}392\,07\sqrt{1 + \left(\frac{4 \cdot 0{,}5}{20}\right)^2} \quad \rightarrow \quad N_{máx.} \cong 0{,}394\,03\,\text{kN}$$

Após o decremento de temperatura, com base em Eq.7.62 obtém-se o comprimento:

$$s_f = 20{,}033\,(1-1{,}2\cdot 10^{-5}\cdot 30) \quad \rightarrow \quad s_f \cong 20{,}026\,\text{m}$$

Assim, com Eq.7.58, chega-se à nova flecha:

$$f_f = \sqrt{\dfrac{3\cdot 20}{8}\,(20{,}026-20)} \quad \rightarrow \quad f_f \cong 0{,}441\,59\,\text{m}$$

Além disso, com Eq.7.32b, tem-se o novo empuxo:

$$H_f = \dfrac{3{,}920\,7\cdot 10^{-3}\cdot 20^2}{8\cdot 0{,}441\,59} \quad \rightarrow \quad H_f \cong 0{,}443\,93\,\text{kN}$$

Finalmente, com Eq.7.37, determina-se o novo esforço de tração máximo:

$$N_{\text{máx.},f} = 0{,}443\,93\,\sqrt{1+\left(\dfrac{4\cdot 0{,}441\,59}{20}\right)^2} \quad \rightarrow \quad N_{\text{máx.},f} \cong 0{,}445\,66\,\text{kN}$$

Esses resultados mostram que o decremento de temperatura provoca 13,2% de acréscimo no empuxo, além de 13,1% de acréscimo no esforço de tração máximo.

Uma importante ação em cabos expostos ao ar livre é o vento transversal que, em efeito estático, é considerada através de uma força horizontal uniformemente distribuída ao longo do vão, p_v, como ilustra a próxima figura em caso de cabo de extremidades em uma mesma altura. A configuração de equilíbrio inicial situa-se em um plano vertical e tem alongamento elástico devido à força vertical. A força acidental do vento atua a partir dessa configuração, de maneira a provocar acréscimo a esse alongamento e a retirada do cabo do plano vertical, na busca de nova configuração de equilíbrio. Isto é esquematizado na parte direita da mesma figura, através da representação da interseção de um plano transversal π com as configurações inicial e final do cabo.

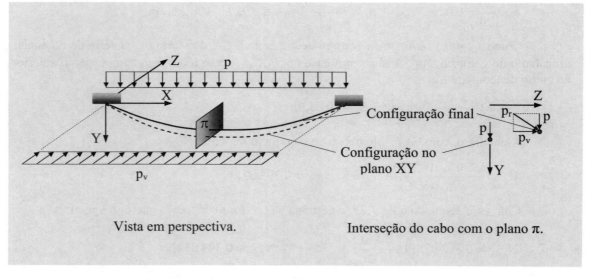

Figura 7.10 – Cabo sob força vertical e força transversal de vento.

Neste caso, para obter a configuração final, é mais simples calcular o comprimento do cabo anteriormente à atuação da força vertical e, então, determinar, através do Algoritmo 7.1, a configuração de equilíbrio que atenda à força distribuída resultante:

$$p_r = \sqrt{p^2 + p_v^2} \tag{7.63}$$

Exemplo 7.14 – Um cabo com diâmetro de 48 mm, módulo de elasticidade de 169 GPa e sob peso próprio de 96,62 N/m está em equilíbrio como mostra a figura abaixo. Determinam-se o empuxo e o esforço de tração máximo, em caso de este cabo ficar sujeito à força horizontal de vento de 60,0 N/m.

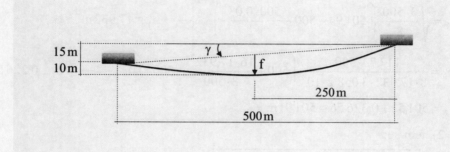

Figura E7.14 – Cabo sob peso próprio e força horizontal.

Têm-se:

$$A = \frac{\pi \cdot 0,048^2}{4} \cong 1,8096 \cdot 10^{-3} \, m^2 \quad , \quad EA = 169 \cdot 10^9 \cdot 1,8096 \cdot 10^{-3} \cong 3,0582 \cdot 10^8 \, N$$

$$p_r = \sqrt{96,62^2 + 60^2} \cong 113,73 \, N/m \quad , \quad f = 10 + \frac{15}{2} = 17,5 \, m \quad , \quad \frac{f}{\ell} = \frac{17,5}{500} = 0,035$$

$$\text{tg}\,\gamma = \frac{15}{500} = 0,03$$

Como $f/\ell < 0,1$, adotam-se configuração parabólica e dois termos da série de potências em determinação do comprimento do cabo. Logo, com Eq.7.41, tem-se o comprimento anterior ao vento:

$$s \cong 500 + \frac{8 \cdot 17,5^2}{3 \cdot 500} + \frac{500 \cdot 0,03^2}{2} \quad \rightarrow \quad s \cong 501,86 \, m$$

E Eq.7.53 fornece o alongamento elástico devido ao peso próprio:

$$\delta \cong \frac{96,62 \cdot 500^2}{8 \cdot 17,5 \cdot 3,0582 \cdot 10^8} \left(500 + \frac{16 \cdot 17,5^2}{3 \cdot 500} + 500 \cdot 0,03^2 \right) \quad \rightarrow \quad \delta \cong 0,28418 \, m$$

Com estes dois últimos resultados e Eq.7.56, obtém-se o comprimento do cabo não tracionado:

$$s_i = 501,86 - 0,28418 \quad \rightarrow \quad s_i \cong 501,58 \, m$$

Estática das Estruturas – **H. L. Soriano**

Busca-se, agora, a configuração de equilíbrio correspondente à atuação das forças vertical e de vento. Parte-se da flecha fornecida por Eq.7.58 e do alongamento fornecido por Eq.7.53:

$$f_i \cong \sqrt{\frac{3 \cdot 500}{8}\left(501,58 - 500 - \frac{500 \cdot 0,03^2}{2}\right)} \quad \rightarrow \quad f_i \cong 15,939\,\text{m}$$

$$\delta \cong \frac{113,73 \cdot 500^2}{8 \cdot 15,939 \cdot 3,058\,2 \cdot 10^8}\left(500 + \frac{16 \cdot 15,939}{3 \cdot 500} + 500 \cdot 0,03^2\right) \quad \rightarrow \quad \delta \cong 0,365\,01\,\text{m}$$

Logo, aplica-se o Algoritmo 7.1:

$$s_1 = 501,58 + 0,365\,01 \cong 501,94\,\text{m}$$

– Para (j=1), tem-se:

$$f_1 = \sqrt{\frac{3 \cdot 500}{8}\left(501,94 - 500 - \frac{500 \cdot 0,03^2}{2}\right)} \quad \rightarrow \quad f_1 \cong 17,932\,\text{m}$$

$$\delta_1 = \frac{113,73 \cdot 500^2}{8 \cdot 17,932 \cdot 3,058\,2 \cdot 10^8}\left(500 + \frac{16 \cdot 17,932^2}{3 \cdot 500} + 500 \cdot 0,03^2\right) \quad \rightarrow \quad \delta_1 \cong 0,326\,56\,\text{m}$$

$$s_2 = 501,58 + 0,326\,56 \cong 501,91\,\text{m} \neq s_1$$

– Para (j=2), tem-se:

$$f_2 = \sqrt{\frac{3 \cdot 500}{8}\left(501,91 - 500 - \frac{500 \cdot 0,03^2}{2}\right)} \quad \rightarrow \quad f_2 \cong 17,775\,\text{m}$$

$$\delta_2 = \frac{113,73 \cdot 500^2}{8 \cdot 17,775 \cdot 3,058\,2 \cdot 10^8}\left(500 + \frac{16 \cdot 17,775^2}{3 \cdot 500} + 500 \cdot 0,03^2\right) \quad \rightarrow \quad \delta_2 \cong 0,329\,40\,\text{m}$$

$$s_3 = 501,58 + 0,329\,40 \cong 501,91\,\text{m} \equiv s_2 \quad \rightarrow \quad \text{Interrupção do procedimento iterativo}$$

$$\rightarrow \quad s_f = 501,91\,\text{m} \quad \rightarrow \quad f_f = 17,775\,\text{m}$$

$$\text{Eq.7.32b} \quad \rightarrow \quad H_f = \frac{113,73 \cdot 500^2 \cdot 10^{-3}}{8 \cdot 17,775} \quad \rightarrow \quad H_f \cong 199,95\,\text{kN}$$

$$\text{Eq.7.37} \quad \rightarrow \quad N_{\text{máx.,f}} = 199,95\sqrt{1 + \left(\frac{4 \cdot 17,775}{500} + 0,03\right)^2} \quad \rightarrow \quad N_{\text{máx.,f}} \cong 202,89\,\text{kN}$$

Exemplo 7.15 – A próxima figura mostra esquema de uma ponte pênsil em que os cabos principais recebem, através dos pendurais, a força de 200 kN/m e podem deslizar sem atrito nos topos das torres e dos desviadores. Com a condição de que não ocorra esforço cortante nas torres e sem considerar o peso desses cabos, determina-se o comprimento h, faz-se o dimensionamento dos cabos com base em catálogo da CIMAF e calculam-se os correspondentes comprimentos iniciais.[6]

---

[6] www.cimafbrasil.com.br.

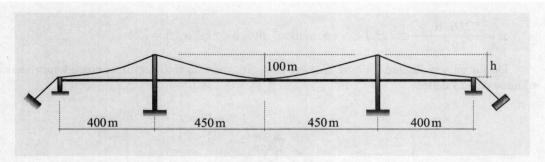

Figura E7.15a – Esquema dos cabos principais de ponte pênsil.

Os índices "c" e "ℓ" se referem, respectivamente, ao trecho central e ao trecho lateral. Para o trecho central dos cabos, obtêm-se o empuxo, a inclinação junto às torres e o esforço de tração máximo:

Eq.7.32b $\rightarrow$ $H_c = \dfrac{200 \cdot 900^2}{8 \cdot 100} = 2{,}0250 \cdot 10^5 \, kN$

Eq.7.30 $\rightarrow$ $tg\,\alpha_{Ac} = \dfrac{200 \cdot 900}{2 \cdot 2{,}025 \cdot 10^5}$ $\rightarrow$ $\alpha_c \cong 23{,}962°$

Eq.7.37 $\rightarrow$ $N_{máx.} = 2{,}0250 \cdot 10 N^5 \sqrt{1 + \left(\dfrac{4 \cdot 100}{900}\right)^2} = 2{,}2160 \cdot 10^5 \, kN$

Para que seja nulo o esforço cortante nas torres, é necessário que o empuxo dos cabos do vão principal seja igual ao dos vãos laterais. Logo, com a suposição de configuração parabólica, determina-se a flecha dos cabos dos vãos laterais:

Eq.7.32a $\rightarrow$ $f_\ell = \dfrac{200 \cdot 400^2}{8 \cdot 2{,}0250 \cdot 10^5} \cong 19{,}753 \, m$

Com a imposição da condição de que, junto às torres, os cabos dos vãos laterais tenham as mesmas inclinações que os cabos do vão central, o que implica em igualdade do esforço de tração máximo, chega-se ao valor de h:

Eq.7.34 $\rightarrow$ $tg\,23{,}962° = \dfrac{4 \cdot 19{,}753}{400^2} \cdot 400 + tg\,\gamma$ $\rightarrow$ $tg\,\gamma \cong 0{,}246\,90$

$tg\,\gamma = \dfrac{h}{\ell_\ell} = \dfrac{h}{400}$ $\rightarrow$ $h \cong 98{,}760 \, m$

Como os cabos podem deslizar sem atrito nos topos dos desviadores, o esforço de tração nos trechos de ancoragem é igual ao esforço de tração na extremidade inferior dos cabos nos trechos laterais:

Eq.7.36 $\rightarrow$ $N_{anc.} = \dfrac{200 \cdot 400^2}{8 \cdot 19{,}753} \sqrt{1 + \left(\dfrac{4 \cdot 19{,}753}{400^2}(400 - 2 \cdot 400) + 0{,}246\,90\right)^2}$

$\rightarrow$ $N_{anc.} \cong 2{,}0275 \cdot 10^5 \, kN$

Faz-se, a seguir, o dimensionamento para o esforço de tração de $2{,}216 \cdot 10^5 \, kN$. Para isso, escolhe-se o cabo CIMAF, classe *6x37 AA filler*, EEIPS, de diâmetro nominal de 64,0 mm, massa de 17,3 kg/m, carga de ruptura de 2 952,8 kN e módulo de elasticidade entre 93,2 e 103 GPa. Além disso, adota-se coeficiente segurança igual a 3. Logo, obtém-se o número de cabos:

$$n = \frac{2{,}216 \cdot 10^5 \cdot 3}{2952{,}8} \cong 225{,}14 \quad \rightarrow \quad \text{número inteiro de cabos: } n = 226$$

De forma semelhante à *Ponte Golden Gate* ilustrada na foto seguinte, consideram-se dois conjuntos de 113 cabos.

Foto E7.15 – *Ponte Golden Gate* em fase de construção.

Com base em Eq.7.41, determinam-se os comprimentos dos cabos no trecho central e nos trechos laterais, na configuração de equilíbrio:

$$\begin{cases} s_{f,c} = 900 + \dfrac{8 \cdot 100^2}{3 \cdot 900} - \dfrac{32 \cdot 100^2}{5 \cdot 900^3} \cong 929{,}63\,\text{m} \\[6pt] s_{f,\ell} = 400 + \dfrac{8 \cdot 19{,}753^2}{3 \cdot 400} + \dfrac{400 \cdot 0{,}2469^2}{2} \\[6pt] \qquad - \left(\dfrac{32 \cdot 19{,}753^4}{5 \cdot 400^3} + \dfrac{4 \cdot 19{,}753^2 \cdot 0{,}2469^2}{400} + \dfrac{400 \cdot 0{,}2469^4}{8} \right) \cong 414{,}35\,\text{m} \end{cases}$$

O terceiro termo da série de potências não teve influência no cálculo de $s_{f,c}$ e esse termo teve influência de apenas 0,106% no cálculo de $s_{f,\ell}$.

De acordo com catálogo da CIMAF, calcula-se a área metálica do cabo *6x37 AA filler*:

$$A_m = 0{,}391 \cdot 64^2 \cdot 1{,}2 \cong 1921{,}8\,\text{mm}^2$$

Logo, com o módulo de elasticidade médio de 98,1 GPa, cada conjunto de 113 cabos, tem-se a rigidez axial:

$$EA = 98{,}1 \cdot 10^6 \cdot 113 \cdot 1921{,}8 \cdot 10^{-6} \cong 2{,}1304 \cdot 10^7\,\text{kN}.$$

Com essa rigidez e através de Eq.7.53, calculam-se os seguintes alongamentos elásticos de cada conjunto de cabos no trecho central e nos trechos laterais:

$$\begin{cases} \delta_c = \dfrac{100 \cdot 900^2}{8 \cdot 100 \cdot 2{,}1304 \cdot 10^7} \left(900 + \dfrac{16 \cdot 100^2}{3 \cdot 900} \right) \cong 4{,}5590\,\text{m} \\[8pt] \delta_\ell = \dfrac{100 \cdot 400^2}{8 \cdot 19{,}753 \cdot 2{,}1304 \cdot 10^7} \left(400 + \dfrac{16 \cdot 19{,}753^2}{3 \cdot 400} + 400 \cdot 0{,}2469^2 \right) \cong 2{,}0417\,\text{m} \end{cases}$$

> Com base em Eq.7.56, obtêm-se os comprimentos iniciais de cada um dos conjuntos de cabos nos referidos trechos:
>
> $$\begin{cases} s_{i,c} = 929{,}63 - 4{,}5590 \\ s_{i,\ell} = 414{,}35 - 2{,}0417 \end{cases} \rightarrow \begin{cases} s_{i,c} \cong 925{,}07 \text{ m} \\ s_{i,\ell} \cong 412{,}31 \text{ m} \end{cases}$$
>
> Os comprimentos dos cabos nos trechos de ancoragem não foram calculados porque dependem da localização dos blocos de ancoragem, não fornecida como dado.

No exemplo anterior, os cabos têm, no trecho central, a razão de ($f/\ell \cong 0{,}111$) e, nos trechos laterais, suportes desnivelados de ($\text{tg}\,\gamma \cong 0{,}247$). Nessas condições, tiram-se as seguintes conclusões:

(1) A determinação do comprimento de cabo com dois termos da série de potências é plenamente satisfatória com a adoção de configuração parabólica.

(2) A substituição da configuração em catenária pela configuração parabólica não apresenta diferença significativa em análise do trecho central. Ocorrem diferenças relevantes de resultados nos trechos laterais, pelo fato dos suportes estarem em alturas significativamente diferentes.

Acrescenta-se que, em cabos suspensos pelas extremidades, o máximo esforço de tração decresce com a redução da razão f/ℓ e do desnível das extremidades dos cabos, embora com o aumento do empuxo. E em ponte pênsil, com a redução dessa razão, as torres ficam menos elevadas e com melhor estética.

7.6 – Formulário

Para facilidade de uso, as fórmulas obtidas anteriormente estão agrupadas nas tabelas a seguir:

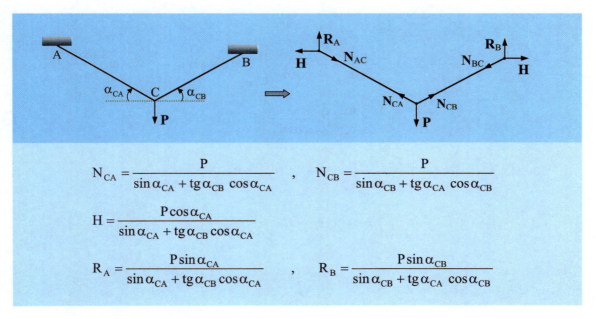

Tabela 7.3 – Cabo sob uma força concentrada.

Estática das Estruturas – **H. L. Soriano**

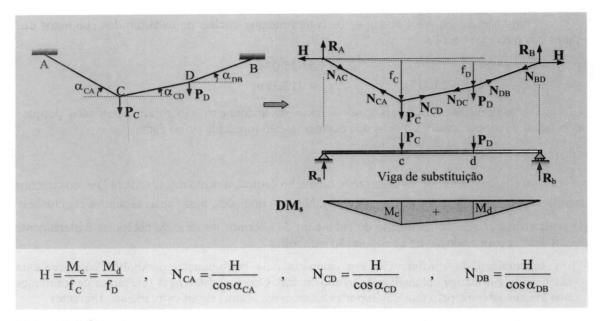

$$H = \frac{M_c}{f_C} = \frac{M_d}{f_D} \quad , \quad N_{CA} = \frac{H}{\cos\alpha_{CA}} \quad , \quad N_{CD} = \frac{H}{\cos\alpha_{CD}} \quad , \quad N_{DB} = \frac{H}{\cos\alpha_{DB}}$$

Tabela 7.4 – Cabo sob duas forças concentradas.

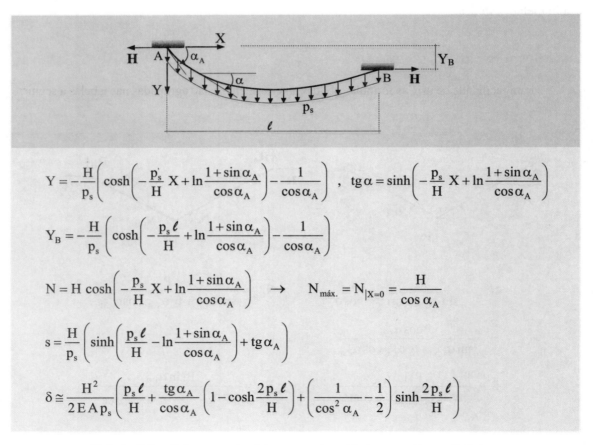

$$Y = -\frac{H}{p_s}\left(\cosh\left(-\frac{p_s}{H}X + \ln\frac{1+\sin\alpha_A}{\cos\alpha_A}\right) - \frac{1}{\cos\alpha_A}\right) \quad , \quad \text{tg}\,\alpha = \sinh\left(-\frac{p_s}{H}X + \ln\frac{1+\sin\alpha_A}{\cos\alpha_A}\right)$$

$$Y_B = -\frac{H}{p_s}\left(\cosh\left(-\frac{p_s\ell}{H} + \ln\frac{1+\sin\alpha_A}{\cos\alpha_A}\right) - \frac{1}{\cos\alpha_A}\right)$$

$$N = H\cosh\left(-\frac{p_s}{H}X + \ln\frac{1+\sin\alpha_A}{\cos\alpha_A}\right) \quad \rightarrow \quad N_{\text{máx.}} = N_{|X=0} = \frac{H}{\cos\alpha_A}$$

$$s = \frac{H}{p_s}\left(\sinh\left(\frac{p_s\ell}{H} - \ln\frac{1+\sin\alpha_A}{\cos\alpha_A}\right) + \text{tg}\,\alpha_A\right)$$

$$\delta \cong \frac{H^2}{2EAp_s}\left(\frac{p_s\ell}{H} + \frac{\text{tg}\,\alpha_A}{\cos\alpha_A}\left(1 - \cosh\frac{2p_s\ell}{H}\right) + \left(\frac{1}{\cos^2\alpha_A} - \frac{1}{2}\right)\sinh\frac{2p_s\ell}{H}\right)$$

Tabela 7.5 – Cabo em catenária com extremidades em alturas distintas.

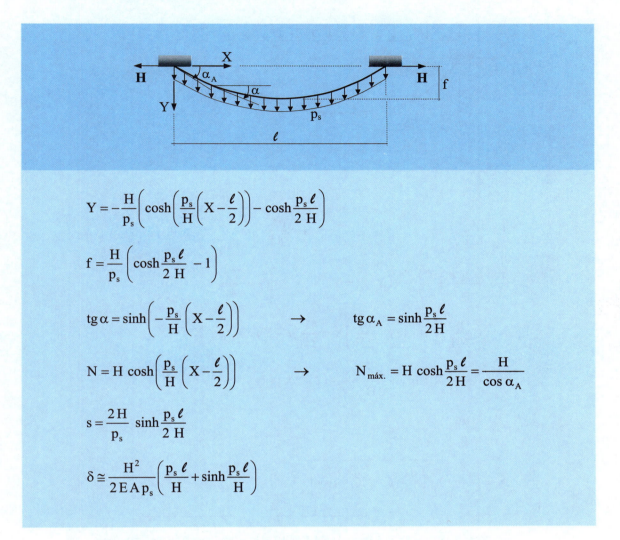

Tabela 7.6 – Cabo em catenária com extremidades em idênticas alturas.

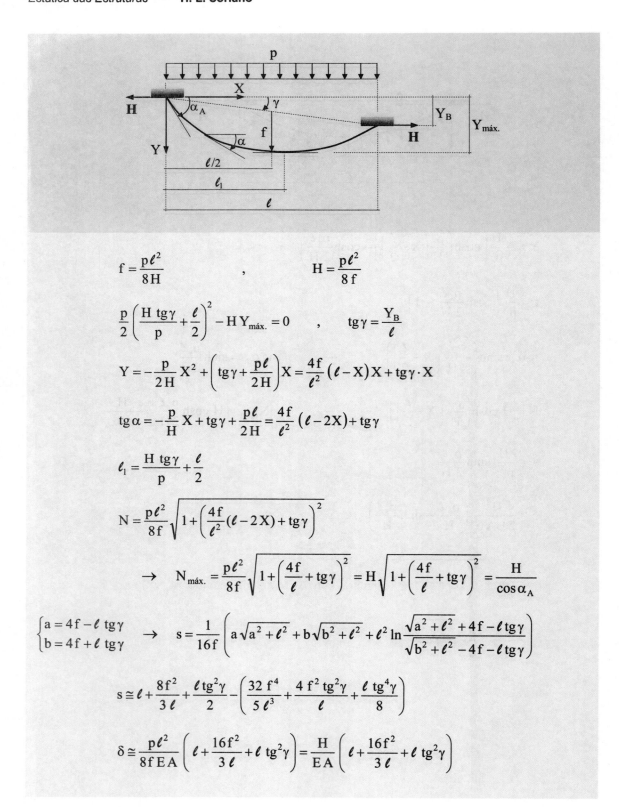

$$f = \frac{p\ell^2}{8H} \quad , \quad H = \frac{p\ell^2}{8f}$$

$$\frac{p}{2}\left(\frac{H\,tg\gamma}{p} + \frac{\ell}{2}\right)^2 - HY_{máx.} = 0 \quad , \quad tg\gamma = \frac{Y_B}{\ell}$$

$$Y = -\frac{p}{2H}X^2 + \left(tg\gamma + \frac{p\ell}{2H}\right)X = \frac{4f}{\ell^2}(\ell - X)X + tg\gamma \cdot X$$

$$tg\alpha = -\frac{p}{H}X + tg\gamma + \frac{p\ell}{2H} = \frac{4f}{\ell^2}(\ell - 2X) + tg\gamma$$

$$\ell_1 = \frac{H\,tg\gamma}{p} + \frac{\ell}{2}$$

$$N = \frac{p\ell^2}{8f}\sqrt{1 + \left(\frac{4f}{\ell^2}(\ell - 2X) + tg\gamma\right)^2}$$

$$\to \quad N_{máx.} = \frac{p\ell^2}{8f}\sqrt{1 + \left(\frac{4f}{\ell} + tg\gamma\right)^2} = H\sqrt{1 + \left(\frac{4f}{\ell} + tg\gamma\right)^2} = \frac{H}{\cos\alpha_A}$$

$$\begin{cases} a = 4f - \ell\,tg\gamma \\ b = 4f + \ell\,tg\gamma \end{cases} \to \quad s = \frac{1}{16f}\left(a\sqrt{a^2+\ell^2} + b\sqrt{b^2+\ell^2} + \ell^2 \ln\frac{\sqrt{a^2+\ell^2}+4f-\ell\,tg\gamma}{\sqrt{b^2+\ell^2}-4f-\ell\,tg\gamma}\right)$$

$$s \cong \ell + \frac{8f^2}{3\ell} + \frac{\ell\,tg^2\gamma}{2} - \left(\frac{32\,f^4}{5\,\ell^3} + \frac{4\,f^2\,tg^2\gamma}{\ell} + \frac{\ell\,tg^4\gamma}{8}\right)$$

$$\delta \cong \frac{p\ell^2}{8fEA}\left(\ell + \frac{16f^2}{3\ell} + \ell\,tg^2\gamma\right) = \frac{H}{EA}\left(\ell + \frac{16f^2}{3\ell} + \ell\,tg^2\gamma\right)$$

Tabela 7.7 – Cabo em parábola com extremidades em alturas distintas.

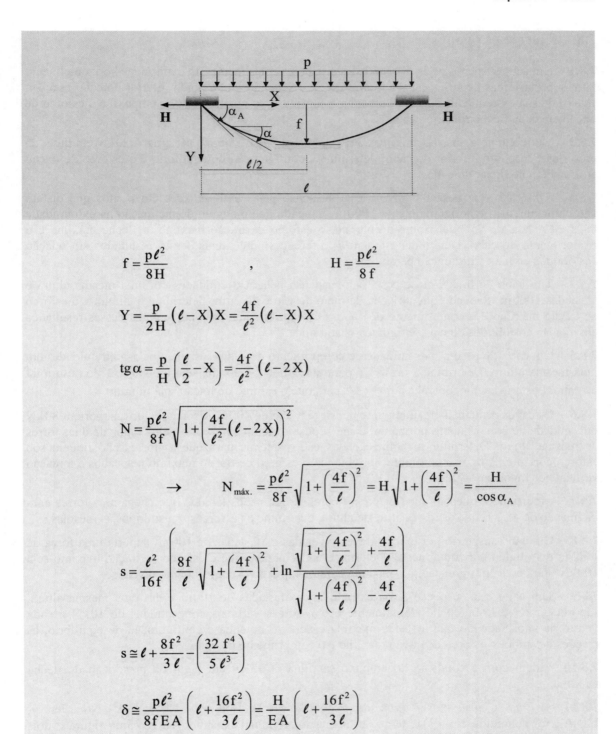

$$f = \frac{p\ell^2}{8H} \quad , \quad H = \frac{p\ell^2}{8f}$$

$$Y = \frac{p}{2H}(\ell - X)X = \frac{4f}{\ell^2}(\ell - X)X$$

$$\operatorname{tg}\alpha = \frac{p}{H}\left(\frac{\ell}{2} - X\right) = \frac{4f}{\ell^2}(\ell - 2X)$$

$$N = \frac{p\ell^2}{8f}\sqrt{1 + \left(\frac{4f}{\ell^2}(\ell - 2X)\right)^2}$$

$$\rightarrow \quad N_{\text{máx.}} = \frac{p\ell^2}{8f}\sqrt{1 + \left(\frac{4f}{\ell}\right)^2} = H\sqrt{1 + \left(\frac{4f}{\ell}\right)^2} = \frac{H}{\cos\alpha_A}$$

$$s = \frac{\ell^2}{16f}\left(\frac{8f}{\ell}\sqrt{1 + \left(\frac{4f}{\ell}\right)^2} + \ln\frac{\sqrt{1 + \left(\frac{4f}{\ell}\right)^2} + \frac{4f}{\ell}}{\sqrt{1 + \left(\frac{4f}{\ell}\right)^2} - \frac{4f}{\ell}}\right)$$

$$s \cong \ell + \frac{8f^2}{3\ell} - \left(\frac{32\,f^4}{5\,\ell^3}\right)$$

$$\delta \cong \frac{p\ell^2}{8fEA}\left(\ell + \frac{16f^2}{3\ell}\right) = \frac{H}{EA}\left(\ell + \frac{16f^2}{3\ell}\right)$$

Tabela 7.8 – Cabo em parábola com extremidades em idênticas alturas.

Estática das Estruturas – H. L. Soriano

7.8 – Exercícios propostos

7.8.1 – Um cabo suspenso pelas extremidades distantes verticalmente 2m e afastadas horizontalmente 10m suporta forças de 10kN a cada quarto do vão. Sabendo que o ponto inferior do cabo está 4m abaixo de sua extremidade superior, obtenha a configuração de equilíbrio, o empuxo e o esforço de tração em cada trecho linear do cabo.

7.8.2 – Modificando a questão anterior com a imposição de o empuxo ser igual a 20kN em lugar da prescrição do ponto inferior do cabo, determine a configuração de equilíbrio e o esforço de tração em cada trecho linear do cabo.

7.8.3 – Um cabo que pesa 0,08kN/m está suspenso pelas extremidades em pontos que distam verticalmente 40m e horizontalmente 1000m. Sabendo que o ângulo de inclinação na extremidade mais elevada é de 25°, determine o empuxo, o esforço de tração máximo, a flecha máxima e o comprimento do cabo. Determine também as diferenças percentuais desses resultados em relação aos obtidos com a configuração parabólica.

7.8.4 – Um cabo de 0,1kN/m de peso está suspenso pelas extremidades em uma mesma altura e afastadas 1000m. Sabendo que a flecha de meio de vão é de 20m, determine o empuxo, o esforço de tração máximo e o comprimento do cabo. Obtenha as diferenças percentuais desses resultados em relação aos obtidos com a configuração parabólica.

7.8.5 – Um cabo de peso p_s por unidade de comprimento deve ser suspenso pelas extremidades em uma mesma altura. Determine a razão f/ℓ para que a tração máxima seja igual a $2/3$ do peso total do cabo. Posteriormente, obtenha a razão f/ℓ para que o esforço de tração seja mínimo.

7.8.6 – Os cabos principais de uma ponte pênsil têm vão de 400m, flecha de 40m, suportam 80kN por unidade de comprimento horizontal e são supostos passar sem atrito pelos topos de duas torres de mesma altura. Determine a inclinação dos cabos laterais para que as torres não fiquem sob esforço cortante. Para essa configuração, obtenha o esforço de tração máximo nos cabos e a reação vertical nos topos das torres.

7.8.7 – Modifique a questão anterior para a condição de cabos laterais que chegam às torres com inclinação de 45°. Tendo as torres 50m de altura, determine os esforços transmitidos às mesmas.

7.8.8 – Um cabo suspenso por extremidades niveladas e afastadas de 100m, suporta uma força de 1kN/m distribuída horizontalmente. Determine a flecha para que o esforço de tração máximo seja 100kN. Para essa configuração, obtenha também o empuxo e o comprimento do cabo.

7.8.9 – Um cabo está suspenso pelas extremidades afastadas de 100m e em uma mesma altura, suporta 0,5kN distribuído horizontalmente e tem forças verticais concentradas de 10kN a cada quarto de vão. Sabendo que a flecha máxima é de 5m, obtenha a configuração de equilíbrio, as reações de apoio, o esforço de tração máximo e o comprimento do cabo.

7.8.10 – Idem com a condição do empuxo ser igual a 35kN em lugar da prescrição de flecha máxima.

7.8.11 – A *Ponte George Washington*, situada sobre o Rio Hudson, entre Nova York e Nova Jersey, E.U.A., foi concluída em 1931, tem o esquema longitudinal mostrado na próxima figura e dois conjuntos de cabos principais em cada lado do deque. Com a suposição de que a carga permanente do deque, juntamente com a força acidental vertical transmitida a cada um desses conjuntos (através de pendurais), seja de 570kN/m, determine os esforços de tração máximo e mínimo, desses cabos. Com a consideração de que os trechos laterais desses cabos sejam retilíneos e que não haja atrito nos topos das torres, obtenha os esforços nas torres.

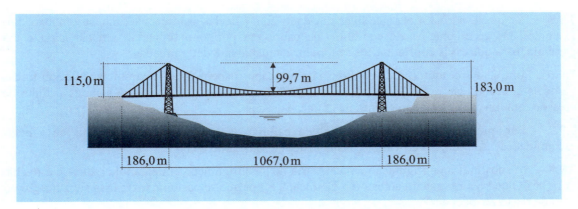

Figura 7.11 – Esquema da *Ponte George Washington*.

7.8.12 – Um cabo está suspenso pelas extremidades em alturas distintas e afastadas horizontalmente de 100 m, sob peso próprio de 0,2 kN/m e com flecha máxima de 5 m considerada em configuração parabólica. A partir dessa configuração, aplica-se uma força vertical distribuída horizontalmente de 10 kN/m. Sabendo-se que o cabo tem seção transversal de área de 20 cm^2 e módulo de elasticidade de 2 700 kN/cm^2, obtenha o empuxo e o esforço de tração máximo.

7.8.13 – Dois cabos de mesmo peso por unidade de comprimento estão fixados em uma torre e em apoios do segundo gênero, como esquematizado na figura abaixo. Determine a flecha f indicada, para que o esforço horizontal transmitido à torre seja nulo.

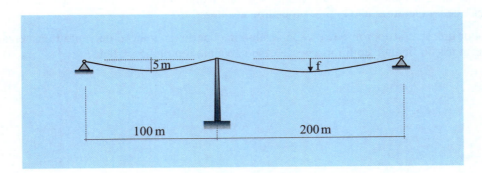

Figura 7.12 – Cabo sob peso próprio.

7.9 – Questões para reflexão

7.9.1 – Quais são as hipóteses adotadas para que um componente estrutural seja considerado como cabo? E como tirante?

7.9.2 – Por que a forma de um cabo suspenso pelas extremidades depende das forças que lhe são aplicadas?

7.9.3 – Uma corrente suspensa pelas extremidades pode ter a sua configuração determinada de modo semelhante a um cabo? Como explicar?

7.9.4 – O que é uma *forma funicular*? E uma *catenária*? Sob que carregamento um cabo suspenso pelas extremidades assume a *forma parabólica*?

Estática das Estruturas – **H. L. Soriano**

7.9.5 – Por que é necessário especificar um dado como flecha, esforço máximo ou empuxo, por exemplo, das configurações de equilíbrio de cabos em polígono funicular, em catenária e em parábola, para que essas configurações se tornem estaticamente determinadas?

7.9.6 – Por que a configuração de equilíbrio de um cabo suspenso pelas extremidades e sob forças verticais concentradas é um polígono funicular? Por que essa configuração é análoga à linha de pressões em um arco plano sob as mesmas forças verticais?

7.9.7 – Por que o componente horizontal do esforço de tração em um cabo suspenso pelas extremidades e sob forças verticais é constante ao longo de todo o cabo?

7.9.8 – Ao substituir a configuração em catenária pela configuração em parábola reduz-se a flecha. Por quê? O que ocorre quanto ao esforço de tração? E por que se costuma fazer essa substituição no caso de razão f/ℓ pequena?

7.9.9 – Por que em ponte pênsil a configuração dos cabos principais é usualmente considerada como parabólica? Qual é a vantagem do modelo em ponte pênsil quanto aos demais modelos de ponte?

7.9.10 – Sabe-se que decrementos de temperatura provocam reduções de flechas em cabo na forma de catenária ou em parábola. É possível ocorrer decremento que venha tornar o cabo retilíneo? Por quê?

7.9.11 – Suspendendo-se um cabo pelas extremidades em posições conhecidas e suposto inextensível, a correspondente configuração de equilíbrio em parábola pode ser determinada sem procedimento incremental. Por que, em caso de se considerar cabo extensível, só é possível determinar a configuração de equilíbrio através de procedimento iterativo? E nesse procedimento pode-se adotar Eq.7.40 que fornece o "exato" comprimento de cabo em parábola?

7.9.12 – Por que, em análise de cabo suspenso pelas extremidades, a consideração de deformação de variação de temperatura não requer procedimento iterativo?

7.9.13 – Por que se considerou que o cabo se alonga quando da atuação de vento transversal? E por que a configuração final de equilíbrio nesse caso não é em um plano vertical?

8

Forças Móveis

8.1 – Introdução

As ações externas ativas (forças, variações de temperatura e deformações prévias) foram classificadas na Seção 2.3 em *permanentes, acidentais e excepcionais*. As ações permanentes atuam ao longo da vida útil da estrutura; as acidentais atuam esporadicamente; e as excepcionais são as de duração extremamente curta, grande intensidade e muito baixa probabilidade de ocorrência. Entre as acidentais, têm-se as *forças móveis* provenientes de veículos, equipamentos e aglomerações, que se deslocam sobre as estruturas, como em pontes rodoviárias, ferroviárias e rolantes, assim como em viadutos e em passarelas.

As forças móveis em estruturas de transposição podem provocar reações de apoio e esforços seccionais da mesma ordem de grandeza ou até maiores do que efeitos elásticos devidos às ações permanentes. Por essa razão se coloca a questão da *determinação dos efeitos devido às forças móveis em suas posições mais desfavoráveis, para que o dimensionamento da estrutura garanta resistência e rigidez adequadas quando da atuação dessas forças juntamente com as ações permanentes.*

Neste capítulo, são consideradas apenas forças móveis que provocam forças de inércia moderadas (relativamente às forças elásticas desenvolvidas na estrutura), de maneira a justificar análises estáticas e a consideração (na disciplina de Pontes) dos efeitos dinâmicos através da multiplicação de resultados dessas análises por um *fator de amplificação* ou *coeficiente de impacto*.

Nos moldes apresentados nos capítulos anteriores, com a estratégia de as forças móveis serem consideradas como estáticas em posições diversas sobre a estrutura para simular o movimento das forças, é necessária uma análise da estrutura para cada uma dessas posições, o que implica em inúmeras análises. Além do que, tem-se a dificuldade adicional de que os valores extremos das reações e dos esforços seccionais não ocorrem simultaneamente em uma determinada posição daquelas forças, o que a rigor exige a verificação do dimensionamento da estrutura para cada uma das posições das forças. Alternativamente e de forma mais prática em projeto, utilizam-se os conceitos de *linha de influência* e de *trem-tipo*.

Uma linha de influência expressa certo efeito elástico (reação, esforço seccional ou deslocamento) em determinado ponto de uma estrutura, devido a uma força unitária móvel. Já, *um*

Estática das Estruturas – **H. L. Soriano**

trem-tipo é uma combinação de forças móveis usualmente estabelecidas em norma de projeto.[1] Esses conceitos estão tratados neste capítulo.

Com a suposição de comportamento linear, é válido o princípio da superposição e, portanto, o efeito elástico de um trem-tipo em atuação em determinada posição de uma estrutura pode ser obtido através da soma dos produtos de suas forças pelas correspondentes ordenadas da linha de influência do efeito elástico em questão. É necessário, contudo, identificar as posições do trem-tipo que conduzam aos máximos e mínimos efeitos elásticos, como está mostrado neste capítulo.

Em caso de estrutura isostática, as linhas de influência podem ser obtidas com as equações da estática, como mostrado na próxima seção, ou através do *princípio de Müller-Breslau*, como descrito na Seção 8.3.[2] Este último procedimento utiliza o *princípio dos deslocamentos virtuais* em caso de corpo rígido, que está também descrito na referida seção. A definição e a utilização de trem-tipo estão detalhadas na Seção 8.4, juntamente com a obtenção das envoltórias dos esforços seccionais que delimitam *faixas de trabalho* de uma estrutura. Além disso, para facilitar ao leitor, a Seção 8.5 é constituída de fórmulas de linhas de influência das vigas isostáticas básicas, e as duas seções finais deste capítulo propõem exercícios e questões para reflexão.[3]

8.2 – Linha de influência

O diagrama de um esforço seccional em uma estrutura expressa a variação desse esforço ao longo dos eixos das barras da estrutura, devido a um conjunto de ações externas que atuam simultaneamente sobre a mesma. Já *a linha de influência (LI) de determinado esforço seccional, reação ou deslocamento, relativamente a um ponto de referência da estrutura, expressa esse esforço, reação ou deslocamento neste ponto, quando uma força unitária adimensional percorre a estrutura ou parte de suas barras.* As ordenadas dessa linha são denominadas *coeficientes de influência* e têm a finalidade de ser utilizadas em determinação do efeito devido a um conjunto de forças móveis, denominado *trem-tipo*. Para isso, identificam-se as posições mais desfavoráveis desse conjunto, de maneira a evitar análises em inúmeros posicionamentos dessas forças, que simulem o deslocamento das mesmas.

Determinam-se analiticamente, a seguir, as linhas de influência da viga biapoiada mostrada na próxima figura, em que a força unitária tem posição definida pela coordenada x′. Para isso, calculam-se as reações:

$$\begin{cases} \sum M_B = 0 & \to \quad R_A \ell - 1 \cdot (\ell - x') = 0 \\ \sum F_Y = 0 & \to \quad R_A + R_B - 1 = 0 \end{cases} \to \begin{cases} R_A = 1 - x'/\ell \\ R_B = x'/\ell \end{cases} \tag{8.1}$$

Estas são as equações das linhas de influência representadas na parte esquerda da referida figura, onde se optou por representar os valores positivos abaixo de linhas de referência. As ordenadas dessas linhas fornecem (em escala adequadamente escolhida) os valores das reações para

---

[1] A concepção de linha de influência é do engenheiro alemão *Emil Winkler* (1835–1888), em 1868. Embora possam ser determinadas linhas de fluência quanto para um momento unitário móvel, aborda-se apenas o caso de força unitária vertical de cima para baixo, por ser o mais útil.

[2] Linha de influência de deslocamento não é relevante em caso de estrutura isostática.

[3] Por questão de completude, este capítulo apresenta a determinação geral de linhas de influência de estruturas reticuladas. Contudo, como em escritório de projeto faz-se essa determinação através de computador, o mais importante é o leitor compreender o conceito de linha de influência e a utilização de trem-tipo, através de exemplos simples. Assim, sugere-se a quem se inicia no presente assunto se ater primordialmente ao estudo das linhas de influência e do uso de trens-tipo em vigas.

as diversas posições da força unitária e evidenciam que as reações são tanto maiores quanto mais próxima estiver a força unitária do correspondente apoio.[4]

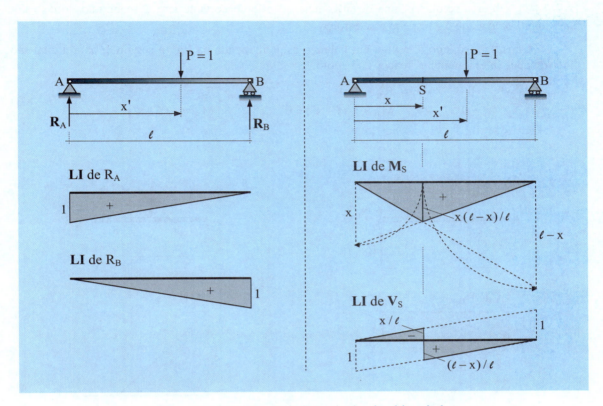

Figura 8.1 – Linhas de influência de viga biapoiada.

Quanto aos esforços seccionais na seção S especificada pela coordenada x como mostra a figura anterior, têm-se as duas seguintes situações:

Para $0 \leq x' \leq x$: $\begin{cases} M_S = R_A \, x - 1(x - x') \\ V_S = \dfrac{dM}{dx} \end{cases}$ $\rightarrow$ $\begin{cases} M_S = x'(\ell - x)\ell \\ V_S = -x'/\ell \end{cases}$ (8.2a)

Para $x \leq x' \leq \ell$: $\begin{cases} M_S = R_A \, x \\ V_S = R_A \end{cases}$ $\rightarrow$ $\begin{cases} M_S = x(\ell - x')/\ell \\ V_S = 1 - x'/\ell \end{cases}$ (8.2b)

Essas são as equações das linhas de influência do momento fletor e do esforço cortante mostradas na parte direita da referida figura. Utilizou-se o índice S nas notações dos esforços seccionais, para evitar confusão com o ponto em que se aplica a força unitária. Observa-se que, diferentemente do diagrama do esforço cortante (para se ter uniformidade com a linha de influência que será obtida através do *processo de Müller-Breslau* na próxima seção), se optou por marcar os valores positivos desse esforço abaixo da linha de referência.

---

[4] Como a força unitária é adimensional, as ordenadas dessas linhas são também adimensionais. Logo, o produto de qualquer força por uma ordenada dessas linhas tem a unidade de força.

Estática das Estruturas   –   **H. L. Soriano**

    Na figura anterior estão também mostradas as construções gráficas que conduzem às linhas de influência.[5] Nota-se que a linha de influência do momento fletor tem um ponto anguloso correspondente à seção a que diz respeito esse momento e que a ordenada deste ponto é igual a $(x(\ell-x)/\ell)$. Observa-se que a linha de influência do esforço cortante tem descontinuidade de valor unitário na seção a que diz respeito esse esforço.

    Considera-se, agora, a viga em balanço esquematizada na figura seguinte, para a qual são determinadas inicialmente as reações de apoio.

$$\begin{cases} \sum F_Y = 0 \\ \sum M_B = 0 \end{cases} \rightarrow \quad \begin{aligned} R_B - 1 &= 0 \\ M_B + 1 \cdot (\ell - x') &= 0 \end{aligned} \quad \rightarrow \quad \begin{cases} R_B = 1 \\ M_B = -(\ell - x') \end{cases} \tag{8.3}$$

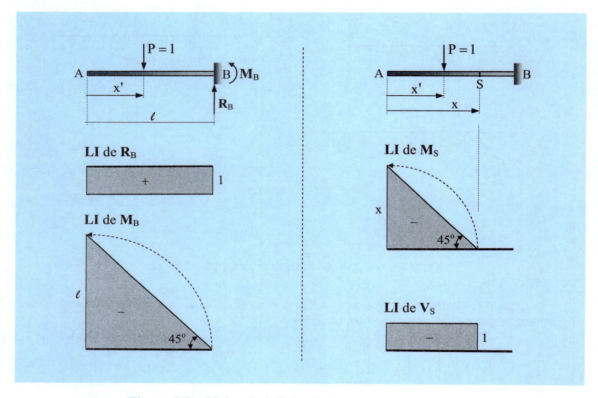

Figura 8.2 – Linhas de influência de uma viga em balanço.

Quanto aos esforços internos na seção S, têm-se as duas seguintes situações:

$$\text{Para } 0 \leq x' \leq x: \quad \begin{cases} M_S = -1 \cdot (x - x') \\ V_S = -1 \end{cases} \rightarrow \quad \begin{cases} M_S = -(x - x') \\ V_S = -1 \end{cases} \tag{8.4a}$$

---

[5] Como a força unitária é adimensional, as ordenadas de linha de influência de esforço cortante são adimensionais (assim como as ordenadas de linha de influência de esforço normal) e as ordenadas de linha de influência de momento fletor têm a dimensão de comprimento. Consequentemente, o produto de uma força por uma ordenada de linha de influência de esforço cortante tem a unidade de força, e o produto por uma ordenada de linha de influência de momento fletor tem a unidade de força vezes unidade de comprimento.

Para $x \leq x' \leq \ell$: $\begin{cases} M_S = 0 \\ V_S = 0 \end{cases}$ (8.4b)

Essas equações expressam as linhas de influência mostradas na figura anterior.

Com a combinação de viga biapoiada com duas vigas em balanço, obtêm-se as linhas de influência da viga biapoiada com balanços, como mostra a figura seguinte:

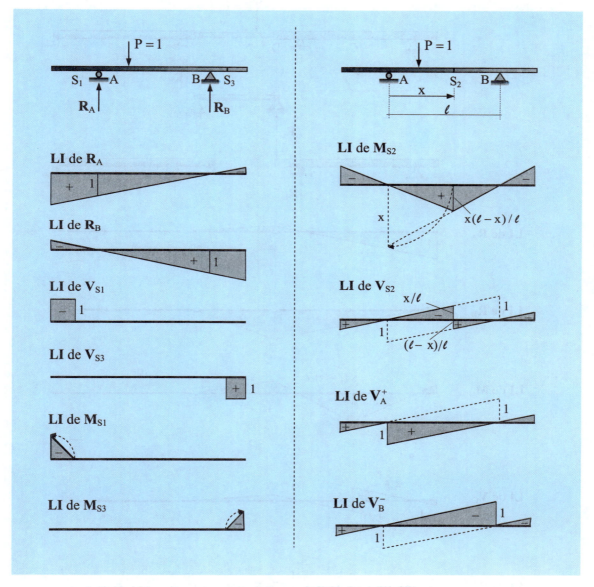

Figura 8.3 – Linhas de influência de uma viga biapoiada com balanços.

Observa-se, na figura anterior, que o traçado da linha de influência do momento fletor em seção entre os apoios da viga biapoiada foi simplificado em relação ao apresentado na Figura 8.1. É ainda mais simples traçar essa linha a partir do conhecimento da ordenada $(x(\ell-x)/\ell)$ correspondente àquela

Estática das Estruturas – **H. L. Soriano**

seção. Nota-se, também, que são distintas as linhas de influência dos esforços cortantes à esquerda e à direita de uma seção de apoio. Além disso, como toda viga Gerber é constituída de vigas biapoiadas e em balanço de maneira a formar um conjunto isostático, as linhas desse tipo de viga podem ser obtidas a partir das linhas de influência anteriores, como mostram as Figuras 8.4 e 8.5.

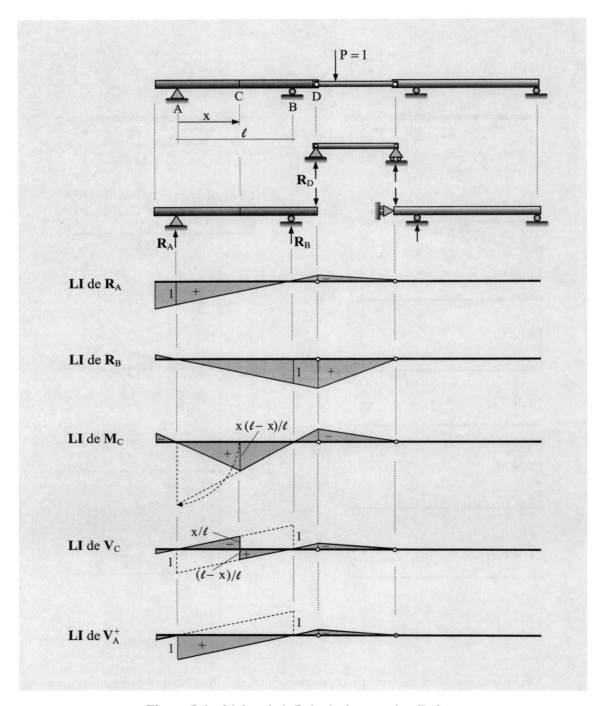

Figura 8.4 – Linhas de influência de uma viga Gerber.

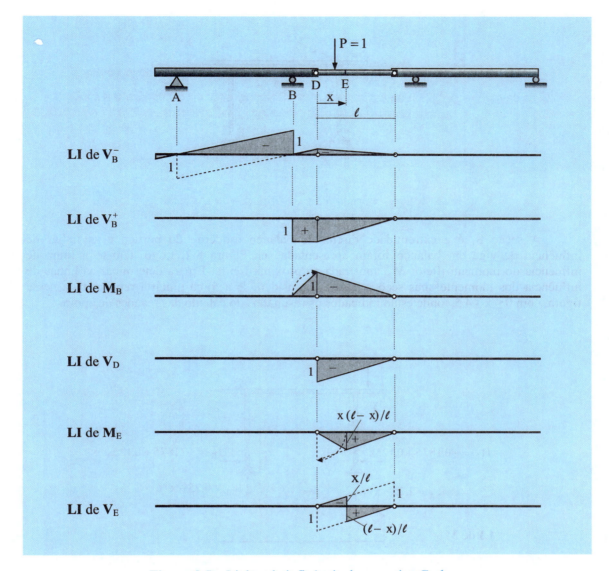

Figura 8.5 – Linhas de influência de uma viga Gerber.

Nota-se que: (1) todas as linhas de influência são formadas por trechos lineares, (2) as linhas de influência dos esforços cortantes têm descontinuidade de valor unitário na seção de referência e (3) as linhas de influência dos momentos fletores têm pontos angulosos. Além disso, é evidente que, em vigas simétricas, seções transversais simétricas têm linhas de influência de momento fletor simétricas e linhas de influência de esforço cortante antissimétricas.

Linhas de influência podem também ser determinadas em qualquer modelo de estrutura em barras, desde que se defina o percurso de atuação da força unitária, como no exemplo a seguir:

Exemplo 8.1 – Determinam-se as linhas de influência dos momentos fletores nas seções S_1, S_2 e S_3 indicadas no pórtico tri-rotulado e com balanços, mostrado na próxima figura, em decorrência de força unitária que percorre as barras horizontais.

Estática das Estruturas — **H. L. Soriano**

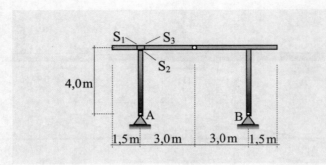

Figura E8.1a – Pórtico plano tri-rotulado e com balanços.

A seção S_1 é a extremidade direita do balanço esquerdo do pórtico e as linhas de influência de viga em balanço foram apresentadas na Figura 8.2. Logo, tem-se a linha de influência do momento fletor M_{S1} mostrada na próxima figura. E para determinar as linhas de influência dos momentos nas seções S_2 e S_3, considera-se a força unitária representada nessa figura, com $0 \leq x \leq 4{,}5$, onde estão indicados os resultados do cálculo das reações de apoio.

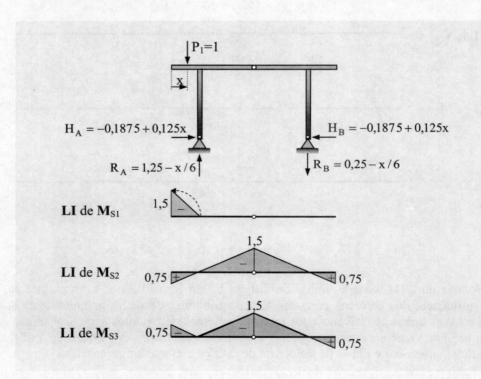

Figura E8.1b – Linhas de influência dos momento fletores M_{S1}, M_{S2} e M_{S3}.

Logo, para $0 \leq x \leq 1{,}5\,m$, escrevem-se as equações de momento fletor:

$$M_{S2} = -H_A \cdot 4 = 0{,}75 - 0{,}5x \qquad \text{e} \qquad M_{S3} = -H_A \cdot 4 - (1{,}5 - x) = -0{,}75 + 0{,}5x$$

Para $1{,}5 \leq x \leq 4{,}5\,m$, têm-se as equações de momento fletor:

$$M_{S2} = -H_A \cdot 4 = 0{,}75 - 0{,}5x \quad \text{e} \quad M_{S3} = -H_A \cdot 4 = 0{,}75 - 0{,}5x$$

Com esses resultados e desenvolvimento semelhante para 4,5 ≤ x ≤ 9,0m, obtêm-se as duas linhas de influência mostradas na parte inferior da mesma figura.

O arco tri-rotulado esquematizado na próxima figura foi estudado na Seção 4.7 com a utilização de uma viga de substituição. No caso tem-se:

$$R'_A = R_a \quad , \quad R'_B = R_b \quad , \quad H' = \frac{M_c}{f \cos\gamma} \quad , \quad H = \frac{M_c}{f}$$

$$M_S = M_s - H'Y'\cos\gamma \quad , \quad V_S = V_s \cos\alpha - H' \sin(\alpha - \gamma) \quad , \quad N_S = -V_s \sin\alpha - H'\cos(\alpha - \gamma)$$

Nessas expressões, M_s e V_s são as intensidades dos esforços seccionais na viga de substituição sob uma força unitária. Na próxima figura estão representadas linhas de influência dessa viga que serão necessárias ao estudo do referido arco.

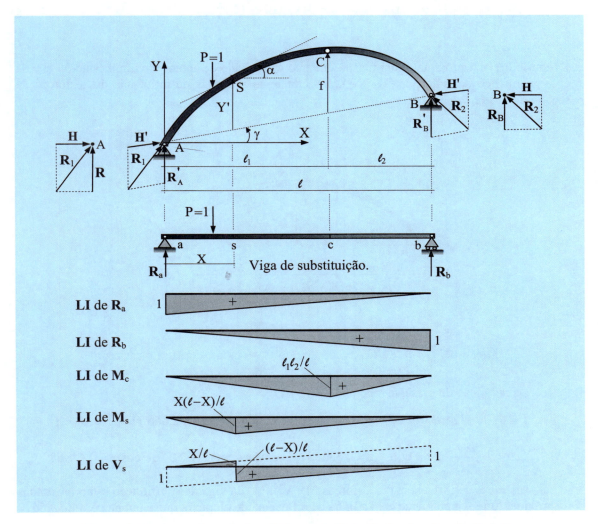

Figura 8.6 – Arco tri-rotulado e linhas de influência da viga de substituição.

Estática das Estruturas — **H. L. Soriano**

Tendo-se as linhas de influência da viga de substituição mostradas na figura anterior, escrevem-se as seguintes equações de linhas de influência do arco:

$$\text{LI de } R'_A = \text{LI de } R_a \tag{8.5a}$$

$$\text{LI de } R'_B = \text{LI de } R_b \tag{8.5b}$$

$$\text{LI de } H' = \frac{1}{f \cos\gamma} (\text{LI de } M_c) \tag{8.5c}$$

$$\text{LI de } H = \frac{1}{f} (\text{LI de } M_c) \tag{8.5d}$$

$$\text{LI de } M_S = \text{LI de } M_s - Y'\cos\gamma \cdot (\text{LI de } H') \tag{8.5e}$$

$$\text{LI de } V_S = \cos\gamma \cdot (\text{LI de } V_s) - \sin(\alpha - \gamma) \cdot (\text{LI de } H') \tag{8.5f}$$

$$\text{LI de } N_S = -\sin\alpha \cdot (\text{LI de } V_s) - \cos(\alpha - \gamma) \cdot (\text{LI de } H') \tag{8.5g}$$

Exemplo 8.2 – A próxima figura mostra um arco tri-rotulado de apoios em um mesmo nível e de eixo geométrico definido por $(Y = X - X^2/\ell)$. Obtêm-se as linhas de influência dos esforços da seção S indicada.

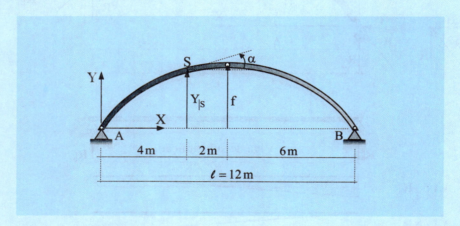

Figura E8.2a – Arco tri-rotulado parabólico de apoios em um mesmo nível.

Da definição do presente arco tem-se:

$$f = 6 - 6^2/12 = 3{,}0\,\text{m} \quad, \quad \gamma = 0 \quad, \quad Y' = Y_{|S} = 4 - 4^2/12 = 2{,}6667\,\text{m} \quad, \quad H = H'$$

$$\text{tg}\,\alpha = 1 - \frac{2X}{\ell} \;\rightarrow\; \text{tg}\,\alpha_{|X=4} = 0{,}33333 \;\rightarrow\; \sin\alpha = 0{,}31622 \quad \text{e} \quad \cos\alpha = 0{,}94868$$

As linhas de influência dos esforços M_c, V_s e M_s da viga de substituição estão mostradas na próxima figura, juntamente com a linha de influência do empuxo, que é obtida com Eq.8.5d.

Capítulo 8 – Forças Móveis

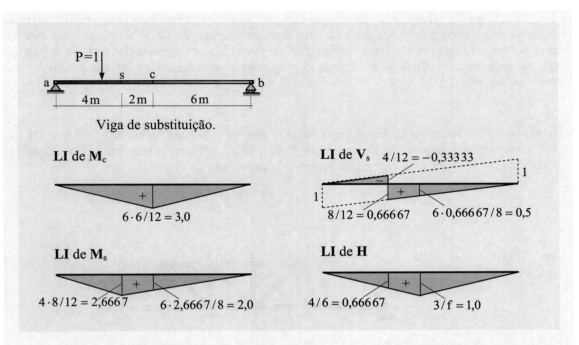

Figura E8.2b – Linhas de influência da viga de substituição e do empuxo do arco.

Logo, Eq.8.5e, Eq.8.5f e Eq.8.5g conduzem às linhas de influência mostradas abaixo.

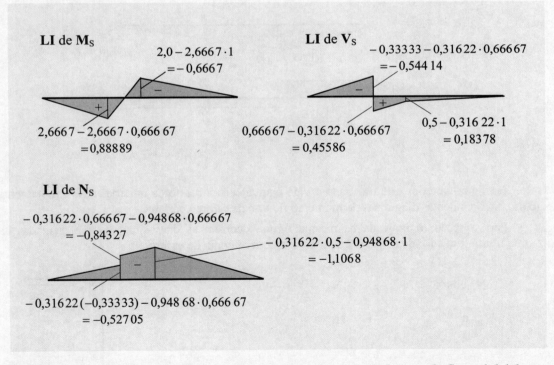

Figura E8.2c – Linhas de influência dos esforços da seção S do arco da figura inicial.

Estática das Estruturas – **H. L. Soriano**

Em linha de influência de esforço normal em treliça, sem levar em conta o efeito de flexão das barras percorridas pela força unitária, considera-se a aplicação dessa força em cada um dos pontos nodais contidos em sua linha de percurso, de maneira a obter ordenadas daquele esforço. A linha de influência é obtida com a ligação dos pontos representativos dessas ordenadas por segmentos lineares.

Exemplo 8.3 – Obtêm-se as linhas de influência dos esforços nas barras IE, DE, IJ e DI da treliça representada na próxima figura onde a força unitária percorre o banzo inferior. Utiliza-se o processo das seções e uma viga equivalente (vide explicação da Figura 6.14).

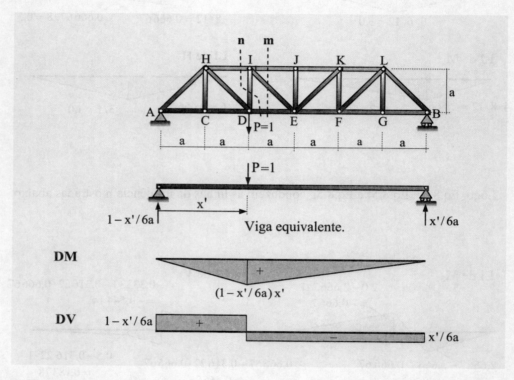

Figura E8.3a – Treliça e diagramas dos esforços seccionais da viga equivalente.

Na figura anterior está mostrada a viga equivalente sob a força unitária móvel, juntamente com os correspondentes diagramas de momento fletor e de esforço cortante.

Para a seção **m** indicada na mesma figura, ocorrem as duas situações representadas na próxima figura. Em caso de $0 \leq x' \leq 2a$, tem-se a equivalência de esforços:

$$\begin{cases} -N_{IE}\cos 45° = V \\ N_{DE}\, a = M \\ -N_{IJ}\, a - N_{IE}\cos 45° \cdot a = M \end{cases} \rightarrow \begin{cases} -N_{IE}\dfrac{\sqrt{2}}{2} = \dfrac{x'}{6a} \\ N_{DE}\, a = \dfrac{2x'}{3} \\ -N_{IJ}\, a - N_{IE}\dfrac{\sqrt{2}}{2}a = \dfrac{2x'}{3} \end{cases} \rightarrow \begin{cases} N_{IE} = -\dfrac{\sqrt{2}\, x'}{6a} \\ N_{DE} = \dfrac{2x'}{3a} \\ N_{IJ} = -\dfrac{x'}{2a} \end{cases}$$

376

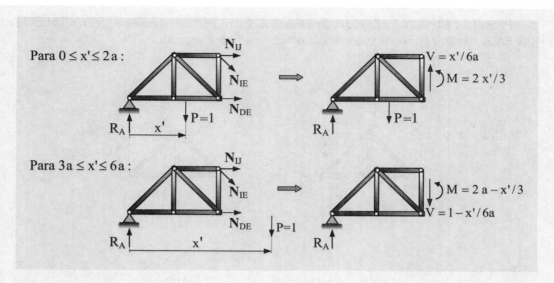

Figura E8.3b – Efeitos na seção **m** da treliça da figura anterior.

Para $3a \leq x' \leq 6a$, tem-se a equivalência de esforços:

$$\begin{cases} N_{IE}\cos 45° = V \\ N_{DE}\, a = M \\ -N_{IJ}\, a - N_{IE}\cos 45° \cdot a = M \end{cases} \rightarrow \begin{cases} N_{IE}\dfrac{\sqrt{2}}{2} = 1 - \dfrac{x'}{6a} \\ N_{DE}\, a = 2a - \dfrac{x'}{3} \\ -N_{IJ}\, a - N_{IE}\dfrac{\sqrt{2}}{2}a = 2a - \dfrac{x'}{3} \end{cases} \rightarrow \begin{cases} N_{IE} = \sqrt{2} - \dfrac{\sqrt{2}\, x'}{6a} \\ N_{DE} = 2 - \dfrac{x'}{3a} \\ N_{IJ} = -3 + \dfrac{x'}{2a} \end{cases}$$

Com os resultados anteriores, traçam-se as linhas de influência mostradas na figura abaixo.

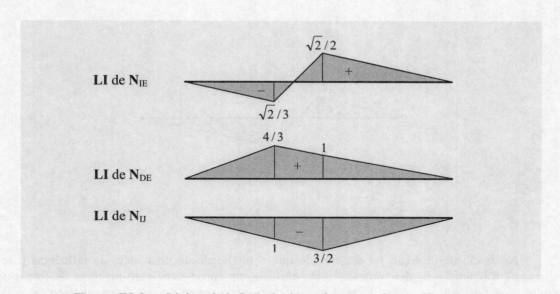

Figura E8.3c – Linhas de influência dos esforços nas barras IE, DE e IJ.

Para obter a linha de influência do esforço na barra DI, considera-se a seção **n** indicada na Figura E8.3a, tendo-se as duas situações mostradas na figura seguinte:

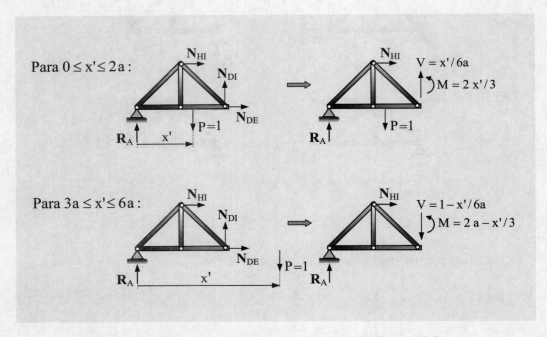

Figura E8.3d – Efeito da seção **n** da treliça da Figura E8.3a.

Logo, para $0 \leq x' \leq 2a$ e $3a \leq x' \leq 6a$, têm-se, respectivamente, as equivalências de esforços $(N_{DI} = x'/6a)$ e $(N_{DI} = x'/6a - 1)$. Com base nesses resultados, traça-se a linha de influência mostrada a seguir:

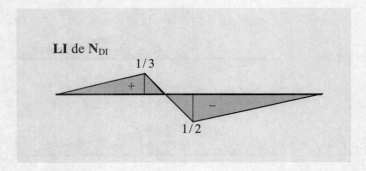

Figura E8.3e – Linha de influência do esforço na barra DI.

No início desta seção foi esclarecido que a finalidade de uma linha de influência é ser utilizada em obtenção de determinado efeito elástico, em consequência do percurso de forças na estrutura ou em parte de suas barras. Considerando inicialmente apenas forças concentradas de posições e valores conhecidos, com a direção e o sentido que a força unitária móvel utilizada na obtenção da linha de influência, o efeito elástico devido àquelas forças é obtido através da soma dos produtos daquelas forças pelas correspondentes ordenadas da linha de influência, como ilustra a parte esquerda da próxima figura. Já em caso de força distribuída de posição e de valor conhecidos, o efeito elástico é obtido por integração do produto dessa força pelas correspondentes ordenadas da linha de influência. No caso particular de força uniformemente distribuída, o resultado dessa integração é simplesmente o produto dessa força pela correspondente área na linha de influência, como ilustra a parte direita da mesma figura.

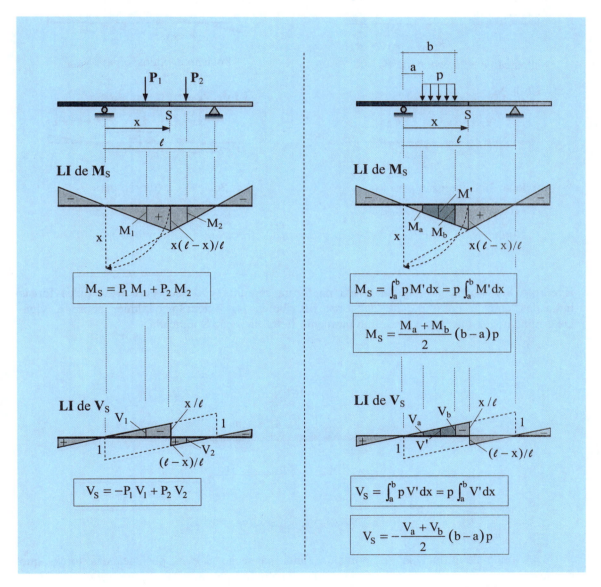

Figura 8.7 – Esforços devidos às forças de valores e posições conhecidas.

A próxima figura ilustra, com as linhas de influência da figura anterior, o caso em que se ajusta a extensão de força transversal uniformemente distribuída, com o objetivo de obter os valores extremos de esforços.

Estática das Estruturas – H. L. Soriano

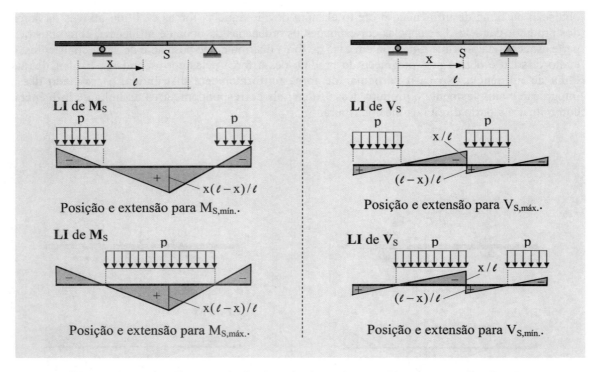

Figura 8.7 – Condições mais desfavoráveis de força uniformemente distribuída.

Exemplo 8.4 – A viga esquematizada na figura seguinte pode ser percorrida pelas forças indicadas com a possibilidade da força distribuída ter extensão qualquer sobre a viga. Determinam-se o máximo e o mínimo momento fletor na seção S indicada.

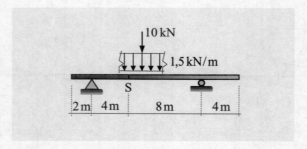

Figura E8.4a – Viga sob forças móveis.

A linha de influência do momento fletor na seção S e as posições das forças que conduzem aos extremos desse esforço estão mostradas na próxima figura (com as forças concentradas posicionadas em pontos de ordenadas máximas). Logo, calculam-se os momentos:

$$M_{S,máx.} = 10 \cdot 2,666\,7 + 1,5 \cdot 12 \cdot 2,666\,7/2 \qquad \rightarrow \qquad \boxed{M_{S,máx.} = 50{,}667\,\text{kN}\cdot\text{m}}$$

$$M_{S,mín.} = -10 \cdot 1{,}3334 - 1{,}5 \cdot 2 \cdot 1{,}3334/2 - 1{,}5 \cdot 4 \cdot 1{,}3334/2 \rightarrow \boxed{M_{S,mín.} = -19{,}334\,\text{kN}\cdot\text{m}}$$

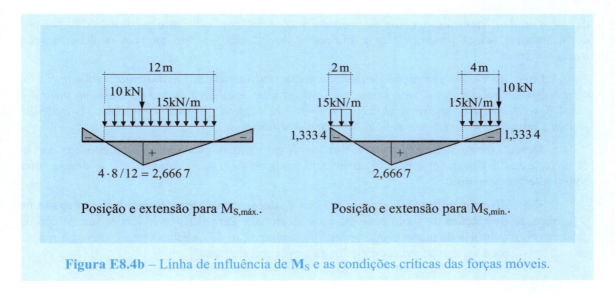

Figura E8.4b – Linha de influência de M_S e as condições críticas das forças móveis.

Os conjuntos das forças móveis especificadas pelas normas brasileiras, denominados trens-tipo, serão descritos na Seção 8.4, juntamente com o procedimento de determinação da *faixa de trabalho* de uma estrutura.

8.3 – Processo de Müller-Breslau

O engenheiro e professor alemão *Heinrich Franz Bernhard Müller-Breslau* (1851–1925) apresentou procedimento cinemático de determinação de linhas de influência, em 1886, o que motivou a designação de *processo de Müller-Breslau*. Tal processo é desenvolvido a partir do *princípio dos deslocamentos virtuais* que é apresentado a seguir em caso de corpo rígido.[6]

A um corpo rígido em equilíbrio sob a ação de um sistema de forças são aplicáveis as equações de equilíbrio expressas em Eq.1.49, que se reescrevem:

$$\begin{cases} \sum F_X = 0 \quad, \quad \sum F_Y = 0 \quad, \quad \sum F_Z = 0 \\ \sum M_X = 0 \quad, \quad \sum M_Y = 0 \quad, \quad \sum M_Z = 0 \end{cases} \tag{8.6}$$

Nas direções dos eixos coordenados, supõem-se deslocamentos δ_X, δ_Y e δ_Z quaisquer, e as rotações θ_X, θ_Y e θ_Z quaisquer, com a condição de não alterarem o efeito das forças externas. Esses deslocamentos e rotações, por serem fictícios, são denominados *deslocamentos virtuais* e os seus produtos pelas equações de equilíbrio anteriores têm as formas:

$$\begin{cases} \delta_X \sum F_X = 0 \quad, \quad \delta_Y \sum F_Y = 0 \quad, \quad \delta_Z \sum F_Z = 0 \\ \theta_X \sum M_X = 0 \quad, \quad \theta_Y \sum M_Y = 0 \quad, \quad \theta_Z \sum M_Z = 0 \end{cases} \tag{8.7}$$

É natural que o equilíbrio do corpo rígido continue expresso por essas equações, pois como os deslocamentos virtuais são quaisquer, estes podem ser cancelados de maneira a fornecer

---

[6] Esse princípio foi reconhecido por *Leonardo da Vinci* (1452–1519) e generalizado por *Johann Bernoulli* (1667–1748). Ele estende-se aos corpos deformáveis em comportamento linear ou não linear, e é de fundamental importância em estudos mais avançados de *Análise das Estruturas*.

de volta Eq.8.6. Além disso, como as expressões contidas em Eq.8.7 são produtos de forças por deslocamentos, esses produtos têm a dimensão de trabalho, o que motivou a denominação *trabalho virtual*.

Logo, *com a consideração de deslocamentos virtuais em um corpo rígido em equilíbrio, o trabalho virtual é nulo. E vice-versa, o corpo está em equilíbrio quando o trabalho virtual é nulo. Esse é o princípio dos deslocamentos virtuais, segundo o qual a nulidade do trabalho virtual é condição necessária e suficiente para o equilíbrio.*

Desde que os deslocamentos arbitrados como virtuais não alterem o efeito das forças externas, esses deslocamentos podem ser infinitesimais ou finitos, conforme o que se deseje obter com o referido princípio.

Entre diversas aplicações, o princípio dos deslocamentos virtuais pode ser empregado na determinação de reações de apoio e de esforços seccionais. Para isso, considera-se um campo de deslocamentos virtuais de maneira que se retenha, em equação de trabalho virtual, apenas a reação ou o esforço seccional de cada vez, como ilustra o próximo exemplo.

Exemplo 8.5 – Com o princípio dos deslocamentos virtuais, calculam-se a reação no apoio da direita e o momento fletor na seção média da viga biapoiada sob força uniformemente distribuída, representada na figura abaixo.

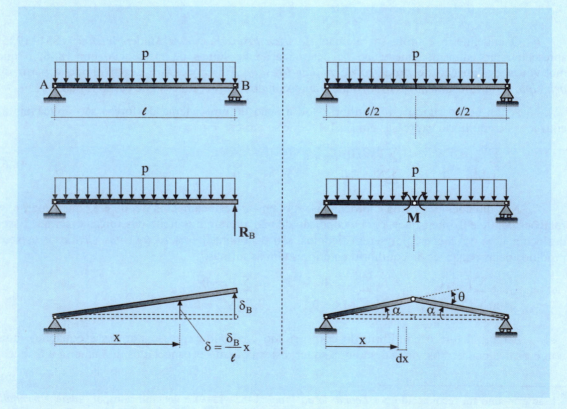

Figura E8.5a – Cálculo de esforços em viga biapoiada.

Para determinar a reação R_B retira-se o correspondente apoio e simultaneamente aplica-se essa reação de maneira a restituir a condição de equilíbrio da viga original, como mostra a parte intermediária esquerda da figura anterior. Seguidamente, arbitra-se um campo de deslocamentos virtuais de deslocamento nulo no apoio da esquerda (campo este que não provoca deformação da barra por se tratar de modelo que se desloca como corpo rígido), para escrever o trabalho virtual:

$$R_B \, \delta_B - \int_0^\ell p \, \delta \, dx = 0 \quad \rightarrow \quad R_B \, \delta_B = p \int_0^\ell \frac{\delta_B}{\ell} x \, dx \quad \rightarrow \quad \boxed{R_B = \frac{p\ell}{2}}$$

Para obter o momento fletor na seção média, retira-se o vínculo correspondente a esse momento, por introdução de uma rótula nessa seção, ao mesmo tempo em que se aplica um par de momentos **M** nas seções adjacentes a essa rótula, de maneira a restituir a condição de equilíbrio estático da viga original, como mostra a parte intermediária direita da figura anterior. A seguir, arbitra-se um campo de deslocamentos virtuais compatível com a rotação ($\theta = 2\alpha$) entre essas seções, como indicado. E como o trabalho de um momento **M** em uma rotação α é igual ao do binário correspondente, como ilustra a figura seguinte em que o par de forças é mantido perpendicular à barra de maneira a representar o momento antes e depois da rotação, tem-se ($F\alpha x = M\alpha$).[7]

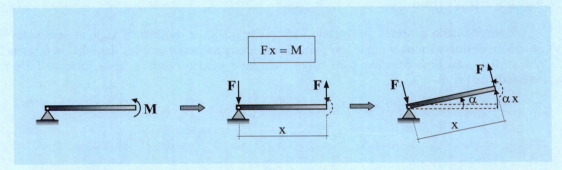

Figura E8.5b – Momento de um binário.

Logo, para a viga da parte direita da Figura E8.5a, em que foi introduzida rótula na seção média, escreve-se o trabalho virtual:

$$M(2\alpha) - 2\int_0^{\ell/2} p\alpha x \, dx = 0 \quad \rightarrow \quad M\alpha = p\alpha \int_0^{\ell/2} x \, dx \quad \rightarrow \quad \boxed{M = p\ell^2/8}$$

A determinação de linha de influência de uma reação de apoio ou de um esforço seccional pelo *processo de Müller-Breslau* é uma aplicação do princípio dos deslocamentos virtuais que, em caso de estrutura isostática, segue o roteiro:[8]

---

[7] Vale observar que o trabalho da força p foi escrito como o produto dessa força pelo arco de circunferência devido à rotação α.

[8] O *processo de Müller-Breslau* é de grande utilidade em determinação, através de computador, de linha de influência de estrutura hiperestática.

(1) Retira-se o vínculo da reação ou do esforço seccional em relação ao qual se deseja determinar a linha de influência e simultaneamente aplica-se essa reação ou esse esforço de maneira que seja restituída a condição estática da estrutura original.

(2) Impõe-se um deslocamento unitário negativo (linear ou de rotação, conforme se trate de força ou de momento) relativamente à reação ou ao esforço em questão.

(3) Com a consideração de que o campo de deslocamentos imposto seja virtual, escreve-se que o trabalho virtual é nulo, do qual se conclui que as ordenadas da configuração obtida com essa imposição fornecem a linha de influência desejada. Essa configuração é constituída de trechos lineares pelo fato do modelo em que e impõe esse campo ser hipostático.

Para iniciar a aplicação deste processo, considera-se a viga da próxima figura para a qual se busca determinar a linha de influência da reação no apoio B, sendo j o ponto de aplicação de uma força unitária adimensional. Na parte intermediária dessa figura está representada a viga com a substituição desse apoio pela correspondente reação R_B, e na parte inferior está mostrada a configuração devido à imposição do deslocamento unitário δ_B, negativo em relação ao sentido adotado para a referida reação e no ponto dessa reação. Com a consideração dessa configuração como virtual, tem-se o trabalho virtual:

$$P \delta + R_B (-1) = 0 \quad \rightarrow \quad \boxed{R_B = \delta} \tag{8.8}$$

Esse resultado expressa que, sendo j um ponto qualquer do eixo da viga, as ordenadas δ do campo de deslocamentos virtuais são numericamente iguais às ordenadas da linha de influência da reação R_B, com deslocamento para baixo indicando reação positiva. Essa mesma linha foi representada na Figura 8.3.

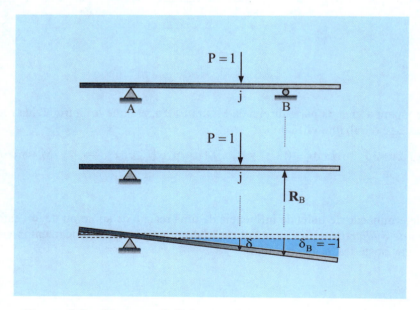

Figura 8.9 – Obtenção da linha de influência de reação de apoio.

Obtém-se, a seguir, a linha de influência do momento fletor em relação à seção S da viga da próxima figura, em que x' especifica a posição de uma força unitária e x define a posição da seção S. Nessa mesma figura está representada a retirada do vínculo do momento na referida seção, por introdução de uma rótula, juntamente com a aplicação de um par de momentos $\mathbf{M}_S$. Esses momentos são considerados no sentido positivo da convenção clássica e de maneira a restituir a condição estática da viga original. Na parte inferior da figura está esquematizada a configuração devido à rotação unitária θ_S entre as seções adjacentes ao ponto representativo da seção S, rotação esta negativa em relação aos sentidos dos momentos aplicados. Observa-se que nessa configuração se tem ($\alpha+\beta=\theta_S=-1\text{rad}$).[9]

Logo, escreve-se o trabalho virtual:

$$P\,\delta + M_S(-1) = 0 \quad\rightarrow\quad \boxed{M_S = \delta} \tag{8.9}$$

onde δ é o arco de circunferência no ponto de aplicação da força unitária. Assim, sendo j um ponto qualquer do eixo da viga, a configuração virtual tem a mesma forma que a linha de influência desejada, com deslocamento para baixo expressando momento fletor positivo.[10] Essa linha de influência foi também representada na Figura 8.3.

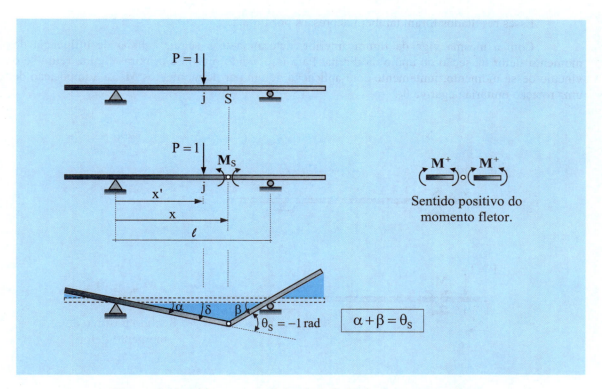

Figura 8.10 – Obtenção da linha de influência de momento fletor.

Logo, escrevem-se as expressões analíticas dessa linha de influência no trecho entre os apoios:

---

[9] Como mostra a figura, o momento positivo na seção adjacente à esquerda da rótula (introduzida) é no sentido anti-horário e a rotação α dessa seção é no sentido horário. Já o momento e a rotação β na seção adjacente à direita da rótula têm sentidos opostos aos anteriores.

[10] É usual encontrar na literatura que as ordenadas da configuração deformação sejam iguais aos coeficientes de influência, o que não está correto.

$$\begin{cases} M_S = \alpha x' & \text{, em caso de } x' \le x \\ M_S = \beta(\ell - x') & \text{, em caso de } x' \ge x \end{cases} \qquad (8.10)$$

Na condição de (x′=x), tem-se:

$$\begin{cases} M_{S|x'=x} = \alpha x = \beta(\ell - x) \\ \alpha + \beta = 1 \end{cases} \rightarrow \begin{cases} \alpha = (\ell - x)/\ell \\ \beta = x/\ell \end{cases} \qquad (8.11)$$

Logo, com a substituição dessa última expressão na que lhe precede, obtém-se:

Com $x' \le x$: $\quad M_S = \dfrac{x'(\ell - x)}{\ell}$ \hfill (8.12a)

Com $x' \ge x$: $\quad M_S = \dfrac{x(\ell - x')}{\ell}$ \hfill (8.12b)

Esses resultados foram também expressos por Eq.8.2.

Com a mesma viga da figura anterior, determina-se a seguir a linha de influência do momento fletor na seção do apoio da direita. Para isso, como mostra a próxima figura, retira-se o vínculo desse momento, juntamente com aplicação de um par de momentos M_S, e a imposição de uma rotação unitária negativa θ_S.

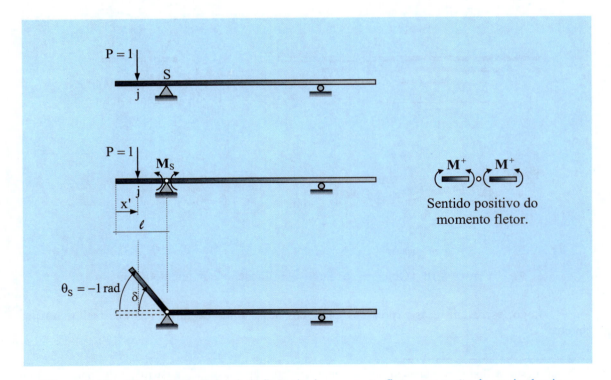

Figura 8.11 – Obtenção de linha de influência de momento fletor em seção de apoio de viga.

No caso, a equação da linha de influência no balanço é:

$$M_S = \delta \quad \rightarrow \quad M_S = (\ell - x')(-1) \quad \rightarrow \quad \boxed{M_S = -(\ell - x')} \qquad (8.13)$$

Essa linha foi representada na parte direita da Figura 8.2.

Quanto à obtenção de uma linha de influência de esforço cortante, considera-se a viga da próxima figura, onde se busca essa linha em relação a uma seção S entre os apoios. Na parte intermediária dessa figura está mostrada a viga com a retirada do vínculo relativo ao referido esforço (o que corresponde à introdução de mecanismo que permite o deslizamento vertical das seções adjacentes a S), simultaneamente com a aplicação de um par de forças V_S no sentido positivo da convenção clássica desse esforço, de maneira a restituir a condição estática da viga original.

Ainda na mesma figura está mostrada a configuração resultante da imposição de um deslocamento relativo unitário δ_S, negativo em relação aos sentidos do par de forças aplicadas. Nota-se que os dois segmentos dessa configuração de viga são paralelos porque não se tem rotação relativa entre as referidas seções. Assim, com a consideração dessa configuração como virtual, tem-se a equação do trabalho virtual:

$$P\,\delta + V_S(-1) = 0 \quad \rightarrow \quad \boxed{V_S = \delta} \qquad (8.14)$$

Logo, sendo j um ponto qualquer da viga, as ordenadas δ do campo de deslocamentos virtuais definem a linha de influência procurada, com o deslocamento para baixo indicando esforço cortante positivo. Essa linha foi também representada na parte direita da Figura 8.3.

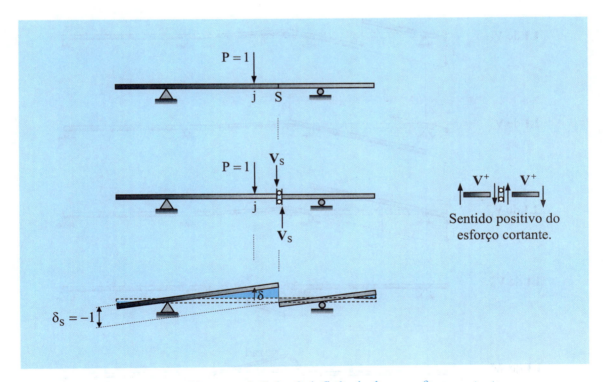

Figura 8.12 – Obtenção da linha de influência de um esforço cortante.

Este processo é repetido na próxima figura para as primeiras oito linhas de influência da viga Gerber utilizada nas Figuras 8.4 e 8.5.

Estática das Estruturas – **H. L. Soriano**

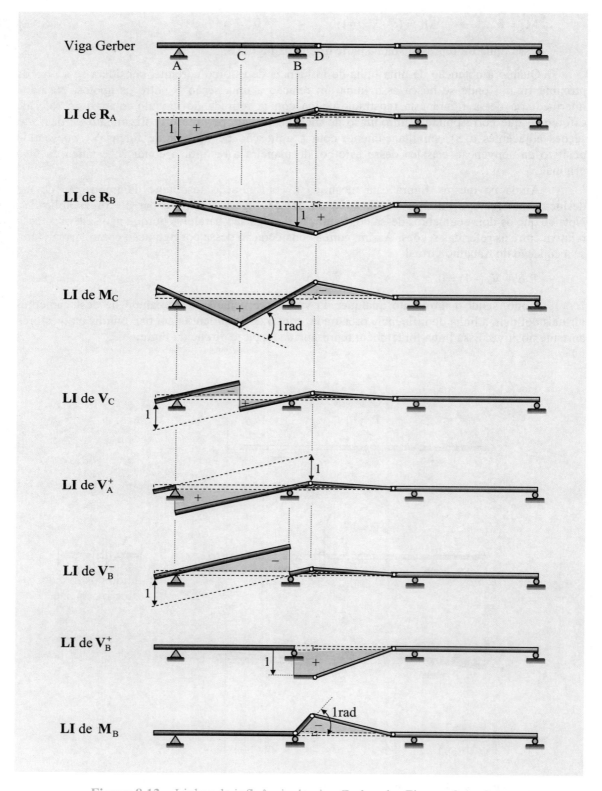

Figura 8.13 – Linhas de influência da viga Gerber das Figuras 8.4 e 8.5.

Capítulo 8 – Forças Móveis

De forma análoga aos esforços anteriores, podem ser determinadas linhas de influência de esforço normal e de momento de torção, através da imposição do correspondente deslocamento unitário negativo. Contudo, em casos de pórticos, grelhas e treliças o *processo de Müller-Breslau* em aplicação manual costuma ser útil apenas para indicação qualitativa de linha de influência, uma vez que, na grande maioria das vezes, não é simples determinar as ordenadas da configuração resultante da imposição do deslocamento unitário.

Exemplo 8.6 – Para ilustrar o *processo de Müller-Breslau* em treliça, considera-se a treliça do Exemplo 8.3, reproduzida na próxima figura em que a força unitária percorre o banzo inferior.

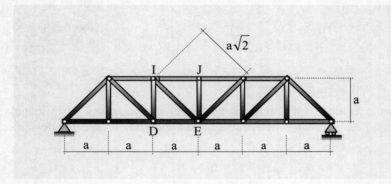

Figura E8.6a – Treliça do Exemplo 8.3.

Nas duas figuras seguinte estão mostradas as configurações correspondentes às linhas de influência dos esforços N_{IE}, N_{DE}, N_{IJ} e N_{DI}, que foram obtidas no referido exemplo. Observa-se que as linhas de influência são definidas pelas posições das barras percorridas pela força unitária.

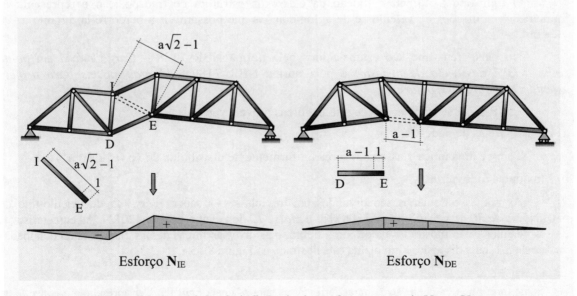

Figura E8.6b – Linha de influência dos esforços normais N_{IE} e N_{DE}.

389

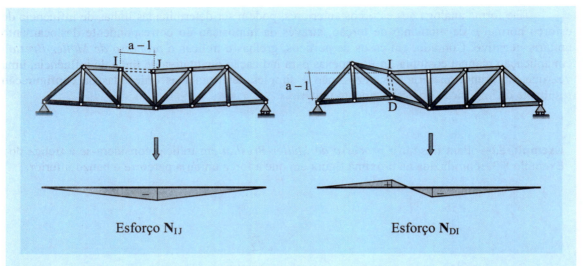

Figura E8.6c – Linha de influência dos esforços normais N_{IJ} e N_{DI}.

Este exemplo evidencia a simplicidade do traçado de linhas de influência em caso de treliça, embora não seja simples a determinação analítica das ordenadas dessas linhas a partir desse traçado.

8.4 – Trem-tipo

Um trem-tipo é um conjunto de forças móveis, concentradas e/ou distribuídas, de valores constantes e de distâncias relativas fixas entre si (usualmente definido em normas de projeto), que representa a combinação prevista mais desfavorável de veículos e de pessoas que atravessarão a estrutura.[11]

O trem-tipo a utilizar é função da classe da estrutura de transposição e representa as inúmeras combinações de veículos e de aglomerações que possam vir a percorrê-la durante a sua vida útil.

No país, trens-tipo são estabelecidos pela norma NBR 7188 – *Carga móvel em ponte rodoviária e passarela de pedestre* e pela norma NBR 7189 – *Cargas móveis para projeto estrutural de obras ferroviárias.*

A NBR 7188 estabelece as seguintes forças móveis verticais:

a) Em passarelas de pedestres:

Tem-se uma única classe com força uniformemente distribuída de $(p = 5 kN/m^2)$.

b) Em pontes rodoviárias:

As pontes rodoviárias são divididas em três classes, a saber: *classe 45* de veículo-tipo de 450 kN; *classe 30* de veículo-tipo de 300 kN; e *classe 12* de veículo-tipo de 120 kN. As características desses veículos estão mostradas na próxima figura, e as diversas forças dessas classes estão detalhadas na Tabela 8.1, cuja disposição em planta está ilustrada na Figura 8.15.

---

[11] O nome trem-tipo é uma alusão às obras ferroviárias para as quais *Emil Winkler* apresentou o conceito de linhas de influência.

Capítulo 8 – Forças Móveis

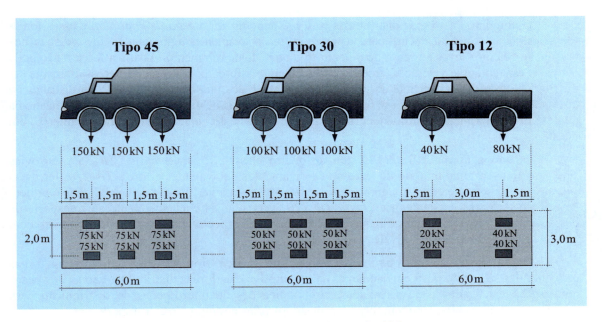

Figura 8.14 – Veículos-tipo rodoviários.

Classe da ponte	Veículo		Forças uniformemente distribuídas		
	Tipo	Peso total (kN)	p (kN/m^2)	p' (kN/m^2)	Disposição da força
45	45	450	5	3	Força p em toda a pista e força p' nos passeios.
30	30	300	5	3	
12	12	120	4	3	

Tabela 8.1 – Forças das três classes de pontes rodoviárias.

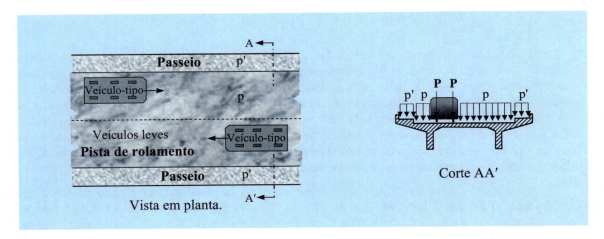

Figura 8.15 – Disposição das forças móveis em pontes rodoviárias.

Estática das Estruturas – H. L. Soriano

O conjunto das forças distribuídas p´ e p é denominado *carga de multidão*, e essas forças foram estimadas estatisticamente para representar, respectivamente, aglomerações de pessoas nos passeios e veículos leves ao redor do veículo-tipo na pista de rolamento. Assim, a força p não pode ocupar o espaço desse veículo e tanto essa força quanto a força p´ não precisa necessariamente ser distribuída em toda a superfície da pista de rolamento e dos passeios. A extensão da distribuição dessas forças é arbitrada quando se buscam as condições mais desfavoráveis para o efeito elástico a que diz respeito a linha de influência (de reação de apoio, esforço seccional ou deslocamento) em questão.

Quanto à norma NBR 7189, têm-se quatro classes, a saber: *classe TB–360* (ferrovias sujeitas a transporte de minério de ferro ou carregamentos equivalentes); *classe TB–270* (ferrovias sujeitas a transporte de carga em geral); *classe TB–240* (para a verificação de estabilidade e projeto de reforço de obras existentes); e *classe TB–170* (vias sujeitas exclusivamente ao transporte de passageiros em regiões metropolitanas ou suburbanas), respectivamente, para locomotivas com 360kN, 270kN, 240kN e 170kN de peso por eixo.

Como ilustração, a próxima figura mostra o trem-tipo *TB–360*, em que as forças concentradas são as do peso em cada eixo da locomotiva e as forças distribuídas são as dos pesos dos vagões carregados e descarregadas, com indicações de interrupções de distribuição para expressar que essas forças podem ter extensões arbitrárias ao longo da estrutura de transposição.

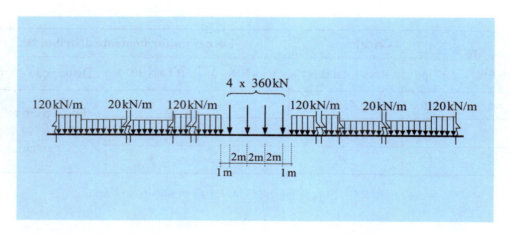

Figura 8.16 – Trem-tipo ferroviário da classe TB–360.

Linhas de influência são utilizadas quando o deque da estrutura de transposição é idealizado em uma ou mais vigas longitudinais, com ou sem vigas transversais denominadas *transversinas*. Com isso, a partir das forças móveis especificadas nas normas e através de procedimentos estudados na disciplina de Pontes, chega-se a um *trem-tipo longitudinal* a ser utilizado com as linhas de influência de cada viga longitudinal. E após a obtenção de determinada linha de influência, faz-se necessário identificar os posicionamentos mais desfavoráveis ou críticos do trem-tipo "nessa linha", para obter os valores extremos (máximos ou mínimos) do efeito elástico a que diz respeito essa linha, para os dois possíveis sentidos do tráfego.

A próxima figura ilustra um trem-tipo rodoviário longitudinal constituído de três forças concentradas, **P**, e das forças distribuídas p_1 e p_2, juntamente com as correspondentes posições críticas desse trem na linha de influência do momento fletor da seção C da viga Gerber, utilizada anteriormente na Figura 8.4.

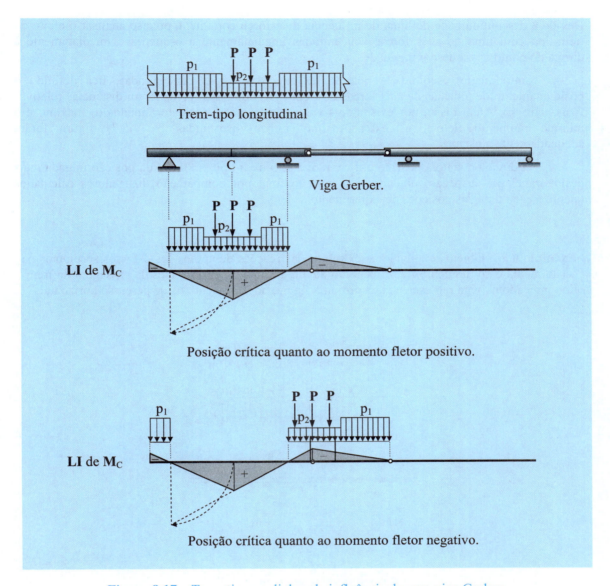

Figura 8.17 – Trem-tipo em linhas de influência de uma viga Gerber.

Escolhida uma posição para um trem-tipo em uma linha de influência, o valor do efeito elástico a que diz respeito essa linha é obtido, como descrito na Seção 8.2, somando-se os produtos de cada força concentrada pela correspondente ordenada dessa linha, mais os produtos de cada força uniformemente distribuída pela correspondente área de influência. Esses produtos são muito simples de serem calculados em caso de estrutura isostática pelo fato das linhas de influência serem constituídas de trechos lineares, de maneira a requerer apenas o cálculo das áreas de triângulos, retângulos e trapézios.

A posição crítica de um trem-tipo sobre uma linha de influência é geralmente determinada por tentativa, com a orientação de que com trem-tipo que tenha forças concentradas, uma dessas forças deve ser posicionada em uma seção de ponto anguloso ou de descontinuidade da referida linha. Esse é o caso da figura anterior onde, por haver três forças concentradas iguais, a força concentrada intermediária foi posicionada em seção de ponto anguloso da linha de influência.

Estática das Estruturas – **H. L. Soriano**

Devido à descontinuidade de linha de influência de esforço cortante, é preciso analisar o efeito do trem-tipo com uma de suas forças concentradas imediatamente à esquerda e imediatamente à direita do ponto dessa descontinuidade.

Naturalmente, escolhida a posição de uma das forças concentradas, fica definido o posicionamento de todas as demais forças do trem-tipo (por essas forças terem distâncias relativas fixas entre si). Além disso, por existir dois valores extremos a ser determinados (o máximo e o mínimo momento fletor), as extensões das forças distribuídas na citada figura foram adequadamente ajustadas.

Na dúvida quanto à posição crítica, move-se o trem-tipo em torno da posição julgada mais desfavorável por inspeção, obtendo-se a posição final por comparação dos valores calculados quanto a cada uma das posições de experimento.

Exemplo 8.7 – Obtêm-se os valores extremos das reações de apoio, dos esforços seccionais na seção média e do momento fletor na seção de um dos apoios, decorrentes da passagem do trem-tipo indicado na viga representada na próxima figura, nos dois sentidos de percurso horizontal.

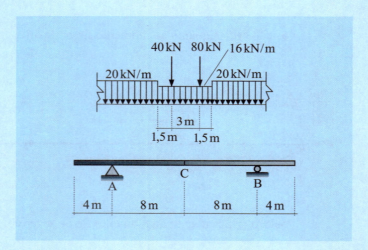

Figura E8.7a – Trem-tipo em viga biapoiada.

A figura seguinte mostra a linha de influência da reação R_A, que é simétrica à linha de influência da reação R_B. No caso, é simples identificar as posições críticas do trem-tipo indicadas, pois basta posicionar a maior força concentrada nas seções de valores extremos da referida linha. Logo, calculam-se os valores extremos da reação R_A:

$$R_{A,máx.} = 80 \cdot 1,25 + 40 \cdot 1,0625 + 16 \cdot \frac{1,25 + 0,96875}{2} \cdot 4,5 + 20 \cdot \frac{15,5 \cdot 0,96875}{2}$$

$$\rightarrow \quad R_{A,máx.} \cong 372,53 \text{ kN}$$

$$R_{A,mín.} = -80 \cdot 0,25 - 40 \cdot 0,0625 - 16 \cdot \frac{4 \cdot 0,25}{2}$$

$$\rightarrow \quad R_{A,mín.} = -30,5 \text{ kN}$$

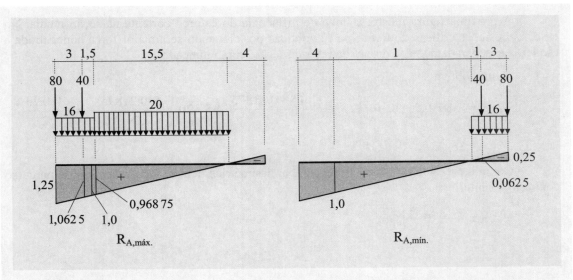

Figura E8.7b – Posições críticas do trem-tipo para cálculo da reação no apoio da esquerda.

A próxima figura mostra a linha de influência do momento fletor na seção média da viga. Também neste caso as posições críticas do trem-tipo são aquelas em que a maior força concentrada posiciona-se nas seções de valores extremos dessa linha. Logo, são calculados os momentos extremos na seção média:

$$M_{C,máx.} = 40 \cdot 2,5 + 80 \cdot 4 + 20 \cdot \frac{3,5 \cdot 1,75}{2} + 16 \cdot \frac{1,75+4}{2} \cdot 4,5 + 16 \cdot \frac{4+3,25}{2} \cdot 1,5 + 20 \cdot \frac{6,5 \cdot 3,25}{2}$$

$$\rightarrow \quad \boxed{M_{C,máx.} \cong 986,5 \, kN \cdot m}$$

$$M_{C,mín.} = -80 \cdot 2 - 40 \cdot 0,5 - 16 \cdot \frac{2 \cdot 4}{2} \quad \rightarrow \quad \boxed{M_{C,mín.} = -244,0 \, kN \cdot m}$$

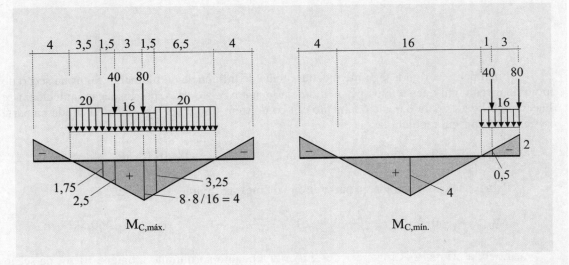

Figura E8.7c – Posições críticas do trem-tipo para cálculo do momento fletor na seção média.

A próxima figura mostra a linha de influência do esforço cortante na seção média. No caso, as posições críticas do trem-tipo são obtidas posicionando-se a maior força concentrada à esquerda e, separadamente, à direita da referida seção, como indicado.

Assim, obtém-se:

$$V_{C,mín.} = -80 \cdot 0,5 - 40 \cdot 0,3125 - 16 \cdot \frac{0,5 + 0,21875}{2} \cdot 4,5 - 20 \cdot \frac{3,5 \cdot 0,21875}{2} - 20 \cdot \frac{4 \cdot 0,25}{2}$$

$$\rightarrow \quad V_{C,mín.} \cong -96,013 \, kN$$

Como a presente linha de influência é antissimétrica, tem-se para o sentido de percurso contrário ao anterior:

$$V_{C,máx.} \cong 96,013 \, kN$$

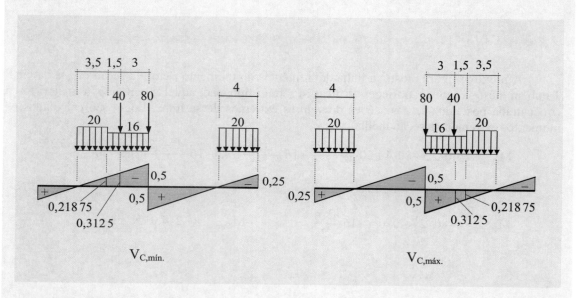

Figura E8.7d – Posições críticas para cálculo do esforço cortante na seção média.

Finalmente, a figura seguinte mostra a linha de influência do momento fletor na seção do apoio da direita, em que se tem apenas momento negativo. No caso, por inspeção, antecipam-se duas possibilidades para o posicionamento crítico do trem-tipo. Para a posição mostrada na parte esquerda dessa figura, obtém-se:

$$M_{B,mín.} = -80 \cdot 4 - 40 \cdot 1 - 16 \cdot \frac{4 \cdot 4}{2} \quad \rightarrow \quad M_{B,mín.} = -488,0 \, kN \cdot m$$

Para a posição mostrada na parte direita da mesma figura, escreve-se:

$$M_{B,mín.} = -80 \cdot 4 - 16 \cdot \frac{4 + 2,5}{2} \cdot 1,5 - 20 \cdot \frac{2,5 \cdot 2,5}{2} \quad \rightarrow \quad M_{B,mín.} = -460,5 \, kN \cdot m$$

Logo, a primeira dessas posições é a crítica quanto ao mínimo momento fletor na seção do apoio da direita.

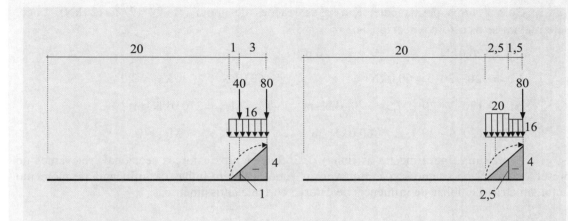

Figura E8.7e – Possíveis posições críticas do trem-tipo para cálculo do momento fletor na seção do apoio da direita.

Para incluir o efeito das ações permanentes aos valores extremos de cada uma das reações de apoio devido às forças móveis, cada um desses valores deve ser somado com a correspondente reação devido àquelas ações. Já quanto aos esforços seccionais, escolhem-se algumas seções transversais ao longo da estrutura para determinar os valores extremos de cada um dos esforços, aos quais devem ser somados os correspondentes esforços devido às ações permanentes. Quanto às ações acidentais não móveis, devem ser incluídos apenas os efeitos desfavoráveis. A representação gráfica dos resultados dessas somas fornece pontos, que uma vez ligados por segmentos lineares, definem uma envoltória de máximo esforço e uma envoltória de mínimo esforço. A região entre essas envoltórias é denominada *faixa de trabalho* da estrutura quanto ao correspondente esforço seccional, como esclarece o próximo exemplo. Conhecendo-se essa faixa é possível dimensionar cada seção, com segurança de resistência às ações permanente e móvel.

Exemplo 8.8 – Determinam-se as faixas de trabalho quanto aos esforços seccionais da viga biapoiada representada na próxima figura, sob a força permanente de 20kN/m e devido à passagem do trem-tipo do exemplo anterior. Nos cálculos, consideram-se seções a cada 3 m do vão, como indicado na figura.

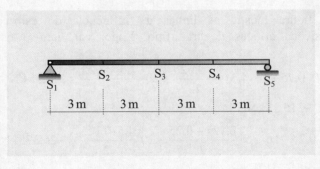

Figura E8.8a – Viga biapoiada.

Com a força permanente, têm-se as reações de apoio ($R = 20 \cdot 12/2 = 120\,kN$). Logo, determinam-se os esforços seccionais:

$$V_{S1} = 120,0\,kN \quad \rightarrow \quad V_{S5} = -120,0\,kN$$

$$V_{S2} = 120 - 20 \cdot 3 = 60,0\,kN \quad \rightarrow \quad V_{S4} = -60,0\,kN \quad , \quad V_{S3} = 0,0$$

$$M_{S2} = 120 \cdot 3 - 20 \cdot 3 \cdot 1,5 = 270,0\,kN \cdot m \quad \rightarrow \quad M_{S4} = 270,0\,kN \cdot m$$

$$M_{S3} = 120 \cdot 6 - 20 \cdot 6 \cdot 3 = 360,0\,kN \cdot m \quad , \quad M_{S1} = 0 \quad , \quad M_{S5} = 0$$

A próxima figura mostra as linhas de influência dos esforços seccionais relevantes no presente caso. Sabe-se que seções transversais simétricas têm linhas de influência de momento fletor simétricas e linhas de influência de esforço cortante antissimétricas.

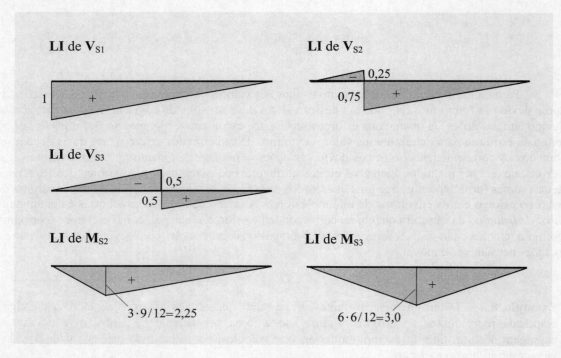

Figura E8.8b – Linhas de influência da viga da figura anterior.

A próxima figura mostra as linhas de influência do esforço cortante com as correspondentes posições críticas do trem-tipo. Logo, calculam-se os esforços cortantes extremos:

$$V_{S1} = 80 \cdot 1 + 40 \cdot 0,75 + 16 \cdot 4,5 \cdot \frac{1 + 0,625}{2} + 20 \cdot \frac{7,5 \cdot 0,625}{2} \cong 215,38\,kN$$

$$\rightarrow \quad V_{S5} \cong -215,38\,kN$$

$$V_{S2,mín.} - 80 \cdot 0,25 - 16 \cdot 1,5 \cdot \frac{0,125 + 0,25}{2} - 20 \cdot \frac{1,5 \cdot 0,125}{2} = -26,375\,kN$$

$$\rightarrow \quad V_{S4,máx.} = 26,375\,kN$$

$$V_{S2,máx.} = 80 \cdot 0,75 + 40 \cdot 0,5 + 16 \cdot 4,5 \cdot \frac{0,75 + 0,375}{2} + 20 \cdot \frac{4,5 \cdot 0,375}{2} \cong 137,38 \text{ kN}$$

→ $V_{S4,mín.} \cong -137,38 \text{ kN}$

$$V_{S3,mín.} = -40 \cdot 0,25 - 80 \cdot 0,5 - 20 \cdot \frac{1,5 \cdot 0,125}{2} - 16 \cdot 4,5 \cdot \frac{0,125 + 0,5}{2} = -74,375 \text{ kN}$$

→ $V_{S4,máx.} = 74,375 \text{ kN}$

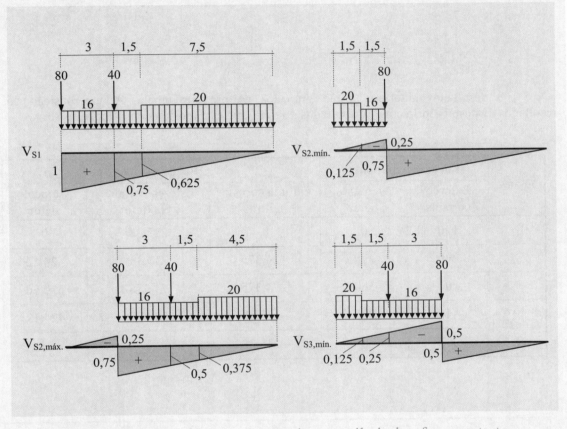

Figura E8.8c – Posições críticas do trem-tipo para cálculo de esforços cortantes.

A próxima figura mostra as linhas de influência de momento fletor com as correspondentes posições críticas do trem-tipo. Logo, obtêm-se os momentos extremos:

$$M_{S2} = 80 \cdot 2,25 + 16 \cdot \frac{3 \cdot 2,25}{2} + 16 \cdot 1,5 \cdot \frac{2,25 + 1,875}{2} + 20 \cdot \frac{7,5 \cdot 1,875}{2} \cong 424,12 \text{ kN} \cdot \text{m}$$

→ $M_{S4} \cong 424,12 \text{ kN} \cdot \text{m}$

$$M_{S3} = 40 \cdot 1,5 + 80 \cdot 3 + 20 \cdot \frac{1,5 \cdot 0,75}{2} + 16 \cdot 4,5 \cdot \frac{0,75 + 3}{2} + 16 \cdot 1,5 \cdot \frac{3 + 2,25}{2} + 20 \cdot \frac{4,5 \cdot 2,25}{2}$$

→ $M_{S3} = 610,50 \text{ kN} \cdot \text{m}$

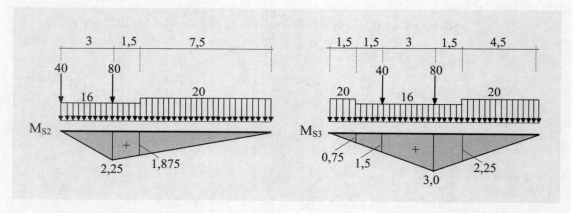

Figura E8.8d – Posições críticas do trem-tipo para cálculo de momentos fletores.

Os resultados anteriores estão grupados na próxima tabela. A superposição dos resultados de peso próprio com os resultados do trem-tipo está mostrada na Tabela E8.8b.

Seção	Força permanente		Força móvel		
	Esforço cortante	Momento fletor	Esforço cortante mínimo	Esforço cortante máximo	Momento fletor
S_1	120	0	0	215,38	0
S_2	60	270	−26,375	137,38	424,12
S_3	0	360	−74,375	74,375	610,50
S_4	−60	270	−137,38	30,875	424,12
S_5	−120	0	−215,38	0	0

Tabela E8.8a – Esforços extremos devido ao trem-tipo.

Seção	Esforço cortante		Momento fletor	
	Mínimo	Máximo	Mínimo	Máximo
S_1	120 + 0 = 120,0	120 + 215,38 = 335,38	0	0
S_2	60 − 26,375 = 33,625	60 + 137,38 = 197,38	270	270 + 424,12 = 694,12
S_3	0 − 74,375 = −74,375	0 + 74,375 = 74,375	360	360 + 610,5 = 970,5
S_4	−60 − 137,38 = −197,38	−60 + 30,875 = −29,125	270	270 + 424,12 = 694,12
S_5	−120 − 215,38 = −335,38	−120 + 0 = −120,0	0	0

Tabela E8.8b – Esforços combinados do peso próprio e da força móvel.

Finalmente, a partir dos resultados da tabela anterior, traçam-se as envoltórias mostradas na próxima figura e que definem as faixas de trabalho quanto ao esforço cortante e quanto ao momento fletor.

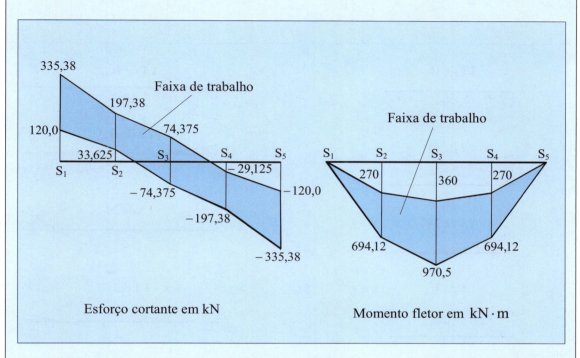

Figura E8.e – Faixas de trabalho quanto a esforço cortante e a momento fletor.

A faixa de trabalho quanto ao esforço cortante mostrada na figura anterior expressa que a mínima reação no apoio da esquerda é de 120 kN e a máxima reação é de 335,38 kN. O mesmo ocorre quanto à reação no apoio da direita. Já quanto ao momento fletor, a correspondente faixa de trabalho evidencia que o mínimo momento na seção média é de 360 kN·m e o máximo momento é de 970,5 kN·m.

8.5 – Formulário de linhas de influência de vigas isostáticas

Para facilitar o emprego de linhas de influência em vigas isostáticas, na tabela a seguir estão apresentadas os casos da viga em balanço e da viga biapoiada com dois balanços, que são as vigas isostáticas básicas com as quais são formadas as vigas Gerber.

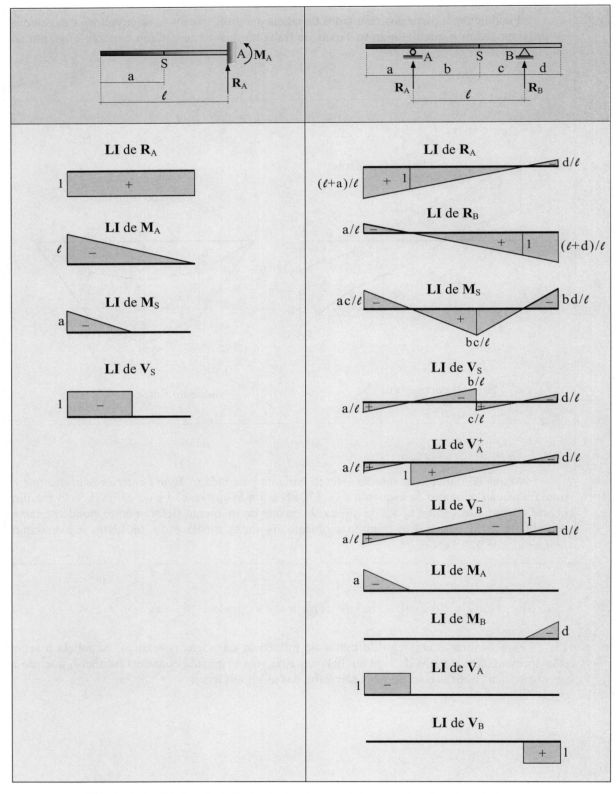

Tabela 8.2 – Linhas de influência de viga em balanço e de viga biapoiada.

8.6 – Exercícios propostos

8.6.1 – Determine as linhas de influência das reações de apoio e dos esforços nas seções A, B e C indicadas nas vigas esquematizadas na figura abaixo.

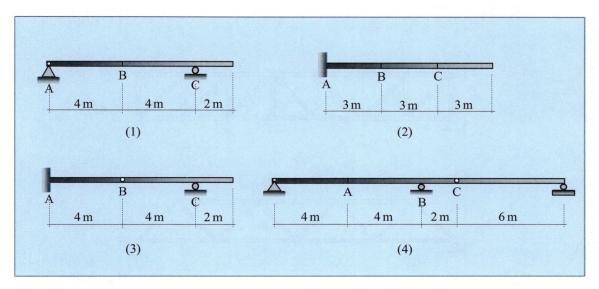

Figura 8.18 – Vigas isostáticas.

8.6.2 – Determine as linhas de influência dos esforços internos nas seções indicadas nos pórticos da figura seguinte, para o caso de força unitária que percorre as barras superiores desses pórticos.

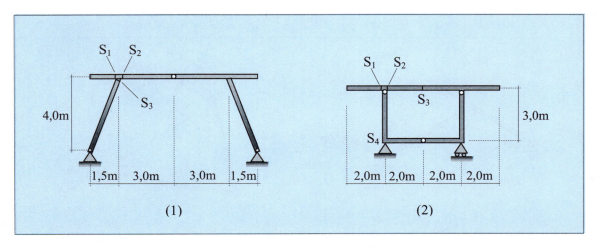

Figura 8.19 – Pórticos isostáticos.

8.6.3 – Determine as linhas de influência das reações de apoio e dos esforços nas barras hachuradas das treliças representadas na próxima figura, para o caso de força unitária que percorre o banzo inferior dessas treliças.

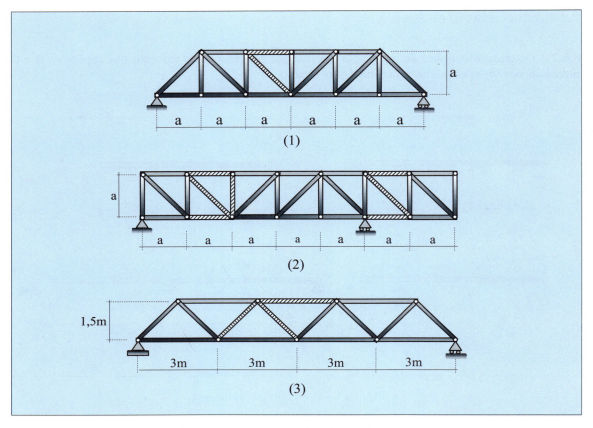

Figura 8.20 – Treliças isostáticas.

8.6.4 – Idem para os esforços internos nas seções S_1, S_2, e S_3 das grelhas representadas a seguir:

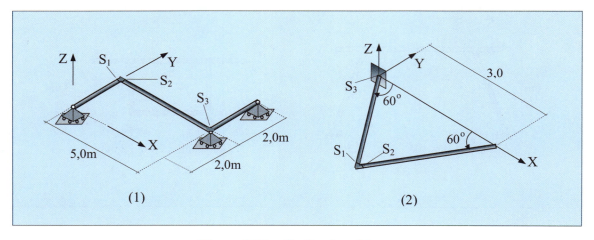

Figura 8.21 – Grelhas isostáticas.

8.6.5 – Determine as linhas de influência dos esforços seccionais nas seções A, B e C do arco circular tri-rotulado e de apoios em níveis distintos, mostrado na próxima figura.

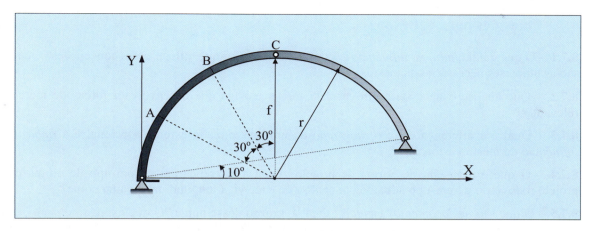

Figura 8.22 – Pórtico tri-rotulado.

8.6.6 – Através do princípio dos deslocamentos virtuais, determine as reações de apoio e os esforços internos na seção S das vigas representadas na figura seguinte:

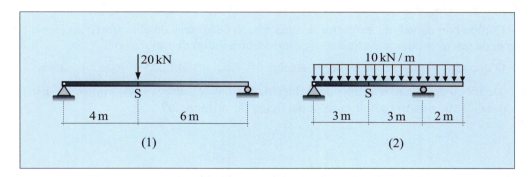

Figura 8.23 – Vigas.

8.6.7 – Determine as envoltórias do momento fletor e do esforço cortante das vigas representadas na figura anterior, devido à passagem do trem-tipo representado na próxima figura e à carga permanente de 35 kN/m.

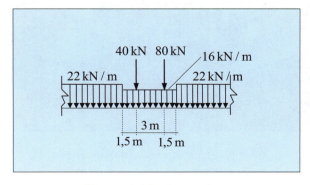

Figura 8.24 – Trem-tipo.

8.7 – Questões para reflexão

8.7.1 – O que é uma *linha de influência*? E um *trem-tipo*? Por que utilizar essas concepções? Quais são as hipóteses necessárias as mesmas?

8.7.2 – Que análise é necessária em caso de forças móveis que desenvolvam forças de inércia relevantes?

8.7.3 – Qual é a diferença entre o *diagrama* de um determinado esforço seccional e a *linha de influência* do mesmo esforço?

8.7.4 – O que é *trem-tipo* de norma de projeto? Qual a diferença entre trem-tipo de norma de projeto rodoviário e trem-tipo adotado em análise de cada viga longitudinal de uma ponte?

8.7.5 – O que são *deslocamentos virtuais*? Qual é a razão desse nome? O que expressa o *princípio dos deslocamentos virtuais* em caso de corpo rígido? Como utilizar esse princípio em determinação de reação de apoio ou de esforço seccional em estrutura isostática?

8.7.6 – O que expressa o *princípio de Müller-Breslau*? Por que em caso de reação de apoio ou de esforço cortante a configuração virtual (devido à imposição de um deslocamento unitário negativo) é igual à linha de influência desse esforço, enquanto que em caso de momento fletor a configuração virtual é proporcional à linha de influência desse momento? Como obter a partir dessa configuração virtual os valores das ordenadas da correspondente linha de influência?

8.7.7 – Como obter os valores extremos de uma reação de apoio e de um esforço seccional devido à passagem de um trem-tipo, a partir das correspondentes linhas de influência?

8.7.8 – O que são *envoltórias* de esforços seccionais? Qual é a utilidade dessas envoltórias?

8.7.9 – De modo semelhante à linha de influência, define-se *superfície de influência*. Em que tipo de estrutura justifica-se trabalhar com superfícies de influência?

Estrutura metálica em construção.
Fonte: Eng° Calixto Melo, www.rcmproj.com.br.

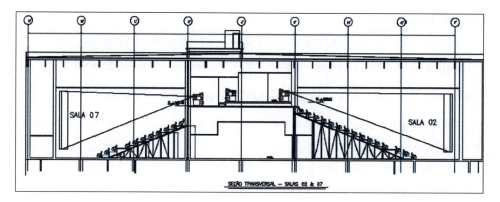

Notações e siglas

As notações foram definidas quando da primeira ocorrência ao longo do texto. Grandeza vetorial tem notação em negrito e a correspondente intensidade, sem negrito. Seguem as notações de cunho mais geral:

d	– Distância.
f	– Flecha.
g	– Aceleração da gravidade.
ℓ	– Vão ou comprimento de barra.
r	– Módulo de vetor posição ou raio.
s	– Comprimento de cabo.
XYZ	– Sistema global de coordenadas cartesianas.
xyz	– Sistema local de coordenadas cartesianas.
A	– Área de seção transversal de barra.
E	– Módulo de elasticidade.
$\alpha, \beta, \theta, \varphi, \gamma$	– Ângulos.
δ	– Alongamento ou deslocamento.
i, **j**, **k**	– Vetores unitários de base.
N, **M**, **V**, **T**	– Esforços seccionais, a saber: esforço normal, momento fletor, esforço cortante e momento de torção, de diagramas **DN**, **DM**, **DV** e **DT**, respectivamente.
p	– Força transversal distribuída por unidade de comprimento.
q	– Força longitudinal distribuída por unidade de comprimento.
F	– Força concentrada.
P	– Força concentrada ou peso.
H	– Empuxo ou componente horizontal de reação.
R	– Resultante, reação ou componente de reação (preferencialmente vertical).

LI	– Linha de influência.
$\sum F_X$	– Somatório dos componentes escalares de força na direção do eixo X.
$\sum M_X$	– Somatório dos componentes escalares de momento na direção do eixo Y.
$\sum M_A^{ABC}$	– Somatório dos momentos do trecho ABC em relação ao ponto A.
$\sum M_{X\|Y=a}$	– Somatório dos momentos em relação ao eixo paralelo X e que passa pelo ponto de coordenadas (Y=a) e (Z=0).
$\{\cdot\}$	– Matriz coluna (pseudovetor).
$[\,\cdot\,]$	– Matriz quadrada ou retangular.

Construção da torre da Ponte do Saber – RJ
Fonte: Regina Helena F. Souza

Glossário

Ação acidental – Ação externa que tem ocorrência significativa na vida útil de uma estrutura.

Ação permanente – Ação externa que atua sem interrupção por toda a vida útil de uma estrutura.

Ações externas – Forças ou esforços, variações de temperatura e deformações impostas a uma estrutura.

Alavanca – Barra rígida utilizada para aumentar força, que pode pivotar em um ponto fixo denominado *fulcral*.

Algarismos significativos – Algarismos utilizados na representação do valor numérico de uma grandeza física, inclusive o zero, desde que não seja utilizado para localizar a casa decimal, que expressa a precisão dessa representação.

Arco – Barra curva ou poligonal de pórtico utilizada principalmente quando se deseja ter preponderância do esforço normal de compressão frente ao momento fletor.

Arco trirotulado – Arco plano com uma rótula interna e dois apoios do segundo gênero, de maneira a forma um pórtico isostático.

Articulação – Dispositivo em uma seção transversal de uma barra que permite deslocamentos relativos das seções adjacentes, de maneira que anule os correspondentes esforços seccionais. Pode ser interna ou externa a uma estrutura.

Barra – Componente estrutural com uma dimensão preponderante em relação às suas demais dimensões, que em teoria elementar é idealizado unidimensionalmente. De acordo com sua função, é chamada de viga, coluna, pilar, escora, haste, tirante, eixo, nervura etc. Pode ser reta ou curva, de seção transversal constante ou variável.

Binário ou conjugado – Par de vetores de mesma intensidade (forças, em Análise das Estruturas), de linhas de ação paralelas e de sentidos opostos entre si, que define um momento denominado *conjugado*. O momento de um binário é denominado *conjugado*.

Braço de alavanca – Distância perpendicular de um ponto à linha de ação de uma força.

Cabo – Elemento estrutural unidimensional de rigidez de flexão irrelevante frente à rigidez axial, que assume forma em função das forças que lhe aplicadas.

Estática das Estruturas – **H. L. Soriano**

Carga – Força externa devido à ação da gravidade.

Carga móvel – Carga que se desloca relativamente à estrutura em que atua.

Catenária – Configuração de um cabo suspenso pelas extremidades e sob força vertical uniformemente distribuída ao longo de seu comprimento.

Centro de gravidade – Ponto de atuação da resultante da força de gravidade que atua em um corpo, isto é, da resultante de força de campo gravitacional.

Comportamento estático – Comportamento final de uma estrutura sob ações externas aplicadas gradualmente a partir de zero até os seus valores finais, sem despertar forças de inércia relevantes. Diz-se *comportamento dinâmico,* em caso contrário.

Condições de apoio – Vínculos externos que impedem total ou parcialmente os componentes de deslocamentos de seções transversais de barras de uma estrutura.

Corpo deformável – Corpo cujas posições relativas de seus elementos infinitesimais alteram-se em função das forças que lhe são aplicadas e em função das propriedades da matéria que o constitui. Diz-se *corpo rígido* em caso contrário.

Deslocamentos virtuais – Deslocamentos fictícios que não alteram o efeito das forças que atuam em um corpo ou estrutura e que são utilizados no *princípio dos deslocamentos virtuais.*

Diagrama de corpo livre – Representação de um corpo isolado com a indicação de todas as forças externas que atuam sobre o mesmo.

Dimensão de grandeza física – Conceito que expressa a natureza da grandeza e que tem uma unidade padrão para a sua mensuração.

Dinâmica – Parte da Mecânica que trata das relações entre as forças e os movimentos que elas produzem em corpos.

Eixo geométrico de uma barra – Lugar geométrico dos centróides das seções transversais da barra.

Empuxo de um arco ou de um cabo suspenso pelas extremidades – Componente horizontal das reações de apoio do arco ou do cabo.

Envoltória de esforços – Representação gráfica de valores extremos (máximos e mínimos) de esforços.

Equações de equilíbrio da estática – Estabelecem que as somas dos componentes escalares das forças externas atuantes em um corpo, em cada um dos eixos coordenados, sejam nulas, assim como as somas dos momentos dessas forças em relação a cada um desses eixos.

Equilíbrio estático – Equilíbrio dos corpos em repouso.

Esforços estáticos – Esforços externos aplicados a uma estrutura de forma lenta, de maneira que não desenvolvam forças de inércia relevantes. Dizem-se *esforços dinâmicos* em caso contrário.

Esforços externos – Esforços que agem sobre uma estrutura. Dividem-se em ativos e reativos ou reações de apoio. Os ativos dividem-se em permanentes, acidentais e excepcionais. Os esforços acidentais podem ser estáticos ou dinâmicos. Os excepcionais costumam ser dinâmicos e de curta duração.

Esforços seccionais ou solicitantes – Esforços (internos) em uma seção transversal de uma barra que a parte da estrutura à esquerda dessa seção exerce sobre a correspondente parte direita ou vice-versa. São componentes de força e de momento, no centróide da seção e em referencial

Glossário

ortogonal em que um dos eixos é segundo o eixo geométrico da barra e os demais eixos são nas direções dos eixos principais de inércia da seção transversal. Trata-se de um esforço normal, dois esforços cortantes, dois momentos fletores e um momento de torção.

Estática – Parte da Mecânica que trata dos corpos rígidos em repouso e dos corpos rígidos em movimento uniforme, embora esta denominação seja mais utilizada em referência ao estudo dos corpos em repouso. A *Estática das Estruturas* trata das estruturas isostáticas.

Estronca ou escora – Barra que trabalha apenas sob esforço normal de compressão.

Estrutura – Sistema físico capaz de receber e transmitir esforços.

Estrutura contínua – Estrutura constituída de componentes estruturais nos quais não se caracteriza uma dimensão preponderante em relação às suas demais dimensões. É o caso das chapas, placas, cascas e sólidos, por exemplo.

Estrutura de comportamento linear – Estrutura em que se tem proporcionalidade entre as forças aplicadas e os deslocamentos, sendo válido o princípio da superposição.

Estrutura de configuração crítica – Estrutura que não atende às equações de equilíbrio na configuração não deformada, mas que atende a essas equações em uma configuração deformada.

Estrutura em barras – Estrutura constituída de componentes que têm uma dimensão preponderante em relação às suas demais dimensões e nas quais vale a hipótese da seção plana.

Estrutura hipostática, isostática ou hiperestática – Estrutura em barras em que os vínculos externos e internos são insuficientes, suficientes ou superabundantes, respectivamente, para manter o equilíbrio estático dela e de suas partes, na configuração original e sob ações externas quaisquer.

Força – Grandeza física capaz de modificar o estado de repouso ou de movimento retilíneo uniforme de um corpo, assim como de deformar o corpo.

Forma funicular – Forma de segmentos retilíneos, assumida por um cabo suspenso pelas extremidades e sob forças concentradas. É obtida em procedimento gráfico de determinação da posição da resultante de um sistema de forças coplanares.

Gráfico de Cremona – Construção gráfica baseada no processo de equilíbrio dos nós de uma treliça plana simples e em que se faz a superposição dos polígonos das forças equilibradas em cada um dos pontos nodais da treliça, em sequência em que se tenham até dois esforços desconhecidos por ponto.

Grandeza – É todo atributo de um fenômeno, corpo ou substância que pode ser medido. No SI, as grandezas são divididas em *grandezas de base* e *grandezas derivadas*.

Grau de indeterminação estática – Número dos esforços superabundantes ao equilíbrio estático de uma estrutura em barras, também denominado *grau de hiperestaticidade*.

Graus de liberdade – Variáveis mínimas (de componentes de deslocamentos) necessárias à caracterização da posição de um corpo ou de uma estrutura.

Grelha – Modelo de estrutura em barras retas ou curvas situadas em um plano (usualmente horizontal), sob ações externas que as solicitam de maneira que tenham apenas o momento de torção, o momento fletor de vetor representativo nesse plano e o esforço cortante normal a esse plano.

Hipótese da seção plana – Suposição de que seção transversal de uma barra permaneça plana e com dimensões inalteradas, com a deformação da barra. Em *teoria elementar de barra* ou *teoria de Euler-Bernoulli* considera-se também que as seções permaneçam normais ao eixo geométrico.

Estática das Estruturas – **H. L. Soriano**

Homogeneidade dimensional – Condição em que cada termo aditivo de uma equação física tem a mesma dimensão.

Inércia – Propriedade da matéria em permanecer em repouso ou em movimento uniforme, a menos que lhe seja aplicada uma força.

Lei da gravitação universal – Lei concebida por *Isaac Newton*, segunda a qual matéria atrai matéria na razão direta de suas massas e na razão inversa do quadrado da distância entre elas.

Lei do paralelogramo ou princípio de Stevinus – Estabelece que a resultante de duas forças coplanares tem intensidade igual à diagonal do paralelogramo que tem essas forças como lados consecutivos. Trata-se da soma gráfica de dois vetores.

Linha de estado – Representação gráfica de um esforço seccional de uma estruturas em barras, também denominado *diagrama de esforço seccional*.

Linha de fechamento de diagrama de momento fletor – Linha que une pontos representativos de momento fletor e a partir da qual se dependuram os diagramas de momento fletor de vigas biapoiadas sob forças distribuídas transversais, para a obtenção do diagrama de momento fletor final de uma estrutura.

Linha de influência – Representação gráfica de determinado esforço seccional, reação ou deslocamento de um ponto ou seção de referência de uma estrutura em barras, devido a uma força unitária adimensional que percorre a estrutura ou parte de suas barras.

Linha de pressões em arco – Forma do arco que, sob determinado carregamento, tem apenas esforço normal.

Matéria – Tudo que ocupa lugar no espaço.

Momento de uma força em relação a um pólo – Produto vetorial do vetor posição da origem da força por essa força. É um vetor livre ortogonal ao plano definido pela força e pelo pólo, com intensidade igual ao produto da intensidade da força pela distância perpendicular do pólo à linha de ação desta.

Momento de uma força em relação a um eixo – Componente escalar, nesse eixo, do momento da força com respeito a um pólo qualquer escolhido no mesmo eixo. Expressa a tendência da força em provocar rotação de um corpo em torno do eixo.

Mecânica (clássica) – Ciência que estuda o comportamento das partículas e dos corpos sob a ação de forças.

Paralelogramo de forças – Paralelogramo formado a partir da representação gráfica de duas forças cuja diagonal fornece a resultante dessas forças.

Partícula ou ponto material – Quantidade de matéria cujas dimensões possam ser consideradas tão pequenas quanto se queira, em estudo de seu comportamento.

Polígono de forças – Linha poligonal fechada formada pelas representações gráficas de forças coplanares auto-equilibradas, em que os sentidos das forças estão em um mesmo sentido de giro.

Pontos nodais – Pontos extremos do eixo geométrico de uma barra.

Pórtico isostático composto – Pórtico isostático que pode ser decomposto em partes isostáticas básicas que se apoiam umas sobre as outras.

Pórtico plano – Modelo de estrutura em barras retas ou curvas situadas em um mesmo plano (usualmente vertical) sob ações externas que as solicitam nesse plano, de maneira que tenham

Glossário

apenas o esforço normal, o esforço cortante de vetor representativo nesse plano e o momento fletor de vetor representativo normal a esse plano.

Pórtico espacial – Modelo de estrutura em barras que podem ter posições quaisquer e os seis esforços seccionais.

Pórticos isostáticos compostos – Pórticos formados por partes isostáticas que se apóiam umas sobre as outras.

Princípio da ação e reação ou terceira lei de Newton – Estabelece que a uma ação corresponda uma reação igual e contrária.

Princípio da inércia ou primeira lei de Newton – Estabelece que toda partícula permaneça em estado de repouso ou em movimento retilíneo uniforme, a menos que seja forçada a modificar o seu estado devido à aplicação de uma força.

Princípio da superposição dos efeitos – Estabelece que o comportamento de uma estrutura sob várias ações externas seja igual à superposição dos seus comportamentos devido a cada uma dessas ações agindo separadamente. É válido em caso de pequenos deslocamentos e material de comportamento linear, quando então as equações de equilíbrio são escritas na configuração original da estrutura.

Princípio da transmissibilidade – Estabelece que o efeito de uma força sobre um corpo rígido não se altera ao deslocar a força segundo a sua linha de ação ou reta suporte.

Princípio ou teorema dos deslocamentos virtuais em corpo rígido – Estabelece que a nulidade do trabalho virtual é condição necessária e suficiente para o equilíbrio do corpo.

Processo das seções ou de Ritter – Processo de resolução (principalmente de treliça composta) em que se supõe um corte na treliça para determinar os esforços nas barras seccionadas através da aplicação de equações de equilíbrio a uma das partes em que ficou dividida a treliça.

Processo de Cremona – Processo gráfico de resolução de treliça plana simples através da superposição de polígonos das forças equilibradas em cada um dos pontos nodais da treliça, em sequência de modo que se tenham até dois esforços desconhecidos por ponto.

Processo de equilíbrio dos nós – Processo de resolução de treliça simples através da resolução analítica das equações de equilíbrio de cada ponto nodal da treliça, em sequência de modo que se tenham no máximo dois esforços desconhecidos por nó.

Processo de Müller-Breslau – Processo de obtenção de linha de influência através da introdução de um deslocamento unitário negativo e relativo à reação ou ao esforço seccional a que diz respeito essa linha, também denominado *processo cinemático* de obtenção de linha de influência.

Processo de substituição de barras – Processo de resolução de treliça complexa em que se substitui uma ou mais barras para obter uma treliça simples e escrever equações de compatibilidade estática de maneira a reproduzir a condição dos esforços da treliça complexa original.

Reações – Esforços que se desenvolvem segundo os componentes de deslocamento restringidos por vínculos de apoio em uma estrutura.

Recalque de apoio – Deslocamento imposto em apoio de uma estrutura.

Redução de um sistema de forças a um ponto – Obtenção das resultantes de forças e de momentos desse sistema, supostos aplicadas nesse ponto (com a ressalva de que momento é um vetor livre) e que sejam mecanicamente equivalentes ao sistema quando atuantes em um corpo rígido.

Redundantes estáticas – Reações de apoio e/ou esforços seccionais superabundantes ao equilíbrio estático de uma estrutura em barras, também denominados *hiperestáticos*.

Estática das Estruturas – H. L. Soriano

Regra da mão direita – Regra que fornece o sentido de representação do vetor momento de uma força (ou de um vetor deslizante) em relação a um ponto e segundo a qual se posicionando a palma da mão direita paralelamente ao vetor posição que localiza a origem da força e colocando os dedos mindinho ao indicador no sentido da força, o polegar indica o sentido de representação daquele vetor.

Referencial global – Referencial adotado para a descrição de uma estrutura.

Referencial inercial – Referencial considerado em repouso, para aplicação das leis de Newton.

Referencial local – Referencial adotado em cada barra de uma estrutura.

Resultante de forças – Soma vetorial das forças que constituem o sistema.

Rótula – Articulação que anula o momento fletor em determinada seção transversal de barra.

Seção transversal ou seção reta – Interseção de uma barra com um plano perpendicular ao seu eixo geométrico.

Segunda lei de Newton – A derivada temporal da quantidade de movimento de uma partícula é proporcional à resultante das forças aplicadas à partícula e age na direção dessa resultante.

Sistema cartesiano – Sistema de referência de coordenadas triortogonais direto.

Sistema Internacional de Unidades (SI) – Criado em 1960, é uma forma modernizada do *sistema métrico de unidades*, concebido em torno das unidades de base *metro*, *kilograma*, s*egundo*, *ampère*, *kelvin*, *mol* e *candela*, e da conveniência do número dez.

Teorema de Varignon – Estabelece que o momento da resultante de um sistema de forças (ou de vetores quaisquer) de linhas de ação concorrentes, em relação a um pólo, é igual à soma vetorial dos momentos de cada uma dessas forças (ou vetores quaisquer) em relação a esse pólo.

Tirante – Elemento estrutural unidimensional que trabalha apenas sob esforço de tração.

Treliça (plana ou espacial) – Modelo de estrutura em barras retas birotuladas e sob forças externas apenas nas rótulas, de maneira que desenvolvam apenas esforços normais.

Treliça composta – Treliça formada pela união de treliças simples de maneira que não haja deslocamento relativo entre essas treliças e que o conjunto não seja outra treliça simples.

Treliça complexa – Treliça que não seja simples e nem composta.

Treliça simples – Treliça em que se tem uma sequência de pontos nodais que permite a resolução das equações de equilíbrio nó a nó.

Trem-tipo – Conjunto forças móveis, concentradas e/ou distribuídas, de valores constantes e de distâncias relativas fixas entre si (usualmente definido em norma de projeto), que representam uma combinação prevista desfavorável de veículos e de pessoas que utilizarão uma estrutura de transposição.

Unidades de base – Unidades de medida das grandezas físicas escolhidas como fundamentais ou de base em um sistema coerente de unidades, por serem independentes entre si e por permitirem, a partir delas, a definição das unidades das grandezas derivadas.

Unidades derivadas – Unidades de medida de grandezas físicas definidas a partir das unidades de base em um sistema coerente de unidades.

Vetor – Grandeza caracterizada por um valor numérico não negativo (denominado intensidade), uma direção, e que obedece à regra do paralelogramo de soma de vetores. Quando tem um ponto de aplicação diz-se *vetor fixo*, quando pode ser deslocado em sua linha de ação recebe a denominação de *vetor deslizante* e quando não está associado apenas a uma linha de ação é chamado de *vetor livre*.

Glossário

Viga – Modelo de estrutura de barras dispostas sequencialmente em uma mesma linha reta horizontal, sob forças que a solicitam no plano vertical, de maneira a desenvolver o momento fletor de vetor representativo normal a esse plano, o esforço cortante vertical e, eventualmente, o esforço normal.

Viga armada – Viga reforçada através de tirantes e escoras ou pendurais, colocados na parte inferior ou superior de uma barra horizontal, com o objetivo de se obter uma maior rigidez de flexão.

Viga balcão – Barra curva ou poligonal situada em um plano horizontal e sob forças externas transversais a esse plano. Trata-se de caso particular de grelha.

Viga Gerber – Associação de vigas biapoiadas e em balanço que se apóiam umas sobre as outras de forma estável e de maneira a formar um conjunto isostático quanto a forças verticais.

Aeroporto de Natal, Rio Grande do Norte
Fonte: Ruy Pereira Paula.

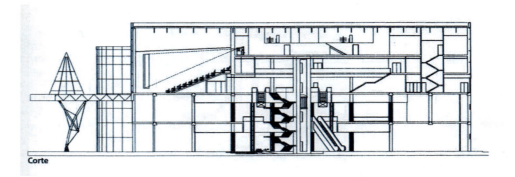

Bibliografia

Abramowitz, M. e Segun, I. A. (editores), 1968, *Handbook of Mathematical Functions*, Dover Publications, Inc.

AÇOMINAS, 1981, *Galpões em Estrutura Metálica*, Aço Minas Gerais S.A.

AÇOMIMAS, 1982, *Elementos Estruturais e Ligações*, Aço Minas Gerais S.A.

Associação Brasileira de Cimento Portland, 1967, *Vocabulário de Teoria das Estruturas*, São Paulo.

Beer, F. P. e Johnston, E. Russell, Jr., 1962, *Vector Mechanics for Engineers – Statics and Dynamics*, McGraw-Hill Book Company, Inc.

Bucciarelli, L. L., 2009, *Engineering Mechanics for Structures*, Dover Publications, Inc.

Carneiro, F. L., 1996, *Análise Dimensional e Teoria da Semelhança e dos Modelos Físicos*, Editora UFRJ.

Chamecki, S., 1956, *Curso de Estática das Construções*, Editora Científica.

CIMAF Cabos S/A, *Cabos de Aço*, Catálogo.

Cohen, B. e Westfall, R. S., 2002, *Newton – Textos · Antecedentes · Comentários*, EDURJ – CONTRAPONTO.

Craig, R. R., Jr., *Mecânica dos Materiais*, 2ª edição, LTC – Livros Técnicos e Científicos Editora S.A.

D'Alambert, F. C. e Pinheiro, M. B., 2007, *Treliças Tipo Steel Joist*, Instituto Brasileiro de Siderurgia, Centro Brasileiro da Construção em Aço.

Dantas, E. M., 1962, *Elementos de Cálculo Vectorial*, Ao Livro Técnico S.A.

Einstein, I., 1999, *A Teoria da Relatividade Especial e Geral*, Contraponto Editora Ltda.

Fonseca, A., 1969, *Curso de Mecânica, Volume I – Estática*, Ao Livro Técnico S.A.

Fonseca, A. e Moreira, D. F., 1966, *Estática das Construções – Problemas e Exercícios*, Ao Livro Técnico S.A.

Gleick, J., 2003, *Isaac Newton – Uma Biografia*, Companhia das letras.

Estática das Estruturas   —   **H. L. Soriano**

Hibbeler, R. C., 2005, *Estática – Mecânica para Engenharia*, 10ª edição, Pearson Education do Brasil.

Hibbeler, R. C., 2010, *Resistência dos Materiais*, 7ª edição, Pearson Education do Brasil.

INMETRO – Instituto Nacional de Metrologia, Normalização e Qualidade Industrial, 2012, *Sistema Internacional de Unidades – SI*, www.inmetro.gov.br.

INMETRO – Instituto Nacional de Metrologia, Normalização e Qualidade Industrial, 2012, *Vocabulário Internacional de Metrologia – Conceitos fundamentais e gerais e termos associados (VIM)*, www.inmetro.gov.br.

ISO 31/0, 1981, *General Principles Concerning Quantities, Units and Symbols*, International Organization for Standardization.

ISO 31/XI, 1978, *Mathematical Signs and Symbols for Use in the Physical Sciences and Technology*, International Organization for Standardization.

Langendonck, T. van, 1958, *Vigas Articuladas, Arcos e Pórticos Triarticulados*, Editora Científica.

Levy, M. e Salvadori, M., 1992, *Why Buildings Fall Down*, W. W. Norton & Company Ltd.

Lindenberg Neto, H., 1996, *Introdução à Mecânica das Estruturas*, Departamento de Engenharia de Estruturas e Fundações, Escola Politécnica da Universidade de São Paulo.

Machado Junior, E. F., 1999, *Introdução à Isostática*, Escola de Engenharia de São Carlos – Universidade do Estado de São Paulo.

Maia, L. P. M.,1960, *Mecânica*, Editora Nacionalista.

McCormac, J. C., 2007, *Structural Analysis Using Classical and Matrix Methods*, John Wiley and Sons, Inc.

Meriam, J. L., 1985, *Estática*, Livros Técnicos e Científicos Editora S.A.

Megson, T. H., 2000, *Structural and Stress Analysis*, Butterworth-Heinemann.

Pinho, F. O. e Bellei, I. H., 2007, *Pontes e Viadutos em Vigas Mistas*, Instituto Brasileiro de Siderurgia, Centro Brasileiro da Construção em Aço.

Roberts, N. P., 1989, *Understanding Structural Mechanics*, Hi-Tech Scientific Ltd.

Robson, A., 2005, *Einstein – Os 100 Anos da Teoria da Relatividade*, Editora Campus.

Sáles, J. J., e outros, 2005, *Sistemas Estruturais*, Escola de Engenharia de São Carlos, USP.

Salinger, R., 1946, *Estática Aplicada*, Editorial Labor, S.A.

Santos, S. M. G., 1959, *Cálculo Estrutural*, Ao Livro Técnico Ltda.

Serway, R. A. e Jewett, J. W., Jr., *Princípios de Física – Mecânica Clássica*, volume 1, Cengage Learning, 2011.

Süssekind, J. C., 1973, *Curso de Análise de Estruturas,* vol. 1, Editora Globo S.A.

Synge, J. L. e Griffith, B. A., 1960, *Mecânica Racional*, Editora Globo.

Timoshenko, S. e Young, D. H., 1945, *Theory of Structures*, McGraw-Hill Book Company, Inc.

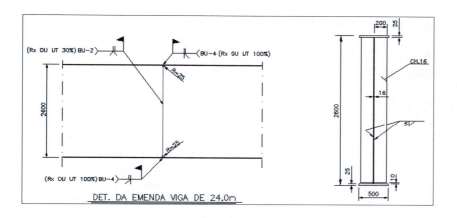

Índice remissivo

A

Ações atuantes nas estruturas 63
Alavanca (tipos) 42
Algarismos significativos 11, 409
Algebra vetorial 13, 19
Anel trirotulado 217
Ângulos diretores 16
Aparelhos de apoio 69, 109
Arco (definição) 82, 171, 409
Arco
   do Triunfo 82, 83
   em balanço 213, 214
   parabólico 225, 374
   semicircular 83, 212, 214
   trirotulado 171, 219, 221, 224, 409
Arcos múltiplos 228
Aritmética em ponto-flutuante 12
Arquimedes 41
Associação Brasileira de Normas Técnicas 63
Articulação 409
August Ritter 286

B

Barra (definição) 59, 409
Barras
   curvas 171, 210, 239
   inclinadas 171, 173, 174, 193
Binário ou conjugado (definição) 30, 409

Braço
   de alavanca 24, 409
   do binário 30
Bureau Internacional de Pesos e Medidas 7

C

Cabo (definição) 84, 409
Cabo em
   catenária 323, 327, 328, 330, 331, 339, 345, 349, 350, 358, 359
   parábola 332, 337, 338, 339, 340, 345, 360, 361, 364
   forma poligonal 316
Calha 215, 217
Centro
   de gravidade 13, 14
   de massa 8, 13, 14
   geométrico 13, 48
Christian Huygens 324
Classificação das estruturas 57, 77, 88
Coeficiente de forma 65
Componentes
   escalares retangulares 15, 19
   vetoriais retangulares 15
Concreto armado 5, 43
Condições de apoio 63, 65
Configuração
   crítica 112, 176, 278, 296
   estável 112
Conjugado (definição) 30

Estática das Estruturas – **H. L. Soriano**

Construção gráfica da parábola 119, 124, 125
Convenção
  clássica dos sinais 76, 114, 177, 229
  dependente de referencial 76, 230
Corpo
  deformável (definição) 2, 410
  rígido (definição) 2
Cossenos diretores 16

D
Decomposição em
  barras biapoiadas 177
  vigas biapoiadas 147
Deformação de cabos 344
Deslocamentos (definição) 65
Deslocamentos virtuais 381, 410
Diagramas de
  corpo livre (definição) 14
  esforços seccionais (definição) 114

E
Empuxo 220
Equação da catenária 324, 326, 329, 331, 332
Equações de equilíbrio da estática 410
Equilíbrio (conceito) 38
Equilíbrio
  estável 88, 89
  indiferente 88, 89
Escora 83
Esforço
  cortante (definição) 71, 72
  momento de torção (definição) 24, 71
  momento fletor (definição) 71, 74
  normal (definição) 71
  normal específico 284, 285, 302
Esforços
  estáticos 410
  externos 181, 410
  primários 272
  reativos (definição) 65
  seccionais (definição) 70, 410
  secundários 272
Estádio 88, 237
Estai 84
Estrutura
  hiperestática (definição) 91
  hipostática (definição) 89
  isostática (definição) 89
Estruturas reticuladas de nós
  rígidos 82
  rotulados 82

F
Faixa de trabalho 381, 397, 401
Fecho 219
Flambagem 89
Flecha (definição) 219
Forma funicular 36, 320, 364, 411
Formulário de cabos 357
Força
  concentrada (definição) 13
  de campo (definição) 13
  de contato (definição) 13
  distribuída em linha (definição) 37
Forças móveis 365, 366, 380, 381, 390

G
Galpão 205, 209
Geotecnia 47
Gottfried Wilhelm Leibniz 324
Gráfico de Cremona 297, 298, 299, 300, 301, 411
Grandeza (definição) 411
Grandeza
  ângulo (definição) 8
  comprimento (definição) 7
  física escalar (definição) 13
  força (definição) 13
  massa (definição) 7
  pressão (definição) 8
  temperatura (definição) 7
  tempo (definição) 7
  vetorial (definição) 13
Grandezas vetoriais força e momento 3, 13
Grau de indeterminação estática 94, 411
Graus de liberdade 39, 65, 411
Grelha (definição) 79, 411
Grelha
  em balanço 249, 250, 259
  triapoiada 254, 256, 257, 260, 261, 268
Guindaste 42, 43, 53, 96

H
Heinrich Gerber 155
Hipostaticidade (definição) 239, 240
Hipótese da seção plana 60, 72, 78, 109, 411
Homogeneidade dimensional 9, 10, 344, 412

I
Isaac Newton 1

J
Jacob Bernoulli 324

Índice Remissivo

James Clerk Maxwell 297
Johann Bernoulli 325, 381

L

Lei
    da gravitação universal 1, 412
    do paralelogramo 19, 412
    dos senos 21
Leonardo da Vinci 381
Leonhard Euler 1
Linha de
    estado (definição) 114, 412
    fechamento (definição) 119, 412
    influência (definição) 365, 365, 412
    pressões 225, 226, 227, 228, 238, 239, 243, 412
    referência (definição) 114
Lebrecht Henneberg 292
Luigi Cremona 297

M

Mancal 66
Matéria 1, 412
Mecânica
    Clássica 1, 8, 57
    dos Corpos Deformáveis 2
    dos Corpos Rígidos 2
    dos Fluídos 2
    dos Sólidos 5
    Quântica 3, 11
Módulo de elasticidade 10, 12
Momento
    de uma força (definição) 24
    de torção (definição) 71
    fletor (definição) 71
    resultante 32
Müller-Breslau 381, 413
Muro de arrimo 47

N

Notação
    científica 11
    de Bow 298
    de engenharia 11

P

Paralelogramo de forças 412
Partícula 1
Peso (definição) 4
Pierre Varignon 25

Polígono de forças 20, 412
Ponte pênsil 38, 342, 343, 354, 355, 356, 357, 362
Ponto de inflexão ou de contraflecha 138
Pórtico (definição) 169
Pórtico
    atirantado 170, 189
    autoequilibrado 176, 190,
    biapoiado 176, 178, 182, 187, 193, 195, 203
    de múltiplos andares 169, 176
    de múltiplos vãos 169, 176
    espacial (definição) 412
    plano (definição) 412
    trirotulado 169, 183, 185, 207, 209
Pórticos compostos 171
Princípio
    da ação e reação 1, 14, 279, 413
    da alavanca 41
    da inércia 1, 412
    da superposição 62, 109, 366, 413
    da transmissibilidade 14, 413
    de Stevinus 19, 411
    dos deslocamentos virtuais 366, 381, 382, 383, 405, 406, 413
Processo
    da decomposição em barras biapoiadas 177
    da decomposição em vigas biapoiadas 147
    das seções 272, 286, 288, 291, 310, 413
    de Cremona 297, 312, 314, 413
    de equilíbrio dos nós 272, 279, 283, 287, 291, 294, 295, 297, 302, 309, 314, 413
    de Müller Breslau 366, 367, 381, 383, 389, 406, 413
    de substituição de barras 292, 413
Produto
    escalar de dois vetores 17, 18, 54
    vetorial 24, 25, 54

R

Raios polares 36
Reações de apoio (definição) 65
Redução de um sistema de forças 3, 29, 32, 34, 413
Regra da mão direita 25, 26, 414
Relações diferenciais 110, 129, 145, 147
Representação unifilar 297
Resultante de forças (definição) 19, 413
Rótula (definição) 91, 413

S

Seção transversal (definição) 59, 413

Estática das Estruturas – **H. L. Soriano**

Simon Stevinus 19
Sistema
    cartesiano 15, 414
    Internacional de Unidades 3, 6, 54, 414
    Técnico 8
Squire Whipple 279

T

Teorema de Varignon 25, 28, 414
Teoria
    clássica de viga ou de Euler-Bernoulli 59
    de pequenos deslocamentos 62
Tirante (definição) 84, 414
Torre Eiffel 61
Torres estaiadas 85
Treliça (definição) 271, 414
Treliça
    complexa (definição) 276, 414
    composta (definição) 275, 414
    espacial simples (definição) 275
    plana (definição) 273, 414
    simples (definição) 273, 414
Trem-tipo (definição) 366, 390, 414
Triângulo de forças 20, 43
Triedro direto 15

U

Unidades
    de base 6, 7, 9, 54, 414
    derivadas 6, 7, 8, 54, 414

V

Vão (definição) 109
Velocidade
    básica do vento 12, 65
    característica 65
Vetor
    conjugado 30, 54, 414
    deslizante 14, 33, 54, 414
    fixo 14, 54, 414
    livre 14, 24, 30, 32, 54, 414
    posição 24, 25, 32
Vetores cartesianos unitários ou unitários de
    base (definição) 17
Viga (definição) 77, 109, 415
Viga
    armada 191, 192, 243, 415
    balcão 246, 414
    Gerber (definição) 109, 155, 415
    pré-fabricada 43, 151
    Vierendel (definição) 170

Impressão e acabamento
Gráfica da Editora Ciência Moderna Ltda.
Tel: (21) 2201 - 6662